軍事史学会編
黒沢文貴・相澤淳 監修

海軍大将 嶋田繁太郎備忘録・日記 I

錦正社

JN156072

序

軍事史学会はこれまでに『機密戦争日誌』（一九九八年）、『宮崎周一中将日誌』（二〇〇三年）、『元帥畑俊六回顧録』（二〇〇九年）を世に送り出すなど、日本陸海軍の基本的な史料集の刊行に努めてきた。今回、多くの研究者や国民の方々の関心を集めてきた、太平洋戦争開戦時の海軍大臣である嶋田繁太郎海軍大将の備忘録や日記等をその第四弾として上梓しうることは、出版の責を負うものとして、大いなる喜びであると同時に、ひとまずの安堵感に包まれるものである。

本史料の学術的な意義や重要性については「解題」に譲ることにするが、本書に収録された一九三五（昭和十）年十二月から一九四四（昭和十九）年五月までの間に、嶋田は軍令部次長、支那方面艦隊司令長官、海軍大臣、軍令部総長、その他の要職を歴任し、二・二六事件、日中戦争、太平洋戦争などの歴史的重大事に深く関与する働きをしており、それらをもってしても本史料の価値を推し量ることができよう。昭和期の日本海軍の基本史料として、嶋田繁太郎海軍大将の史料を翻刻し、出版する所以である。

本史料集は、防衛省防衛研究所戦史研究センター所蔵の複写史料を底本にしているが、極東国際軍事裁判の被告でもあった嶋田の複写史料には、法務省から国立公文書館に移管されたものもある。両者の史料内容には重なる部分と重ならないものとがあり、それらを踏まえたうえで、引き続き嶋田史料を刊行していく予定である。

ところで本書が刊行にこぎ着けるまでには、実に長い時間がかかってしまった。読みにくい字で書かれている嶋田の膨大な備忘録等を原稿に起こし、人名にフルネームや役職を付し、海軍の軍艦等にも艦種の註記をつけるなど、史料集の刊行に必要な作業に多くの時間を費やした。もちろん校正にも多くの時間をかけ、中国の地名等を含む記述内容にも正確を期したつもりである。しかしそれ以外に大きな問題だったのは、嶋田の筆致が実に自由奔放になされていたため（たとえば日付順に記述されていない箇所があるなど）、読者の皆さまに読みやすいように形式等を整える作業に、思いのほか多くの時間を費やさねばならなかったことである。

したがってそうした事情もあり、本史料集の刊行には多くの会員からのご助力を得た。今ここにお名前を記して、厚くお礼を申し上げたい。まず最初の文字起こし作業に携わっていただいたのが、五十嵐憲、太田久元、小磯隆広、坂口太助、島田赳幸、鈴木隆春、高山（土屋）直子、中村（鹿島）晶子、横山泰章の諸氏である（五十音順）。つぎに人名の註記については馮青、小磯隆広の両氏に、艦種の註記については坂口太助氏にご協力いただいた。さらに校正をお願いしたのが、原剛、菅野直樹、馮青、小磯隆広、中村（鹿島）晶子の諸氏である。そして、すべての作業に関わり、総仕上げをおこなったのが、相澤淳と黒沢である。

いずれにせよ、多くの方々の協力を得て刊行される本史料集が、昭和期の政治外交史・軍事史の基本史料として大いに活用されることを願ってやまない。

最後になってしまったが、厳しい出版状況の中、本史料集の刊行をお引き受けいただいた錦正社社長の中藤正道氏に厚くお礼を申し上げたい。錦正社には異例の八校まで本書の校正刷りを出していただき、多大なるご迷惑をおかけしてしまった。そのため校正の本間潤一郎氏にも、大変なご尽力をいただいた。お詫びかたがた重ねて感謝申し上げる次第である。

平成二十九（二〇一七）年五月

軍事史学会会長　黒　沢　文　貴

海軍大将嶋田繁太郎備忘録・日記 I

備忘録　第一～第五

目次

序……黒沢文貴……i
凡例……vi
解題……相澤　淳……vii
備忘録　第一（軍令部次長　自昭和十年十二月～至十一年十二月）……1
備忘録　第二（軍令部次長　自昭和十二年一月～至八月）……63

備忘録　第三（軍令部次長　自昭和十二年九月〜至十二月）……155
備忘録　第四（第二艦隊、呉鎮守府、支那方面艦隊 司令長官　自昭和十二年十二月〜至十六年四月）……265
備忘録　第五（支那方面艦隊司令長官、海軍大臣　自昭和十六年四月〜至十九年五月）……349
艦種リスト……435
索　引……444

《凡　例》

- 原文の記述が不統一のため、編者が読みやすさを考慮して体裁を整えた。
- 原文の表記はカタカナであり、本文も原文通りカタカナとした。
- 合略仮名は、カタカナに置き換えた。
- 旧漢字・代用字は、原則として通行の字体に統一した。
- 著者慣用の表記は、原則としてそのままとした。
- 原文には句読点が付されていない部分が多いが、適宜句読点を付した。
- 原文中、不明の文字は□□で示した。
- 原文の日付には、前後しているところがあり、原則として日付順に改めた。
- 記述日の日付表記は、ゴシック体で「**○年○月○日**」とした。また、原文が改ページになり再出する場合は削除した。
- 文中の日付表記は、漢数字表記に改め、年・月・日を付した。
- 時間の午前・午後の表記については、原文通りとした。Ａは午前、Ｐは午後、ｈは時間を示す（例：午前11時30分は11-30Ａ、午後2時は2ｈＰ）。
- 文中の数詞表記は、日付を除き、漢数字、算用数字など原文通りのままとした。ただし、算用数字については、四桁以上の場合、縦に連ねることにした。
- 傍線は原則として削除した。
- 誤字等については傍らに〔　〕で修正するか、〔ママ〕を付し、脱字は本文中に〔　〕で補備した。
- 説明が必要なところは〔　〕内に編者が註記した。
- 人物名については必要に応じて、〔　〕で名前・職名を補った（例：山本〔五十六・連合艦隊司令長官〕）。
- 艦船名については必要に応じて、〔　〕で艦種を補った。また、巻末に艦種一覧を載せた。
- 闕字・平出についてはとらなかった。
- 日記には、当時の新聞記事を切り抜いて添付した個所があるが、記事は省略し、「○○の記事」とのみ略記した。
- 軍隊符号　ＧＦ＝連合艦隊、Ｆ＝艦隊、Ｓ＝戦隊、Ｄ＝師団、ＡＦ＝航空艦隊、ＫＦ＝南遣艦隊、ＣＳＦ＝支那方面艦隊、ＣＦ＝遣支艦隊、Ｓｆ＝航空戦隊、Ｓｓ＝潜水戦隊、Ｓｄ＝水雷戦隊、ｓｇ＝潜水隊、Ｇｇ＝砲艦隊、ｂｇ＝防備隊、ｄｇ＝駆逐隊、ｆｇ＝航空隊、Ｃｆｇ＝連合航空隊、ｗｇ＝掃海隊、⋎＝飛行機、[⋎]＝飛行場、f^{c}＝艦上戦闘機、$f^{⋎}$＝偵察機
- 航空基地符号　Ｗ＝漢口、Ｘ＝広東

解題

相澤　淳

はじめに

日本の対米英蘭開戦時に海軍大臣の重職にあった嶋田繁太郎海軍大将の備忘録・日記については、防衛研究所戦史研究センターがその前身である防衛研修所戦史室時代の昭和四十三（一九六八）年三月に複写して、現在その史料閲覧室で公開しているもののほか、国立公文書館で公開されている複写物（重複を含む）があるが、本巻においてはその重複している部分となる備忘録「第一」から「第五」までを取り上げている。なお、この備忘録については、その「第六」が国立公文書館のみの所蔵、「第七」および「無標題」が防衛研究所のみの所蔵という形となっており、このほか書き写しの「（特）寫」（ケイ紙三五枚）が国立公文書館のみに存在しているが、こうした「第六」以降の備忘録についても次巻以降で取り上げていく予定である。

一方、嶋田の日記については、「昭和十五年」「昭和十六年」および「昭和二十一年・二十二年」が防衛研究所に、「昭和二十二年・二十三年」が国立公文書館に複写物としてそれぞれ所蔵されており、こうした日記類についても、今後同じく取り上げていくことになっている。

ところで、今回取り上げる備忘録の「第一」から「第五」までの間に、嶋田が務めた役職名およびその勤務期間は以下の通りである。

軍令部次長　昭和十年十二月～十二年十二月
第二艦隊司令長官　昭和十二年十二月～十三年十一月
呉鎮守府司令長官　昭和十三年十一月～十五年四月
支那方面艦隊司令長官　昭和十五年五月～十六年九月
横須賀鎮守府司令長官　昭和十六年九～十月
海軍大臣　昭和十六年十月～十九年七月
軍令部総長　昭和十九年二～八月

昭和十年代という日本がまさに戦争の道を歩むこの一〇年間において、嶋田は前後約五年間を軍令部や海軍省という海軍中央部で勤務し、またその間の約五年間は艦隊や鎮守府の司令長官という要職を占めていたわけである。そして、とくに海軍大臣を務めた約三年間については、最後の段階で軍令部総長も兼ねていたわけであり、このとき軍政・軍令両面のトップの地位にあった。しかしながら、この海軍大臣を務めた期間は、同時に嶋田への評価が徐々に海軍内でも厳しいものへとなっていったことも、よく知られている話である。こうした一〇年間に綴られた備忘録について、以下、役職名ごとに若干の説明を試みるが、その前に、嶋田の経歴についても簡単に触れておきたい。

一　嶋田繁太郎の略歴

嶋田は、明治十六（一八八三）年九月二十四日の東京の生まれで、日露戦争中の三十七年十一月に海軍兵学校を卒業、同期（第三十二期）生には山本五十六や吉田善吾らがいた。その後練習航海を経て三等巡洋艦「和泉」に乗り組み、ここで初陣となる日本海海戦に参加。この時「和泉」は海戦当日早朝よりロシア・バルチック艦隊に触接、嶋田候補生はその艦橋で測距儀の測手を務めていた。

その後いくつかの艦艇勤務を経て、大正二（一九一三）年十二月海軍大学校甲種学生。五年二月にはイタリア駐在を命ぜられ、六年十二月からは大使館付武官となり、第一次世界大戦の休戦をイタリアで迎えた。九年六月から十一年十一月までは海軍軍令部参謀として勤務。この間前半はワシントン会議の準備、後半は軍縮条約に対する軍備整備と作戦立案に当たっていた。十二年十二月からは約三年間海軍大学校教官を務め、戦術を教える。この間の十三年十二月海軍大佐に進級。

昭和三年十二月には戦艦「比叡」艦長、四年十一月海軍少将に進級して第二艦隊参謀長、その後、連合艦隊参謀長、第三艦隊参謀長（第一次上海事変に対処）と艦隊勤務が続いた。七年六月、海軍軍令部第三（情報）班長、十一月同第一（作戦）班長、八年十月には海軍軍令部が軍令部に改編され、職名も第一部長となるが、この改編によって海軍省（軍政）に対する軍令部（軍令）の権限が拡大されていた。九年十一月海軍中将に進級、そして、十年十二月に軍令部次長になった。なお、この（海軍）軍令部勤務時代を通した上司・海軍軍令部長（軍令部総長）が伏見宮博恭王であり、この間に嶋田は伏見宮の信頼を得ることになったとされる。

その後の経歴は、前記の通りであるが、特筆すべきは、海軍大臣になるまで嶋田は海軍省での勤務経験がないという、まさに軍令系の海軍軍人だったということである。海軍大将には昭和十五年十一月に進級。海軍大臣、軍令部総長を退いた後は、軍事参議官となり、二十年一月に予備役編入となった。戦後は東京裁判において終身刑（A級戦犯）となるが、三十年四月に仮釈放。昭和五十一年六月七日に九十二歳で亡くなっている。

二　軍令部次長時代

今回取り上げる備忘録「第一」～「第五」のうち、軍令部次長時代の二年間の記述は「第一」～「第三」の三簿冊に及んでおり、分量的には全体の半分以上を占めている。「第一」は昭和十年十二月に次長となってから十一年十二月までの一年間、「第二」が十二年一月から八月までの八カ月間、そして「第三」が十二年九月から十二月一日までの三カ月間である。

「第一」の記述が始まる時期は、日本海軍がそれまで米英と維持してきた海軍軍縮体制から脱退する第二次ロンドン会議開催の時期に当たり、この軍縮問題への対応に関する記述、とくに軍縮離脱後の兵力整備の問題、具体的には、呉と長崎で建造する新戦艦の計画（後の「大和」「武蔵」）への言及（十年十二月二十三日）や、ロンドンの全権への離脱に向けた指示などから、軍令部が明らかに軍縮離脱の前提で動いていた様子が見てとれる。

年が明けて二月になり取り上げられるのが、二・二六事件に関する問題で、ここでは軍令部においても、後継内閣の人事問題なども含めて、国内政治に対する関わりが深かったことが感じられる。四月に入ると、今度は国防方針の第三次改定に関する問題が現れ、仮想敵国としての露国（ソ連）、米国について、その軽重をめぐる嶋田と参謀次長（西尾寿造）とのやり取りや、新たな英国の脅威に対する認識が現れてくるのも興味深い。その後、七月に入ると日独（防共）協定の問題、八月には台湾総督や南洋長官に海軍出を送ろうという問題、すなわち海軍の南進論への動き、さらには九月にはＡ140（「大和」のコード名）が大臣決裁を得るなど、国際情勢が徐々に不穏な方向へ変転し、またそれに対応していく様子が嶋田の記述から浮かび上がってくるのである。

そうした中で、九月以降、中国で頻発した抗日テロに対して、海軍が強硬化して、中国における実力行使を陸軍にも求めていく様子が九月下旬から十月にかけての記述で明らかにされている。いわゆる北海事件以降の海軍の対中強硬論である。結局、これは嶋田が記す陸軍側の消極姿勢もあり、沈静化していくことになるが、この「第一」における嶋田の記述も、まさにその沈静化の影響を受けたかのように、十一月に二件、十二月には一件のみと尻すぼみの形で終わる。

「第二」の記述が始まる昭和十二年一月七日の項には、「機関科問題」についての大臣（永野修身）と嶋田の意見のやり取りが示されている。ここでは、この兵科と機関科の合併問題への嶋田の消極論が示されるが、実はこの機関科問題は、すでに「第一」の中でも現れ、その中では嶋田と同期の山本五十六の消極姿勢なども記されていたのだが、この問題は、この後にも時々現れてくるのであり、海軍内におけるこの問題の根深さをこの備忘録を通してあらためて知ることができる。また、永野大臣の後任として、二月初めに米内光政海軍大臣が誕生するが、その背景には伏見宮総長の意向が働いていたことが、一月二十八日、二十九日の記述で明らかにされており、興味深い。

三～四月にかけては、Ａ140戦艦の建造の進捗状況なども記されているが、この「第二」でやはり注目を集める記述は、七月七日の盧溝橋事件以降の紛争拡大に関するものであろう。なかでも、当初、紛争不拡大論であった米内大臣が、八月九日に上海で起きた海軍将兵殺害事件（大山事件）以降、拡大論に傾いていき、十四日深夜の閣議で「南京を打つが当然」とまで発言、それに対して翌十五日陛下から米内に対し「感情に走らぬよう」との御言葉があったことなども記されている。一方、参謀本部の石原莞爾作戦部長が紛争不拡大論者であったことはよく知られているが、その様子がこの嶋田の記述からもよくうかがえる。また、海軍は日中間の紛争が全面化していく中で、爆撃など航空戦を主体とした作戦を展開していくが、八月十六日の段階で陛下より伏見宮総長に対し「南京には大公使館もあれば爆撃には注意を要す」との御言葉があったことも記され、そして確かにこうした懸念は、後に南京爆撃に対する英米など諸外国からの反発という形で現実化したのである。

九月一日に始まる「第三」の記述は、上海戦における苦戦の様子を記すことから始まっているが、こうした状況はほぼ十月いっぱいまで続いていた。しかし、この陸戦の推移以上に、嶋田が記す戦況は、圧倒的に航空戦に関するものが多い。しかも、その記述内容は、きわめて詳細で、たとえば、攻撃に参加した航空機の機種別の機数に始まり、その発進時間、攻撃目標、攻撃の成否、そして時によっては使用爆弾の種類までがえんえんと記されるのである。まさに海軍にとって日中戦とは航空戦だったのではないかということを強く印象づけられるのであり、また、こうした事細かな情報が東京の海軍中央部にまでしっかり届いていたことに驚くほどである。このほか、興味を引く問題としては、十一月四日に現れる大本営設置問題で、このとき大本営の議に首相等を加える案が陸軍側から持ち出されていたようであるが、それに対して海軍側は海軍省も含めて「大本営の統帥機関なるを無視したとてつもなき案」として反対していた様子がわかる。その後の政軍一致の戦争指導の必要性から考えると、海軍側の保守的な態度が印象づけられる内容である。

嶋田は、十二年十二月一日に第二艦隊司令長官に補され、軍令部次長としての記述も同日で終わっている。それは「南京を攻略すべし」との奉勅命令を記すものであるが、しかしながら、その南京攻略へと至る決定過程については、この備忘録では何も明らかにされていない。

三　第二艦隊・呉鎮守府司令長官時代

嶋田は、第二艦隊司令長官を昭和十二年十二月から約一年間、続いて、呉鎮守府司令長官を十三年十一月から一年半近く務めている。ただし、この二年半分の記述の分量は、次長時代の二年間に比べ大きく減っている（備忘録の「第四」の前半分が第二艦隊と呉の時代で、後半は支那方面艦隊司令長官時代となる）。

第二艦隊司令長官となった嶋田は、艦隊勤務ということもあってか、記述の頻度も減り、十二年十二月に一件、十三年一月はなし、二月以降も月に一～二件で、五月以降はとくに日付のないままに、命令文（大海令）が列記され、それに伴う中国における作戦の推移などが随時記されていくというスタイルとなる。第二艦隊司令長官は、平時であれば連合艦隊司令長官を兼ねる第一艦隊司令長官に次ぐ艦隊の要職であるが、日中戦争という「戦時」下では、この艦隊は中国で戦闘に従事する第三艦隊や支那方面艦隊を支援する側の部隊であったのかという印象すら受ける、嶋田の記述の減少・内容である。

なお、この時期の連合艦隊司令長官には、同期の吉田善吾が就いており、こうした同期の上下関係について、伏見宮総長が当初「円満に行くべきや」と、これまた同期の山本五十六海軍次官に御下問があったというエピソードが、嶋田の第二艦隊勤務の総括ともいえる十三年十月二日の「昭和十三年度第二艦隊所感」に記されている。山本は「必ず円満に行く」と答えたとあり、また嶋田自身も「一年を通し極て円満愉快に訓練に従事」したと書き綴っているが、こうした記述にトップを行く同期の間の微妙な関係が垣間見えるようで面白い。

続けて、呉鎮守府司令長官となった嶋田の記述スタイルも、とくに日付を付けない形のものが続く。その内容も呉で建造中の一号艦（「大和」）の工事の進捗や、石炭液化・人造石油に関する問題、「一人一艦主義」という戦力維持に関する意見など興味を引くものもあるが、それらは鎮守府勤務のある種の平穏さを感じさせる内容でもある。そうしたなかで、やや目を引くのが昭和十五年一月二十五日から実施された「呉鎮の飛行捜索」で、これは英巡洋艦が「浅間丸」を房総沖で臨検した事件（「浅間丸」事件）に呼応した行動と思われる。しかし、その結果は「英艦は発見せず」で、それでも二十六日には「国籍不明の仮装巡洋艦を発見」とある。あるいはドイツの仮装巡洋艦かとも思われるが、そうした国籍の推定を嶋田はとくに記してはいない。なお、この時の連合艦隊司令長官は山本で、前任の吉田は海軍大臣（それぞれ十四年八月）となっていた。

四　支那方面艦隊・横須賀鎮守府司令長官時代

この時代は、備忘録の「第四」後半と「第五」の前半にまたがって記載されている。昭和十五年五月に支那方面艦隊司令長官となった嶋田の記述内容は、当然のことではあるが、日中戦争の作戦推移に関するものが多くなる。航空戦の状況に関するものの比重も相変わらず高く、十五年九月の零戦の投入・活躍に関する記述も目を引くが、とくに十六年五月から八月にかけての度重なる重慶爆撃実施（三六回）に関する記述は、海軍がこの作戦に大きな力を入れていた様子を強く感じさせるものがある。

一方、嶋田の約一年半にわたる支那方面艦隊司令長官在任時は、日独伊三国同盟の締結や南部仏印進駐など、対米関係が悪化を続ける時期でもあった。しかし、こうした状況を嶋田がどの程度認識していたかは、備忘録の記述からは見えてこない。わずかに、十六年二月に上京する参謀長（大川内伝七）に託して「対米の腹、成べく穏便」とその要望を伝えていたようではあるが、これはその当時海軍内にあった対米慎重論と大きく違わないもののように思われる。北部仏印進駐、独ソ開戦、南部仏印進駐といった重要な事項については、その作戦、戦争の推移に応じた記述があるが、戦闘を預かる現場の指揮官としての主要関心事項は、やはり当然のこととして日中戦への対応だったことは間違いないであろう。

そうしたなかで、十六年九月一日、横須賀鎮守府司令長官に嶋田は補せられ、十五日に帰京、横須賀鎮守府への赴任は十月一日であった。そして、次に「十月十八日海軍大臣に任ぜらる」と続く横須賀鎮守府司令長官時代のわずか数行の記述には、この海軍大臣就任の経緯は一切記されていない。このことこそが、嶋田海軍大臣誕生の唐突さを物語っているようにも思われるのである。

五　海軍大臣・軍令部総長時代

海軍大臣となった嶋田は、まず自分の大臣就任以前にあった重要決定について、すなわち「情勢ノ推移ニ伴フ帝国国策要綱」（十六年六月二十八日連絡会議決定）や「帝国国策遂行要領」（十六年九月二日御前会議決定）などを事細かく書き写し、その内容を確認している。そのうえで、東条内閣に課せられた九月六日の御前会議決定を「全然白紙に返し再検討」した、その検討内容が綴られていく。そして、この検討結果に示された、開戦の場合にはその時期を「遅くも十二月初頭」とするという結論が、十一月五日の御前会議決定に取り込まれ、それが最終的に十二月八日の開戦へとつながるわけである。なお、この国策再検討の内容を奏上した際に、陛下より航空燃料の不足に関して御下問があったことを嶋田は記している（十月三十一日）が、この御下問の着眼点はその後の戦争の推移も合わせ考えると興味深い点でもある。また、十一月二十九日の記述では、御前の重臣の所見奏上の席で、米内光政が「ぢり貧となるを避けてどか貧とならざる様用心肝要と存ず」と発言したことも記され、さらにその翌日（十一月三十日）には、陛下が海軍の一部の作戦（ハワイ作戦）に不安を抱き、軍令部総長（永野修身）と海軍大臣を呼び、説明に当たらせていた様子なども記述されている。ともかくも、海軍大臣時代の嶋田の備忘録では、この十六年十月後半から十二月初頭にかけての期間の記述が、最も詳細であり、分量も多くなっており、開戦直前の経緯を海軍側の視点から再検証する上で、この備忘録は欠かせないものであろう。

開戦以降については、その記述の頻度は、大きく減る。これは、戦争遂行の場面における海軍大臣の位置づけを物語っているものなのか、あるいは、忙しさから余裕を失った結果なのかは俄に判断できない。しかし、そうしたなかでも戦勢が転換した時期には、その転換点を指し示すように記載があり、たとえば空母四隻を一挙に失ったミッドウェー海戦後の十七年八月には、大和型三番艦「信濃」の空母改造について「戦訓を充分取入ること」とあり、また十七年十二月末の段階では、その後撤退となるガダルカナル戦への言及もある。また、十八年四月十八日の山本五十六連合艦隊司令長官の戦死については、中央部でそれが確定されていく状況が記され、同年九月に決定された「今後採ルヘキ戦争指導ノ大綱」についてもやや詳細に記述される。そして、その次に記されるのが「軍令部総長に補せられたる経緯」（十九年二月）となる。嶋田が、東条に合わせて軍令部総長を兼任することを永野総長に相談したところ、最初は永野の同意を得られず、その後伏見宮の同意を得ると、永野も「直ちに同意」した様子がここで描かれる。嶋田がまだこの段階では伏見宮の信頼を失っていなかった様子がわかる。

そして、この海軍大臣・軍令部総長時代の記述は、このあと十九年五月二日をもって終わる。その内容は、マリアナ決戦に向けた「作戦の御前研究」についてであり、海軍はその作戦（「あ」号作戦）で第一機動艦隊（空母部隊）など「全力を集中」し「敵に大打撃」を与える計画であった。しかし、その結果は完膚なきまでの敗北だったのであり、こうして海軍の最後の勝利への希望が消えた。嶋田は、そうした「結果」について何も記していない。ただし、この備忘録「第五」の末尾には、記載の時期は明らかではない「回顧」と題したメモが付され、そのなかで「あ」号作戦の失敗を「決定的蹉跌」と表現していた。

このあと嶋田は七月に大臣を辞め、そして、八月に総長を退くことになるが、そうしたことに係わる件は、この備忘録で一切触れられていない。

備忘録　第一

軍令部次長
自昭和十年十二月
至　十一年十二月

十年十二月三日

GF艦船ノ修理竣工

十一年三月二十日　2Sd

三月十五日　1Sd

三月十五日　5S（那智〔重巡洋艦〕少シ遅ル）妙〔高〕〔重巡洋艦〕三月五日

三月十日　古鷹〔重巡洋艦〕

龍驤〔航空母艦〕、鳳翔〔航空母艦〕ハ十年十二月中ニ甲板等ノ補強工事ヲナス。

鳳翔ノ損傷復旧工事竣工　十一年二月十五日

30dg
- 睦月〔駆逐艦〕、如月〔駆逐艦〕　十一年三月十五日
- 弥生〔駆逐艦〕、卯月〔駆逐艦〕　十一年三月三十一日

天霧〔駆逐艦〕、朝霧〔駆逐艦〕十一年三月三十一日

有明〔駆逐艦〕　二月二十六日

雷〔駆逐艦〕　十一年四月十日

電〔駆逐艦〕　四月十九日

支那関係者ノ養成、六課長

トルコ
Tront〔Toront〕(Canada)
} 駐在武官必要

航空輔佐官、現在ノモノ。英（南郷〔茂章〕）、米（城〔英一郎〕）、独（山岡〔三子夫〕）。仏、支ニモ必要。

通信。華府〔ワシントン〕、上海、北平、広東。

予備士官。森田、蓑妻（月600）、汽船三〔兵曹長二 一曹一〕。

新川（ラットランド）、ロスアンゼルス（酒等ノ店）。四年間ニテ合計約30万円（一九三七年六月迄契約）。

藤井（独海軍中尉）、七月布哇〔ハワイ〕ニ入ル。年１２００ドル（一九三九年三月迄契約）。

木暮（予備海軍少佐）、John S. Farnsworth 米東岸、飛行機売込人ノライセンスヲ有ス、航空科出身、昭和八年以来入手（一九三七年四月迄契約）、年６０００ドル、良情報入ル。

唐木（予備機関中尉）、米東岸、華府工廠電気検査手、医者ノ子、報酬ハ其ノ都度与フ（一九三七年四月迄契約）、技術上ノ将来計画諜知。

富村（予備下士）、Harry T. Thompson 米西岸、年４４００ドル。一九三五年大演習計画等入ル、昭和十年ニテ手切レ（事故ニ依リ）。

Charles 議会関係ノコト。

ロスアンゼルス、ホノルルヨリ第二世各一名ヲ内地ニテ六ケ月教育、米通信ヲ傍受セシム、年150ドル。Vancouver ニ第二世ノ傍受者通信試験済。

十年十二月八日

第四部関係

第三部トノ関係ニアル諜報通信ハ四部所掌ハ在来ノ通ニテ、三部トノ連絡ヲ密ニスル為十課員（甲出仕）ヲ三部兼務トス。

短波方位測定ハ十年度第一潜水戦隊ニテ成功セリ。

十一年度ニ力ヲ用ル事項。航空通信（兵器ノミナラズ教育方面ニ力ヲ用フ）、空中線、秘密電話、同時交信装置。

写真電送、東電式十年度実験ニテ不成功、更ニ研究ノコト。

無線操縦、実験中ニテ成功シツ、アリ。

研究機関。人手少ク貧弱、増員ノ必要、外国製ヲ買ヒ之ヲ利用。内地民間研究ノ利用。谷（恵吉郎・逓信省事務嘱託兼特許局技士、特許局審査官）造兵中佐、技師一、浜野（力・技術研究所員兼通信学校教官）中佐。

東京電信所ヲ中心トスル戦時通信訓練必要。

間宮（給糧艦）ノ通信鑑〔監〕査ハ初ハ艦隊ニテハ不評ナリシガ、漸次有効ヲ認メラレテ今ハ好評。

陸軍トノ通信ハ最近良クナリツ、アリ、陸軍モ希望シ努テ訓練。

陸軍以外ノ通信ハ海軍ニテ管制ノ協定大正十年ニ定リシガ、陸軍ハ之ニ不満ナルモ防空法ニテハ在来ノ方針ニ一致セリ。

満州ニテノ無線通信関係ハ未協定。

丸山（茂富）中佐、独逸ニ約一年暗号ノ新機軸研究ニ出ス。

暗号書、大演習ニテ亡失ノ為改訂ノコトトシ十一万円、三年計画ニテ急クモノヨリ行フ。出仕2、嘱託、下士官若干。

第二受信所（横須賀無電所）、大和田町清瀬。

信号書編纂事務嘱託、大佐中田操、中佐浜田義一、筆生（女）2。

第九課嘱託、少佐万膳幸吉、特大尉鴨志田長重郎。

第十課嘱託、少佐阿部政夫、大尉小田切義作、中尉杉山、山崎。

Z（広東）研究班主任、少佐土本峻一（十一年四月山崎中尉ト交代）。

Y（北平）　〃　、少佐隅部勇（十一年四月帰朝）、阿部少佐ト交代。

遠藤昌（大佐）、十一年一月二十七日着任。

十年十二月十日

航本（航空本部）ノ通報

初春〔駆逐艦〕｝電気溶接ニヨリ船体ニ「クラッキング」ヲ
真鶴〔水雷艇〕｝生シ外鈑ヲ「リベッチング」ニ改ル要アリ。
9dg、21dgハ外鈑電気溶接ナルニ依リ、「リベッチング」ニ変更ノ要アリ。

十年十二月十一日

第二部関係

国防所要兵力、正式ニハ決裁ナシ。〔伏見宮博恭王・軍令部〕総長内覧ヲ得タルモ〔ママ〕ニヨリ、次ノ補充計画ヲ立案シタルモノ。三次計画案、8億円余、但シ此ハ主力艦ハton－3000円トナシアルモ、現今ハton 2000～2100円ニテ出来ル見込。

改装（主力艦、空母ハ十一年末完成）。赤城〔航空母艦〕ハ例外、1300万円中600万円ハ砲熕関係ナレハ之ヲ忍ブコトトシ、丫関係ハ改善シ丫多数ヲ積ム、甲板ハ長クシ同時発着可能トス、十一年度予算ニテ240万円取リタリ。

次期主力艦、十年度ニ造船施設ハ行ヘリ、砲鋼機ハ十一年度ニ1400万円取レ、残リ200万円ハ来年呉レルモ契約ハ1600万全部ニ行ヒ、艦本〔艦政本部〕ノ要望通。

次期航空隊、立案中。

飛龍〔航空母艦〕ハ夜間発着ノ為ニ蒼龍〔航空母艦〕ヨリ幅ヲ一米増シ、蒼龍12000t、飛龍13000t。

利根〔重巡洋艦〕、筑摩〔重巡洋艦〕、〃8砲四砲塔トス。

朝潮〔駆逐艦〕以後10隻ハ事実特型（公試1980t）、61cm〔魚雷発射管〕八基、12・7c〔cm〕砲六門、35・2k〔ノット〕。

伊七〔潜水艦〕、伊八〔潜水艦〕、司令官用可能トス。

海中型〔潜水艦〕ハ二隻ノ外将来建造セズ。

高崎〔給油艦〕、剣埼〔給油艦〕、戦時丫36機、34k、補給用燃料4000t。

千歳型〔水上機母艦〕（甲）丫24機、標的ヲ積メハ丫16機、28k。

瑞穂〔水上機母艦〕（乙）丫搭載ノミ、24機（外ニ補用8）、22k。

加古〔重巡洋艦〕ハ砲、雷、缶ノ改造中、他ノ古鷹等ハ予算十一年ニ取レタルモ艦隊ノ関係上用ヒ得ス。

長門〔戦艦〕、陸奥〔戦艦〕、伊セ〔勢〕〔戦艦〕、日向〔戦艦〕ノ四隻ハ九一式弾ニ対シ20000～26000（25000）〔m〕ニ堪ユル防禦。

機銃、25㎜二連装、十年ニ仏国ヨリ24、十一年ニ30、横須賀ニ年60製造能力ヲ設ントス〔将来100〕。

佐世保、大船渠十二年度竣工。

横須賀、造船船渠ヲ兼ルモノヲ十一年度150万円、十三年度ニテ竣工。

摂津〔標的艦〕ノ無線標的、十二年度艦隊ニテ用ヒ得ル様ニスル意気込。

航空廠ノ試作能力ヲ支ル施設ヲ行フ、十一年度予算380万円成立、五年計画ニテ行フ。

航空隊維持費増、600万円成立(海軍要求ヨリ120万円不足)。

十一年度ノ〼場施設、十一年度190万円。

幌莚(200万円必要)6000円ニテ調査。南鳥島ノ完成885、000円(十年度分30万円アリ)。小笠原ノ拡張545、000円。トラックノ完成186、000円。パラオ(陸上)250、000円。

呉ノ訓練〼場、95万円成立、土地買収ニ72万円、埋立ニ相当必要、岩国案ト宇部案トアリ。

鹿屋十一年四月開隊、木更津〃〃〔四月開隊〕、横浜十月〃〔開隊〕、鎮海十一月〃〔開隊〕。

硫黄島ノ修復ニハ約十万円必要。

十年十二月十七日

軍縮(1)

十四日迄ノ日英会談ニ関スル全権〔永野修身〕及首席随員〔岩下保太郎〕ノ報告ニ対シ、十七日海軍省ヨリ意見ヲ申送ル。

此ノ字句生マ温ルキニヨリ次長〔嶋田繁太郎〕ヨリ『ブルネビリテー』ニ関シテハ此以上深入セサル様、又量質並行討議ハ之ヲ避ル様ノ意味一層明確ニナスコト』〔ママ〕ヲ注意セシガ、全権々限ノ範囲内ノコトナルニ依リ、少シユトリアル字句ニシタシトノコトニテ同意シタリ。

此点総長殿下ヨリモ同ジ御注意アリ、此侭進ミタル上全権請訓シ来リ許サヽル場合全権ノ顔モ困ルヘシ今ノ中ニ早ク注意セヨ、トノ御思召ナリ。然シ一同ニテ研究シ〔大角岑生・海軍〕大臣モ同意シアルコトナレハ、強テトハ云ハズトノ御言葉アリ。

軍縮(2)

十六日午前ノ日英会談及ヒ同日午後ノ委員会ニ於ル永野〔修身〕全権ノ共通最大限+αノ説明ハ危険ト認メ、十九日〔長谷川清・海軍〕次官ヨリ首席随員ニ注意電ヲ発ス。

十年十二月二十日

小林省三郎〔鎮海要港部司令官〕中将ノ話

満州事変当初奉天、吉林ノ中国銀行ニテ押収ノ現金、銀ハ、奉天8000万元、吉林4000万元。

之ヲ奉天ノ米国銀行ニ預金シタルガ、米銀行ハ現金ハ米本国ニ輸送セリ。之ヲ知ルモノハ板垣〔征四郎・関東軍参謀副長兼駐満武官、満州事変時は関東軍高級参謀〕、石原〔莞爾・参謀本部作戦課長、満州事変時は関東軍作戦主任参謀〕ト満州中央銀行関係ノ二、三ナラン。

満州国ニテガリガリ〔ママ〕版紙幣ヲ刷リ現銀ヲ入手シタル陸軍所有額ハ５０００万元ニテ、之ヲ天津ニ運ヒ預ケアリ（板垣、花谷〔正・関東軍参謀〕等）。支那ノ幣制改革ニヨリ現銀ヲ天津ヨリ中央ニ送ラレテハ大変ト云フカ、十一月北支事変ノ原因。

陸軍ニテ本渓湖ノ鉄会社ヲ作ル時ニ100万円入手、之ニ類スルモノ100万円入手。此等カ北支工作ノ資金トナリシナラン。

十年十二月二十三日

第二部

戦　２（呉、長崎）十二→十五年度
　　　　　　　　十三→十六
空母　２（２００００ｔ）
駆（特型）—６、（１４００ｔ）—８
潜（２８００ｔ　２
　巡　11
敷（９０００ｔ）１　（水上機母艦千代田型）28ｋ
海防艦（警備用（１０００ｔ））４　20ｋ
敷艇　５
掃　６
駆潜　９
其ノ他

Ton ３０００円（戦艦）トシ、合計八億余、２５００円トナレハ其レ丈ケ減。

航空隊ヲ第三次ニテ増ントスル地。高雄（十二、十三年度）、根室（十五年度）、父島（十四年度）。

重油、二ケ年間戦時所要730万トン、昭和十一年度末ノ貯蔵400万トン。

揮発油、各地合セテ５４０００キロ立ヲ貯蔵シ他ハ原油ニテ保有セントス。十一年度ニテ格納庫５４０００キロ立トナル。戦時所要第一、第二種計、４２０、０００キロ立。（重油ヨリノ製造能力ハ、徳山→４００００キロ立、民間→１２０、０００キロ立）。

石油業法、民間貯蔵六ケ月分（143万トン）ハ昭和十年十月迄ナリシヲ一ケ年延期ス。

撫順シエールオイル、年額30万トンニ増設セントス。

弾薬、十一年度予算ニヨリ主力艦（比叡〔戦艦〕ヲ除ク）弾薬ノ第一種額全部整備。

蒼龍ノ丫、九〇式戦闘機（改）常用18、補用6、九四式軽爆機常用33、補用11。

第一次及第二次補充計画ニ属スル駆逐艦ノ兵装

型	艦名	兵装	補充計画
初春型（六隻）	初春、子日、初霜、若葉、有明、夕暮	十二・七糎砲　五門 六十一糎発射管六門	第一次計画
白露型（一〇隻）	白露、時雨、村雨、春雨、夕立、五月雨、江風、海風、山風、涼風	十二・七糎砲　五門 六十一糎発射管八門	
朝潮型（一〇隻）	朝潮、大潮、満潮、荒潮、朝雲、山雲、夏雲、峯雲、霞、霰	十二・七糎砲　六門 六十一糎発射管八門	第二次計画

十年十二月二十四日　倫敦発

軍縮（3）

全権ヨリノ電、要旨。

帝国提案ヲ受諾セシムルコトハ極テ困難。量的問題ノ我主張貫徹ノ中途ニ質的問題ニ深入スルハ有利ナラザルニ付、質的問題ノ提起前ニ更ニ我提案ノ説明ヲ尽サントス。

量、質併行審議ニ反対スルハ誠意ナキ態度ナリトノ批判ハ覚悟セサル可ラス。質ノ問題ニテ各国間ニ或程度ノ意見合致ヲ見タル後ニ量的問題ニテ我主張不貫徹ヲ理由ニ引揚ルハ、軍縮事業ヲ全面的ニ破壊スルモノトノ非難ヲ蒙リ一層不利ノ情勢ニ陥ルヘシ。

依テ会議当初ノ模様ニテハ質量問題併行ノ審議モ可ナルヤニ思考セラレタルモ、今日ノ事態ニ徴スルニ我主張貫徹ハ益々困難ヲ加ヘツヽアリ、此際質ノ問題ニモ入ルコトハ之ヲ避ルヲ要スト認メラルヽニ付、若シ明年再開後質量併行審議ノ案出テタル場合ニハ飽迄之ニ反対シ、先ツ以テ量的問題ノミノ審議ヲ尽サシムルコトトシ、其ノ間我方主張貫徹ニ最善ヲ尽ス。

我根本主張ニ反対ナルコトヲ明カニシタル上、成ルヘク我方国際関係ニ悪影響ヲ及ホサヽル方法ニ依リ各国ト共ニ会議ヲ終止セシムルヲ可ナリト認メ、此方針ヲ以テ善処シ度キ意向ナリ。

十年十二月二十七日

予備員ノ士官任用制度ハ其ノ侭存置シ、之カ運用ヲ中止ス。代案トシテ、生徒採用数増加、尉官代用ノ増加。予備員ノ勤務召集ハ従前通続行ス。

特別任用士官

	兵科（計画任用員数）	兵科（実際任用）	機関科（計画数）	機関科（実数）
昭和九年度	80	41	45	25
〃十年度	60	前期4 後期（4）	35	前期5 後期4

	加賀〔航空母艦〕	赤城	山城〔戦艦〕	榛名〔戦艦〕
△実際t	42,562	34,950	39,053	35,921
全速力k	28.5	30.7	23.7	29.6
8/10全力k	26.8			
平均吃水m	9.4	8.0	9.7	9.5

初春型駆逐艦改造工事竣工期日一覧表

艦名	竣工期日	記事	現訓令案
若葉	四月十日	（審議期間ヲ含ム）	（三菱長（崎））二月二十九日
初霜	四月十五日		
初春	四月二十五日		（佐（世保））三月十五日
子日	五月十日		
有明	四月十日	（審議期間ヲ含ム）	（浦（賀））二月二十六日
夕暮	四月末日		（浦（賀））三月十五日

十年十二月三十一日

軍縮（4）

十年十二月末ノ全権来電ニ対シ、海軍ハ之ニ全幅ノ同意ヲ有シ其ノ旨ヲ打電鼓舞スルヲ可トシ、外務ハ或点迄質ノ問題ヲモ討議スルヲ可トシ主力艦、空母等ノ全廃大縮減ヲ論スヘシトシ（是ハ質ノ問題ニアラズ量ノ問題ナリト海軍駁ス）、海ト外トニテ十二月三十日迄折衝セルモ一致セズ。海軍トシテハ寧ロ打電セサレハ全権電ヲ認容スルコトトナルニ依リ、妙ナ電ヲ打ツヨリ可ナリトス。

十一年一月七日

軍縮（5）

首席随員ヨリ会議無収獲〔穫〕ノ場合ニ結末ヲ良クスル一案トシテ、毒ニナルマジキ（会議並ニ其ノ決裂後ノ情勢ヲ多少トモ有利）竣工後ノ建艦通告ヲ請訓シ来ル。

之ニ対シ、此ニテハ何ノ効果ナカルヘク且帝国ノ建艦通告案ニ対スル反対ノ論拠ヲ弱メ、延テハ英案ニ近逼ノモノニ引込ル、虞アリトシ不同意ヲ回訓ス。

十一年一月十二日

軍縮（6）

一月八日日英私的会談ノ結果全権ヨリ請訓来ル。

十一日之カ回訓ヲ海軍、外務ニテ審議シ夜半成案ヲ得。

十二日午前十一時非公式軍事参議会ニ之ヲ披露シ、午後一時半臨時閣議ヲ開キ之ヲ決定、首相〔岡田啓介〕ヨリ内奏ス。

軍縮（7）

一月十五日ノ第一委員会ニテ帝国主張ヲ述ヘ、各国之ニ対スル意見ヲ述ヘタリ。

同会議後帝国ノ会議脱退通告ヲ発ス。

鳳翔、スタビライザー故障（一月十日）。三月中旬修理竣工ノ予定。

中央出師準備図演。

横須賀　〃　。

佐世保軍需工業動員演習。

舞鶴　〃　。

広〔島〕　飛行機急速製造。

大演習。

４F編成、七月下旬—八月上旬

陸軍大演習終結、十月六日

東京御還幸、十二日（又ハ十三日）

第三期開始、十月二十日（又ハ十九、二十一日）

十一年一月十六日

北支処理方針（陸軍省案）

十年十月三省協定ノ方針ニ基キ定メタルモノニシテ支那駐屯軍司令官〔多田駿〕主体タルヘキコトヲ明示シ、急激ナル工作ヲ禁シ徐々ニ既定方針ニ導クヘキコトヲ示ス（支那駐屯軍司令官ニ指示）。

十年十二月関東軍司令部ノ『北支問題ニ就テ』。

シヤム国潜水艦四隻建造、三菱神戸造船所（契約三井物産）。

基準排水量370ｔ(常備)、実際ノ基準ハ330ｔ
短8cm高角砲一、7.7㎜機銃一、45cm発射管四、水上14・5ｋ(水中7.5ｋ)

	第一艦	第二艦	第三艦	第四艦
着手	十年十二月二十日	〃	〃	〃
竣工	十二年九月五日	同〔上〕	十三年三月五日	同〔上〕

1850ｔ給油艦	一	函館ドック	
1400ｔ練習艦	二	浦賀ドック	(12cm〔砲〕4)
2000ｔ砲艦	二	川崎	(20cm〔砲〕4)
135ｔ沿岸警備艇	三	石川島	

〔欄外〕

十一年度防備部隊施設
一、舞鶴博奕崎砲台、8cm高角砲4、其ノ他
二、呉　由良崎機雷衛所
三、佐世保　崎戸島　水中聴音所
四、呉　海兵団　化学兵器防禦訓練所
五、台湾　ガランピ　方位測定所
六、横須賀　〔通信〕所
七、舞鶴　同〔右〕

南鳥島不時着陸場(十一年一月十四日発)
(東京府第三農場)
十年度421、000円(横浜、木更津ノ使ヒ残リ)
十一年度430、000円
用地買収約92万平方米、桟橋二個
飛行艇ニ方位測定機装備
佐世保91式飛行艇、館山91式及90式二号飛行艇

十一年一月二十日

総長殿下ノ御思召ヲ外務大臣〔広田弘毅〕ニ伝達

午後四時外務省ニ広田外相ヲ訪ネ総長殿下ノ御使トシテ来レル旨ヲ述ヘ、『今次軍縮会議ニ於テ外務大臣ノ御努力ニヨリ帝国ノ主張ヲ充分ニ闡明シ得、又外務海軍ノ間各立場ニヨリ議論ヲ闘ハシタルモ是ハ当然ニシテ、而モ外ニ対シ良ク協同シ目的達成ニ努メ立派ニ終始シ得タルニ就キ、殿下ニハ深ク御満足ニ思召シ外務大臣ニ満足ノ意ヲ伝ヘヨトノ御言葉ナリ』。

外務大臣ハ恐懼感激シテ御礼言上ヲ乞ヒ、尚只今陛下ニ奏上申上タル次第ナルカ、帝国ノ主張ハ十分明ニシ得タリト思フ、陛下ヨリハ英国トノ関係ヲ特ニ慎重ニセヨトノ御言

葉アリテ努メントス、又支那問題ニ就テハ陸軍ト外務トハ兎角意見合ハズ在来ノ如ク海軍ノ御協力ヲ願フノ挨拶アリ。

英米ノ軍事協定（十一年一月二十九日在独武官〔横井忠雄〕電）。

軍縮会議ト並行シ英、米、仏間ニ次ノ如キ軍事協定進ミツ、アルカ如シ。

一、英、米間ノ支那ニ於ル自由行動ヲ共同目的トシ、太平洋ニ於ル事態急迫ノ場合、英国ハ左ノ方策ヲ以テ米国艦隊ノ集中作戦ヲ支援ス。

(A)本国艦隊ノ一部ハ米国東岸ニ分派ス

(B)地中海艦隊ヲ東洋ニ派遣ス

(C)支那艦隊ヲ増勢シ米国支那艦隊ノ任務ヲ継承ス

(D)シンガポールノ施設ヲ促進完成シ英米艦隊ノ根拠地タラシム

(E)在東洋及豪州ノ英軍港ヲ米艦隊ニ開放ス

二、英、仏間、伊国ヲ目標トスル地中海協同作戦ハ所期ノ了解ニ到達セサリシモ、英米連合対日行動ニ出ル場合ハ、仏ハ地中海ニ於ル英艦隊ノ任務ヲ継承シ其ノ権益保護ニ任ス。

十一年一月三十一日

末次〔信正・軍事参議官〕大将談

(1)秋山定輔〔元『二六新報』社長・元衆議院議員〕ハ蔣介石〔国民政府軍事委員会委員長兼行政院院長〕ヲ世話シタル関係上特別ニ敬意ヲ払ハレアリ、実川時次郎〔秋山と関係の深い政治浪人〕ヲ使トシ蔣ト話サシメ『今ノ様ナコトデドウスル積リカ、満州ハ孫文既ニ日本ニ渡ス約ヲナセルニ非ズヤ、之ヲグズ〻シテ日支国交ヲ常道ニ復セサルハ如何』ト云ハシメシニ、蔣ハ『自分ハ全責任ヲ以テ日支国交ヲ復セントスルモ日本ノ今ノ様デハ如何トモ仕難シ、北支ハ元ノ様ニシ真ニ提携サレタシ、軍事協定モ差支ナシ経済上ノ援助ヲモサレタシ等』。

軍令部ハ国防外交ノ上ヨリ日支関係ヲ常態ニ復サシムル主動者トナラレタシ、岡田〔啓介・後備役海軍大将〕首相モ同意ニテ大蔵大臣〔高橋是清〕トモ話シ一億、二億ハ出スモ可ナリトノコト、海軍大臣〔大角岑生〕モ同意。

(2)軍備ニ航空兵力ノ増大ヲ計ル必要。交通用飛行機大型ヲ装備スルガ遠距離飛行ニ必要。燃料、人員等ノ運搬用ニナルモノ。

(3)山本〔英輔・軍事参事官、海軍〕大将ノ牧野〔伸顕・前内大臣〕、斎藤〔実・内大臣、退役海軍大将〕等ヘノ手紙。

機関官問題

明治二十年二系ヨリ一系ニ改メタルカ結果、不良ノ為二十三年ニ兵学校ヲ将校及機関官トナルヘキ生徒ヲ教育スル所トシ普通学ノミヲ共学トセシガ、尚不評ニテ二十六年ニ機関学校ヲ別ニシ横須賀ニ設ク。

英国

一九〇二年以前　（総監）別種二系
一九〇二→一九〇五（総監）少尉ニ任官ノ時三科ニ分ル
一九〇五→一九一一　全部一系トス
一九一一→一九二一　大尉一年海上勤務後ニ兵科、機関科ノ将校ニ分レ、中佐ニテ一系トナル
一九二一→一九二五
一九二五年以後　｝（機関中将）　候補生ヨリ兵科、機関科将校ニ分科ス、機関科ハ相当官トナリ指揮権ヲ与ヘラレサルニ至ル

機関科ノ希望及制度改正

一、明治四十五年武田〔秀雄〕機関少将ノ上申。軍令承行以外ニ於テハ純然タル将校タルノ礼遇ト名誉トヲ賦与スルコト。鎮守府、艦隊機関長ノ上ニ在リテ機関科ノ主脳トナルヘキ官衙ヲ必要トス（機関本部ハ明治十九年廃止セラル）。

二、大正三年船橋〔善弥〕、山田〔英之助〕、入沢〔敏雄〕、中島〔市右衛門〕機関少将ノ上申。現制ニ於テ地位待遇ノ改良ヲ行ハル、モ根本的粛正策ニアラズ。宜シク一系制トナスヘシ。

三、大正四年研究ノ結果十二月改正。機関科士官ハ機関将校トナリ、相当官ニアラザルコト。軍令承行令ニ『将校在ラサル時ハ機関将校軍令ヲ承行ス』ヲ加フ。大正八年ニ至リ更ニ機関科将校モ将校ニ抱〔包〕括セラレ、将校ハ兵科及機関科ニ分タル。艦隊、鎮守府ニ機関参謀ノ配置ヲ認メラル。

四、大正十年末ヨリ復ビ一系運動表面化シ、翌十一年船橋〔善弥・海軍省〕機関局長、池田〔岩三郎〕教本〔教育本部〕三部長等ヨリ上申アリ。

大正十二年七月教育制度調査会ヲ設置、同年九月大震災ノ結果機関学校ハ臨時江田島ニ移転。

調査会ハ意見一致ヲ見ルニ至ラズ、岡田〔啓介〕委員長〔次官〕ハ十三年四月『現制廃止ヲ可トスル意見』ト『現制廃止ヲ不可トスル意見』《(イ)修習負担大トナリ機関科ノミナラズ一般ノ能率下ル、(ロ)地位待遇ノ改善及職務ニ対スル自覚ニヨリ緩和可能、尚新制度ニ依ルモ依然不満起ル》ニ所見《委員会ハ意見一致ヲ見サリシモ、海軍全般ノ能率ヲ第一要義トシテ可否ヲ決スルノ要アリ》ヲ付シテ大臣〔村上格一〕ニ報告ス、村上大臣ハ『現制度ヲ持続スルコト〔』〕ニ裁定セラレ、同年五月本件ニ関シ復〔ママ〕再ヒ無用ノ論議ヲ繰返スヲ許サヽル旨訓示ス。

大正十三年七月財部〔彪〕大臣トナリ、同年十二月武官々階ヲ改訂シ、機関中将及少将ヲ廃シ、少将以上ハ兵科ニ帰一セラル。

五、今次運動ノ再燃内情。昭和九年友鶴〔水雷艇〕事件ニ関連シテ行ハレタル杉〔政人〕艦本長〔艦政本部長〕ノ更迭、一部ノ機関将校ヲ刺激セルカ如ク、又同年近藤〔信竹・海軍〕大学校教頭ノ４Ｆ参謀長トシテ不在中、兼田〔市郎〕少将ヲ技研〔海軍技術研究所〕出仕トシテ谷本〔馬太郎〕大佐ニ教頭代理ヲ命セラレシヲ前途光明無シトシ、伍賀〔満〕ＧＦ機関長ハ上司ニ意見ヲ提出シタルガ、其ノ骨子ハ現制度ヲ改変セントスルニアラズ、機関科将校ノ進路ヲ開キ、大佐級以上ニ於テモ兵科将校ト同一ノ現役率ヲ保有シ、栄進ノ機会ヲ均等ナラシメントスルニ在リ。

次テ九年中期新ニ予備員特別任用制度採用セラレ、海軍軍事教育的素養ナキ特別任用者ノ下風ニ立ツニ忍ビストノ声昂マリ、偶々十一月ニ至リ昭和十年度参謀長会議諮問事項第三問ヲ見テ、機関科将校ノ平素抱懐スル制度問題ヲ公議ニ上セラルヘキ機会ヲ与ヘラレタルモノトナシ、十二月下旬舞鶴在勤機関科第三十一期会員名ヲ以テ意見書ヲ発シ本問題表面化スルニ至レリ、尚ホ此外ニ整備科問題、防禦指揮官問題等ハ機関官ノ論議ニ上レリ。

今次機関科ノ主張ハ概ネ次ノ如ク、単ニ将来ヲ如何ニスヘキカヲ論スルニ止リ、現在ノ機関科将校ハ将来ノ為ニ甘ンシテ犠牲タラント云フ。

『機関科将校特別教育養成ノ可否ニ関シ慎重ナル再検討ヲ遂ケ、我海軍ノ編制運用士気ノ振作引テ其ノ発展上最良ト認メラルヘキ将校教育制度確立ノ要アリ』〔横鎮〔横須賀鎮守府〕機関長〔鍋島茂明〕ノ諮問事項答申〕。

『海軍機関学校生徒教育ヲ廃止シ、海軍将校生徒教育ヲ一系トナスヲ要ス、而シテ之カ為速ニ制度調査会ヲ設ケ慎重審議セラレシコトヲ希望ス、但シ本制度実施ニ当リテモ、実施以前ニ養成セラレタル機関科将校ハ従前ノ制度ノ下ニ存置セラルルモノトス』（海軍工機学校ノ答申）。

軍令部主務課ノ対案

一、制度ノ改正

士官ハ将校、機関官、軍医官、主計官等ニ分チ、相当官タル官称ヲ廃ス。機関官ハ機関少尉ヨリ機関中将ニ及フ。機関官（整備科ハ準之）ニハ軍令承行権ヲ認メズ。不満生起ノ原因ヲ極少ナラシムル諸制度法規改正。機関局ヲ新設ス。

二、実施時期、十一年末迄ニ沈静セシムル如クス。

十一年二月六日

対ソ関係

本日外務、陸軍、海軍ノ定例会合ノ席上、近時満ソ東方国境ノ紛争ヲ避ル方法ニ就キ研究ノ結果、国境確定委員会（日本ノ主張）、国境紛争解決委員会（ソノ主張）ノ両者ヲ共ニ設ルコトニ進ムコトトシ、先ツ「ハンカ」湖以南ノ国境ニテ米国ト加奈陀トノ例ノ如クニ一哩間隔位ニ標識ヲ設ルコトニシテハト話纏リ折衝ノ基礎トス。

十一年二月八日

独満通商協定

一、独国ハ満州国ヨリ年一億円（大豆ナラ百万頓）ヲ買付ク。

二、満州国ハ独国ヨリ年二千五百万円ヲ買付ク。

三、協定ノ有効期間ヲ一年トス。

独カ満ヨリ買付ル資金ノ準備ハ、為換〔替〕管理局、日独貿易ニ於ル独ノ受取超過額ヨリ１５００万円差引タ額、外国為替ニテ７５００万円用意ス。独逸国立銀行、２５００万円準備ス。両国買付額ノ最低額ヲ左ノ通トス。

独、満品ヲ７０００万円

満、独品ヲ２１２５万円

磯谷〔廉介〕駐支陸軍武官ノ話

蔣介石ノ国民政府ハ元来「ソ」連邦ニ模倣シタルモノニシテ、党員ニハ都合良キモ一般ノ民衆ニハ不良、為ニ民心漸次離ル。反蔣ノ気運ハ常ニアルモ、其ノ有力ナル西南スラモ未ダ如何トモナシ能ハサル実力ナリ。

蔣介石ハ初メ英米依存ナリシモ、日本ノ自主的態度ニ依リ又英、米、ソ何レモ頼ムニ足ラサルニ因リテ日本ト接近ノ必要ヲ認メ出セリ。

英モ米モ支那ニ対シ日本トノ関係ヲ今ヨリ改善セサレハ援助シ難シト云フ、「リースロス〔Frederick W. Leith-Ross 英国財政使節〕」ハ蔣ニ対シ、米ハ宋子文〔全国経済委員会委員、中国銀行董事長、国民政府前財政部長〕ニ対シテ云ヘリ。

南京政府ヲ更ニ政策ヲ是正セシメ以テ日本ニ近接セシメ、帝国ノ真ノ危機以前ニ我ト協調セシメタシ、此ノ是正出来サレハ支那ハ分裂スルモ止ムナシ。

南京政府ヲシテ北支ハ日本ト特種〔殊〕ノ関係ニ在ル地域ナルヲ自覚セシメ、自発的ニ我ニ有害ノ機関ヲ撤セシムル様ニナサシム。余リ南京政府ヲ無視セヌコト、力ノミニテ推サヌコト。

蔣トノ会見（一月末）。蔣ノ頭ニハ日本トノ関係ヲ是正シテ行ク考アルコトハ認メ得、之ハ誠心誠意ト云フニハアラデ〔ママ〕政権維持上日本ノ手ヲ握ルコト有利ナリトノ打算ヨリノ決心ナリ。蔣ハ自信強ク、『自分ノ政策ニ反対シタルモノニテ成功シタル例ナシ』ト豪語セリ。是ニ対シ帝国ハ強硬ノ態度ヲ持シテ蔣ノ此ノ決心ヲ利用スルヲ可トス。

英国ノ対支投資30億（主トシテ土地、家等不動産）ハ中々容易ニ駆逐シ得ズ。英ノ勢力駆逐ハ大言壮語ニテハナシ能ハズ、対米、対ソ共ニ協調シ難キコトヲ考フル時、英ヲ敵ニ廻サヌ様ニスルヲ要ス。

第二部

新航空兵力増勢（十年十月二十二日次長ヨリ次官ヘ協議）。
台湾、父島、北海道ニ新設（十一年ヨリ十五年完了）。
台湾　中攻一、中艇一、艦戦½、水偵½
父島　中攻（又ハ艦攻）½、水偵½
北海道　中攻½
昭和十五年末戦時准空母、特設艦船、特設航空隊、航空隊（戦時編制ニ依ルモノ）ニ要スル兵力ヲ陸上航空隊数ニ換算スレハ88・5隊トナル。

艦戦、軽爆、艦攻、中攻	ハ一隊常用機	12
大攻、水偵	ハ　〃	8
中艇、大艇	ハ　〃	4

之ニ対シ戦時急速補充ニテ差支ナキ一部搭乗員ヲ除クノ外、戦時要員ノ大部ハ之ヲ平時ヨリ保有《飛行機ハ教育訓練上必要ノ最小限度即チ艦戦、水偵ハ約2.6倍定員、其ノ他ハ2.0倍ノ定員》スルトシ、平時処〔所〕要ノ隊数ハ30・5隊（但シ教育

隊ノ外）現在ニ対シ不足。軽爆一、水偵四、中艇一、計六隊。之ヲ新タニ補充スルコトトス。

昭和十五年末予備員及戦時急速養成員、約400。

山本〔英輔・海軍〕大将ノ斎藤〔実〕内府〔内大臣〕ヘノ意見書

十年十二月下旬山本大将ハ陸軍内部ノ紛争ヲ収メ国内ノ混乱ヲ救フニハ自己ヲ立タシムルノ外ナシトノ長文ノ意見書ヲ斎藤内府ニ送ル。

十一年二月大日本新聞ニ此ノ片鱗ノ短記事出テ、一方山本大将ハ牧野〔伸顕・前内大臣〕伯ニモ聞シ、写ヲ本庄〔繁〕侍従武官長、有馬〔良橘・枢密顧問官、明治神宮宮司、退役海軍〕大将ヘモ送ラレ、風聞漸次高マルニ至ル。

総長殿下〔伏見宮博恭王〕ニハ此事態ヲ御軫念アラセラレシガ、大臣〔大角岑生〕ハ山本大将ト級友ナルモ反テ議論トナリ又重臣ブロックノ手先トシテ山本大将ヲ圧サヘルトナシ具合悪シトノコトニテ、総長殿下ノ御言葉ニ自分ヨリ注意スルモ良シト仰セラレシニヨリ、殿下ニ御願申上ル希望アリ。

二月十七日殿下ヨリ直接自分カ呼ンデ云フモ可ナル、山本之ニ対シ議論セハ殿下ヨリモ又申サル、コトトナリ其ノ結局事カ面倒ニナルコトモアルヘク、嶋田〔繁太郎・軍令部次長〕ヲ御使トシテ山本大将ニ遣サル、コトノ御下問アリ、大臣ト相談ノ上其ヲオ願申上ルコトトナル。

十七日午後一時嶋田ハ山本大将邸ヲ訪問シ別紙ノ御言葉ヲ伝ヘ、之ハ殿下ノ御シカリニハアラズ、ホンノ御好意ノ重要位置ニ対スル御注意トシテ伝達ス。

本日ハ総長殿下ノ御使トシテ御思召ヲ御伝ヘニ参リマシタ、殿下ニハ山本大将カ至誠国ヲ憂ルノ余リ、部外ノ人々トノ交渉ニ於テ動モスレハ人ノ疑惑ヲ招キ何カ政治運動デモナシヲルヤノ風聞ヲ聞シ召サレテ御軫念アラセラレ、山本ニハ左様ノ間違ナキヲ信スルモ、現役ノ臣下ノ最先任ノ海軍大将トシテ重大ナル責任ヲ持テ居ラル、ノテアルカラ時節柄篤ト考慮シテ慎重ニ行動シ、万間違ナキ様注意スル様ニトノ難有イ御言葉デ御座イマシタ。

山本大将ハ恐懼シ御言葉ヲ謹テ拝承、御答ノ要旨。

山本ハ斎藤内府ニ意見ヲ出シタル時ニ自己ヲ捨テ、ナシタルコトナルガ、世ノ中ニ知レタル今日此ノ如キコトハ漸次尾鰭カ付キテ話カ大キクナルニ依リ、此頃ハ日記ニモ記シアル通リ一切人ヲ訪問セズ、ホンノ私用ノ他ハ外出モセズ、唯ダ満井〔佐吉・相沢三郎中佐特別弁護人〕中佐ノ関係ノ三、四名時ニ相沢事件〔永田鉄山陸軍省軍務局長暗殺事件〕ノ情報ヲ持来ルノミ、言行ヲ慎ミ居リマス、一旦出タ噂ハ如何トモ致シ方ナシト詮メヲリマス。

斎藤内府ニ送ルノ書　十一年一月　十一日
十年十二月二十九日

〔欄外〕
牧野内府ニ送ルノ書　同　二十六日
十年十二月二十五日

尚ホ序ノ話

陸軍ノ現状ハ大ニ急迫、大臣〔川島義之〕等主脳部モ手ノ下シ様ナシ、今月末迄ニハ相当波紋生スヘシ、血ヲ見サレハ収ルマシク思ハル、ガ、満井ハ血ヲ見タラ収拾困難ナリト云フ。

林〔銑十郎・軍事参議官、陸軍〕大将ハ証人トシテ何モカモ御上ノ御言葉モ、閑院〔載仁親王・参謀〕総長宮ノ御話モ法廷ニテ陳ント云ヒ、之ヲ圧〔サ〕ヘツ、アリトノ情報アリ。

斎藤内府ノ言トシテ某氏ニ漏セリトテ、『海軍ハ片付イタカラ（加藤〔寛治・後備役海軍〕大将ノコトカ）此カラ陸軍ヲ片付ル要アリ』ト。

憲兵〔東京憲兵隊〕特高課長〔福本亀治〕来訪シ質問セルニ依リ、斎藤内府へ送レル意見要旨ヲ話シタリ。

国家改造運動

十年十月十六日　中村屋（新宿）ノ会合。

満井中佐、橋本（欣〔五郎・野戦重砲兵第二連隊長〕）大佐、平野力三〔衆議院議員〕、島中雄三〔東京市会議員〕、宮崎龍介〔弁護士〕、平野学〔日本労農党〕、松谷与二郎〔勤労日本党党首〕、杉浦武雄〔元衆議院議員〕。

爾後十一月上旬軍部三名、民間七名会合。第一回草案ハ十二月同志ニ廻送。

青年将校ノ大勢ハ皇道維新ヲ唱ヘ国内改造ヲ先決条件トシ、幕僚ノ大勢ハ強力政権樹立ニヨリ大陸進出ヲ唱ヘ、之ト併行シテ国内改造ヲ唱フ。

此ノ両意見ヲ統一スル為ニ相沢〔三郎・予備役陸軍〕中佐ノ公判廷ニ於テ現状維持勢力ノ暴露戦ヲ展開シ、軍内外ノ革新勢力ヲ昂揚セシメ現状維持勢力ニ対スル反感ヲ増大セシメ、此ノ機会ニ大陸進出論者ト皇道維新論者トヲ提携セシメントス。

皇道主義者

(大尉)大蔵栄一〔歩兵第七十三連隊中隊長〕、大岸頼好〔歩兵第六十一連隊付〕、小川三郎〔歩兵第十二連隊付〕。

(民間)西田税〔元陸軍少尉〕、村中孝次〔元陸軍大尉〕、磯部浅二〔浅一・元陸軍一等主計〕、渋川善助〔直心道場監督〕。

十一年二月二十七日

早朝参謀本部石原〔莞爾・第二課長、戒厳参謀を兼務〕
大佐ヨリ軍令部福留〔繁・第一課長〕大佐ヘノ話
後継首相ニハ陸軍ニハ適材ナシ何レカニ偏シアリ、此際陸海協同緊密ノ為ニモ海軍ニテ出ラレタク、石原ハ承知セサルモ満井中佐等多数ノ希望ハ山本〔英輔〕大将ナリ。一刻モ速ニ後継首相ヲ定メラレ国体明徴等ヲ言明スレハ収ルヘシ。
八角三郎〔予備役海軍中将、衆議院議員〕氏ノ情報(二十七日朝)
橋本(欣)大佐ノ竹下〔勇・後備役海軍〕大将ヘノ話ニ、橋本ハ昨夜来ヨリ山本大将ト連絡シ閣員名簿、宣言案等ノ準備ヲ終レリ。八角氏ノ意見。
内大臣、内山〔小三郎・退役陸軍〕大将又ハ奈良〔武次・後備役陸軍〕大将
侍従長、竹下大将
大臣〔大角岑生〕。
首相ニハ奈良、河合〔操・退役陸軍大将、枢密顧問官〕辺如何。
(事件翌日)
2hP嶋田〔繁太郎・軍令部〕次長ハ憲兵司令部ニ杉山〔元〕参謀次長ヲ訪問。慰問ノ辞ヲ述ルト共ニ成ルヘク速ニ現事態ヲ収拾スルノ必要ヲ説ク。参謀次長ハ長延キ迷惑ヲ掛ルヲ謝シ、成ルヘク軍隊間ノ撃合ヒハ行ハスシテ収拾シタク手段ヲ尽シアリ、漸次状態良クハナルモ緩除〔徐〕ニテ困ル。奉勅命令モ頂キテ御預リシ居ル状況ナリ。
行動軍ヲ鎮圧目的ニテ出向キタル前第一〔三〕連隊長ノ井出〔宣時・演習課長〕歩兵大佐(参本課長)ノ参謀次長ヘノ報告。
小藤〔恵・歩兵第一連隊長〕大佐ノ命ニ従ヒ原隊復帰ヲ諾スルモノト、隊復帰ハ小藤大佐ノ命令ニ従ヘズ、何処迄モ希望達成迄撤退セズト強硬ノ将校トアリト。
次テ次長ハ軍人会館ニ香椎〔浩平〕戒厳司令官ヲ訪問シ速ニ収拾ヲ希望シタルニ、司令官ハ遅延ヲ謝スルト共ニ自分トシテハドウカ武力ヲ行使セズニ鎮圧シタキ考強ク、武力ヲ行使スレハ何モ知ラサル兵員ト家族ニ悲惨ナルノミナラズ流弾ノ宮城ニ入ルコトアルヘク、付近ニ大公使館モ相当在

リ火災モ起ルヘク極力避ケタシ、午前村中大尉ヲ説得シテヨリ情況大ニ良クナリタレハ九分九厘成就シ得ヘシト。土岐〔章・貴族院議員〕子爵組閣ノコトニテ話ニ来レリ（香椎司令官ニ）。

加藤〔寛治〕大将、殿下ニ拝謁（3ｈＰ）

此度ノコトハウカツニ処置スルト大事ニ至ルヘキ旨言上ニ対シ、殿下ヨリ此度ノコトハ徹底的ニ処置スルヲ要ス、之カ為止ムヲ得サレハ海軍兵力ヲモ行使スヘシト申渡サレ、加藤ハ其ニハ海軍一致ノ意見ナルヲ要スル旨言上セシニ対シ、殿下ヨリ今朝各軍事参議官ヲ一人ヅヽ呼ヒ意見ヲ求メシニ、某（山本大将ノコト）一名ヲ除キ他ハ全部自発的ノ意見トシテ殿下ト同一意見ヲ述ヘタレハ心配無用ト申渡サル。

二十七日7-15Ｐ山本大将、殿下ニ拝謁

本日橋本、満井ト会見シ情報ヲ考ヘ自分カ叛徒ト会見スルヲ最良ト認ムトテ江戸城明渡シノコト大西郷ノコト等ヲ縷々述ヘ、就テハ右会見ニ殿下ノ御許シヲ得タル上大臣ノ許ヲ得タシト言上セシニ対シ、殿下ヨリ山本ノ憂慮ノ点ハ尤モナルモ此際海軍ノ者渦中ニ飛込ムコトハ同意セズ、其ノ結果ノ良否ハ別トシ不可ナリ、先任参議官トシテ慎重ニ考ヘヨ、但シ殿下御不同意ナリトモ大臣同意ト云フナレハ行クモ可ナリトテ帰サル。

真崎〔甚三郎・軍事参議官〕、阿部〔信行・軍事参議官〕、西〔義一・軍事参議官〕三大将カ叛徒十八名ト会見シ、叛徒ヨリ真崎大将ニ一任トナリ、同大将ハ明朝石原大佐ニ考ヲ申入ルコトトナリ、戒厳司令部トシテハ明朝八時迄ニ将校ハ自首、兵員ハ帰隊ヲ勧告シ、聴カサレハ12-15Ａヨリ攻撃ノ方針ナル旨ヲ殿下ニ言上シテ帰部セシ。

10ｈＰ頃宮中ニ在ル大臣ヨリ、将校十八名憲兵司令部ニ自首シタリトノ電アリ、取調ノ結果ハデマナリキ。

十一年二月二十八日

二十七日夜半ヨリ形勢不穏ヲ加ヘツヽアリ、戒厳司令部ニテモ攻撃決心ノ模様ニ付万一ニ備ル為、横須賀特別陸戦隊（前ニ派遣ノモノヲ合シ四大隊）ヲ東京ニ於ル海軍関係自衛ノ為派遣ノ允裁ヲ仰クコトヽス。差当リ海軍省約二大隊、三宮家、一大隊（一中隊ヅヽ）、配備ト定ム。

7-25Ａ御出門ニテ総長殿下御案内（7-0Ａ叛徒山本〔又・予備役陸軍〕少尉、憲兵司令部ニ至リ申入）。総長殿下ニハ侍従ニ御下問アラハ暫ク残留スヘキ旨申入ラル、御下問ナキ模様ニテ御退下。

殿下ヨリ侍従武官長〔本庄繁〕ニ閑院宮殿下御病気御差支ナケレハ（少々熱アルトモ）速ニ御上京然ルヘキ旨申入ラル、武官長ヨリ参謀次長〔杉山元〕ニ問合セタルニ、二月ニ入リテハ御熱ハナク肺炎ノ再発予防ニ用心遊ハサレアリト。

5hA三宅坂付近ニ占拠シアル部隊ヲ原処〔所〕属ニ復帰セシムヘキ奉勅命令下ル。8hA奉勅命令ヲ叛徒ニ示ス。9-30頃ノ情況、叛徒ハ服従ノ模様ナシ。

二十八日朝大臣〔大角岑生〕ヨリ岡田〔啓介・首相〕大将ニ関シ殿下ニ言上。

10hA頃ヨリ戒厳司令部ニテ陸軍大臣〔川島義之〕、〔参謀〕次長、次官〔古荘幹郎〕、司令官〔香椎浩平〕等会議ノ結果、10-15A近衛、第一師団ノ参謀ニ攻撃命令下達、占拠軍ハ叛軍ト見做ス徹底的ニ攻撃ス、為ニ住民ニ危害ヲ加ルコトアルモ止ムヲ得ス、軍事参議官等来ラハ引ズリ下セト口達。

攻撃前進ハ司令部ヨリ一斉ニ令ス。

11-30A頃ノ情報。第一師団長〔堀丈夫〕ハ攻撃前進ニ自信ナシト戒厳司令部ニ申出デ、為ニ2D、14Dヲ用ルコトニ決ス、明後日トナラントノ話ニ痛心ス。

0-55P頃ノ情報。第一師団長ハ戒厳司令部ヨリ帰リ、会議ノ結果非常配備ニ就ルコトトシ、桜田門虎ノ門線ヲ固メ反対側ヨリ圧ス。叛徒ハ帰順ハセズ、幹部ハ概ネ目的ヲ達シタルヲ以テ部下ハ原隊ニ復帰セシメ、幹部ハ自決ト覚悟。

2D、14D東京集合発令セラル。

真崎、荒木〔貞夫・軍事参議官〕ノ叛軍トノ電話連絡ノ内容入手シ、石原ノ決意確固（二十八日夕）。両人戒厳司令部ニ来リ断乎タル処置ニ対シ妨害ヲ行ヒ、9hP（11hP発令）ノ命令ノ時ニハ終ニ室外ニ退場セシム。

二十八日正午頃第一師団長自信ナシトノ申出ニヨリ討伐又々遅延ノ情況ニ於テ、海軍トシテ軍事参議官ヨリ陸軍軍事参議官ニ速ニ討伐ヲ説服スルコト問題トナリシガ、嶋田考ルニ、

一、嶋田ガ昨二十七日参謀次長及戒厳司令官ニ討伐督促ヲ行ヒアリ且其時ノ両人ノ様子ヨリ察シ効果甚タ疑ハシ。

一、海軍参議官ノ意見一致セズ。山本〔英輔〕大将ハ大赦ヲ唱ヘラルカ故他ノ四人（小林〔躋造〕、野村〔吉三郎〕、中村〔良三〕、末次〔信正〕）ニテ説キ一応同意スルトモ、先方ニ行キ反テ説カレタ場合、山本大将ハ『自分ハ元ヨリ左様考フ』トテ先方ニ同意スルノ場面想像ニ難カラズ。

一、妙ニ話ガコジレルト海陸軍ニ大溝渠ヲ生スルノ不祥事ヲ生ゼン。

以上ノ理由ニヨリ害ヲ生スルコトコソアレ無益ナリトシ、本問題ニ反対シ立消トナル。

二十八日夕此際速ニ組閣ノ必要ヲ海軍トシテ強ク申入ルヲ可トストノ問題ニ対シ嶋田考ルニ、未ダ叛徒平定セズ叛徒ノ気勢昂リヲル此際ニ組閣ノ引受手ニ困リ結局ハ叛徒ニ迎合スル内閣ヲ見ルノ公算アリ、時機ニアラズトシ同意セズ。

二十八日幸楽、山王ホテル方面ニテ叛軍ハ街頭ニ出テ民衆ヲ説ク、中ニ山田（政男・歩兵第三連隊第六中隊、陸軍伍長）ト云フ下士（山田部隊ノ旗ヲ有ス）、新聞ヲ見ルト青年将校ガヤツタトアルモ青年将校ダケデ此丈ノコトガ出来ルモノカ、我々下士官ガ大ニヤツタノデアル。

二十八日11hP戒厳司令官ノ命令出ツ。

早朝ヨリ各隊包囲配備ヲ進ム。

5-30A迄ニ投降36（総テ近衛）。

9-30A　〃　176。

10-15A首相官邸、新議事堂ヲ占領。

1-0P平定ト通報アリ。

1-30P戒厳司令官ヲ訪問、慰問ス。

司令官ハ、ドウカ血ヲ見ズニ解決セント苦心シ時日ヲ遷延シ申訳ナシ、昨二十八日午後ヨリ彼等ハ人間ニアラサルコト分リ処分セリト弁解ス。

1-50P参謀次長ヲ訪問、慰問ス。

参謀次長ノ話ニ、参謀本部トシテハドウカ迅速ニ処置セント焦慮シタルモ、戒厳司令官ノ態度昨二十八日午後迄煮ヘ切ラズ、上層方面ニモ抵抗多ク困リタリ。陛下ノ思召ハ数度ノ上聞ノ都度御言葉ノハシハシニテ良ク了得セラレ、現ニ二十八日3hP頃第二、第十四師団ヲ集ル御裁可ヲ願ヒタル時ニ、『此ノ部隊カ来ナケレハ攻撃ヲ始メナイノカ』トノ御尋ネアリ、此ノ到着ヲ待タス（14Dハ昨夜、2Dハ今朝到着）攻撃ヲ始ル旨奏上シ御満足ヲ得タリ。然ルニ宮城ヨリ退出直ニ戒厳司令部ニ至リシニ、本日ハ最早時間ナク夜ニ入ルカラトテ行ハズ、行ヘハ訳ナク片付クヘキニ残念シタリ。

安藤（輝三・歩兵第三連隊中隊長）ハ自決シタルモ、他ハ未タ自決セズ、2hPニハ参謀本部岡村（寧次）二部長（情報部長）自決ヲ行ハシムルニ努力中。

昨二十八日午前ニ与ヘタル奉勅命令ハ、一部ノモノノ外叛軍一般ニハ伝達セラレズ兵ハ之ヲ知ラサルモノ多シ、二十九日ニ種々ノ手段ニテ通達ヲ計リシガ帰順ヲ促進シタルナラン。

十一年三月三日

古荘〔幹郎〕陸軍次官ノ話

今回ハ陸軍ハ受ケ身ナルヲ以テ次ノ内閣ニ就テモ大臣〔川島義之〕ヨリ消極的ノ意志表示ヲナスニ止ル、即チ国体明徴、国防強化、国民生活安定ヲ体シテ実行センコトヲ望ム。之ニ対シ嶋田ヨリ之カ為増税等必要ナランモ、或種ノ者ノ云フ如キ経済上ノ根本立テ直シハ不賛成ヲ述ヘタルニ、古荘モ全ク同意、良案在ルトモ其ニ至ル過渡期ニ相当ノ年月ヲ要スヘシト。

陸軍大臣ニハ小磯〔国昭・朝鮮軍司令官〕、建川〔美次・第四師団長〕、板垣〔征四郎〕等ノ若手ノ声アルモ、主脳部ノ意見ハ然ラズ大臣ニ述ヘアリ、総長殿下御同意アラハ決定スヘシ。

山本大将三月三日午後大臣ニ来リ、大臣ト同行シ殿下へ来リテ報告

本日林〔銑十郎〕陸軍大将山本大将ヲ訪問シ、陸軍軍事参議官ノ総意トシテ趣意書〔内容ニ特ニ新シキ変ツタコトナシ、国体明徴、赤化防止等〕ヲ示シ海軍軍事参議官モ之ヲ後援サレタシト申込ルガ、山本大将ハ海軍トシテハ参議官ハ特ニ要件アル時大臣集ルモ、此ニテハ大臣集メサルヘシトテ断ル。

十一年三月四日

陸軍参議官ノ意見書ヲ山本大将ヨリ各参議官ニ配布シタルニ対シ、末次大将ハ之ヲ取上ケ場合ニヨリテハ陸海軍連合ノ参議会ヲ開キ当路ニ進言シテハトノ意見ヲ殿下及大臣〔大角岑生〕、山本大将ニ三日夜申来ル。

之ニ対シ殿下ニモ大臣モ不賛成、必要ナレハ陸軍参議官ハ陸軍大臣ニ意見ヲ述へ、陸相ヨリ海軍大臣ニ申来ルヘキモノナリトセラル。

野村大将ノ談

世間ニテハ今回ノ海軍ノ処置ニ満腔ノ感謝ヲ捧ケアリ、坂本俊篤〔貴族院議員、予備役海軍〕中将ヨリモ特ニ話アリ、宮内省方面ニテモ海軍ハ終始立派ノ態度ナリシヲ賞揚シアリ、大艦隊東京湾ニ来リシ為此デハ敵ハヌトテ鎮定シタルナリ等云フ人モアリ。

十一年三月五日

1h-30P大角大臣西園寺〔公望・元老〕公ト会見、約30分間海軍ノ現状ニ就キ説明。公ヨリ海軍ノ今回事変ニ於ル処置ニ対シ感謝アリ、八十年ノ経験ニヨルニ急激ナル変革ハ成功セズト話サル。

参謀本部石原大佐、岡本〔清福・作戦班長〕中佐、次長〔嶋田繁太郎〕ヲ来訪、先日中ノ好意ヲ謝シタル時石原大佐ノ話。

今回ノ叛徒中ニハ真ニ国家ヲ憂ヒ国軍ノ不備ヲ憂ヒテ立チシ明敏ノ士ト然ラサルモノトアレハ、此ヲ確然ト分チタシ。参謀本部ニテ経済的ニ軍備ヲ改善スル案立チタルカ、之ヲ今少シ早目ニ知ラハ此暴挙ハ起ラサリシヤトモ思ハル。蘇国ノ軍備ハ躍進シ今戦争ニナラハ一大事ナリ、飛行機工業ノ躍進ヲ促進シタシ。陸軍上層ニハ時代ノ動キヲ認識セサル人アリ、徒ラニ私心ニテ自己ノ勢力ヲ増サントスル人モアリ、掃除スルヲ要ス。組閣関係。

広田〔弘毅・外相、三月五日に組閣の大命降下〕氏ヨリ大角大臣ニ海相トシテ末次大将如何ト相談アリシニ対シ、大臣ハ岡田内閣ノ時ニハ伏見宮殿下ニ伺ヒタル先例アレハ左様スルヲ可トセント勧メタリ。

7-30P広田氏殿下ニ参殿、大命降下ヲ辱フシ海相ニ就キ御意見ヲ伺ヒ奉ル旨言上、殿下ヨリ新聞ニハ末次、永野〔修身・元軍事参議官〕ヲ挙ケ居ルガ、此際ハ永野カ良カラン、尚ホ辞退ハ明ナルモ儀礼上先ツ大角ノ留任ヲ希望シタル上永野トシ、永野モ受ケサレハ末次可ナラント申サル。

此ノ席ニ殿下ヨリ広田氏ニ希望。

此ノ非常時ニ対シシツカリヤツテモライタシ、陸軍大臣ニハ真ニ部内統制ヲ行ヒ得ル人ヲ選ブコトヲ望ム、在来ハ兎角ノ評アルノミナラズ之ヲ対支政策ニ見ルモ陸軍一致セズ、中央ノ命ヲ出先ガ従ハズ不都合ノコトアリシハ広田ノ外相トシテ観タル通ナリ、此等ノ点ヲ改メ得ル陸相タルヘシ。

永野大将ニハ広田氏ニ代リ大角大臣ヨリ電報シ、殿下ニモ永野大将ノ就任ヲ熱望セラル、旨付加ス、夜半永野大将ヨリ応諾ノ返アリ。

六日11-15A頃陸軍省軍務局武藤〔章〕中佐海軍省ニ来リ、広田内閣ニ陸軍ハ反対、理由ハ閣僚ノ顔自由主義的ニシテ下村宏〔東京朝日新聞副社長〕、吉田茂〔元駐伊大使〕、川崎〔卓吉・文部大臣、貴族院議員、立憲民政党幹事長〕ノ内務、中島〔知久平・衆議院議員〕ハ不可、陸軍ハ陸軍大臣ヲ出サズト。

11-30A次官〔長谷川清〕ハ次長室ニテ会談中軍務保科〔善四郎〕一課長是ヲ報告シ来ル、之ニ対シ次官、次長相談ノ上陸軍ト共ニ良キ内閣ヲ作ル様ニ陸軍ニ交渉ノコトトス。

十一年三月八日

組閣

1-0P寺内〔寿一・軍事参議官〕大将官邸ニ永野大将ヲ訪問。

先ツ五日入閣交渉ヲ受シ以来ノ経過ヲ説明ス。五日ニハ陸軍ハ大決心ヲ以テ長老ヲ整理シ徹底的粛軍ヲ行ハン意気込ナレハ、之ヲ認識シ陸軍ノ要望ヲ行フニ適スル内閣ナレハ入閣セント答ヘ、六日朝刊ニ閣員予想ヲ見テ驚キ此顔振〔触〕ニテハ入閣シ難キ旨ヲ広田氏ニ通ス、陸軍当局モ同感。七日広田氏ト会見シ人選ヲ仕直スコトニ話ス。寺内大将ノ考ハ、議会ハ非〔否〕認セズ。ファツシヨニハ反対。陸軍ノ要望四原則ハ広田氏ニ示シアリ。

人選ニテ小原〔直・司法大臣〕ハ国体明徴問題ニ対スル態度不良ノ為不可、下村、中島ハ以テノ外、永田〔秀次郎・貴族院議員〕モ不可、馬場〔鍈一・貴族院議員、日本勧業銀行総裁〕ハ可、内務、文部ハ政党以外ヨリ取ルコト、広田氏ニ対シテハ反対セズ。

吉田大使ハ陸軍トシテハ強テ反対セズトノコトナリシ故、永野大将ヨリ倫敦条約ノ時ノ態度ニヨリ海軍不同意ト述ヘ、寺内大将モ避ルコトトス。

白鳥〔敏夫・駐スウェーデン公使〕ハ満州事変ノ時相当良クヤツタトノ寺内ノ話ニ対シ、永野ハ人格上不同意ヲ述ヘ避ルコトトス。

1-30P寺内大将官邸ヲ辞去。

八日3-30P寺内大将再ヒ官邸ニ来訪。

聞ク処ニ依レハ組閣ノ初ニ不純ノコトアリ、近衛〔文麿・貴族院議長〕ノ申継ヲ受ケ居ルトノコト《陸軍ノ一部ニ大命降下ニ不純ノ動機アリ、本不祥事ノ起否ニ拘ラズ岡田ノ次ハ広田、其ノ次ハ後藤〔文夫・内務大臣、貴族院議員〕ト云フコトガ重臣ノプログラムト言ヒフラスモノアリ、斯ク云ヘヌ為ニ訂正シタルナルヘシ》、就テハ全然組閣ノ初ニ立返リタシ、広田ハ之ヲ盛立ルコトニシタシトテ永野大将ト同伴、組閣本部ニ赴ク。

八日参謀本部ヨリノ情報、七日迄ハ広田内閣ニ陸軍全面的反対ナリシガ、八日ニハ条件付ニテ承認シ、具体的問題ニテ注文ニ確約セシメントス。

組閣本部ニ於テ広田氏ト寺内、永野大将会見。

先ツ寺内ヨリ、陸軍ニテ考ルコトハ、首相ハ組閣方針ヲ第一ニ定メ之ヲ閣員予定者ニ示シ同意スル人ヲ選ブコトトシ、其カ出来ズハ拝辞シテハ如何。

永野ヨリ、広田ニ寺内ノ地位ノ困難ナルヲ説明シ、広田ハ之ヲ充分認識シテ寺内ヲ援助サレタシ。

広田ヨリ、新聞ニハ人名ナド色々書キヲルモ陸海軍以外ハ誰モ定リシ人ナシ、唯ダ相談相手ハ呼ビアリ。

永野ヨリ、其ナレハ白紙ナルニ付此ヨリ閣員ノ相談シテハ如何、広田、寺内賛成。

相談ニ呼ビアル人名ヲ聞キタル上寺内ニ対シ、川崎ハ如何、(寺内)椅子ニハ注文アルモ人物ハ良シ、馬場ハ如何、(寺内)賛成、永田ハ如何、(寺内)色々文句アルモ先ツ良カラン。然ラハ海軍モ此ノ三氏ノ入閣ニ賛成、就テハ此三人ヲモ加ヘテ組閣方針ヲ定メテハ如何トテ広田、寺内賛成シ呼ヒ集ム。馬場ヨリ財政上ノ意見ヲ述ヘ、永田ヨリ国民ノ支援ヲ有スルモノカ真ノ強力内閣ナルコト、五・一五事件ノ時ニハ国民ノ同情アリタルモ今回ハ然ラサルコト、国民ヲシテ兵ヲ出スノヲ厭ハシメサル覚悟等ヲ述ヘ、川崎ヨリ民政党ノ政綱ヲ述フ。

寺内ヨリ、陸軍ハ大ナル犠牲ヲ払ヒ退職者迄ニモ及ボシテ徹底的ニ粛軍ヲ行フ決心ナルカ故ニ此決心ヲ認識サレタシ、内閣モ之ニ適シタ強固ノモノニシタシ。

組閣方針ハ陸軍ニ一案アリトテ4-10P頃ニ陸軍省ヨリ次官〔古荘幹郎〕、軍務局長〔今井清〕、局員中佐一、少佐一、海軍省ヨリ次官〔長谷川清〕、軍務局長〔豊田副武〕ヲ組閣本部ニ召集ス。

寺内ヨリ、陸軍ハ国防強化ノ為ニハ大予算ヲ要求ス、大体十二年7-8億、十三年8-9億、十四年ヨリ以後10-12億、平年トナリテ10億。

馬場ヨリ、此ノ数字ハ陸軍ノミナレハ驚ク数字ニアラサルモ海軍モアリ、各省モアルコトナレハ今数字ニ亘リテ約束シ得ズ、最大最善ノ努力ヲ行フヘシ。

広田ヨリ意中ノ閣員トシテ述シモノ、鉄道前田〔米蔵・衆議院議員〕、逓信頼母木〔桂吉・衆議院議員〕、農林島田〔俊雄・衆議院議員〕、大蔵馬場、商工川崎、司法林〔頼三郎・大審院長〕、内務永田、文部吉田茂、拓〔務〕結城〔豊太郎・日本興業銀行総裁〕。

之ニ対シ陸軍ヨリ政党員ハ各党二名ヲ一名ニ減スルコトヲ求メシガ、広田ハ政党ヲ認ル以上ハ200以上ノ議員ヲ有スル処ヨリ二名位出スハ適当ナラントテ寺内ノ再考ヲ求ム〔吉田、結城ハ断ル）。

8-0P陸海軍ハ組閣本部ヲ引上ク。

八日夜陸軍ヨリ声明ヲ出スコトヲ要求シ、陸軍案ノ妙ナ部分ヲ直シテ声明シ情況大ニ緩和ス。

十一年三月九日

9hA永野、寺内組閣本部ニ集合、午前中相談。

寺内大将ヨリ内閣声明ニヨリ陸軍ノ空気緩和ノ話アリ。

広田、永野、寺内三人ニテ閣員ヲ詮衡シ、
文部、三上参次〔貴族院議員、公刊明治天皇御紀編纂長〕、宮中ノ仕事ノ関係アレハ追テ返事。

内務、堀切善次郎〔貴族院議員〕（斎藤内府ノ書記官長ナリシ故トテ本人ヨリ電話ニテ断ル）。潮恵之輔〔貴族院議員〕、数時間考ヘテ返事。

司法、林頼三郎〔大審院長〕、受ル積ナルモ一応相談ノ上返事。

拓務、永田秀次郎、陸軍ノ大予算ニ就テハ本政府ハ国防ヲ第一トス、之カ為増税ヲ行フガ漸次ニ取ル。

又陸軍ニテ起案ノムズカシキ文ヲ寺内ヨリ一覧セシメ対蘇関係ヲ盛ニ書キアリシガ、永野ヨリ対蘇ノ重要ナルコトハ認ルモ、海軍ハ対米ニ重ヲ置クコトヲ述フ。

馬場ヨリ、陸軍ノ大予算ニ対シ昨日ト同様ノ話アリ、陸軍ノミナラバ驚カサルモ、海軍モアリ各省モアリ数字ヲ鵜呑ニハ出来ズ、国防ニハ重ヲ置キ最善ノ努力ヲナスト答フ。

寺内ヨリ自分ノ手帳ニ其ノコトヲ書キ広田、馬場ノsignヲ求ム、永野ヨリ海軍ハsignハ要求セサルモ陸軍ト同シコトヲ海軍ニモ適用スルコトニシタシト述ヘ、広田、馬場同意。

永野ヨリ、在来対支政策ヲ出先陸軍ニテ勝手ニ行フハ不可ナリト述ヘ、寺内全ク同意ニテ将来ハ統一スルト答フ。

午前ノ話ハ之ニテ打切リ、3hP再会。

広田氏政友会ニ前田、島田二氏入閣ヲ申入シ時、鈴木〔喜三郎〕総裁ヨリ前田ノ代リニ山本（悌）〔悌二郎・衆議院議員〕ヲ希望セシカ広田応ゼズ、一旦分レ政友会ハ幹部ニ諮リ5-30P前田、島田ヲ応諾シ来ル（前田ハ脱党シテモ受ル決心ナリキ）。

三上参次氏ハ明治天皇紀編纂ニ余人ヲ以テ換ヘ難シトテ辞退ス、次テ山田三良〔東京帝国大学名誉教授〕氏ニ文相ヲ交渉シタルモ辞退ス、文相ハユックリ探スコトトナル。

7-15P閣員名簿奉呈。

8-0P広田首相ノ親任式、次テ各閣僚ノ親任式行ハセラル。

十一年三月十日

9-30A永野〔修身〕海軍大臣着任。

大角〔岑生〕海相ト交代後ニ永野大臣ニ総長室ニテ総長殿下ヨリ希望事項ヲ申入ラル。

十一年三月十一日

10-30A仰允裁。

第一艦隊ノ東京湾集合ヲ解カル。

第三駆逐隊及特別陸戦隊中三箇大隊ノ東京派遣ヲ解カル。

十一年三月二十四日

閣議ニテ寺内〔寿一〕陸相ヨリ永野海相ニ対シ、今次事件ノ始末トシテ今後絶対ニ起ラサル様徹底的ニ調査始末スル考ナルカ、其ノ結果或ハ累ヲ海軍ニ及ホスコトアルヤモ知レス御了承ヲ乞フト。

陸軍法務局長〔大山文雄〕ヨリ海軍法務局長〔山田三郎〕ニ対シ、今次事件ニ海軍ニテ破壊ニ直接関係ナキモ此ノ如キ事ヲ予期シ居リシ人アリト認メラル、加藤〔寛治〕大将、山本〔英輔〕大将、小笠原〔長生・宮中顧問官、予備役海軍〕中将、南郷〔次郎・後備役海軍〕少将ハ取調ルコトアルヘシト。

小笠原中将ハ三月一日伏見宮殿下ニ拝謁シ、平沼〔騏一郎・枢密院議長〕ノ使トシテ（時節柄平沼ハ御遠慮ノ為）殿下ニ此際内大臣ニ御就任ヲ願奉レリ。殿下ヨリ左様ナコトハ迷惑ナレハ受ル意ナキ御言葉ニ対シ、達テ御願申上ケシカ御聞入ナシ。

十一年三月三十一日

本年度機密費、満州事件費ヨリ15万円受（一月十六日次官ト話合ノモノ）。

吉田茂氏駐英大使タルヘキコト新聞紙上ニ見ヘタルニ依リ、三十一日朝閣議前次長ハ次官ニ注意ス。本人事ハ広田首相カ組閣時ニ吉田氏ヲ使ヒ外相ニ擬シテ反対サレシ手前大使ニナサントスル情実人事ニシテ、昭和五年外務次官当時ノ策動ハ海軍ニ不人望ナレハ止メサセタシ。陸軍ハ元ヨリ海軍ニテモ人事ヲ刷新シ極力粛軍ニ努力シアル時、斯ル情実人事ハ広田内閣ニ対スル信用ヲ失ハシムル、閣議ニテ此点通過スル場合ニハ海相ハ同意スルコトトナルニヨリ事前ニ広田首相ニ話サレタシ。

永野海相ハ閣議ニテ英国ニアグレマンヲ求メタル回答アリタルコト、日英外交ニ特ニ力ヲ注ク趣旨ヨリ外ニ適任者ナキコト等ノ広田外相ノ説明ニ対シ、海軍ハ外相トナルコトニ反対シタルカ、吉田氏ニ対シテハ前回ノ関係上不安ヲ抱キアリ、追テ軍縮会議ノ話モアルコトナレハ吉田氏出発前ニ将来ハ前回ノ如キコトナキ旨ヲ明確ニサレタシト希望ス。

本件四月一日殿下ヘ大臣ヨリモ報告。

十一年四月一日

　河村〔恭輔〕第一師団長来訪ノ時ノ談

目下収禁シアル兵ハ二名。機銃ニテ斎藤内府、渡辺〔錠太郎・教育総監、陸軍〕大将ヲ殺害シタルモノ。下士官ハ全部免官トシ、他ヨリ補充ス。将校ハ交代シタリ。五月十日第一師団出発、チチハルニ駐屯。

十一年四月四日

液体燃料（〔上田宗重・海軍省〕軍需局長談）
昭和十年　内地　約30万トン
　秋田県　八橋及院内　活発

在外資源
　財閥ニテ行ハシム
代用
　石炭液化
　　高温高圧約$\frac{1}{3}$液体トナル（水素用ヲモ入レ）
　　低圧　約$\frac{1}{10}$
海軍式高温高圧法ハ満鉄ト野口（朝鮮石炭工業）トニ許ス。野口、年油5万トンノ設備トシ、年油30万トンニ増備ノ計画。ガソリント重油ト半々ノ計画。
三井ニテ**Fisher**法（石炭ヲ瓦斯ニシガソリンニス）ヲ北海道ニテ行フ、年3万トン、将来13万。
Fisher法ノガソリンハオクタン少ク、自動車用。
アルコール、追々安ク出来ル。
無水アルコールハガソリンニ混ゼテ用フ（一割以下、自動車用ニハ二、三割混ル）。
メタノール、全力働セレハover productionニナル、燃料廠式有望、ガソリンニ混ル。
石油業法
外国会社ハ六ケ月貯蔵ハ問題ナラズト雖他列国ニテ同様ノ法律ヲ作ラレテハ困ル、会社ノ負担ノミナラズ政府補助ノ形式ヲトラレタシト云フ。将来ハガソリンハ三ケ月程度トシ、重油、原油ヲ多ク貯蔵ノコトニスルヲ可トス。

Standard Vacume（米）

（Standard New York ト Standard New Jersy トノ合同セルモノ）

Rising Sun（Royal Datch Shell ノ子会社）（英）

十一年四月七日

在外資源

初ハ財閥ニ官財ヲ入ル案ナリシガ〔拓務省ニテ東拓〔東洋拓殖株式会社〕〔ノ〕ヲ介入ヲ希望〕、馬場蔵相ノ意見ニテ財閥ノミニシ其ノ交渉ハ蔵相ニ一任セシニ、四月七日蔵相ハ〔海軍省〕軍需局長〔上田宗重〕ニ三井ト住友ト賛同シ三菱未回答ナルモ落伍スル筈ナキニ付海軍ニテ話ヲ進メラレタシトノコト。

此ノ三大閥ニテ一会社ヲ作リ、海軍ニテ油買入ノ中〔仲〕介ニヨリ利益ヲ与ヘ海外油田ノ獲得ニ活動セシムルコトトス、軍需局長ハ会社ノ見積ヲ立案シ四月九日蔵相ト会見、同意ヲ得三社ト話ヲ進ルコトトス。１０００万円、¼払込〔250万円〕。

十一年四月十三日

昭和十一年特別大演習施行ノ件、侍従武官長〔宇佐美興屋〕ヲ次長訪問シ手続ヲ乞フ。

翌十四日侍従武官長ヨリ次長ヘ御聴許ノ旨伝達セラル。

十一年四月十四日

陸相ヨリ海相ヘ陸海軍大臣ハ現役ノ軍人トシタキ相談アリ、海相同意ス。

二・二六事件直接関係者ノ判決ハ五月一日迄ニハ終ル予定、爾余ノ者ハ五月ニ入ル。

戒厳ハ五月迄解ケズ。

十一年四月十五日

駐英大使吉田茂氏来訪、親任ノ挨拶ヲ述タル上正式ニ次長、次官以上ニ御目ニ懸〔掛〕ル前ニ、海軍ヨリ見タル英国及ヒ軍縮問題ニ就キ然ルヘキ人ヨリ説明ヲ承リタシトノ申出アリ。

十一年四月二十一日

外交、国防ニ関シ懇談スル為、外〔有田八郎〕、陸、海三大臣会合ノコト、毎週一回（金曜閣議後）ノ程度トス。必要ニ応シ首相モ加ルコト。

十一年四月二十二日

（帝国）国防方針ノ改訂案ヲ大臣（次官（長谷川清）、軍務局長（豊田副武）列席）ニ説明ス。

トルコノダーダネル海峡ニ関スル条約改訂希望ニ対スル帝国ノ態度、四月二十四日ノ閣議ニ。

支那駐屯軍改組（天津条約ニテ各国申合セ兵力ノ範囲内）、五月下旬ニ左ノ通充実、司令官ハ親補職トス。

旅団長ヲ新設
歩兵2連隊（各連隊3大隊）
砲兵1 〃（山砲1大隊、十五榴1大隊）
戦車1中隊（戦車7（予備2）、軽装甲車4）
騎兵1 〃（約160騎）
工兵1 〃（約160）
通信隊

兵数約６０００名、永駐制トシ全国ヨリ派出ス。
主力ハ天津、北平ニ歩2大隊、天津ト山海関間1大隊。

北洋漁業ノ警備ニ関シ閣議ニ請議。

四月二十三日外務ニテ各省（外、海、農）打合セヲ行ヒ、四月二十八日ノ閣議ニ提案。

駆逐艦有明、夕暮（9dg）
性能改善ノ改造後ノ公試（四月中旬）ニ於テ高速時ノ転舵ニ際シ、舵取機械油圧筒ノ油圧過大ナリシ為舵軸中心検査清掃ヲ行ヒタル上再審査シタルモ依然油圧過大、1SdトシテE就役不適、代リニ22dgヲ1Sdニ編入ノコトヲ研究。

GFノ二・二六事件ノ為ノ回航用燃料36万円ハ別ニ大蔵省同意。

十一年四月二十四日

西尾（寿造）参謀次長来訪（1hPヨリ一時間余会談）、両統帥部ノ腹蔵ナキ話シ合ヲ行フ為ニ来ル、談話ノ要旨左ノ通。

新タニ改訂ノ国防方針ハ結構、両統帥部ノ気合カ合致シ国防ノ標拠トナルニ良シ。

海軍ニテハ陸軍ノ大陸政策ニ危惧ヲ感シ居ラル、ヤノ話アレドモ、陸軍ニテモ戦争ハ不利ナレハ避ケ度、戦ハスシテ彼ノ沿海州ノ防備ヲ撤セシメ日本海ヲ真ノ日本ノ海ニナシ得ルコトヲ希望ス。関東軍トシテモ進ンデ戦争ヲ開始スルノ意ナシ。

作戦ニ関シ、沿海州ノ作戦ニハ海軍ノ援助ヲ望ム、Yノ爆撃及ヒ黒龍江上ヨリノ協力願ヘルヤ。

対蘇戦ニテ考ヘラル程度ハ、沿海州ノ敵ト「ブラゴエ」付近ノ敵ト此処ニ来援スヘキ敵ヲ撃破スルニ在リ、「ザバイカル」迄ノ作戦ハ口ニハ云フモ中々困難ナラン、情況ニモ依ルモ。

初動ノ為ニ海拉爾〔ハイラル〕ノ周囲ニベトン防禦工事ヲ行ヒ、黒河、愛琿ノ内側高地ニベトン防禦工事ヲ行ヒ横ノ交通ヲ準備シツヽアリ。之ハ満州国ヨリノ納金（予算前年ノ一割程度トス）ニテ行フモノナルモ十一年ハ２０００万円（９年度900万円）ナルカ、同時ニ赤字１０００万円ニテ中々満州国モ苦シ。

蘇国ノ築造セル「トーチカ」ハ初ニ考シ程恐シキモノニアラズ、「トーチカ」相互間ニ地下道カ出来ルト強固ニテ「ベルダン」要塞ノ如クナルモ、現在ノ蘇ノモノハ彼ノ長イ距離ニ亘リ強固ノモノハ作リ難カラン。今ノ「トーチカ」ニハ相当ノ穴モアリ死角モアリ夜襲ニテ取リ得ルト云フモノモアリ、怖レ居ラズ。

十二年一、二月ノ厳寒ニハ大軍ヲ動カシ難シ、補給困難、解氷期ニハ交通難アルモ厳寒ヨリ良シ、厳寒明ケヨリ始ルカ、秋ヨリ始メ厳寒ニ入ル迄ニ一会戦ヲスマセ厳寒ハ休ム。

内地ニテハ厳寒ノ作戦研究ヲ唱ヘ居ルモ、現地ニテハ問題ニナシ居ラズ。

沿海州ノ敵ヲ撃破スルハ兵力集中ヨリ一ケ月以内ト考ヘラル、浦塩要塞ハ別トシテ。

対蘇ニ対米加ル場合ニ比島用ノ兵力ハ控置シ在ルモ、情況ニヨリ比島作戦困難ノコトアラン。

英、米ヲ併セ敵トスルハ勝算ナシ、外交ニ依リテ避ケサル可ラズ。支那ハ大シタコトナキモ、一般ニ対二国作戦ハ外交ニ依リ避ルニ努メサル可ラス。

国防方針ノ海軍兵力ニテ西太平洋ニ来ル米艦隊ニ大丈夫ナルヤ。

十一年四月二十八日

西尾参謀次長来訪

国防方針改訂案中、第三ノ『露国、米国ハ帝国国防ノ目標トシテ軽重ノ差等ナキモノトス』トアルハ、上奏スル文章トシテ陸海軍競争意識表ハレ面白カラス思フニ付、之ヲ記録ニ留ルカ又ハ本文ニ入レズニ御説明書ニテ述ルコトニシタシトノ話アリ。

嶋田ヨリ、陸軍トシテハ御尤ノ感ナルモ、元来本文ノ米国、露国トアリシヲ陸軍ノ希望ニヨリ露国、米国ト改メ、其ニテハ御下問ヲ受ル首相アタリモ、陸海軍大臣モ常識的ニ露第一、米第二ト誤断スルヲ惧レテ特ニ海軍ヨリ希望シテ差等ナキコトヲ明記シタリ。米国、露国ト本文ヲナスノナレハ『…差等ナキモノトス』ヲ削ルモ可ナリト話ス。

参謀次長、良ク研究セン。

十一年四月三十日

陸軍省軍事課員ノ談

二・二六事件背後関係

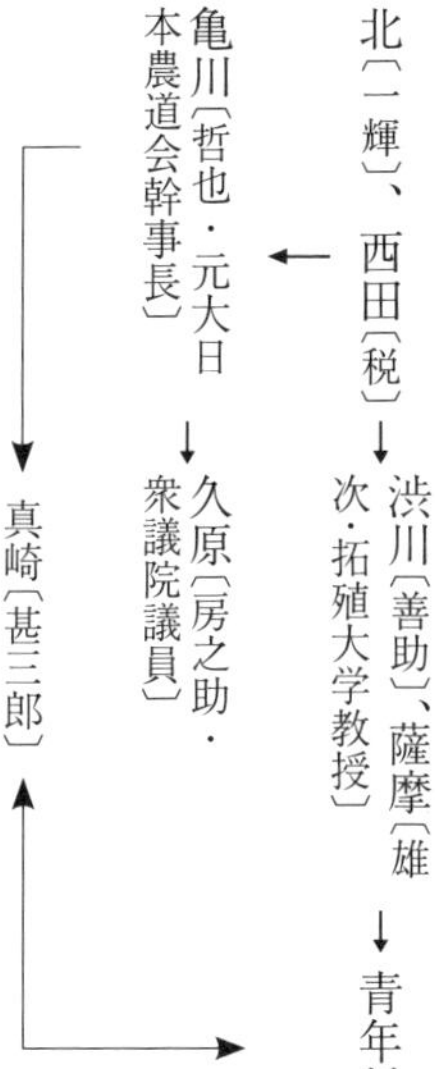

二十二日計画決定スルヤ亀川ハ真崎ニ報告セシニ、『俺ノ様ナ老人迄引ツ張リ出スカ』ト答フ。
二十六日早朝亀川ハ愈々決行セシ旨亀川ハ真崎ニ報告シ、真崎ハ自動車ヲ準備シ陸相ヨリノ通知ヲ待チ居リタリ。

十一年五月一日

参謀本部桑木〔崇明〕第一〔作戦〕部長来リ、国防方針中ノ目標ヲ米国、露国ノ順ニ記シ、『米、露ニ軽重ノ差等ナシ』ハ本文ヨリ削リテ両部ノ記録ニ留ルコトヲ提議ス。二日同意ス。

松岡〔洋右〕満鉄総裁、海軍大臣ヲ来訪

初ハI．G．法ニヨリ石炭液化ヲ企業シタキ話ナリシガ、大臣ヨリI．G．ハ特許料ノ外ニ合弁会社（外国51％、満鉄49％）トナシ且内地消費ノ$1/4$以内ヲ生産スル等ノ条件ヲ伴フノ惧アリ海軍トシテハ不同意、年月ヲ要スル不利ハアルモ海軍式ニテ企業スルヲ希望。松岡之ニ同意。差当リ年2万トンノ施設トシ、予想ノ赤字90万ハ政府ニテ保障ニ努力。

一日ノ三相会議ニテ、寺内陸相ヨリ国防方針ニ『目標トシテ露国、米国ニ差等ナシ』ト云フハ不可解ニシテ、先ツ露ナラ露ヲ始末スル為ニ力ヲ第一ニ尽スコト至当ナラスヤト云ヒシニ対シ、永野海相ハ境ヲ接スル露カ危険ニテ離レテル米ガ然ラズト云フコトナシ、近ク居ル者カ刀ヲ持チ離レテル者カ銃ヲ持ツト云フコトアリ、何レカ危険ト論争スルノ決ハ難シ、此点両統帥部ノ決〔結〕論ニ委シテ可ナリ、上海事変ノ時米ノスチムソン〔Henry L. Stimson　国務長官〕ノ要求ニ拘ラス軍令部総長プラット〔William V. Pratt〕ノ反対セシハ日本海軍力充実ノ為ナリ、陸相不平ラシカリシモ了ル。

十一年五月四日

吉田茂駐英大使、総長殿下ニ拝謁ノ際殿下ノ御言葉

一、日英両国海軍ハ明治ノ初英海軍ノ指導ヲ受シ以来伝統ノ親善関係ニアリ、今後モ此ノ好関係ヲ持続スルコトヲ希望スルモ、左リトテ軍縮問題ノ如キコトニ些カノ譲歩遠慮スヘキニアラズ。

一、日英両国ノ皇室ハ伝統上誠ニ御親密ニ亘ラセラル、コト慶賀ノ至ナリ、然シ我皇室ニ於テ綸言ハ如何ナルコトニテモ国民絶対尊奉スルニ拘ラズ英国ニテハ民論強クシテ然ラズ、故ニ皇室ノ親善関係ヲ其侭政治外交ニ用ヒントスルハ誤ナリ。

一、帝国ノ南方発展ニ伴ヒ英国トノ利害衝突ハ避ケ難ク、之ニ対シ海軍ハ外務ト常ニ連絡ヲ保チテ実行スルコトハ海軍ノ在来ノ態度ニ鑑ルモ当然ナリ、唯ダ外交官ハ兎角ヘコヘコシ過ル憾アリ、当然ノ主張ヲ能ク理解シテ迎合ニ陥ル勿レ、目的サヘ確立スレハ外交上少シ位廻リ道ヲナシテ時ヲ要スルハ我慢スヘシ。

五月一日ノ三相会議ニ於テ、国防方針ノ米、露ノコトノ外ニ、

1、陸軍大臣『露仏協調ヲ如何ニ見ルカ』

海軍大臣『海軍トシテハ独逸ニ好意ヲ持ツガ、政治的ニ提携スルコトハ現状ニテ不可ト考ヘ居レリ』。

陸相『陸軍モ独逸ニ好意ヲ持ツ、日独同盟ハ物ニナラヌト考フ』。

海相『此際英国ヲネグレクトシテ独逸ニ対スルコトヲ考ヘラレズ』。

2、露満国境問題

東部即チ興凱湖ヨリ図們江ニ至ル区間丈ケ紛争処理協定、国境協定ヲ行ヒ、其ノ他ノ方面ハ国境協定ノミヲ行フコトニ申合ハス。

十一年五月五日　閣議決定

　台湾拓殖株式会社法ニ関スル閣議諒解事項

台湾拓殖会社ハ南支那ニ於テモ事業ヲ行フコトニ予定セラレ居ル処、同会社ノ同地方ニ於ル事業カ我国ノ対支経済国策遂行ノ目的ヲ以テ既ニ設立セラレ居ル他ノ会社（嶋田註 興中公司、東拓）ノ事業ト重複又ハ競争スルカ如キ事態ヲ生スルハ面白カラサルニ付、斯ル事態ヲ防止スル為関係庁ノ間ニ適当ナル申合セヲ為サシムルコト。

十一年五月十一日

2hP閑院宮、伏見宮両総長御同列ニテ国防方針改訂案ヲ奏上、御説明ニ当リ、御下問、

　新タニ対英作戦ヲ加ヘタルハ何故ナルヤ。

閑院宮奉答、

　英国ハ近時香港、新嘉坡ヲ増備ニ急ニ国際情勢亦穏カナラサルニ付万一ニ備ヘン為ニ加ヘタリ。

伏見宮ヨリ海軍ノ立場ヲ付ケ加ヘラレ、

海軍トシテハ対英作戦ハ極力避クヘキモノト考ヘアリ、其ノ理由ハ対蘇戦トナレハ米国敵ニ加ハルヘク、対米戦ニハ蘇国敵ニ加ルヘク、支那ハ元ヨリ敵ニ加ルヘシ、之ニ更ニ英国ヲ敵ニ加ヘレハ到底勝チ目ナシ。又対英戦トナレハ支ハ元ヨリ米、蘇カ敵ニ加ル算多シ、故ニ此ノ如キ情勢ハ外交ニ依リ極力避ルノ要アリ、唯タ現今ノ国際情勢上万一ノ備ヲナスニ在リ。

陛下御了承アラセラル。

十一年五月十二日

昨十一日ノ衆議院予算総会ニ於テ将来ノ海軍予算増加ニ関シ議員ノ質問多カリシコトニ鑑ミ、之カ答弁ニ就キ、

　将来海軍予算カ大ナル増加ナキコトニ了解セシムルハ危険ニシテ、条約存続ノ場合ニ比シ余リ多キナ著シキ増額ニナラサルヘシト云フコトト現予算ト大ナル増加ナカルヘシト云フコトトヲ混同シ易キニ付、答弁ニ注意アリ度旨、大臣及次官ニ申入ル。

浦塩ノ総領事館ニ館員ノ名義ニテ牒〔諜〕報勤務ノ為ニ予備海軍士官ヲ入ルコトニ外務省同意。陸軍ニテハ既ニ入レアリ。中佐谷口信義。内地ニテ二、三ケ月露国〔語〕ヲ練習ノ上派遣。

十一年五月十三日

支那駐屯軍

五月十四日　第一次部隊約三千
五月三十日　第二次部隊約二千五百　｝現地到着

現在部隊約二千ハ交代帰還ス。

駐満大使館参事官守屋和郎氏談

満州国ニ於ル治外法権撤廃

治外法権
- 行政作用
  - 課税
  - 産業（ニ関スル諸法規適用）　｝第一期　本年七月一日
  - 行政・警察
  - 其他（郵便…）　｝第二期　十二年七月一日
- 裁判権ノ作用
  - 司法警察
  - 領事裁判権　｝第三期　十三年一月一日

関東州ハ関係ナシ。租借権ハ支那ヨリ得タルモノニシテ、満州国トハ関係ナシ。

日本ヨリ有能ノ裁判官ヲ満州国ニ入ル（何時ニテモ日本ノ裁判官ニ戻リ得ル条件ニテ）、本年末迄ニ58名トス。

日本人ヲ容ル牢ヲ作ル、満州人ノ牢ニハ日本人ノ生命堪ヘズ（板敷モナク土間ナレバ）。

憲兵ノ行政警察殊ニ営業、衛生等ニ関与ニ〔ノ〕厳戒セサレハ怨声高マルナラン。

（欄外）日本人46万人（関東軍以外）。

国防方針、用兵綱領ヲ元帥会議ニテ審議ノ上奉答ノ後、参謀総長ニモ御下問アリシ如キモ不明。

軍令部総長ヲ召サレ御下問アリ。

一、国防方針ニ示ス兵力ハ相当大ナルカ財政トノ関係如何。

（奉答）軍備ノ充実ハ国際情勢ニモ財政ニモ関係アリマスガ、国力ノ許ス限リ出来ル丈ケ本方針ノ兵力ヲ整備セントス、財政ヲ無視シテ無理ヲ云フ意ニアラズ、前所要兵力ニ比シ建造費噸当リノ高価ナル駆逐艦、潜水艦ヲ減シ、噸当リノ廉ナル主力艦、空母ヲ増シアレハ、全経費トシテ前処〔所〕要兵力ヨリ増加ナシ。

一、海軍兵力ノ整備不十分ナラハ如何。

（奉答）其ノ程度ニ依リマス。甚シケレハ軍令部総長ノ責任ヲ負ヒ得サルコトモアリマセウガ、然シ一旦陛下開戦ト決セラルレハ上下一致、与ヘラレタル兵力ヲ以テ全力ヲ尽シ御奉公申上ンコト申上ル迄モ無之、唯ダ勝目ノ程ハ如何カ分リマセヌ。国防方針ノ兵力ニ近キモノナレハ勝目ハ十分アリマス。

一、新聞ニ依レハ英、米ニテ大ニ建艦ヲ行フ如シ、之ニ対シテハ如何。

(奉答)英、米ニテハ主力艦ヲ始メ大拡張ヲ行フ様デアリマスガ、我国ハ一々之ニ応スルコトヲ致シマセズトモ無条約ナレハ、日本伝統ノ特徴アル軍備ヲ以テ他国ノ有セサル大口径砲、重装甲ノ主力艦トカ重雷装艦トカ種々特徴ヲ有シ、敵ノ現有兵力ヲ以テ応シ得サル艦ヲ造レハ良シク折角研究中デアリマス。清国ノ定遠〔戦艦〕、鎮遠〔戦艦〕ニ対スル松島〔海防艦〕級三隻、日露戦役ノ筑波〔装甲巡洋艦〕、鹿島〔戦艦〕等ノ着想ニ同シ。

一、尚御下問御座リマセンガ、大正時代八八艦隊整備ニ当リ海軍ニ対シ陸軍ヨリ譲リタルヲ以テ此度ハ海軍ニテ譲リテハト申ス者アルヤニ聞及ビマスガ、其ハ情況大ニ異リマスノデ、彼ノ時ニハ露国全ク崩壊シ居リ陸軍ノ目標小ナリシナリ、現在ニテハ米・露ノ目標ニ軽重無之ニ由リ陸海軍同程度ニ整備ノ要アリ。曾テ御下問ニ無条約トナラハ条約時ヨリ約四千万円増加ト申上シハ建艦費ニ有之、此外ニ維持費モ加リ又現在ハ航空兵力ヲ増ス必要切ナレハ全海軍費トシテハ相当ニ増シ八億或ハ其以上ニナルト考ヘマス、其ハ先ノコトデアリマス。

朝鮮憲兵隊長〔司令官、持永浅治〕報告中、一九三五年一月現在蘇連当局発表ニ依レハ、官吏(赤軍ヲ含マズ)2、352、460名中、猶太人1、971、810名、約83%。

十一年五月十六日

東京憲兵隊長〔坂本俊馬〕談

二・二六事件資金関係

久原 ━━▶ 亀川　5000円支給

(琉球生レ、小学卒業、右傾、陸軍青年将校ニ知己多シ、海軍ニ働キ掛ントシアリタリ、小笠原〔長生〕中将、山本〔英輔〕大将ニモ出入)

辻政巳 ━━▶ 村中〔孝次〕　2000円支給

(満鉄社員、菅波〔三郎・歩兵第四十五連隊付〕ト親交)

大沢〔隼〕 ━━▶ 菅波　15000円支給

(ハルピン、新聞業)

此外ニ赤関係モアリト云フモ不明。

尚今回ノ事件ニハ関係ナキモ、

三井ノ池田成彬
有賀長文｝→北一輝（三井カ張勲ヲ利用スル時ニ働キ、爾来三井ニテ養ヒ来レリ）

十一年五月二十六日

総長殿下GF特命検閲使トシテ五月二十六日11-30A参内、覆奏ノ後侍従武官長退下後ニ、二・二六事件ニ関スル所見ヲ士官室士官以下ニ諮問致セシ所、其ノ方法手段ハ許ス可ラサルモ彼等ノ心情ニハ諒察スヘキ点アリト答ヘシモノアリ、誠ニ不都合ナルガ此ノ考ノ起リタルハ事件当時ノ当局処置ガ迅速ナラズ、戒厳司令官ハ徒ラニ説服等ニ苦心シ断乎タル処置ニ出デズ為ニ彼等ニ許スヘキ心情アルヤニ誤解セシメタルカ如シ、故ニ成ルヘク速ニ当時ノ情況ヲ明瞭ニシ誤解ニ依ル謬見ヲ是正致スヘシト奏上セラル。

陛下ヨリ、士官ハ叛徒ノ趣意書ヲ見テ之ニ同情スルニアラスヤトノ御下問アリ。

殿下ヨリ、左ニアラズ、趣意書ヲ見タルモノモアルヤモ知レサルモ、之ニ同情シタルニハアラズシテ全ク当時ノ処置ニ惑ハサレタルモノナル旨申上ゲ、陛下御満足遊ハサル。

本日ハ天機誠ニ麗ハシク拝サレタリトノ殿下ノ御話アリ。

十一年五月二十八日

松江〔春次〕南洋興発社長来談

一、サイパン、チ〔テ〕ニアン、アギーガン、ロタ間ニ無線電話ヲ設置ノ可否。

一、アル〔ラ〕フラ海真珠業ノ統制機関ヲ設ケ、パラオニ家族住居ノ設備ヲ行ヒ、母船ヲ作リ燃料油等ノ供給ト真珠ノ集〔収〕収〔集〕等ヲ行ハントス。

一、蘭国、蘭印ニ経済使節派遣。

10-20万円ノ支出差支ナシ。

シヤム経済使節ニハ南興ヨリ十万円ヲ出シ、砂糖会社新設ニ割リ込ミ合弁トシ、ゴム採植事業。

一、Timor ニ於ル諸事業ハ是非南興ニテ行ヒタシ。

日本人ノ事業ヲ歓迎ス、沿岸航海業、電灯、金融業等、目下ハ Timor ノ紙幣ハ島外ニ兌換セラレズ。

一、ロタ燐鉱一噸内地ニテ28円ニ売リ得、採掘及内地ヘノ運賃ヲ合シ噸10円以内、従テ噸18円ハ浮ク。年5万噸トシ約90万円ノ利アリ。

ラグーナ石油株式会社(Laguna S.A.)

一九三五年十一月一日、墨国〔メキシコ〕ニテ創立登記。公称資本墨貨100万ペソ、日墨合弁（日6、墨4）日本人都留

（メキシコ帰化）ト墨人アルマサン（Almazan）技師トノ協同事業、社長ハアルマサン、都留競ハ総支配人。既ニ確保油田140、027町歩、オプシオン中ノ油田153、168町歩。

テワンテペツク地狭〔峡〕地帯即チミナテツラン地方、タバスコ地方、チヤパス地方ノ産油ハ軽質油ニシテボーメ三十二、三度ヨリ三十七、八度、ガソリン含有率50％乃至70％ニテ日本向ニ良シ、故ニ現在ハ地狭〔峡〕地帯ニ力ヲ注グ、ナヤリツト州ノ油田ハ未試掘。

資金欠乏ニ対シ朝鮮土木請負業池田佑忠ナル人、東拓ヨリ200万円ヲ借リ東亜石油会社ヲ設ケ、ラグーナノ株20万株中175、000株ヲ買取リ協同ス。

十一年五月二十九日

国防方針ノ御下問ニ対シテ広田総理大臣奉答ス。

十一年六月三日

国防方針及ヒ用兵綱領御裁可。2hP両総長ヲ召サセラレ。

十一年六月六日

陸軍省ヨリ大臣、次官〔梅津美治郎〕、主要局長、課長等、参謀本部ヨリモ主要課長等関係者総出ニテ海軍航空廠ヲ視察。視察ノ結果ハ予想外ニ海軍ノ航空技術研究ノ進ミ居ルコトト海軍ノ航空技術上ノ要求（海上特有ノ必要ニ基ク航続距離、攻撃兵器、其ノ他）高キコト、従テ陸軍ノ要求ハ海軍ノ技術ニカバーサレルコト等ヲ良ク認識シタリ。

又此ノ海軍ノ特種〔殊〕要求ニヨリ空軍統一ハ目下問題トスヘカラサルコトヲモ了解セリ。

　暹羅〔シャム〕地質調査

十年十二月十九日ヨリ十一年三月三十日海軍省嘱托〔託〕内藤雄二郎ハシヤム国鉱山省地質技師クンビエンロハピチヤ氏ノ案内ニテ各地ヲ調査ス。

メソート地方

油母頁岩層三枚アリ、品質中等程度、約二億五千万屯ト推測。

モンフアン地方

本地方ニ発達スル含油層ハ第三紀ニ属ス。地質構造ハ向斜ニシテ鉱業価値ナシ。唯タシヤム国内唯一ノ油徴地ナルカ故ニ将来油田探査ノ基礎ヲナス。

モンパイ地方
古キ水成岩、火成岩広ク発達ス、メリム地方ニテハ谷底ニ第三紀ノ層ノ発達ヲ許セリ。将来西北部一帯広範囲ニ油徴又ハ油母頁岩ヲ探査スヘキモノナリ。

統制経済ノ意義

統制経済ナル語ハ現在尚ホ曖昧ナルガ、分テ二トナル。

㈠自治的統制
カルテル（企業連合）、トラスト（企業合同）、コンツエルン（財閥的企業支配）等アリ。大資本家、大企業者間ノ協定ニ依ル市場（生産量及ヒ販売価格等）支配方法ナリ。

㈡国家的統制
謂ユル資本主義ノ是正ニシテ、国家ノ生存発展ノ為ニ各企業ノ営利主義ヲ制限シ、其ノ個的主義、自由主義ヲ全体社会ノ立場ヨリ統制スルモノナリ、独、伊ノ如シ。独、伊ハ貧弱ナル資源ヲ極力能率的ニ利用シ且国際経済戦ニ立タスンハ国力発展ヲ期シ難キニ依リ、資本主義ノ長所（能率的利用、製品ノ生産費安）ヲ採リツ、其ノ短所ヲ統制ス。
英、米ハ資源豊富ノ為国家統制ノ必要ナシ。

石炭液化ニ適スル原料炭
宇部、常盤〔磐〕、三池、夕張、内幌、川上
朝鮮　永安、阿吾地
満州　撫順、新邱

十一年六月十日

左近司〔政三・予備役海軍中将〕樺太〔北樺太〕石油社長
来談

近来社運傾キ株価暴落シアリシガ、左近司氏就任ノ上試掘ニ要スル経費ヲ調ヘタルニ１０７０万円トノコト、之ヲ国策事業ナレハ政府支出ノコトニ町田〔忠治・衆議院議員、前〕商工大臣ニ頼ミタルニ、半額ハ政府補助、残ノ更ニ半額ハ社債トシ元利ヲ政府補償トシ、¼ハ社ニテ出スコトニ定ル。政府補助456万円、社債300万円（今特別議会ニテ通過）五ケ年間ニ受ル。
試掘期限ハ本年末迄ナルガ更ニ五ケ年延長ノコトニ蘇国ト交渉中、noトハ云ハサルモ二ケ年現着手ノ試掘ヲ継続ニ同意シアリ、之ヲ五ケ年トナスコトニ折衝中、近ク左近司社長モスコーニ赴キ会社トシテモ当局ニ対シテ交渉ノコト

トス（七月下旬帰朝予定）。長居ハ無用トノ忠告アリ、後々ニ話ヲ引延スコトニス。

海軍ハ蘇当局ニ好評ナリト。

十年度ノ配当ハ三分トス。三井、三菱出ノ重役ヨリハ五分位ノ希望アリシモ、出セバ出セルカ国策会社トシテ配当ヲ少クス。

浦潮　十一年六月十日杉下〔裕次郎〕総領事報告
十二月中旬ヨリ三月中旬ノ間結氷シ、砕氷船ニ依ラサレハ行動困難、従テ近時アメリカ湾付近、ポシエット付近（不凍港）ニ分散配備ス。
太平洋海軍区司令部
司令長官、一等司令長官（大将）ウイクトロフ〔Mikhail V. Viktorov〕。隷下ニハ太平洋艦隊、第九海軍鎮守府（司令官ハ一等司令官（少将）エリゼーエフ）及ヒウスリー湾以東ノ沿岸並ニ南部烏蘇里〔ウスリー〕ポシエット地方ノ沿岸整備ヲ管轄ス。
一九三六年メーデー参加ノ海軍兵力５４００、従テ海軍ノ総兵ハ６０００以上（一九三五年メーデー参加ノ海軍兵力ハ２５００ナリキ）。
ルスキー島、一般住民ノ全部ヲ退去セシム、立入禁止。
海軍飛行機
一九三六年メーデー参加兵力28機。
水上重爆6、水上偵察（爆撃）11、水上偵察11。
海軍水上飛行場
オケアンスカヤ（大格納庫2）、フタラヤ・レチカ（小格納庫1）、ウアーイス（小格納庫2）、バサルキン岬（大格納庫1）、ノーウイク湾。

十一年六月二十六日

4F長官親補問題。連年ノ懸案ナレハ本年ハ早クヨリ督促シテ軍務ト交渉セシメタル結果。

軍務一課長案トシテ4Fヲ艦隊平時編制ニ役務上入ルコトニ依リ解決ヲ提案シタルモ軍務局長、次官反対。

次長ハ二十日大臣ト会見シ、允裁内令ニアル『大演習中臨時編成ノ艦隊ニ…ヲ除クノ外艦隊令ヲ準用ス』(三)ヲ手ヲ入レテ（…ヲ除クノ外）ヲ削レハ艦隊長官ハ親補トスルコトニナル、之ニテ法制局ヲ同意セシムルコトニ大臣ヨリ直接交渉ノコトトス。

二十三日大臣ハ閣議ニテ法制局長官〔次田大三郎〕ニ話シ、

主務者間ニテ話合スコトニセシガ、法制局書記官ハ允裁内令ヲ軍令ニナセハ可ナリト云フ。軍務ニテハ軍令ニナスコトニ同意セズ。

二十六日大臣ハ軍令トナスコトノ不可ナル理由ヲ解シ得ズ、内閣ニテハ之ニテ同意ナリト云ハル。

二十七日大臣ヨリ嶋田ニ自分ハ軍令ニテ強行シ得ルト思フモ次官以下不同意ヲ圧シ切ルニハ問題大ナラサル故今度ハ是ニテ打切リ、改テ研究ノコトニシタシト云ヒ同意ス。

日本製鉄株式会社

拡張計画	（銑鉄）	（鋼塊）	（鋼材）
昭和十二年九月	2,700,000t	2,400,000t	1,920,000t
十三年九月	3,300,000t	3,000,000t	2,400,000t
十四年九月	4,000,000t	3,500,000t	2,800,000t
十六年三月	4,700,000t	4,000,000t	3,200,000t

神州丸〔陸軍特種船〕　要目

	「バラスト」無キ時	「バラスト」搭載時
速力	20.4k	19.45k
公試排水量	5600t	7200t
基準　〃	5160t	6760t
飛行機	九一式戦闘機ノミナレハ 12（又ハ戦闘機 7、偵察機 3）	
大発動艇	20 隻	小発動艇 10 隻
戦車（8t 又ハ 12t 型）	10	
装甲艇	2 隻	
砲	6（七粍半野戦高角砲）	射出機　2
輸送員数	将校 50	兵員 500
搭載馬匹（飛行機及ヒ中甲板発動艇格納庫ニ搭載シ）約 800頭		

十一年七月三日

国策ニ関スル閣議（第一回）

（広田〔弘毅〕首相）一般方針ヲ述ヘ各省ノ提案ヲ各省ヨリ先ツ説明シ質問ス、討議ハ後日行フ。

三長官ヲ傍聴ニ列席セシム。

（頼母木〔桂吉〕逓相）電力、航空、海運ノ三案ヲ説明ス。

電力ヲ国家統制ノ必要ヲ述フ。

富山県ノ例、年30万円ノ損ナリシニ黒部川方面ヲ統一シテ損無クナリ、6厘及至9厘ニテ供給シ、之ニヨリ工場二十有余ヲ増ス。

国家ハ各会社ヨリ発電ヲ借リ、統制シテ供給会社ニ配供セシメ平均二割安トナル見込、予算95万円。

政府持、自家用、東北会社ノモノハ除外トス、各会社ノ社債ノ処置等ニ難関アル如シ。

（逓相）航空ノコトニ就キ。

航空省カ出来ルトカノ下馬評アルカ、然レハ同省ニ譲リテ逓相トシテハ止ル。

（陸〔寺内寿一〕、海相〔永野修身〕）航空省ノ話ハアルモ研究中ナレハ、逓相ノ説明ヲ聞キタシ。

（逓相）同省案ヲ説明ス、次ニ海運ノコトヲ説明シ、本案ハ軍部ノ要求ニヨリ立案シタルモ、此ノ如キ優秀船ガ多数出来レハ帝国ノ海運ヲ革新スルコトトテ大ニ熱出テタリトテ説明。

（海相）ヨリ（ママ）逓相カ議会ニテ600万円トシ促進ヲ云ハレシガ此案ニ見ヘズ如何ニセシヤト問ヒ、逓相答ヘ不明確。

航空省問題
本日ノ閣議前及ヒ後ニ寺内陸相ヨリ海相ニ航空省ノ必要ヲ述ヘ同意ヲ求ム。将来ハ陸、海軍ノ航空ヲモ統一スルノ考ヲモ陸相口ヲスベラス。

海相ハ米国ノ如キ大空軍ヲ有シテモ航空省ナシ、殊ニ陸、海空軍ヲ統一ノ前提ナレハ話ニナラズト反駁。

陸相ハ逓信ノ局ニテモ、外局ニテモダメト云ヒ、航空院ナレハ省ト予算ハ幾ラモ異ラズト云フ、又陸軍専属、海軍専属以外ノ中間ノモノハ海軍ニテ管スレハ可ナラスヤトモ云フ。決セズ後日ニス。

商船問題
陸相ハ参謀本部ハ色々云フモ削ル意ト云フ。

十一年七月七日

二・二六事件関係
本七月七日真崎大将特別軍法会議ニ収容セラル。事前ニ行動隊ト会合シ、又磯部ニ500円贈与シタルガ本人之ヲ否認シ、行動組ハソンナ人トハ思ハザリシガ対決サセラレタシトノコトニテ収容シ、十二日ニ死刑執行ヲ延期シテ取調ルコトニナル。
磯部ニハ時々真崎ヨリ金ヲ与ヘヲリシガ、事前ニ真崎ニ金ノ要求アリ、真崎ヨリ森〔伝・縦横倶楽部および対支実行同志会主幹〕ニ金ガアレハ遣レト云ヒ森ハ500ヲ与ヘタリ。森ハ伊予ノ人、清浦〔奎吾・元内閣総理大臣〕伯ノ私秘書。

十一年七月十四日

大演習第一、第二期指導ニ関シ11hA総長殿下奏上、次テ御下問アリ。

上海ノ事態ハドウカ〔中山水兵事件〔上海共同租界で海軍陸戦隊員中山秀雄一等水兵が中国人に射殺された事件〕ノ判決ハ犯人ヲ無罪タラシムル気配見ユル際更ニ萱生氏射殺〔上海共同租界で三菱商事出入りの商人萱生鉱作が中国人に射殺された事件〕ノ事起リタル為〕。

奉答　誠ニヤツカイナ事ガ起リマシタガ、目下陸戦隊ハ1500名、兵器ハ新式ニテ事態心配無之、3F長官（及川古志郎）モ演習ノ為南下ノ予定ナリシヲ取止メ上海ニ在リ外務ト協力適当ニ処理致スヘク、目下ノ処事態ハ心配ナキ見込ノ旨奏上。

尚御下問ナカリシモ、カムチヤツカ漁業警備ノ本年ハ蘇側ニテ駆逐艦ヲ出シ強硬ナルコト等、北支ニテ淀（砲艦）ノ測量員ノ被害ニ就キ秘密測量ノ為新聞ニハ出サヽルモ慰藉料、保障等適当ニ処置シアル旨ヲ奏上セラル。

十一年七月二十一日

日独協定

会食ノ形式ニテ外相官邸ニ外、海、陸ノ三省ノ大臣、次官、軍務局長等会合打合ス。陸軍ハ庶政一新ノ為ニモ本協定成立ヲ熱望、コミンテルン防止ノ協定ニハ何レモ同意。軍事上ノ具体的協定ハ海、外共ニ不安アリテ直ニ同意セズ、物分レトナル。

本二十一日ノ閣議後、海相ヨリ首相、蔵相ニ左記申入ル。

一、航空省問題ハ将来陸海航空ヲ統一スル主旨ナレハ海軍ハ不同意ナリ。

二、国策トシテ逓信省提案中20k優秀船20万トンハ陸軍ノ提案ナレハ海軍ハ不同意。

海運ニ就テハ海軍優先権ヲ有スルコトニ両統帥部間ニ協定アリ、然ルニ陸軍ヨリ逓信ニ申入レ戦時ニ之ヲ陸軍ニ取ラントスルコトハ不同意ナリ。

（蔵相ハ本件ハ成立至難ナリト云フ）

十一年七月二十二日

日独間ニ於ル政治的協定締結問題　外務所見ノ一節

『然レトモ右日独提携ニ際シテハ我方トシテ注意ヲ要スル点二アリ、

㈠先ツ第一ニ之ニヨリテ「ソ」ヲ不必要ニ刺激セサルノミナラス、右工作カ対「ソ」戦争ヲ誘致セサルモノナルヲ要ス。蓋シ独逸ノ対「ソ」関係ハ比較的単純ナルモ、我国ノ対「ソ」関係ハ之ト異リ極テ複雑且機微ナルモノアルヲ以テナリ、即チ我国ハ「ソ」ト隣接シ「ソ」連内ニ幾多ノ「コンセッション」ヲ有シ又両国間ニハ諸種ノ懸案存スルヲ以テ、徒ラニ「ソ」ヲ刺激セハ我方ノ直接間接蒙ル不利尠カラサルモノアリ。

㈡第二ハ日独提携ニヨリ列強殊ニ英国ニ不安ノ感ヲ抱カシメサルコト是ナリ…』。

秘密協定第一条ヲ「ソ」ト明記セズ第三国トス。

第二条ハ削除。

英ト好意協定ノ話合ヲ進ム。

十一年七月二十三日

台拓（台湾拓殖株式会社）、南拓（南洋拓殖株式会社）ノ創立委員
二十三日何等ノ予告ナシニ明二十四日ノ閣議ニ出シ度トテ拓務省ヨリ送付アリ、其ノ顔触レハ政党其ノ他ノ関係者不良ト認メラル、モノアルニ依リ、海軍不同意ヲ申送ル。

十一年七月二十四日

日独協定ニ関シ外務欧亜局長（東郷茂徳）、陸海軍務局長（磯谷廉介、豊田副武）参集シ話合フ。

外相ヨリ駐独大使（武者小路公共）ニ『研究中』ノ意ヲ電報ス。

三省ノ協議事項
一、独逸ハ公表ヲ希望スルモ帝国ノ対「ソ」、英関係ハ独ト異ルニ由リ秘密協定トス。但シ全然秘スルコトハ不可能ニ付、漏レタル時モ不具合トナラサル共同宣言ヲナス如キ法ヲ講ス。
一、「アンチ、コンミツテルン（コミンテルン）」協定ハ具体的問題ハ止メ、『情報ノ交換、及ヒ対策ニ就キ協議』程度トス。
一、軍事協定ハ挑発スルコトナクシテ攻撃ヲ受ケ又ハ受ケントスル場合善意ノ中立ヲナス消極的ノモノトス。尚ホ漏レタル時差支ナキ様ニ、単ニ『第三国ヨリ攻撃ヲ受ケ又ハ受ケントスル場合隔意ナキ協議ヲ行フ』趣旨トス。
一、政治協定
陸軍ハ『対ソ不侵略協定ハ結バズ』ト協定シタキ希望アリタルモ、右ハ逆ノ意味ヲ含ム疑ヲ生シ漏レタル時ニ面白カラズ、又独「ソ」間ニハ此種申合モアリテ片務的トナル故ニ原案第二条ハ削クコトトシ、独ヨリ申入アラバ独ソ間ノモノヲ清算ノ後ニ考慮。

七月二十八日、独大使ヨリ意見具申アリ（公表必要等）。

七月二十九日、外相ノ回訓（公表ハ行ハサル方針トシ軽イ程度ニ出スコト等）。

十一年七月二十五日

天津久保田〔久春〕武官電ノ要旨

渤海湾内ノ築港

北支鉱山調査ノ為天津軍嘱託トナリテ赴津ノ内務省技師坂本〔助太郎〕博士一行カ一ケ月余実地踏査ノ結論。

一、渤海西南部ニハ新ニ港湾トナスニ足ルモノナシ、所謂孫文提唱ノ北支大港モ望ミ薄シ。

二、白河河口ニ左ノ如ク施設スルヲ良策トシ、実施見込十分ナリ。

(イ)河口旧北砲台付近ヨリ「バー」ニ沿ヒ北側ニ営口河口ノ築堤ヨリモ約二粁半長ク築堤シ岸壁ニ繋船セシム。

(ロ)右ノ北側更ニ三粁離シテ略同様ノ築堤ヲナシ、之ニ南向埠頭ヲ造リ且両築堤間ヲ繋船地区トシ、浚渫土ニテ約七百万坪ノ土地ヲ造成ス。

(ハ)右繋船地区ト白河トハ前者築堤ノ基点ニ閘門ヲ造リ連絡セシム。

(ニ)所要経費約五千万円、約六ケ年ニテ竣工（経費ノ半額以上ハ造成土地払下ニテ塡充可能）、成果ハ大連港ノ約半分ノ広サト呑吐能力ハ同港ノ約二倍ノ見込。

(ホ)大沽「バー」及白河自体ハ従来通利用スルモ重点ハ新築港ニ置ク（新港水深八米）。

十一年七月二十九日

GF寺島水道遭難ニ就キ

GF長官〔高橋三吉〕ノ稟申ニ依リ中央ニテ査問委員ヲ作ル。委員長末次大将、中村〔亀三郎・海軍大学校長〕中将、近藤〔信竹・軍令部第一部長〕少将、小池〔四郎・航海学校長〕少将等。

十一年七月三十日

海運助成問題

9k以上、40万トン以上ニ陸海軍統帥部間ニ話合ヒ成ル、即チ陸軍ノ提唱ニテ国策ニ逓相ヨリ出シタル20k以上（半載貨）20万トン半額建造費補助ニテ計5000万円ヲ止メテ上記ノ通トス。

5000万円ニテ40万トンヲ補助シ得ル見込、此ト同時ニ陸軍ニ対シ海軍トシテ、今後此補助ニテ造ル商船ハ計20万トンニナル迄陸海軍半々ニ配分スルコトニ内約ス。

八月一日右ノ件ヲ大臣ニ報告、大臣喜ハレ促進ヲ約サル。

帝国外交方針

外、陸、海三省ニテ討議立案ノモノ、次週ノ閣議ニ上程。十一年八月七日、首、海、陸、蔵、外ノ五相会議ニ於テ決定セラル。

国策ノ基準

十一年八月七日ノ五相会議ニテ一応話合フ。

十一年八月一日

台湾総督問題（永野大臣ノ話）

台湾総督ト南洋長官ト共ニ海軍ヨリ出シ度希望アリシモ、自分ノ力ニテ両者同時ハ無理ナリト考ヘ台湾ヲ第一トシ折衝ス。

中川〔健蔵〕総督大ニダヾヲ云ヒ、伊沢〔多喜男・貴族院議員〕一派ノ策動甚シク、民政党ハ党トシテ武官ニ反対ノ気勢ヲ示ス。

海軍ニテ小林〔躋造〕大将ノコト新聞ニ出デシ為大物ヲ出ス意ニテ児玉〔秀雄・貴族院議員〕伯ヲ推シ、台拓創立委員長ニナシタルモ箔ヲ付ル為ラン。

拓務大臣〔永田秀次郎〕ハ之カ十年前ナラ武官ニハ反対ナルモ現今ハ既ニ列国ノニクマレ者トテ五十歩百歩、反対セズト、首相ハ民政党ニ議会デイジメラレルヲ惧レヲルモ、海軍ヨリ『此案ハ自分着任前ヨリノ海軍ノ総意ナリ、之ヲ実現シ得サレハ海軍ヲ統制スル上ニ不都合ナリ』ト云ヒ首相モ同意。南方発展ヲ唱ル際ニ武官ハ列国ヲ刺激スルト云フコトガ反対者ノ主要点。

中川総督八月中旬上京シ辞意ヲ申出レハ海軍武官ヲ出スコトニ首相同意。議会ノ答弁ハ海相受合ヒアリ、『適材ト思フ』一点張。

大臣ノ希望。諸計画ノ中途変更ハ万止ムヲ得サル場合ノ外行ハズ、次回ニ実現ノコトニシタシ。

艦船ノ改造

通信学校ノ移転ニ由ル兵舎新造取消

小艦船ニ不釣合ノ新施設兵器等

右ニ対シ嶋田ハ全然同意、造船関係技術者優遇ノ必要ヲ述フ。

十一年八月五日

日独提携ノ件

外相ヨリ武者小路〔公共〕大使ヘ、縷々御申越ノ次第アルモ、我方トシテハ屡次電報ノ通独逸トハ異リ此際殊更ニ「ソ」

連ヲ真向ノ敵トスルヲ不得策トスルノミナラス公表ヲ不得策トスル諸種ノ事情アリ、且本件措置振ノ要領ハ既ニ内奏済ノ関係モアリ、旁々貴使ハ往電特第一〇号訓令ノ趣旨ヲ全般的ニ説明シテ先方ヲシテ右往電所載ノ我方ノ立場及主張ヲ十分納得セシムル様精々御努力アリタシ。

十一年八月十三日

北一輝等ノ二・二六事件聴取書（大角〔岑生・軍事参議官〕大将入手ノモノ）ヲ殿下ニ御覧願ヒタルニ対シ、北ノ12枚裏ト13枚裏トニ殿下ニ関スルコトアルニ対シ、『二ケ所共ニ事実無根』ノ仰アリ。大臣、次官ニ話シ、尚田結〔穣・海軍省〕副官ニ当時ノ殿下御関係ノコトヲ記録ニ留メシメ、大角大将ニ話シ聴取書ノ訂正ヲ取計フコトニ頼ム。八月十五日田結副官ヨリ大角大将ニ話シタルニ、該書ハ民間ノ或者ヨリ入手セルニ付其者ニハ話シ置クヘシトノ話ナリ。

十一年八月十四日

　十二年度大演習ノコト

十一年四月一日次長ヨリ十二年度ニ一層規模大ナル大演習実施ノ必要ヲ協議ス（１０００万円）。

七月予算省議ニテ海軍省ハ教育、人事ノ大演習反対意見ヲ容レ、十二年度ハ小演習（300万円）ニ査定。

爾後軍務局ト第一部トノ折衝ト次官、次長トノ折衝トヲ並行シ、八月ニ至リ漸ク大演習500万円案ヲ海軍省ヨリ出ス、軍令部ハ700万円ニ縮少〔小〕シ。

八月十日水交社ニ講話アリタル時残リテ大臣、次官、軍務局長ト次長、一部長ト話合ヒ、

　海軍省500万円、50日間
　軍令部700万円、60日間 } ヲ主張シ決定ニ至ラズ。

八月十三日大臣ト次長ト更ニ話合ヒ600万円ニ話合ヒ、大臣明日返事トス。

八月十四日600万円予算ニ計上、期日九月十五日ヨリ十一月上旬ニ決定ス。

十一年八月十五日

　英国駆四万トン保有問題

七月十五日英国政府ヨリ一九三〇年倫敦条約第二十一条ニ従ヒ、条約量超過駆逐艦四万トン保有ニ決シタル旨通報越シタリ。之ニ対シ帝国ハ駆２８１３３トンヲ条約量ヲ超ヘテ保有ノ権利ヲ有スルモ、我国ノ超過駆逐艦ハ１１０５９

トンノミナルニ依リ、不足分ハ潜水艦１５５９８トンヲ保有シ、合計２６６５７トンヲ保有ノコトトス。

右ヲ英米両政府ニ通知ノコトトス。

八月十八日閣議ニテ決定。八月二十四日頃英米ニ通知。

ホーキンス〔イギリス海軍巡洋艦の砲径のサイズ〕問題ハ英国上記ニ文句ナケレハ我国モ同意スルコトトス。

昭和十二年度海軍補充計画

十二年度ヨリ十六年度

艦船建造	862,605,000（円）
航空兵力	69,712,440
	932,317,440

艦船建造　〔円〕

	基準排水量	一隻建造費	建造隻数	建造費総額
戦艦	35,000	104,405,000	2	208,810,000
空母	24,500	84,555,000	2	169,110,000
駆	2,000	9,517,000	18	171,306,000
潜甲	2,600	15,419,000	2	30,838,000
〃乙	2,100	12,765,000	12	153,180,000
敷甲	11,600	28,365,000	1	28,365,000
〃乙	5,000	11,190,000	1	11,190,000
海防艦	1,200	3,492,000	4	13,968,000
敷設艇	700	2,753,000	5	13,765,000
掃	600	2,416,000	6	14,496,000
駆潜艇	300	1,517,000	9	13,653,000
砲甲	1,000	3,735,000	2	7,470,000
砲乙	270	1,337,000	2	2,674,000
急設網艦	2,000	5,153,000	2	10,306,000
測量艦	1,600	4,237,000	2	8,474,000
運送艦	10,000	5,000,000	1	5,000,000

年度割　〔円〕

十二年度	53,000,000
十三　〃	244,137,000
十四　〃	247,142,000
十五　〃	243,540,000
十六　〃	74,786,000

航空兵力充実増勢

（機種）	（隊数）	機数		
		（常用）	（補用）	（計）
中型攻撃機	2.5	30	10	40
艦上爆撃機	1.0	12	4	16
中型飛行艇	1.0	4	2	6
水上偵察機	1.5	12	6	18
練習隊　初歩練習機	1.0	12	18	30
練習隊　中間　〃	5.0	60	60	120
練習隊　実用機	2.0	24	8	32

年度割

十二年度	17,000,000（円）
十三　〃	17,000,000
十四　〃	17,000,000
十五　〃	18,712,440

十一年八月十九日

佐々木〔高信・軍令部出仕兼海軍省出仕（軍務局第一課兼二課）兼〕対満事務局員ノ談

満州国協和会

ナチスノ長所ヲ採リ有事ニ際シ国内ノ不安ナカラシムルヲ目的トシ、年額200万円程度ヲ支出シ日満協和ニ力ヲ尽サントス。

満州国鉄道第四次計画

陸軍ハ成ルヘク早ク着手ヲ希望シ、満鉄ハ昭和十五年ヨリ着手セントス。

全線、10線、2376km

所要経費、260、000、000円

嫩江ヨリ鴎浦（黒龍江北方渡河点）ニ至ル線ハ興安嶺ヲ超〔越〕ヘ経費5000万円、維持費モ年赤字200万位。

佳木斯ヨリ烏雲（黒龍江南方渡河点）ニ至ル線ハ小興安嶺ヲ超〔越〕ルモノ、之ハ黒字ノ見込。勃利ヨリNE方ニ国境ニ向フ線、赤峰ヨリ囲城ヲ経テ多倫ニ至ル線、承徳ヨリ古北口ノ線、索倫ヨリハンダカセ（海哈爾ヨリ外蒙ニ入ル口）ニ至ル線、汪精ヨリ東寧ニ至ル線等。

十一年八月二十二日

9hAヨリ11h-15A、主力艦問題懇談。大臣室ニテ大臣、次官、空本長〔航空本部長、山本五十六〕、軍務局長、艦本〔艦政本部〕総務部長〔沢本頼雄〕ト次長、一部長、〔高橋伊望・軍令部〕一二部長会合。次官ヨリ国際情勢ト技術上不安トヨリ主力艦計画ニ関シ懇談シタシト。

軍務局長ヨリ理由ヲ述ヘ、主トシテ消極的見地ヨリ原計画ノ再検討ヲ可トスト。一二部長之ヲ論駁、原計画ヲ可トスルヲ述ヘ、一部長補足シ、次長ヨリ技術上ノ不安ハ尤ナルモヂーゼルモ″18砲（45口径）モ大ナル不安ナカルヘキヲ述ヘ、技術ヲ疑フヨリモ之ヲ助長スル方ニ力ヲ入ルノ要ト新型ニテ英米ノ現有艦ヲ out スルノ利トヲ述ヘ、一年半前ニ定リタル準備中ノモノヲ無駄ニスルコトハ避ルヲ要スト。大臣モ新型ノ英米現有艦ヲ out スルコトノ利大ナルヲ認ム。

駐満海軍部ノコト

駐満海軍部ノ創設以来陸軍ハ之ニ好意ヲ有セズ之カ解消ヲ希望シアリシガ、此空気ヲ一掃シ陸海協同ノ明朗ヲ期スル為ニ十二年度作戦計画ニテ陸、海軍共ニ此ノ点ヲ訂正ス。中沢〔佑・軍令部第一課甲部員〕中佐衝ニ当リ努力シ陸軍ハ課長、部長直ニ同意シ、次長ハ関東軍参謀長時代ニ駐満海軍部ハ解消スヘキモノトノ考ヲ有シアリシ為初ハ不同意ナリシガ本日同意ス。

作戦計画、戦時編制、仰允裁ノコト

陸海協同ノ一端トシテ本年ヨリ十二年度作戦計画ハ参謀総長、軍令部総長御同列ニテ御前ニ出テ御説明申上ケ書類ヲ奉呈シ、御裁可ハ追テノコトニ御許ヲ得テ、九月一日葉山御用邸ニテ御説明。九月三日御裁可ノ上御下ゲアリ。

十一年八月三十一日

大演習ニ関シ総長殿下ヨリ大臣ヘ御話

大臣ハ４Ｆ長官ノ経験ニヨリ承知ナランモ、４Ｆノ兵員ガ朝早ク顔モ洗ハズニ訓練ヲ始ルアノ意気込ハ兵員迄非常時ニ対スル覚悟ノ深キヲ見ル、満州事変以来国際政局不安トナリ何時異変起ルヤモ知レズ、此ノ非常時ハ尚幾年続クカ知ラサレドモ此ノ間ハ非常時訓練トシテ年々大演習ヲ行フコト必要ニシテ、之ニヨリ実力ヲ養ヒ三年ニ一度更ニ大ナ演習ヲ行フコト必要ナリ。年々大演習ニヨリ学校教育等ニ不都合アリト云フモ大局ノ上ヨリ天秤ニ掛ケテ学校教育ノ欠陥ナド問題ニアラズ、一年先ノコトナレハ差当リハ先日ノ話合ノ如クシ置キ其ノ時ニナリ自分ノ考ヲ申出スヘシ、大臣モ一年先ノコトナレハ考ヘ置カレ度。

十一年九月一日

二・二六事件審理状況

一、予審中ノモノ

真崎甚三郎、石原広一郎〔石原産業社長〕、久原房之助、亀川哲也、平野助九郎、松井亀太

一、香椎〔浩平〕、小笠原〔長生〕、小藤〔恵〕、鵜沢〔総明〕ノ四名ハ検察中ナルモ書類ヲ受理シタルニ過ギズ。

一、其ノ後起訴シタル者十五名中

将校八　末松太平、志村陸城、杉野良任、満井佐吉、田中彌、西山敬九郎、北村良一、中橋照夫

常人七　西田税、北輝次郎〔一輝〕、福井幸、加藤春海、佐藤正三、宮本誠三、辻正雄

一、予審終了シ検察ニ於テ起案済ノモノ

井上亨〔享〕、斉藤瀏、四王天延孝、松本勇平、野田豊、伊藤伴治、小林順一郎、小林長次郎、市川芳男、明石寛二、太田幸一、木村義明、柴有時、松平紹光、宮浦周〔修〕三、宅野清征(田夫)

一、報告提出中ノモノ

飯塚近三郎〔近之助〕、小野元士、宮本義平、鳴海敬二、志岐孝人、山中伊平、松浦邁、黒崎貞明

一、検察中ノ主ナルモノ

薩摩雄次、菅波三郎、森伝、大岸頼好、中村義明

機関官問題ニ就キ末次大将報告

本日末次大将ヨリ総長殿下ニＧＦ寺島水道遭難ノ査問報告後、機関官問題ニ関シ所見トシテ申上シハ、機関科ノ者ハ全部兵学校ニ入校セシメ任官ノ時ニ機関科ニ分ルコトヲ希望シアリ。

之カ解決トシテハ、

1、右希望ヲ容ルカ

2、機関科ヲ単ニ driver トシ程度ヲ低下スルカ

3、昔ニ帰リテ機関官トスルカ

何レモ末次考ヘ定リヲラズ（然シ第一ニ同情アル如キ口振ナリ）ト。

殿下ヨリ1及ヒ2ハ不可ヲ申聞カサル。末次ヨリ、機関学校入校ノ時ニハ大将ニモナリ艦長ニモナル如ク話サレアル如シト申上ケ、殿下ヨリ夫ハ誤説明ナリ取上ルヘキニアラス。

十一年九月九日

大臣決裁

Ａ140（新戦艦建造計画、大和の計画符号）製造準備

昭和十一年度ニ於テ

一、既定艦艇製造費ヲ以テ百五十万円程度ノＡ140用甲鈑製造。

二、既定艦艇製造費二十万円ヲ以テＡ140現図工事並ニ製造着手前必要トスル諸事項実施。

（説明）

(イ)Ａ140用甲鈑ノ一部並ニ同現図工事等ハ十一年度ヨリ工事着手スルニ非レハ船体工事ヲ円滑ニ進捗セシムルコト能ハス。

(ロ)経費ノ振替方法左ノ通

十一年度甲鈑製造費ハ蒼龍、飛龍、利根、筑摩名義ニテ支出、現図工事費等ハ蒼龍名義ニテ支出シ、十二年度Ａ140予算成立ヲ俟テ同予算ヨリ振替戻ヲ行フ、但シ…。

十一年九月二十一日

10ｈＡ大臣室ニ次官、次長、艦政本部長（百武〔源吾〕中将）、空本部長（山本中将）、軍務局長ヲ集メ大臣ヨリ機関官問題ニ関シ意見ヲ求メラル。

（山本中将）英国ノ例ニ徴スルモ一系ハ不可ナルヲ信スル〔ママ〕モ、研究トシテハ一系ヲ如何ニセハ為シ得ルヤ否ヤト公

平ニ研究ヲ要シ、亦本答申ハ此点十分ナラズ、亦本答申ノ通ニ行ハンニハ更ニ充分研〔検〕討スルヲ要シ、機関官ヲ一層圧縮シタル上ニテ決行スルノ要アリ。航空関係ニテハ整備科ヲ廃シ飛行科ノ下ニ置キ、整備ニ明ルキ人ヲ隊付ニ配スレハ可。

（百武中将）本答申ハ一系不可ヲ先入主トスル者ノ起案タルコト歴然タリ、今ノ処行ク侭ニスレハ遂ニ一系トナリ、然ル上ニテ英国ノ如ク立テ直スコトトナルヘシ、姑息ナレドモ現状ニテ進ム。

（嶋田）一系ハ研究上ヨリモ信念ヨリモ不可、本答申ノ方法可ナリ、之ヲ断行スルニハ覚悟ヲ要ス、此ノ覚悟ハ上下一致協力ヲ基トス、覚悟十分ナラサレハ差当リ茲一ケ月以内ニ処置ヲ要スル関係上現状ニテ進ムコトトシ、将来ノ横議ヲ禁シ之ヲ犯スモノハ厳然処分ス。答申ニテ実施トセハ方法ニハ処〔所〕見アリ優遇ノコトトス。

漢口ニテ吉岡〔庭二郎〕巡査射殺事件アリ、３Ｆ長官ハ上海ヨリ陸戦隊ヲ二十日漢口ニ派遣（104）シタルニ、上海陸戦隊ハ２０００名ヲ現在ハ１６００ニ減シアリテ手薄ヲ訴ヘ居リシニ依リ、二十一日佐世保ヨリ特陸約460名ノ一大隊ヲ上海ニ派遣シ３Ｆ長官ノ指揮ヲ承ケシメラル（仰允裁）。陸戦隊483（准士官以上23）室戸〔給炭艦〕ニテ、九月二十二日７ｈＡ佐世保発、九月二十四日８ｈＡ上海着。

十一年九月二十四日

九月二十三日11ｈＰ同盟通信ニテ先ツ上海水兵狙撃事件ノ報アリ（8-20Ｐ呉淞路ニ於テ）、之ニ対シテ、８Ｓ、22ｄｇ（１ＳｄノモノＳ）、３ｄｇ（３Ｓｄノモノ）、呉陸戦隊一大隊、第十一航空隊（中攻６、大攻４、戦12）ヲ支那ニ（航空隊ハ台湾ニ）派遣シ、３Ｆ長官ノ指揮ヲ受ケシメラル、コトトシ、次長ハ７ｈＡ総長殿下ノ御決裁ヲ仰キ、7-20Ａ参内仰允裁。平田〔昇〕侍従武官ヲ通シ、此兵力派遣ハ目下ノ支那ノ事態ニテ３Ｆノ兵力不足ヲ感スルニ付警備ノ十全ヲ期スル為ニ行ハル旨御説明申上ク、御裁可ノ上、陛下ヨリ今後モ尚ホ此種不祥事起ル見込ナルカトノ御尋アリ、武官ヲ通シテ上海ニ於テモ又其ノ他ノ地ニ於テモ尚ホ若干ノ小事件ハ起ルモノト覚悟シ、此ニ対シテ警備ヲ十分ニ行ハンカ為ニ派遣ヲ必要ト認ムル旨奏上ス。

大臣ヨリ、陸海軍両大臣ノ合作タル行政機構改革案ハ首相ニ渡シ、首相ハ良ク研究スヘキ旨約ス。

今日午前福留〔繁〕軍令部第一課長ハ参謀本部ヲ訪問、上海

事件ニ関連ノ所〔処〕置ヲ話シ、陸軍兵力ヲ朝鮮ヨリ北支ニ進出シ南京ニ於ル外交々渉ノ促進ニ便スルコト、海軍ハ成ルヘク事態ノ悪化ヲ避ルモ情勢止ムヲ得サル時ハ上海ニハ陸軍出兵ヲ要スルコトヲ述フ。富永〔恭次〕作戦課長ハ研究ヲ約ス。

数日前石原〔莞爾〕参謀本部第一〔二〕課長〔石原は六月に作戦課長から戦争指導課長に就任、従来作戦課が第二課であったが六月から第三課となり、戦争指導課が第二課となる〕ハ軍令部ニ来リ。

対支作戦ニハ確タル自信ナシ、中支ニハ五個師団ヲ用ル計画ニナリヲルモ支那ノ現状ニテハ九個師団ヲ必要トシ、夫ニテ九江迄ノ作戦ヲナシ得ルノミ、城下ノ盟ヲナスノ成算ナシ。一方露国ハ支那ヲ援助スヘク露支戦争トナルヘシ、当分此ヲ避ケタシ。

九月二十五日午前参謀本部三〔作戦〕課長〔富永恭次〕来リ、右〔左〕記ノ九月十五日ノ時局対策ヲ示シ、此ノ第二項ヲ陸軍省ト話シタルモ陸軍省尚ホ同意セズ、何カ無ケレハ北支ニ出スコトハ難シ。

海軍ニテ兵力行使ノ場合ニ北支、上海アタリニ出兵ハ陸軍省〔軍務局軍事課課員〕岡本〔清福〕中佐モ九月二十四日ノ三省会議ニテ言明ス。

対支時局対策

昭和十一年九月十五日　参謀本部

一、中、南支方面ニ対シテハ現下ノ状勢ニ於テハ陸軍ヲ以テスル実力行使ヲ行フコトナシ。

二、抗日行為北支ニ波及スルニ対シ事前ニ不祥事件ノ勃発ヲ予防スル為機ヲ見テ一師団ヲ満州ニ派遣シ錦州付近ニ待機セシム。

三、万一北支ニ於テ帝国軍ノ威信ニ関スル如キ事件発生シタル場合ニハ支那駐屯軍ハ断乎立テ膺懲ス。

此際前掲一師団及関東軍司令官隷下部隊ノ一部ヲ支那駐屯軍（熱河ニ在ル混成旅団、公主嶺ニ在ル機械化部隊、飛行隊、朝鮮ニ在ル20D）ニ増加ス、之カ指揮ニ関シテハ別ニ定ム。

右ノ場合軍ハ行動ヲ神速機敏ニシ至短時間ニ電撃的打撃ヲ与ヘ最小限度ノ要求ヲ以テ問題ヲ局地的ニ解決ス。

四、爾余ノ関東軍ハ対「ソ」作戦準備ニ万全ヲ期ス。

十一年九月二十六日

対支時局処理方針覚〔海軍省、軍令部〕

（九月二十六日午前十時省部関係主要職員大臣室ニ参集シ研究ノ結果ニ成ル）

第一　方針

成ルヘク対支全面作戦ニ導カサル様又必要以外ニ列強トノ関係ヲ悪化セシメサル如ク速ニ事件ノ根本解決ヲ図ルヲ本旨トス。

第二　処置

一、速ニ対支膺懲ノ国家的決意ヲ確立シ特ニ陸軍ニ対シ速ニ海軍ト同一歩調ヲ執ラシムル如ク努ム。

二、対支作戦諸準備ヲ整ルト共ニ既ニ発令ノ増派兵力ノ威圧ニ依リ外交々渉ヲ促進セシム。

三、蔣介石ノ帰寧（南京）ヲ促シ速ニ我方トノ直接折衝ニ当ラシム。

四、蔣介石ニ対スル最終要求事項ヲ左ノ如ク定ム。

㈠速ニ排日禁絶ノ誠実有効ナル手段ヲ執ルコト、発生事件ニ対シテハ南京政府カ其ノ責任ヲ執ルヘキヲ約セシム

㈡速ニ国交ノ調整ヲ図ルコト

(イ)航空連絡（福岡、上海間）

(ロ)関税低下

(ハ)北支ノ明朗化

経済提携

防共協定

（右二件ノ実行可能ナル政権ノ樹立ヲ期待ス、但シ右政権ノ主権ハ支那政府ニ在ルモノトス）

㈢案件自体ノ処理ヲ南京政府ノ責任ニ於テ速ニ行フコト

五、蔣介石帰寧セサルカ又ハ右要求事項ニ対シ南京政府カ誠意アル態度ヲ示サヽル場合。

㈠漸次奥地ノ居留民引揚ヲ行フ

（揚子江上、中流ハ一先漢口へ、最後ハ上海へ、南支方面ハ内地又ハ台湾へ、山東方面ハ青島へ…）

㈡㈠ニ関連シ適当ノ時機ニ期限付要求ヲ発ス

㈢㈡ト同時ニ海陸軍ハ夫々必要ナル兵力配備（対支作戦）ヲ行フ

六、右要求ニ応セサル場合。

㈠上海ノ固守（海陸軍協同）

㈡青島ノ保障占領（海陸軍協同）

㈢中南支要点ノ封鎖（海軍兵力）

㈣中南支航空基地並ニ主要軍事施設等ノ爆撃（海軍兵

力）

㈤北支ニ陸軍ノ出兵　　（終）

十一年九月二十八日

10ｈA海軍大臣〔永野修身〕ハ外相〔有田八郎〕ト共ニ広田〔弘毅〕首相ト会見

対支時局ニ対シ国家ノ決意必要ヲ述ヘ、北支ニ対スル日本ノ態度是正ノ要ヲ説ク。

首相、外相同意。

陸軍ニ対シテハ軍務局長〔豊田副武〕ヨリ申入ノコトトス。

11-ｈA官邸ニ海軍軍事参議官会合、支那時局ヲ軍務局長、軍令部一部長〔近藤信竹〕ヨリ経過ヲ説明、大臣ヨリ本日ノ首相、外相トノ会見ヲ述フ。

末次大将ヨリ次ノ二点注意アリ。

航空機ノ急速製造必要（川西〔航空機株式会社〕ノ如キ尚ホ余祐〔裕〕アリ）

陸戦隊ノ派遣ニ全海軍作戦ヘノ顧慮

総長殿下明二十九日ヨリ第一特別演習統裁ノ為御西下予定ヲ取止メラレ、三日御発ノコトニ改メラル。

3ｈP豊田〔副武〕軍務局長ハ磯谷〔廉介〕陸軍省軍務局長ニ対シ本朝海相ヨリ首相、外相ニ話シタル通ニ北支問題ノ限度ニ就キ話ス。

（磯谷）支那ハ我カ後退スレハ直ニ付ケ上ル故ニ在来ヨリ退クコトハ大臣ハ何ト云フカ知ラサルモ自分ハ賛成シ得ズ、北支処理要綱ヨリ退クハ不可。

（豊田）北支処理要綱ヲ改訂スルノ意ハナシ。陸軍ニテハ北支ヲ放擲スヘシト云フ者アルカト思ヘハ処理要綱ノ通考ヘヲル者アリ、更ニ要綱以上ニ北支五省ヲ自治トスヘシト云フ者アルカラ困ル。

（磯谷）北支五省ナドハ問題ニセズ、処理要綱ノ通ニ考ヘヲルコトハ太鼓判ヲ押ス。

（豊田）其ナレハ安心ナリ。

十一年九月二十九日

1ｈP参謀本部富永三課長来リ、部員ヲ次長（演習地）ヘ出シタル返事ヲ持来ル、出兵ニ関シテハ連絡船上ニテ陸相ト次長ト話シアリ、海軍ノ要望ニ応シ出兵ス。

北支ヘハ6D及ヒ一旅（20D）ノ混成旅

上海ヘハ5D及ヒ11D
本日部員ヲ出シ各師団ニ内命ノコトニ計ヒタリ。

十一年十月一日

前日主務者打合セ立案ヲ基トシテ外相ノ希望ニヨリ一日午前首相、海相、外相、陸軍次官(大臣不在)参集シテ蔣介石ニ対スル要求ヲ審議ス。

防共協定ノ範囲ハ山海関、包頭線以北トアルヲ『為シ得レハ北支五省止ムヲ得サレハ山海関、包頭線』トスルコトニ陸軍次官希望。

北支自治ノコトハ北支処理要綱ニ基キ為シ得レハ北支五省トス、成ルヘクmidニス。支那ヲシテ行ハシムルコトトス。

蔣介石カ要求ヲ聴カサル時ハ最後迄圧ス、然ラサレハ日本ノ威信ヲ損シ将来我ヲ無視軽侮スルニ至ルヘシ、海軍ハ何処迄モヤル、陸軍モ決心サレタシト海相述ヘ、陸軍次官モ必要ニハ同意シ支那ニイタキ手ガナクテ困ルトノ話ナリ。

十一年十月十日

参謀次長陸軍大演習ヨリ帰京ニテ会談

川越〔茂・駐中国〕大使ヘノ訓令中防共ト北支トカ主要事項ナルカ此点最小限度ノ要求ナリ、支那ノ原案ノ如キナレハ取定メサルヲ可トス。
支那カ要求ニ応セサル場合談判破裂シ事態悪化ノトキノ陸軍用兵。
上海ハ現地保護ス(二ケ師団)
青島ハ占領(一ケ師団ハ必要)
北支ハ北京、天津、張家口ノ線ヲ確保
済南ハ占領スルト韓復榘〔山東省政府主席〕ヲ敵トスル不利アリ
北支ニ四ケ師団位必要
何彼ト十ケ師団動カスコトトナルヘシ。
航空兵力ハ貧弱、海軍ノ援助ヲ乞フ。
用兵ノ時ニハ臨時議会ヲ開キ所要ノ経費ヲ支出ノコトトス。
兵力ハ凡テ動員シテ出ス。
海軍ノ考モ上海、青島、北支ニ出兵ヲ必要トスルコト一致ヲ述ヘ、2F、3Fヲ以テ一挙ニ大規模ニ作戦スル腹案ヲ話ス。

十一年十月十三日

陸軍大演習後最初ノ閣議

行政機構ノコトハ陸軍ヨリ何ノ申出モナシ、上層ハ押ヘタルモ下級者カ新聞屋ニ書カセル如シ。

対支時局

海軍大臣ヨリ支那カ聴カサル時最後ノ肚ヲ定ムヘキヲ説キシガ、首相、外相共ニ沸〔煮〕ヘ切ラズ、四項目ハ支那同意スヘキモ、防共ハ何トカ纏ルモ、北支問題ハ曲折アルヘク、或ハ実力ニテ漸次目的ヲ達スルノ外ナキヤモ知レズト云ヒシガ、交渉トシテハ冀察二省迄譲ルトシ此ヲモ聴カサレハ武力解決ト云フコトニドウニカ一致、陸相ハ漢口ハ現地保護ヲ望ミシガ、海相ヨリ支那航空機ノ整備ト江岸防備ノ整備トニ由リ海軍ハ不能ナリ、陸軍ニテ遣ルナラヤラレ度（海軍ニテ40日持コタヘクレヽバ陸軍ニテ遣ルト云ヒ海軍断ル）ト断ル。

海相ヨリ陸軍ニテハ武力解決ヲヤル肚ナリヤ否ヤト詰問ニ対シ、陸相ヨリ実ハ色々ノ異見アリシガ今ハ武力ヲ用ル最後ノ肚ハ定リタリト答フ。

以上ノ情況ニ付海軍大演習ハ施行ノコトトシ進マレ度海軍大臣ノ希望アリ。

十一年十月十四日

西尾〔寿造〕参謀次長来訪会談

軍令部第一部々員カ参謀本部第一部ト万一ノ場合ニ対スル作戦ノ打合セヲ行ヒシ際、海軍ニテハ早速ニモ武力ヲ用ルカ如キ印象ヲ与ヘラレタリトテ、対支全面作戦ニ対スル不安ト用兵ノ大義名分ヲ立ルコトノ必要ヲ述フ。

之ニ対シ嶋田ヨリ夫ハ万一ノ場合ニ至ル途中ノ経路ヲ飛ハシタル為ノ誤解ナラン、用兵ノ大義名分ハ海軍ノ常ニ最モ意ヲ用ル点ニシテ今日迄隠忍自重シアルモ之カ為ナリ、テロ続発ノトキ膺懲シタキモ名分上自重シタルモノニテ、今トナリテハ外交折衝ニテ互譲シ行キ最大限ニ譲ルモ尚聴カサルトキ物分レトナリ事態悪化シ、テロ更ニ行ハル、等ニテ止ムヲ得ズ自衛上武力ヲ用ルコトトナルヘシ。

西尾次長ハ良ク了解ス。

陸軍ハ此際対支全面作戦ハ極力避ケタシ、上海ニ二ケ師団ヲ用フルモ大場鎮、楊行鎮ノ線ニテ正面20吉トナリ守勢ヲ執リ敵ノ来ルヲ待チテ撃ツノミ、持久戦トナル、北支ニ数ケ師団ヲ用ヒレハ彼此約10ケ師団ヲ用ヒ、内地ニ残ルハ二ケ師団位ニナル、此時蘇ヨリ押サルレハ勝算ナシ。

北支モ数師団ニテハ青島、北京、天津ヲ確保スル位ニテ敵ノ来ルヲ待チ撃ツノミ、之モ持久戦トナル、即チ積極的ニ勝算ナシ。

今ノ陸軍ハ対支ノ全面作戦ヲ行フノ実力無キナリ。

海軍ノ警備兵力ノ隠忍ニハ同情スルモ、以上ノ情況ナルカ故ニ成ルヘク戦争トシタクナシ。自衛上止ムヲ得サルノ事態トナレハ武力ヲ用ルコトニ同意（参謀本部ノミナラス陸軍省モ同シ考ナリ）。

外交折衝ノ最後ニ至ル迄ノ折衝ノ段取ヲ三省ニテ仔細ニ取定ルコトニシタシニ一致ス。

（参謀次長）北支、防共ノ二問題ハ此際是非南京政府ト約束シタキ考ナシ、外務省及ヒ陸軍出先ヨリ南京政府ト交渉シ得ルトノ申出ニヨリ同意シタルナリ、纏ラネバ其ノ侭ニテ差支ナシ。防共ヲ全支ニ及ホサンコトハ支那トシテハ蘇国ニ反対スルコトニテ、彼ノ広正面ヨリノ蘇国ノ策動ヲ受ルコトトナリ堪ヘ難カルヘク無理ノ注文也。

本日ノ西尾参謀次長ノ話ハ去ル十日ノ時ト大分異リヲリ、昨十三日福留（繁）軍令部一課長ニ対シ石原参謀本部二課長ノ話ト一致ス、石原大佐ノ説得ニ依リ来訪セルモノナラン。

十一年十月十六日

午前福留一課長ヲシテ参謀本部石原二課長ニ左ノ点ヲ述ヘ懇談セシム。

一、十四日参謀次長ノ話ハ了解、彼ノ話ノ通ナレハ此際ハ極力隠忍シ外交折衝ヲ速ニ纏ムルヲ要ス。昨日モ今日午前モ陸軍ヨリ三省会議ニ出席シ得サル由ナルモ、急速議ヲ纏メテ上述ノ趣旨ニ合スルコト。

一、海軍ハ大演習ノ関係上本日中ニハ回訓ヲ取定メタシ、但シ武力行使ノ腹出来レハ大演習ハ其ニ合ハス。

一、当分武力行使ヲナシ得サルナレハ北支方面ニテ之ニ合スル如クニ策謀ヲ止メ明朗ナラシムルヲ要ス、然ラサレハ中、南支ノ海軍警備徒ラニ困難トナルノミナラズ大局上不利ナリ。

石原大佐ノ話

一、本日モ作戦上ノ研究ヲ行ヒヲルモ十二ケ師団ヲ用ルモ成算ナシ、従テ此際武力行使ハ避ケタシ。

一、目下ノ陸軍省ハ不統制ニテ議纏ラズ、海軍ヨリ押サレタシ。

一、北支ヲ明朗ナラシムルコトニ極力努ムヘシ。

十一年十一月十一日

松江〔春次〕南洋興発社長ハ毎年20万円宛三ケ年間出金ノ意アリ、最モ効果アル使途ヲ研究中ナリシ処南方発展ニ関スル外郭機関設立ガ急務ニシテ効果的ナリトノ結論ニ達シ、海軍ト連絡シテ立案ノ上松江社長ヨリ海軍大臣ヘ申出ルコトトナレリ。

財団法人南洋経済研究所

在満鉄道第四次線

1、汪清＝東寧線	228km	約2400万円
2、勃利＝義順線	285	1822
3、佳木斯＝倫春線	270	2500
4、佳木斯＝綏化線	320	2868
5、平陽＝半截河線	40	322
6、墨爾根（嫩江）＝呼瑪線	380	3160
第二期トシテ		
7、倫春＝烏雲線	38	518
8、呼瑪＝鴎浦線	110	1807

十一年十一月二十日

内蒙工作

内蒙工作ハ関東軍ノ田中〔隆吉〔関東軍参謀〕〕中佐熱心ニ行ヒ作戦課ニテハ余リ賛成シ居ラズ、出先特務機関モ未タ内部ノ結束充分ナラサレハ積極工作ノ時機ニアラズト云フモ、田中ハ近来蒋ノ勢力拡大ニヨリ此時機ヲ失スレハ将来行ヒ難シトシテ関東軍ヲ引曳リ、中央ハ関東軍ニ引曳ラレアリ、中央トシテハ内蒙工作ニ不賛成ナルモ遣リ出シタレハ止メ難ク、陰山山脈ヨリ余リ出サル様ニ指導ノ為十一月中旬石原大佐ヲ新京ニ派遣セリ。

内蒙工作ハ失敗スヘク、失敗シテ陰山山脈ノ北ニ入レハ支那ハ地形（陰山山脈ハ相当ノ天険）ト防寒具ノ準備ナキ為長追ヒハナスマジト認メアリ、十一月十八日平地泉ヲ奪取ノ予定ナリシモ何等ノ報告ナシ。

ㄚ八名遣リアルモ一名ハ打落サレシ如シ。

花谷〔正、関東軍参謀〕中佐ハ十二月一日ニ内地ニ帰ス。

田中中佐モ年内ニハ帰ス案アリ。

十一年十二月十四日

内蒙問題

一昨十二日石原大佐満州、北支旅行ヨリ帰来談
本日関東軍参謀副長今村〔均〕少将ノ来談 ｝要旨

十数年前外蒙独立ノ時ニ内蒙モ動揺シタルガ、蘇国ノ為ニ王族ノ迫害ヲ被リ人民ハ回教ヲ禁セラレシヲ観ルニ及ヒ外蒙ニ合同セズ、又由来蒙古人ハ漢人ニ多年圧迫セラレ反感強ク、満州国成立シ蒙政部ノ施政宜シキヲ見テ日満依存ノ気盛トナレリ。

徳王〔察境自治政務委員〕ハ家柄ハ二流ナルモ200万ノ資産ヲ有シ、北京等ニ育チ蒙古人中稀ナル人材ナリ、錫林郭勒盟〔シリンゴルメイ〕ノ盟主ニシテ、在来ノ百霊廟ニ在リシ蒙政会ヲ止メ徳化ニ軍政府ヲ樹立シ雲王（百霊廟ノ人）ヲ長トシ自カラ〔ママ〕之ヲ握ル。

全蒙古ヨリ連絡シ各々金（羊）ヲ送リ来ル。

蒙古ニハ体格良ク慓悍ナル壮丁相当在リ、錫林郭勒盟ノミニテモ10万人在リ、此等ヲシテ日満依存タラシメ外蒙ヨリ圧迫ノ障壁タラシムルノミナラズ、蒙古人ノ聖都タル西蔵ニ迫ラシメテ英ニ迫力ヲ加ルニ適ス。

李守信ハ事変前熱河ニ在リ湯玉麟〔元北平軍事委員会高級顧問〕ノ部下ナリシガ満州国ニ加担シテ中将ニ進ム、外貌温和ナルモ軍紀厳正信賞必罰人望高シ。

李守信ハ軍隊（騎兵）四ケ師、一師１５００ニテ計６０００人ヲ有ス。

徳王モ自ラ五ケ師ヲ養ヒ、其ノ一師ハ百霊廟ニテ敗退シタリ（師長ハ文人）、近来徳王自ラハ軍事ニ適セズト覚リシ如シ。

王英〔内蒙軍漢人部隊司令官〕ハ其父山東人ニテ五原ヲ開拓シテ人望アリ、王英ハ其ノ三男（兄ハ死去）ニテ五原ニ二、三万ノ兵ヲ養ヒアリシガ旧軍閥時代ニ北京ニテ監禁セラレ軍隊ハ四散シタリ、爾後其ノ機ヲ窺ヒアリ徳王ニ連絡シ五原ニ赴ク迄ニ扶養ヲ同意セシメ旧部下五千ヲ集メシガ之ガ給養思フニ任セズ部下ニ不平多ク、徳王ハ早ク五原ノ方ニ赴カシメントス、中央政府トノ連絡アリトノ徳王ヘノ投書ヲ反証セント五原ニ赴ク途中商〔商〕都ノ西方ホンゴルトニ在リシ中央軍ヲ攻撃セシカ、中央軍ハ約２０００ノ増援ヲ送リシ為内蒙飛行機ニテ爆撃シトラック30余台人数百ヲ殺スニ至リ中央ハ声ヲ大ニシタリ。

此ノ王英ノ出来心カ今回ノ失敗ノ因ナリ。

商〔商〕都、徳化、張北ハ内蒙ノ心臓ニシテ其ノ東方ハ沙地ニテ重要ノ地ナシ、多倫付近ニ良キ地アリ。

徳王ノ月収約30万円。

冀東ヨリ100万円ヲ徳王ニ与ヘ、之ニテ奉天兵器廠ヨリ張学良軍分捕ノ小銃、弾薬等多数ヲ与ヘタリ。徳王ニ対スル補助ハ兵器弾薬ヲ必要トス。

百霊廟ニハ王英軍５０００人ノ一ケ月分ノ糧食ヲ準備シアリシガ捕ヘラレタリ。

満州国ヨリ３ＫＢ（約900人）ヲ張北ニ出シアリ、日本軍ハ一兵モ出シアラズ顧問等数十名アリ。

将来必要ニヨリ満州軍ヨリ出シ得ルハ機械化部隊外若干ナリ、大軍ヲ要スレハ朝鮮ヨリ出シモラフ外ナシ。

将来問題

陸軍トノ戦時ニ於ル資源、工業力等ノ分割協定。

主要職員ノ戦時命課ヲ立案（軍令部ト人事局）。之ヲ基礎トシ平時ノ配員ヲ定メ、主要職員予定者ニ必要ノ経歴ヲ与フ。

軍令部ニ航空課、先ツ第一部長直属ニ大佐一。

戦争直前ノ戦備、防備ノ手続順序（海戦要約史第一節一九一四）。

大演習、４Ｆヲ艦隊平時編制ニ入ル。統監部ニ気象専門家ヲ配ス。鎮守府ノ教育計画ニテ４Ｆ編入後トノ関連考慮。

空母ヲ任務担任（主要）別トス。

備忘録　第二

軍令部次長

自昭和十二年一月

至　　　　八月

十二年一月七日

参謀本部富永〔恭次〕三課長〔作戦課長〕ヨリ聴取

在満陸軍部隊ノ増遣

十二年度

第九師団（６０００名）ヲ帰還セシメ

第二師団（６０００名
第四師団（１００００名）｝ヲ派遣（増加１００００名）

航空兵力現在ノ通　18中隊

内容ヲ充実ス

十三年度

内地ヨリ二ケ師団ヲ増遣（各１５０００名）、計六師団トス

之ニテ

(1)六師団ト3又ハ4守備隊トナスカ

(2)守備隊ヲ止メテ十ケ師団トナスカ

何レニスルカハ未定

航空兵力　14中隊ヲ増遣シ、計32中隊トス

機関科問題ニ就キ大臣ト会談

永野〔修身・海軍〕大臣ハ委員報告ノ案ヲ実行スルノ意ナシト明言ス。然ラハ現状維持ノ外ナカラントノ嶋田〔繁太郎・軍令部次長〕ノ言ニ大臣ハ軍事参議官ニハ amalgamate 説相当アリト。

（嶋田）夫ハ兵科ノ若キ人ノ気持ヲ知ラヌ為ナリ、又帝国海軍ノ Engine ノ向上ヲ考ヘサル案ナリ。現在ノ機関官ハ合併ニ満足セシモ、将来兵学校ニ入リ来リシ者ヨリ機関科ニ廻サレタル人ノ不平ハ明ニシテ、過去ニ経験シタル通ナリト述フ。

大臣ハ現状ガ結局最良ナリ、然シ之ニテ文句アルノデ困ルト。

（嶋田）大臣訓示シ今後ノ論議ヲ禁シ其ニ拘ラズ論議スル者アラハ断乎処分スレハ可ナリ、此ノ処分ハ容易ナリ。速ニ決定シ処置ハ艦隊出動中ノ事ニ一致シ、大臣ニ研究ヲ頼ム。

十二年度補充計画艦船ノ仮名称	（艦型仮名称）
戦艦（2）一二戦一、一二戦二	第一号
空母（2）一二空一、一二空二	三号
駆　（15）一二駆一、………一二駆一五	
潜甲（2）一二潜甲一、一二潜甲二	三五号
潜乙（7）一二潜乙一、………一二潜乙七	三七号

潜丙(5)〃　丙一、………一ニ潜丙五	四四号
敷甲(1)一ニ敷甲一	五号
〃乙(1)一ニ敷乙一	六号
海防(4)一ニ海防一、………一ニ海防四	九号
掃　(6)一ニ掃一、………一ニ掃六	四九号
敷艇(5)一ニ敷艇一、………一ニ敷艇五	五七号
駆潜(9)一ニ駆潜一、………一ニ駆潜九	六二号
砲甲(2)一ニ砲甲一、一ニ砲甲二	十三号
砲乙(2)一ニ砲乙一、一ニ砲乙二	十五号
急網　一ニ急網一、一ニ急網二	七号
測　一ニ測一	五六号
運　一ニ運一	五五号

十二年一月十日

頼母木〔桂吉・衆議院議員〕逓相〔逓信大臣〕ノ求ニ応シ山本〔五十六・海軍〕次官熱海ニ同相ヲ訪問ス（東京ニテハ人眼ニ付ク為トノコト）。使者ノ話ニテハ航空中央研究所ヲ新設スルニ就キ海軍ノ助力、特ニ技術方面ノ援助ヲ乞ヒ度等ノ話ナリシガ、会談ノ要旨ハ、航空ノコトモアリタリ、電力統制ノコトモアリタリ、奥村〔喜和男・内閣〕調査局事務官モ来リ居リタリ、頼母木、奥村両氏共同問題ニ中々熱ヲ見セタリト。

十二年一月十五日

米大使〔Joseph C. Grew〕ノ外相〔有田八郎〕ヘノ来状

I have the honor, under instructions from my Government to inform your Excellency that under provisions of Annex 2 section 4 of London Naval Treaty of 1930 the USSO-1 submarine of 480 tons standard displacement is being retained by the United States Navy for "Experimental purposes" exclusively and that the vessel has been dealt with as prescribed by section 4 sub-paragraph (a) of Annex 2 of the Treaty.

十二年一月十六日

原田熊雄〔貴族院議員、元老西園寺公望の秘書役〕氏、山本次官ヲ官邸ニ早朝訪問シ、次期ノ組閣ニ関シ海軍大将中ニテ探リヲ入ル、次官ハ一切明答ヲ避ク。

十二年一月十九日

海軍大臣ノ話（永野海相）

議会ノ形勢頗ル悪キニ対シ政府ニ解散ノ議アリ、寺内〔寿一〕陸相ノ解散説ハ懲罰ノ意味ヲ以テノ如キモ是デハ意味ナシ、解散シテ民意ヲ問フニ在ルヲ要ス。永田〔秀次郎・貴族院議員〕拓相〔拓務大臣〕ハ目下ノ議員ハ二・二六事件以前ノモノナルモ、同事件以後ニ民意ハ変更シアルニ由リ解散シテ之ヲ問フヲ可トス、此ノ拓相ノ意味ナレハ解散可ナリ。中島知久平〔衆議院議員〕等ノ政〔政友会〕、民〔民政党〕中現政党ニアキタラサル人ガ真ニ pure ナ政党ヲ作ル議アルカ是ヲ助成スルコトハ意味アリ、近衛〔文麿・貴族院議員〕公中心ナルモ誰中心ナルモ可、近衛公カ広田〔弘毅〕内閣ヲ助ルヤ否ヤハ疑問也。

予算通過ニ極力努ムル積リ。

本日午後葉山ニテ軍備計画ニ関シ奏上ノ後、陛下ヨリ軍備ニ直接関係ハナキモ、寺内ハ議会劈頭ニ解散ノコトヲ考ヘヲル如キガ如何トノ御下問アリ。海相ハ奉答シテ、寺内ヨリ一寸ト解散ノ話ハアリタルモ確ト相談シヲリ申サズ、解散スルニハ意義ナカル可ラズ、政府ノ施政ハ各閣僚自信ヲ以テ行ヒアリ、之ニ対シ批評ハ幾ラニテモ聴クヘク之ヲ避ルノ要ナシ、国家ニ害アル言論アレハ兎ニ角トシ解散シテ民意ヲ問フノ意義アレハ可ナルヘキモ進退ハ公明ナルヲ要スト申上シニ、陛下ニハ一々御頷キアラセラル。

永野海相トシテハ現内閣ハ国家ノ為トシテ成立シ国家ノ為ニ施政シ来リシモノニテ、退クニモ国家ノ為ニナル様ニ熟慮セサル可ラズ、個人ノ名誉、陸軍ノ為ト云フ如キ考ヨリモ国家ノ大局ヲ考ヘテ進退スルコトニ国家ノ大宰相トシテ恥カシカラサル様ニ進退スルコトヲ広田首相ニ話ス積ナリ。陸軍カ何モ彼モリードスル考ガ国民ノ反感ヲ買ヒテ軍民離間トナル、之ヲ是正スルコトト支那ニ対スル考ヲ陸軍ニ是正セシムルコト、之カ為ニハ海軍衝ニ当ラサル可ラズ。

（以上海相ノ話）

十二年一月二十日

本日ノ次官会議ノ時、梅津〔美治郎〕陸軍次官ハ内務次官〔湯沢三千男〕ニ劈頭ノ解散ヲ説キヲレリ、陸軍ニ対スル論難ヲ避ケタキ為ナルヘシ。

十八日英大使〔Robert H. Clive〕ハ有田外相ヲ訪問、エード、メモアール〔覚書〕ヲ手交ノ際、今日伊国ハ主力艦備砲十四吋制限ヲ受諾シタルニ付、海軍国中残ルハ日本ノミトナリタル処、日本カ右ニ同意セサル場合ニハ各国共十四吋以上ヲ搭載スルコトトナリ、其ノ責任ハ日本ニ集ル次第ナリ云々ト述ヘ、……　日本側ニテハ本件ヲ専ラテクニカルノ問題トシテ取扱ハレ居ルモノナルヤニ認メラル、モ、右ハハイポリチクスノ問題ナリ、英側ハ日英間ノ懸案ヲ漸次解決シ行カントシツ、アルモノニシテ、本件ハ英側ノ重要視スル所ナリト述ヘタル上再ヒ日本ニ責任集ルヘキコトヲ指摘シタルニ付、外相ハ我方ハ先般ノ倫敦〔海軍軍縮〕会議ニ於テ共通最大限度ノ設定ト共ニ攻撃的威力大ナル艦船ノ廃止乃至大縮減ヲ主張シタルモ容レラレサリシ為今日ノ如キ事態ニ立至リタルモノニシテ、量的制限ヲ離レテ質的制限ニ応シ得サルコトハ当時帝国全権カ闡明シタル所ナリ、日本側ノ責任ヲ云々セラレル、ニ於テハ問題ハ会議当時ニ遡ラサルヲ得スト応酬シタルニ、大使ハ質的制限ト云フモ数多キモノニシテ本件ハ唯其ノ中ノ一ニ過キス、各国ノ同意シタル今日此ノ一制限ヲ日本カ受諾セラレンコトヲ希望スト云ヘルニ付、本大臣ハ問題ハ簡単ナルモ極テ重要ナルモノナリ、成ルヘク早目ニ回答スル様スヘシト答フ。

主力艦主砲口径問題

一月二十日首相、大蔵〔馬場鍈一・貴族院議員〕、外務、海軍四大臣間ニ左ノ通議定。

一、英ノ申出ニハ応スルコトヲ得ス、既定方針ヲ堅持ス。

二、外相ヨリ在京英大使ヘノ回答ハ左ノ要旨ニ基キ海軍作文シ外務ト協議ス。

(一)軍縮ノ目的ヲ達成シ国民負担ノ軽減ヲ図ルコトハ日本帝国決シテ人後ニ落ルモノニアラズ

(二)軍備ノ制限ハ量ヲ以テスルコトヲ絶対要件トス、量定レハ質ハ放置スルモ自ラ定マル

(三)之ニ反シ質ノミノ制限ヲ行ヘハ量ヲ以テ競争スルコトトナリ却テ軍拡ノ気勢ヲ醸成ス

(四)……

十二年一月二十一日

及川〔古志郎〕航空本部長談

三菱重工業ノ斯波〔孝四郎〕社長〔会長〕来訪シ、資本6000万円ヲ倍加シ、増資6000万円ハ¼払込トスル旨ノ報告アリ。之ニ関連シテ苦衷ヲ訴ヘテ、実ハ海軍ニ秘密トス

へキ約ニテ陸軍ヨリ三菱自発的ニ二年間ニテ工業力ヲ現在ノ3倍トナスヘキ命アリタリ、此ノ短時日ニ工業力ヲ増スコトハ非常ノ難事也、二倍トスルトシテモ毎日30名宛ノ職工ヲ増スノ要アリテ困難ナリ、而モ他日注文激減スヘキハ明ニシテ、斯ル増減ノ急ナルコトハ会社ヲ自滅セシムヘシト。

陸軍航空本部或ハ軍務局ト話スモ効ナカルヘキニヨリ、軍令部ヨリ参謀本部ニ話シ工業力ノ増進ニ就キ陸海軍明朗ニ話合フ様注意スルコト、福留〔繁〕第一課長ニ石原〔莞爾〕参本二課長ト談合ヲ命ス。

十二年一月二十二日

福留一課長ノ石原参謀本部二課長ト対談ニ於テ石原大佐ノ話

時局

陸相ハ解散ヲ以テ脅威スレハ政党ハ縮ルモノト考へ、陸軍事務当局ハ解散ヲ実行スルヲ必要トシ、紛糾スレハ全国ニ戒厳ヲ布ク、短期ニテモ軍部ノ要望ヲ行ヒ得ル政府トスルコトヲ考へアリ。後継ハ近衛、宇垣〔一成・予備役陸軍大将〕、南〔次郎・朝鮮総督、予備役陸軍大将〕アタリ問題ニ上ルヘキモ、宇垣ト南トハ陸軍トシテ問題ニナラズ。二・二六事件ヨリ重大ノコト起ル虞アリトノコトナルガ情勢如何トノ問ニ対シテ、内閣総辞職トナレハ収マル見込ト答フ。

冀東問題

冀東ハ解消スヘキモノナレドモ目下ノ処直ニ解消ハ行ヒ難シ、差当リ之ヲ改善スル為ノ石原私案ヲ示ス。政治ヲ善クスル為ニ治外法権ヲ支那ニ返還〔領事裁判ニ上告ノ権ヲ保留ノ上〕、現在ノ悪顧問ヲ止メ、支那人ノ英才ヲ登用シ、日本人モ善キ人一、二ヲ顧問トス、等。

航空工業力

工業力ノ陸海軍ノ分野ヲ定メテ各自培養スルコトニ同意、陸軍トシテハ満州ノ航空機製造会社ヲ大ナラシメ、朝鮮ニモ新製造会社ヲ作リ、独逸ノ技術ヲ入レル、此カ強化スレハ内地ハ海軍ニ委シテ可ト思フ。陸軍航空本部ニテ中々参謀本部ノ提案ヲ容レズニ困ル、陸軍ノ空本ハ第三流ノ落伍者多ク改善モ行ヒ難シ、制度ニヨリ改メント考フト。

午後熱海ニテ〔伏見宮博恭王・軍令部〕総長殿下ニ議会ト陸軍トノ情勢、次期大臣等ニ就キ言上、御思召ヲ伺ヒ奉ル。大臣ヨリモ次ニKヲ警戒ノコトノ話アリシヲ申上ク。新党樹立ニ関スル情報ヲ申上ク。

新党予想顔振

有馬伯〔頼寧・貴族院議員、産業組合中央金庫理事長〕、永井柳〔太郎・衆議院議員、立憲民政党幹事長〕、中島知〔久平・衆議院議員〕、胎中楠〔右衛門・衆議院議員〕、前田米〔蔵・衆議院議員〕、田尻〔生五・衆議院議員〕、山崎達之助〔輔〕〔衆議院議員〕、船田中〔衆議院議員〕、後藤文夫〔貴族院議員〕、八角〔三郎・予備役海軍中将、衆議院議員〕、小原直〔貴族院議員〕、大田〔太〕正孝〔衆議院議員〕、芦田均〔衆議院議員〕、（小笠原）、木村正義〔衆議院議員〕、原口初太郎〔予備役陸軍中将、衆議院議員〕、助川啓四郎〔衆議院議員〕

近衛公ヨリ渡辺汀〔貴族院議員〕（八角代リニ）ヲ以テ諒解ニ来ル

十二年一月二十三日

海相ノ陸軍、政党間調停。別紙ノ経緯ニテ政党ノ意志了解ス。

二十三日朝ノ新聞ニヨリ陸軍ハ海相ノ調停ヲ知リ陸軍ニ相談セズニ行ヒシヲ不満トシ、陸軍省軍務局長〔磯谷廉介〕、憲兵司令官〔中島今朝吾〕来訪、本日ノ閣議前ニ海相ハ陸軍ヲ訪問セサルコトヲ要望ス、是レ両者不一致ニヨリ陸、海軍間ノ意志疎隔ヲ惧ルレハナリト。

海軍次官ハ陸軍次官ヲ午前訪問シ、昨夜ノ経緯ヲ説明シ、別紙経緯ノ記事ヲ渡ス。此際陸軍次官ハ個人ノ意見トシテ、政党ニシテ前非ヲ改メルコトノ形式ヲ取リ、浜田〔国松・衆議院議員〕氏ノ謝罪除名ノ如キコトトモナレハ、其デモ解散一点張トハ云ハズト云フコト。軍務局長モ今朝略々同様ノコトヲ述ヘタリ。

参謀本部ノ中佐級七、八名福留一課長ヲ来訪〔午前〕。陸軍トシテハ解散一点張ニ一致シアリ、海軍ノ同意ヲ求ム、海相ノ処置ニ不満ヲ述フ、陸海軍ノ離反ヲ惧ル。之ニ対シ福留大佐ハ前以テ次長ヨリ命セラレタル昨夜ノ経緯ヲ話シ、海軍トシテハ陸海軍ノ離反ハ最モ警戒シ居ルコト、解散ニハ理由アルヘキコトヲ述フ。

11-30Aヨリ1-30P非公式軍事参議官会議ニテ大臣ヨリ今朝ノ経過ヲ説明ス、参議官ハ大臣ノ処置ニ同意ス。

4-0P頃福留一課長、横井〔忠雄・軍令部第一部甲部員〕大佐ハ参謀本部ニ石原一課長ヲ訪問シ、別紙ニヨリ昨夜ノ海相調停ノ経緯ヲ説明シ、陸軍ノ態度ヲ問フ。石原大佐ハ若者ヲ説得シ次長〔西尾寿造〕ニ許ヲ得テ参謀本部ノ方針ヲ次ノ通定メタリト。政府ノ総辞職ヲ第一トス。解散ハ第二義的ニシテ、解散スルトモ急激ノ大変化アルヘシトモ思ハレズ、政府変レハ政党ノ態度モ改善スヘシ。本日中ニ総辞職ノ手続ヲ執ラシムルコトニ進ム。次ノ内閣ニハ宇垣、南ハ御断リノ積リト。

4-50P頃閣議終リ総辞職ニ決ス。

〔別紙〕

海軍大臣、民、政両党ト談合ノ経緯

（十二年一月二十三日）

一、昨二十二日臨時閣議ノ後、海相ト前田〔米蔵〕鉄相〔鉄道大臣〕トノ間ニ於テ「解散トナラバ此ノ厖大予算ガ何時成立スルニ至ルカ見込付カズ、不安ノ至リナリ、何トカ工作ヲ行フ要アリ」トノ話合ヲナシオリシ処馬場〔鍈一・大蔵大臣〕、小川〔平吉・元衆議院議員〕モ全ク之ト同感ニテ、

二、先ヅ前田、小川ニテ両党ニ渡リヲツケ、其ノ上ニテ海軍大臣ニ通知スルコトトナレリ。

三、午後十時頃前田ハ政友会ニ渡リヲツケ、見込充分ナリ。

〔原文に抹消線あり〕~~中、小川(ヨリ)民政党ニ渡リヲツケ見込アリトノ電話アリ~~

五、二十二日午後十時半頃小川、海相ノ私邸ニ来訪、来談ノ要旨。

粛軍モ必要ダガ軍民離間ガ最モ心配、挙国一致セネバナラヌ。

町田〔忠治・衆議院議員、立憲民政党〕総裁ノ言『民政党ハ内閣成立シ閣僚ヲ出ス場合現内閣ヲ極力支持スル方針ナリシモノニシテ今日モ何等変リナシ、然シ何分ニモ空前ノ大予算ナレバ之ヲ鵜呑ミニスルコトハ出来ヌガ財政計画ノ根本ハコワサヌ様纏メル』、一時反対スルガ如キ態度ヲトル様ニ見ユルコトアリトスルモ結局ハ必ズ纏メルツモリデアル」〔ママ〕

六、海相

税制改革案ノ基礎ヲ覆ス様ナコトガアツテハ困ル〔枝葉ノ点ハ別トシ〕。

小川

ソンナコトハサセナイ、停会ガ問題トナルカモ知レンガソンナコトハ水ニ流シ得ル、外交問題ニツキ反対意見デアツタガ自分ガ止メサセタ。

七、以上ノ様ナ小川ノ話ニ依リ海相ハ小川ト同道、午後十二時頃町田民政党総裁ヲ訪問、自分一個人ノ意見トシテ、此ノ際挙国一致ヲ必要トシ区々タル争ヲ避クベキヲ述ベタル所、町田モ挙国一致ニハ全然同感。

八、次デ鈴木〔喜三郎・貴族院議員〕政友会〔総裁〕ヲ海相単独ニテ訪問シタル所鳩山〔一郎・衆議院議員〕モ同席、海相ハ前同様所信ヲ開陳ス。

「鳩山」

政友会ハ軍民離間ヲ虞ル、政友会ハ政府ニ何等敵意ヲ有セズ、政府ニ協力シテ時局ヲ切リ抜ク可キデアルト話ハ簡単ニ終レリ。

海相ハ念ノ為、党ノ決議ヲ要セズヤト質問セシニ、鈴木ハ其ノ必要ナシト言明ス。

九、以上ノ話合ニヨリ今後議会ヲ継続スル場合多少議論ハアルベキモ、議会ハ政府ニ協力スルモノト認メラル。

十、海相ガ右ノ話合ヲ為スニ当リ予メ陸相ニ連絡セザリシ経緯。昨日閣議次デ昼食後陸相ハ直ニ帰ラレ、話ヲ為ス時間ナシ。又小川ガ話シニ来ルモ、アノ様ニ早ク来ルトハ思ハズ、志岐ノ療法ヲ受ケ終リ臥床中イキナリ来訪ヲ受ケタリ。

（終）

〔欄外〕二十三日午前海軍次官ヨリ陸軍次官ニ説明ス。軍令部第一課長モ之ニ依リ参謀本部ニ説明ス。

十二年一月二十五日

1-30A宇垣陸軍大将ニ組閣ノ大命降下、陸軍ハ之ニ対シ反対ヲ談合ス。

午前〔陸軍省〕軍務局ヨリ〔海軍省〕軍務局ヘ宇垣内閣ニ絶対反対ノ通知アリ。

陸軍新聞班長〔秦彦三郎〕ガ情報委員会ニテ説明シタル陸軍ノ宇垣反対理由。

一、宇垣ハ三月事件ニ関係アリテ告訴セラレタリ

二、倫敦条約当時ノ大権干犯ニ責任ヲ分ツ

三、二・二六事件ニ関係アリ

3-30P宇垣大将ハ陸軍大臣（寺内）ニ面会。陸軍大臣ヨリ『アナタガ出ルト又派閥ノ出来ル惧アルノデアナタガ出タノデハ陸軍部内ハ収マリマセン、然シ折角御出ニナリマシタカラ後任ハ推薦致シマセウ、其人ガ受ルカドウカ分リマセン恐ラク受ケラレナイデセウ』……ト最後ニ応酬シタリ。初ニ宇垣ヨリ政策ニ対スル所信ヲ述ヘシニ寺内陸相ハ之ヲ聴キタル上、アナタニ対シテノ反対ハ政策ニ関スルコトデハアリマセントテ上記ノ通答フ。

宇垣大将、海軍大臣来訪ノ件覚

一月二十五日午後四時四十分宇垣大将、海軍大臣ヲ官邸ニ来訪、会談ノ要旨左ノ通、十分ニテ辞去。

(宇)今朝大命ヲ承ケ御宸慮ヲ悩シ奉ルコトハ洵ニ恐懼ニ堪ヘズ、行先キ短キ老躯ナレドモ御承ケセントシタル次第デアリマス。陸軍トノ交渉ハムヅカシイガ、陸軍大臣ハ大臣ノ候補者ヲ推薦致シマシヨウ、但シ其人ガ之ヲ受ルカドウカハ疑問ト思ヒマス。海軍ヨリモ出テ貰ヒタイ、出来ル丈ケ好意ヲ表シマス、海軍軍備ハヤラネバナラヌト思ツテ居マス、閣下ノ居残リヲ御願致シ度ト思ヒマス。

(大臣)適当ナル人ヲ推薦致シマセウ、私ハ絶対ニ出来マセヌ、但シ陸軍ノ候補者ヲ先ニ決メテ戴キタイ、海軍ノ候補者ヲ棚晒ラシニスルコトハ忍ヒ得マセン。

(宇)候補者ハ絶対秘密ニ致シマセウ。

(大臣)然シ夫レハ事更困難デセウ。海軍ニモ希望ガアリマス、欽定憲法ニヨリ政治ヲ行フコトガ必要ト思ヒマス、又各省ガ互ニ他ニ干渉シナイコトモ肝要ト思ヒマス、ソウスレハ外交ノ一元化モ出来マセウ。対支外交モ今迄ノ様デハ駄目ト思ヒマス、一貫シタ対支外交ニ帰ラネバナラヌト思ヒマス。

(宇)全ク其ノ通ト思ヒマス。

6-30P情況ヲ電話ニテ総長殿下ニ報告申上ク。

十二年一月二十六日

高松宮〔宣仁親王・軍令部出仕兼第三課部員〕殿下ニ総辞職ニ至レル経緯ト其後ノ情況ヲ報告申上ク。久邇宮〔朝融王・軍令部第一課部員〕殿下ニハ第一課長ヨリ其ノ都度御報告シアリ。

陸軍省軍事課長(町尻〔量基〕大佐)ノ述シ宇垣内閣反対理由。宇垣大将ハ陰謀家ニテ軍ノ明朗化ニ努力中ノ陸軍ニハ困ル、陸軍士官ガ政治ニ口ヲ入レ出シタルハ宇垣陸相時代ヨリニシテ此人ガ内閣首班ハ粛軍ニ困ル。宇垣大将ハ財閥トノ腐レ縁深シ、政党ニモ然リ。三月事件ノ時ニ内容ヲ承知シ関係アリ。

11hA杉山〔元・教育総監兼軍事参議官〕陸軍大将ハ宇垣大将ヲ訪問シ、陸相ニ出ル人無キ陸軍ノ情勢ヲ説明ス。

4-30P宇垣大将持久戦ノ形勢ニ鑑ミ陸軍ニテハ三長官々議ヲ開催、三候補者何レモ入閣ヲ断リテ引受手無キ旨ヲ議決。三長官々議ノ結果ヲ寺内大臣ヨリ宇垣大将ニ通ス。

9hP宇垣大将声明。組閣ノ進捗セサルハ遺憾ナルモ尚微力ヲ尽シテ万全ノ方法ヲ講スルノ意。

十二年一月二十七日

午前宇垣大将ハ宮中ニテ内大臣（湯浅倉平）ニ組閣情況ヲ報告。内大臣ハ西園寺（公望・元老）公ト電話連絡ス。

福留一課長ノ石原参本二課長ヨリ聴取

此辺ニテ公正ナル態度ニ復スルコトニハ全然同意、宇垣大将ニハ、二・二六事件被告ヨリ三月事件ノ元凶トシテ告訴セラレ且陸軍当局ノ調ニテモ証拠アリ、此人ガ首相トナリテハ平穏ニハ済マズ、絶対ニ反対セザルヲ得ズ、宇垣氏拝受前ニ引留ル予定ナリシガ行ハレサリキ。

南大将ニハ近親者ヨリ出テサル様ニ工作シアリ、二・二六被告ヨリ十月事件ノ責任者トシテ告訴セラレアリ、道徳上ノ問題ハアルモ宇垣ノ如ク絶対ニハアラズ。

林（銑十郎・予備役陸軍）大将ハ受ケサルヘシ。

人ニ就テモ兎角云フ勿レ、政策モ軍本来ノ国防問題ノミトシ、議会解散等ヲ条件トセサル様ニ陸軍省ニ申入アリ。

世間ノ陸軍ニ対スル悪評モ十分承知シ困リアリ、宇垣大将ハ絶対ニ困リ如何トモ致方ナシ。

（福留一課長ガ石原参本二課長ヨリ受）

一月二十三日参謀総長（閑院宮載仁親王）決裁

昭和十二年一月二十二日

参謀本部

内閣更迭ノ場合陸軍大臣ノ入閣条件トシテ要求スヘキ事項

一、東亜ノ保護指導者タルニ必要ナル兵備及之ニ関スル諸施設ヲ速ニ充実ス

二、航空機工業ハ遅クモ五年以内ニ於テ世界ノ水準ヲ突破セシム

三、戦争遂行ノ基礎ヲ確立スル為概シテ昭和十六年迄ニ日満ヲ範囲トスル自給自足経済ヲ完成ス、特ニ其成ルヘク多クヲ満鮮ニ於テ生産シ得ルヲ要ス

説明

苟モ大臣ノ入閣条件ナルモノハ若シ之ヲ実行シ得サル場合ニ於テハ大臣カ職ヲ賭スル程度ノ最重要ナルモノナラサルヘカラス、右主旨ニ基キ軍ハ此際軍本然ノ任務上絶対必要トスル最重要件ノミヲ簡明ニ要求スルニ止ムルヲ要ス。

一月二十七日熱海ニテ総長殿下ニ報告、新大臣推薦ノ手続、人事等ヲモ申上ク。

一月二十八日10ｈ-40Ａ総長殿下御帰京。

十二年一月二十八日

殿下永野大臣ト御対談。大臣ヨリ総辞職前後ノ情況ヲ報告、新大臣候補ニ関シ、殿下ヨリ米内〔光政・連合艦隊司令長官〕中将トノ覚召ヲ述ラレ、大臣同意シ必ス同中将カ引受ル様話スヘキ旨言上。

新司令長官ニ関シ、殿下ヨリ永野大将健康許セハ新長官タルヘシト述ラレ、同大将ハ大臣ヨリ長官ハ余リ良シ過キ勿体ナシト申上ケ、殿下ヨリ永野ハ何モ悪イコトアッテ大臣ヲ止メルノニアラズ長官トシテノ候補者最適任ト思フ、若シ何カ云フ者アラハ殿下達テノ希望ニ依ルト公表シ差支ナシトノ御言葉アリ、同大将ハ恐懼シテ御受ス。

明二十九日9ｈ-30Ａ米内ＧＦ長官出港前ノ挨拶ニ来ル時、大臣ヨリ、殿下ヨリ云々言ハル、筈ナルガ御受致スヘキ旨話シ、是非内諾セシメテ殿下ヨリ御言葉ヲ拝スルコトニ打合ス。

梅津陸軍次官ノ山本次官ヘノ話

宇垣大将ハ三月事件、十月事件、士官学校事件、五・一五事件、二・二六事件ト何カニ陸軍ノ者干〔関〕係アリテ真否ハ別トシ色々ニパンフレット等ニテ書キ立テラレアル其ノ大達〔立〕者ニテ、此人ガ首相ノ栄位ニ即〔就〕キテハ折角収マリ掛ケシ陸軍ノ派閥的観念ヲ蒸シ返ス、個人トシテ云々スルニハアラズ。

南〔次郎・朝鮮総督、予備役陸軍大将〕、荒木〔貞夫・予備役陸軍大将〕、林等問題ニナル人ハ皆不適当ニシテ、陸軍トシテハ絶対ニ避ケタシ。其ノ他ナレハ海軍ニテモ文官ニテモ誰ニテモ可ナリ。茲一、二年ハ粛軍真ニ成ル迄ハ色ノアル陸軍ノ人ニテハ困ル。

陸軍大臣ハ杉山大将辺ナラン、板垣〔征四郎・関東軍参謀長〕中将ハ一部若者ノ希望ニテ上級者収マラズ。

政策ニ容喙スル悪風ニハ困惑シ、本然ノ軍人ニ立戻ル要切ナリ。

十二年一月二十九日

11ｈ-40Ａ宇垣大将参内、大命ヲ拝辞ス。

9-30Ａ米内ＧＦ長官出港前ノ挨拶ニ大臣訪問。永野大臣ヨリ、殿下ヨリ御話アルヘキモ次ノ大臣ヲ引受ラレ度話ス。

米内中将ハ自分ハ在来ロボットニナリ据リシ位置ニテ今日

迄勤メ得タルモノニテ、部内ハドウニカ収メ得ル自信ハアルモ外ノコトハ全然分ラズ勤マラズト固辞シ会談一時間余ニ及ヒ、永野大臣渾身ノ勧説ニテ漸クニ万止ムヲ得サル時ハ犬馬ノ労ヲ尽スヘキ旨答フ。

次テ11-15A頃米内長官ハ総長殿下ニ御暇乞ニ拝謁シ、殿下ヨリ次ノ海軍大臣ヲ引受ルコトヲ頼ムト仰ラレ、米内中将ハ海軍大臣ニ答ヘシト同様御辞退申上シガ殿下ヨリ、自分ハ後任者ヲ色々考ヘタ結果米内ヲ最適任ト考ヘ大臣ニモ嶋田ニモ相談セシニ何レモ即座ニ同意シタリ、外ノコトハ誰デモ知ラヌコトニテ神様ナラデハ旨クハ行カズ、自分カ国家ノ為ヤルト云フ決心サヘ就ケバヤレル、イヤナランモ引受ル様頼ムトノ御言葉ヲ拝シ、米内中将感激泣涕シテ御引受ノ旨御答ス。

須磨〔弥吉郎〕前南京総領事帰朝談

支那ハ近来漸次強クナレリ、日本ノ不統一、不決意ト英国ノ支援等ニ由ルヘシ。須磨帰朝ニ際シ張群〔国民政府〕外交部長ノ日本首相、外相ヘノ伝言トシテ述シ中ニ、西安事変後抗日意識益々盛トナリテ三ツニ分ル、

一、楊虎城〔第一七路軍総指揮〕ノ如キ人民戦線流ノモノ

二、抗日又ハ容共ヲ唱ルモノ

三、蔣介石〔国民政府軍事委員会委員長兼行政院長〕ノ如ク日本トノ抗争ヲ少クスルコトヲ念トスルモノ

此ノ第三モ若干ノ抗日ヲ唱ヘサレハ収マラズ。故ニ、政府ヲ助ケテモラウ為ニ日本ニテ改善ヲ望ム、仮令ハ冀察政権ノ如キ政治統一ノ邪魔ニナルモノハ止ムル等、此ナクテハ何等ノ話モ始メ得ズト。

孔祥熙〔国民政府行政副院長兼財政部長〕ニ至テハ満州問題ヲモ持出シ、一旦支那ニ返還シ自治体トシテ認ム、日本ノ権益等ハ勿論其ノ侭トスト。

以上ニ由リ須磨ノ意見。日本当局ノ一致、差支ナキ限リノ是正（密輸取締、自由飛行ヲ止ル如キ）。

十二年一月三十日

昨夜林〔銑十郎〕陸軍大将ニ組閣ノ大命降下ニ就キ、林大将カ海軍大臣ヲ来訪ノ時海軍大臣ノ申入。

軍人ハ政治ニ干与ス可ラスノ所信ヲ述ヘ、新大臣推薦ノ参考トシテ次ノ点ヲ問フ。

一、新政府ノ政策ハ追テ閣議決定セラルヘキモ、首相自身他ノ容喙ヲ許サスト考ヘラル、モノアリヤ

二、既ニ陸軍等ト約束シタル政策アリヤ
三、以上無シトシ追テ一、二ノ閣僚ト相談シテ定ムル考アルヤ

閣僚決定シ居ラハ承リ度、又未決定ナラハ誰ト相談サル、ヤ。御勅語ニ示サレタル文武其分ヲ恪遵スヘキ点ニ就キ所見如何。対支政策ヲ一元化シ大義名分ニ協フ様又大局ヲ謬ラサル様行フコトノ必要ニ就キ所見。

以上ヲ問ヒ充分釘ヲ挿シタル上、海相ハ殿下ニ御相談ノ上返事スヘキ旨ヲ答フ。

午前梅津次官ハ林大将ヲ訪問シ、陸軍ノ情勢ヲ話ス。

11-30A陸軍三長官会議ノ結果、杉山大将ヲ陸軍大臣第一候補者ニ決定ス。

総長殿下3-45P御帰京、直ニ情況報告。

十二年一月三十一日

林大将ハ陸軍大臣トノ会見ヲ終リテ、10-45A海軍大臣ヲ官邸ニ訪問、11-0A会見終ル。

林ヨリ組閣ニ当リ、陛下ヨリ軍紀風紀ヲ正シ軍人ハ政治ニ干与ス可ラズノ趣旨ヲ徹底セヨトノ御言葉ヲ拝シ、時局極テ困難ナルガ何卒御助力ヲ願フ、海軍ノコトハ良ク分ラサルモ末次（信正・軍事参議官）大将衆望ヲ荷ハレヲルカ如キニ付出サレ度。

之ニ対シ海軍大臣ヨリ後任ノコトハ総長殿下ト御相談ノ上返事ストテ予定ノ質問ヲナス。林ハ政策ハ何モ固定シアラズ、組閣ノ相手タル十河（信二・興中公司社長）モ人ヲ良ク知ラズ困ル。

大臣ハ殿下ニ伺候シ御相談ノ上組閣本部ニ正午頃林大将ヲ答訪シ米内中将ヲ推薦セシニ、林大将ハ意外ノ顔ニテ末次ニテハ悪キヤトノ問ナリシニ、大臣ヨリ末次モ立派ナ人ナルモ米内モ立派ナ人ト答ヘ、林ヨリ良ク考フヘシトテ分ル。

1-30P組閣本部ニテハ林大将ハ陸海軍大臣ヲ訪問セシガ両者ノ意見合ハサル旨発表。

2-0P頃梅津陸軍次官ヨリ山本次官ニ、林大将来訪ノトキ陸軍ヨリハ中村（孝太郎・教育総監部本部長）中将ヲ推薦セシガ同大将ノ意中ノ人ト異ルトテ一致セズ、海軍如何。山本次官ヨリ大臣帰邸シ詳シク知ラサルモ同様ト思フト答ヘ、梅津ヨリ陸海協同シテ進ミ度申入レ海軍同意ス。

2-30P総長殿下ニ伺候シ、以上ヲ報告ス。

十二年二月一日

組閣本部ヨリ林大将ノ代理、永野大臣ニ電話ヲ以テ海軍大臣トシテ米内中将ヲ出サレタキ旨申来ル。

9-50A頃横須賀陸奥〔戦艦〕ニ電話シ、米内中将ノ来省ヲ求ム。

11-50A頃米内中将登省、永野大臣ト話シ、1-0P頃総長殿下ニ御挨拶、大臣ヲ御受シ組閣本部ニ至ル、2-5P殿下ニ報告。

米内中将組閣本部ニテ林大将ト会見。米内ヨリ海軍軍備ノ充実ヲ求メ、林同意。対支外交ノ改善ヲ必要ト述シニ、林全ク同感。対議会、政党ハ先入的ニ敵対ナルヤト問ヒシニ、林然ラズ先方ノ出方ヲ見タル上ニテ決ス。以上ノ問答ノ後海相就任ヲ諾ス。

之ヲ殿下ニ報告ノ際、殿下ヨリ米内中将ニ『ソウ何モ彼モ同意其ノ通』ト云フハ大ニ注意ヲ要ス、実行上良ク気ヲ付ケヨト仰ラル。

十二年二月二日

1hP林首相総長殿下ニ伺候、組閣ノ御挨拶ヲ言上。殿下ヨリ希望、御注意ヲ種々述サセラル。

2h-30P新大臣米内中将着任。

6hP官邸ニテ新旧〔永野修身・連合艦隊司令長官〕大臣、軍事参議官、次官、次長会食懇談。

十二年二月四日

独国ニ関シ大島〔浩〕陸軍武官ノ談

独国ハ今、明二ケ年ニテ軍備ノ充実ヲ行フ。

陸軍　80万（一年40万徴募）　36軍団

飛行機　1500〜2000機

其ノ後ノ二ケ年ニテ経済・財政ノ基礎ヲ固ム、即チ軍需工業ヲ生産力ニ転換シ輸出増進ヲ計ルヘシ、是レヒツトラー〔Adolf Hitler〕ノ四ケ年計画ニシテ、1940年完成ノ予定。

此ノ四ケ年ハ平和ヲ持続ス、西班牙〔スペイン〕問題ニモ積極的ニ戦争ヲ覚悟ニテハ干与セズ。

独ノ外交ハ西方ハ親善ヲ計リ、東方ニ進出ス。則〔即〕チウクライナ方面ニ出ル蘇国ハドウシテモ討伐セサル可ラズト「ヒツトラー」称ス、人ニヨリ漸進ヲ説クモ「ヒ」ハ意志弱キ後継者ニテモ出レハ行ヒ得サルニ由リ自分デ行フト云フ。蘇国ハチエツコトハ合ハズ、此モ適当ノ時ニ処置スヘシ。蘇国ハ小邦分立ナラシメテ独ノ憂ヲ除カントス。バルカン諸邦ヲ経済区域トシ、土耳古〔トルコ〕ヲ蘇ヨリ離ス。英トハ協調ニ努ム。

ヒットラーハ歴史ト哲学トヲ研究シ何事ニモ理屈ヲ付ス、ゲーリング〔Hermann Göering 航空相〕ハ意志極テ強固。独ハ上下共ニ一トナリテ当分困苦欠乏ニ堪ントス。

十二年二月六日

横鎮〔横須賀鎮守府〕参謀長〔岩村清一〕ノ話

二月初賀陽宮〔恒憲王・騎兵第十六連隊長〕殿下館山航空隊御視察ノ時、政変ニ当リ館山航空隊士官ガ中々硬論ナリシ由ナルカ如何、トノ御言葉アリシガ、司令〔戸塚道太郎〕ヨリ決シテ斯ルコトナキ旨言上ス。

十二年二月十一日

総長殿下ヨリ賀陽宮殿下ニ館山ニ赴カレシコトヲ尋ネラレタルモ、別ニ航空隊士官ノ話ハナサレサリシ由。

十二年二月二十日

協和鉱業株式会社

一、帝国液体燃料ノ自給ヲ図ランガ為海外油田ノ獲得開発ヲ目的トスル中心機関設立ノ為、海軍ハ三井、三菱、住友ニ慫慂セシ処三社応諾シ、十一年六月一日資本金五百万円ニテ設立ス。

一、保護助成

政府ハ本会社事業ノ性質ニ鑑ミ左ノ助成ヲ行フ。

調査費　二分ノ一

試掘費　二分ノ一以上適宜

此ノ外本会社ノ運営ニ資スル為海軍ハ本会社ヲシテ其ノ購入スル燃料油ヲ納入セシム。

右助成ニ対スル条件トシテ海軍省ハ其ノ事業ヲ監督ス。

昭和十二年度予算ニ政府ハ調査助成費十三万六千円、試掘助成費五十四万円ヲ計上セリ。

一、事業

調査　海外駐在員又ハ派遣員ヲ出ス

南洋「スマトラ」ノ「パレンバン」「カユアロー」鉱区

「スマトラ」ノ「ヂヤムビー　レテー」鉱区

「ジヤバ」ノ「グヌンサリー」鉱区〔スーラバヤノ南方〕

「ジヤバ」ノ「スンベルラウワン」油徴地

暹羅〔シャム〕

比律賓〔フィリピン〕「セブ」島鉱区、ボンドツク半島鉱区
緬甸〔ビルマ〕「エナンヂヤン」鉱区
墨国〔メキシコ〕「ラグナ」会社
「ペルウ」「ソリトス」油田
「アラスカ」西部中央海岸付近
試掘　未タ試掘ニ従事スルニ至ラズ。「ボルネオ」石油会社ハ其ノ「サンクリラン」「カリオラン」ノ試掘作業及ヒ鉱業権ヲ協和鉱業会社ニ譲渡ノ申出アリシニ対シ研究中ナリ。

十二年二月二十五日

大将任官ノ停年。陸軍ニハ停年四ケ年ノ規定アリ、海軍ニハ此ノ如キ規定ナシ。陸海軍人事局長間ノ覚書ヲ以テ六ケ年以上ニテ任官ノ事ニ定メアリテ実施中ナリ。

二・二六事件ノ結果陸軍ニテハ大将急減シタルガ、戦時ニ軍司令官（方面軍司令官等ヲ含ミ）ニ事欠クコトトナレリ。予後備ノ人ヲ戦時召集スルモ現役ノ下位トナリ昔ノ先輩カ下位ノ司令官トナリ統制上ニ困難ヲ生ス。依テ停年ヲ五ケ年ニ改メタキ希望アリ、次長ヨリ次長、次官ヨリ次官ニ話アリタリ。

真崎〔甚三郎・予備役陸軍〕大将ハ起訴セラレ、之カ裁判官トシテ磯村年〔予備役陸軍〕大将、松木直亮〔予備役陸軍〕大将召集セラル。三月中ニハ結果ヲ付ケタシトノコト。

在郷軍人会会長。鈴木荘六〔枢密顧問官・予備役陸軍〕大将ハ在職七年ニ及ヒ軍人会規則ノ制定、軍人会館ノ竣工ヲ機会ニ退職ノ希望アリ。井上〔幾太郎・予備役陸軍〕大将之ニ代ル。

十二年三月四日

　策源地等ノ制度改正準備（決裁）次官ノ申述
舞鶴鎮守府設置、十三年度ニ予算要求。十四年四月一日改正ヲ目途トス。
台湾要港部ヲ高雄付近ニ設置。馬公ハ現在通要港トシ、要港部ハ廃シ防備隊トシ、工作部、病院等ハ必要ノ設備ヲ残シ防備隊管〔理〕ス。要港部司令官ハ中将トシ親補トス。工廠、軍需部、防備隊、航空隊、電信所等ヲ置ク。予算ハ十三年度以降ニ要求ス。土地買収ハ十二年度ヨリ着手、制度改正ハ十四年中。
徳山ヲ要港トシ、要港部ハ置カズ。港務部ヲ置キ要港ノ取締ニ任セシム。軍需部ヲ置ク（呉軍需部徳山支部）。予算ハ十三年度ニ要求ス。

羅津ヲ要港トシ、要港部ハ置カズ。現ニ設備中ノ防備隊前進基地完成シ、且適当ノ時機到来セハ同地ニ防備隊ヲ置ク（鎮海要港部ニ属ス）。

十二年三月五日

松江〔春次〕南洋興発社長ノ報告

本年ハ創業十五周年ニ付大ニ国策上ノ発展ニ努メタシ。

蘭〔オランダ〕領印度「セレベス」興業ト「モクメ」航行会社ノ事業ヲ併合ス。「セレベス」ニテ plantation 及ヒ沿岸交通其ノ他ノ事業ヲ始ル為、資本金二千万円ノ Southern Pacific Co. ヲ起ス。「アルー」島「ドボ」ヲ中心トスル真珠船約百隻ヲ統制シ母船（約500トン）ヲ配シ、真珠取引ノ中心ヲ英、米ヨリ横浜ニ移ラシメントス。

「ニユーギニア」棉作ハ京大教授ノ原地研究ニヨリ一年一作ノ主義ニヨリ害虫駆除ニ成功シ目鼻付キタリ、Mysori 島等ヨリ来ルパプア人ヲ安住セシムル住宅ヲ作リ与ヘ労働者ノ安定ヲ得タリ、日本人労働者ヲ入ルコトハ蘭印ムヅカシ、蘭印ト合弁会社ヲ作リ作物ノミナラズ油其ノ他ニ着手セントス、此為ニ斉藤氏ヲバタビアニ派遣シアリ。

葡〔ポルトガル〕領「チモール」沿岸交通ハ開始シ好評、近ク同地ノ有力者本邦ニ来リ諸事決定ノ予定。

比島。「ボホール」島ニ蝙蝠ノ洞穴ニ蓄積セル燐鉱ノ採掘及ビ「セブ」、「イロイロ」等ノ砂糖畑ヲ棉畑ニ変更スル、棉作ニ着手セントス。

東拓〔東洋拓殖株式会社〕ノ現出資50％以上ヲ30％ニシ、一般公募ニヨリ株価ヲ有利ニセントス（此上ニテ増資セントス）。

十二年三月八日

日、満、独航空協定

一九三六年十二月十八日伯林ニテ満州航空会社及恵通航空公司代表タル永淵三郎ト独乙ルフトハンザ株式会社ノ代表〔Carl A. von Gablenz〕トノ間ニ協定シタル事項ノ要旨。

一、欧亜連絡定期航空〔ノ〕ハ協定

二、東亜ニ於ル恵通公司ト「ル」社トノ航空提携

此ノ協定ハ関係国政府ノ許可アリタル場合ニ調印セラル、モノトス。

欧亜連絡

伯林―ロードス―バクダツド―カヴール―安西―新京―東京間ノ定期航空。満航社ハ「アフガニスタン」―「トルキスタン」国境以東ノ航空路ニ対シ責任ヲトル、「ル」社ハ

右以西ノ責任ヲトル。為シ得ル限リ１９３８年初ノ三ケ月間ニ於ル開始ス。

東亜航空

「ル」社ハ恵社カ支那航空会社欧亜航空公司ノ航空網中、左ノ航空路上ニ定期航空ヲ設定ニ同意ス。

　北平―鄭州―西安―蘭州―寧夏―包頭間及鄭州―上海間

右同意ハ欧亜公司ヨリ本件ニ関シ「ル」社ニ問合セアリ、且恵社カ欧亜公司ト直接交渉ニヨリ同意ヲ得タル場合ニ与ヘラル、モノトス。

十二年三月九日

鹿島実験。飛行機爆弾（炸薬無シ、信管ノミ）ヲ鋼鈑ニ対シ降下シタル成績。

	（50m/m鈑）	（70m/m鈑）
250kg爆弾…急降下、高度600m…	正貫	
500kg爆弾…水平投降、高度900m…	正貫存速大	
〃　…　〃　高度700m………………		穴ハアキタルモ貫徹セズ

（註）此実験ノ成果ガ真珠湾攻撃ニ於テ水平爆撃ニ大功績ヲ挙ゲタリ

十二年三月十九日

Ａ―140（大和型戦艦計画の秘匿名）関係

九四式45口径40cm砲、46cm　重量166ｔ。

弾丸１ｔ460。初速780、仰角45°ニテ約４００００ｍ。貫徹力22″、自己緊縮法ニテＡ筒装入。

三連砲塔。

弾丸ハ直立シテ格納シ、換装セズニ順次砲側ニ至リ砲側ニテ倒シテ装塡ス。火薬ハ弾丸トハ別ノ筒ニテ消煙扉ニヨリ安全ナル設備ニテ砲側ニ揚ル。

（註）後日軍艦大和（戦艦）、武蔵（戦艦）ノ主砲ニ採用

九三式魚雷

三月十八日ノ鳥海（重巡洋艦）発射ニテ及第ス。

九三式魚雷	現用魚雷
40ｋ―３００００ｍ	30ｋ―１８０００ｍ
47ｋ―１６０００ｍ	47ｋ―　７０００ｍ

高速ハ49ｋ迄ハ確実ナルモ推進器ノカビテーションニヨリ50ｋ確実ナラズ震動モ亦大ナレハ更ニ研究ノコトトス、震動大ナルニ由リ直進器ハ震動防止付ナルヲ要ス。

十二年三月二十九日

新主力艦ノ主機械

タービン75000HP、及ギーゼル60000HP　計135、000HPノ原計画ナリシガ、ギーゼルヲ斯ル大事ノ艦ニ用ルニハ尚不安アル為、本日大臣室ニテ上田（宗重）艦政本部長ノ説明アリ、此際ハ全部タービントシ、150、000HPトシ度トノコト、大臣、次長共ニ同意ス。此カ為ニ原船体ニテハ航続力約40％減トナルヲ以テ重油約2000tonsヲ増載ノ要アリテ、従テ艦長ヲ3m増シ（艦内重要部ハ4.9m長クス）之ニ防禦ヲ増シ前後部ヲ少シ膨マスコトトナリ。

艦幅ト吃水トハ原計画ノ侭トシテ、排水量（基準）約11500tons増トナル。公試排水量ハ約3000tons増。タービント缶トニテ重量ハギーゼルヨリ軽クナル。建造費ハギーゼル高価ノ為ニタービントナレハ排水量増ストモ全体ハ増加セズ。

四月一日高等技術会議ニ諮ルコトトス。同日原案可決。

（註）大和及武蔵ニ搭載

防備制限問題

英国ノ話ニ対シ海軍ニテハ問題トナラズ、華府条約消滅シタル今日、事ヲ新ニシテ纏ラサルコト明ナルヲ以テ不調ノ責ヲ負ハサレ国際上ニモ反テ害アリテ一益ナシト主張ス。之ニ対シ外務ハ対英問題不良ナル今日少シニテモ急場ヲ緩和スルニ利用セント考ヘ、陸軍亦当分大陸軍備ニテ手一杯ニテ太平洋島嶼ノ防備ニ金ナシトシ条約ニ色気アリ、三局長間ノ話合ニテ海軍ヨリ最少〔小〕限度ノ要求ヲ出スコトニナリ、軍令部ニテ原案ヲ作リ海軍次官ヨリ外務次官（堀内謙介）ニ提示ス。

最少〔小〕限度ノ骨子

日本本土及ヒ南西諸島、千島、小笠原等固有ノ領域ヲ制限外トシ、台湾ノミハ布哇（ハワイ）、新嘉坡（シンガポール）ト同程度ニ制限ニ同意。制限範囲ニ布哇、新嘉坡ヲ加フ。

主砲口径問題

質的制限ハ量的制限ヲ伴フニアラサレハ同意シ得スト回答ス。

十二年三月三十一日

第七十議会ノ会期延長前後ヨリ特ニ衆議院ハ不真面目トナ

リ、質問モナシ議決モセズト云フ議案多クナレリ、其ノ肚ハ総選挙ノ時ニ違反ニ引懸リタル約五十名ヲ無事ニスル為ニ委員会案ノ選挙法改正案ニ政、民両党ニテ手ヲ入レ〔伊沢〔多喜男・貴族院議員〕ノ智恵ト云ハル〕、是ト議案トヲ天秤ニカケ引延シタルナリ。

此ニ対スル政府トシテハ硬軟両説アリシガ、議員カ現政府ヲ甘ク軽ク視テ居ル故此侭ニ進メハ政府ハ愈々甘ク見ラレテノタレ死トナル見地ノ下ニ、三十日夜ヨリ三十一日2hAニ亘リシ閣議ニテハ会期ハ更ニ延期セズト決定。

三十一日8hA林首相ハ閣僚一名宛ヲ呼ビ入レ解散ノ決意ヲ話シ不賛成ノ人アレハ総辞職ノ意ヲ漏シタルニ、全員同意シ解散ニ決定ス。首相曰ク解散ハ自分ノ政治生命ヲ終ラシムルモ、軍人精神ハ生キル、此侭ノタレ死ハ両者共ニ死スト。

三十一日午前解散ノ勅許ヲ乞フニ当リ、陛下ニハ軽ク良シト御許アリ、政党ハドウナルカトノ御下問アリ、何モ案無之旨奉答ス。奏上後ニ湯浅内大臣ハ首相ニ此ノ情勢ニテハ解散ノ外ナシト云ヒ、一度ニテハダメデセウナト。西園寺公ハ前ニ原田ヲ通シ電話ニテ『組閣ノ時ニ無理スル勿レトノ陛下ノ御言葉ハ絶対ニ解散ヲ避ケヨトノ御意ニハアラズ』ト拝スト申来レリ。

十二年四月九日

A140竣工期四ケ月延ル。

内火機械ヲ止メテ「タービン」トスル為艦ノ長サ3mヲ増シシヤフトライン少シ変リ、防護部モ4.9m長ク其ノ他若干変更ノ為呉工廠ノ造船部作業ハ約六ケ月逆戻リノ状態トナリ、出来ル丈ケ在来ノ準備ヲ利用スルモ四ケ月遅延トナル。製鋼部ニテモ約600 tons 防禦増加〔鹿島実験ニ基キ〕ニ依リ少シ期間延ル。

第一艦四ケ月遅延シ、砲塔ガピツト内ニ在ル時機遅クナル為ニ第二艦ノ砲塔工事ヲピツトニテ始メ得サルコトトナリテ第二艦ニモ影響ス、之ハ極力少クスルコトニ研究ス。

十二年四月十二日

基隆事件〔一九三六年十月、基隆に寄港したイギリス軍艦の乗員がスパイ容疑で検挙され、警察の暴行を受けたという事件〕解決。昨十一日夜外務次官ト英大使〔Robert H. Clive〕トノ間ニ解決案成リ、本十二日台湾総督府総務長官〔森岡二朗〕ト在淡水英領事〔C. H. Archer〕トノ間ニ書翰ヲ取交シテ解決シタリ。

十二年四月十五日

ユレーネフ〔Konstantin K. Yurenev〕蘇国大使帰国中ナリシカ四月十三日帰京、十五日外相〔佐藤尚武〕ヲ訪問、外務委員リトウイノフ〔Maxim M. Litvinov〕ヨリ外相ニ宛タルメッセージヲ読ミ聞カセタリ。其ノ要旨、「リ」ハ多年来ノ知己タル佐藤カ日本ノ外相ニ就任ヲ衷心欣幸トシ祝意ヲ表ス。卒〔率〕直ニ申セハ日ソノ国交ハ良好ナラズ、之ハソ国ノ責任ニアラズ、ソ国カ満ソノ国境防備ニ力ヲ用ヒタルハ自己保全ノ目的ニ外ナラズ、現在ハ他ノ侵略ニ対シ防護スル充分ノ自信ヲ有スルモ自ラ進ンデ他ヲ侵略ノ意ナシ。ソ国ノ感情ヲ刺激シ不安ヲ感セシムルハ在満ソ国人ニ対スル満国官吏、特ニ白系ソ人ノ警官ノ処置ニシテ、苛酷極ル行為ヲナシ拷問サヘ行フ。日ソ両国関係ヲ極ニ悪化シタルハ日独協定ナリ、同協定ノ「コミツ〔ン〕テルン」ニ関スル部分ハソ連トシテモ余リ重要視モセズ介意シ居ラサルモ、問題ハ付属協定ニシテソ連ヲ目標トシ居ルコトナリ。ソ国ハ該協定ノテキストヲ所有ス、然レドモソ国ハ日本ガ切〔セ〕メテ該協定ヲ此上強化セサランコトヲ望ム、目下伯林〔ベルリン〕ニテ日独間混合委員会設置ニ関スル商議行ハレアルヲ知ル、之ハ日独協定ヲ強化スルモノニ外ナラス甚タ遺憾トス。

但シソ連ハ以上ノ事情ニ拘ラス日ソ両国関係ノ改善セラレンコトヲ望ミ、之カ為各般ノ努力ヲ吝ムモノニアラズ。差当リノ問題ハ国境画定委員会及国境紛争調定〔停〕委員会ノ設立問題ノ再検討ニシテ、委員会構成分子ニ付キ両国合意成ラズ交渉頓座シ居ルモ、若シ日本側欲スレハソ側ニハ何時ニテモ交渉再開ニ応スヘシ、兎ニ角永年ノ知己タル貴下ガ外相トナラレシ機会ニ此等ノ困難ヲ打開シ、日ソ両国関係ヲ良好ナラシメンコトヲ切望ス。

十二年四月十九日

総長殿下御めまい（四月九日及ヒ四月十一日）。四月十七日ニハ御庭散歩並ニ御入浴遊サレ、御気分至テ御宜シ。同日三浦〔謹之助・東京帝国大学名誉教授〕博士拝診シ、数日ノ御様子ニヨリ御登庁差支ナキ様申上ク。

四月十九日11-30A頃又軽キ御めまいアリテ再ヒ静養遊サル。

五月三日10h-30A御登庁、1-0P頃迄連続拝謁アリシ為御帰途極テ軽キ程度ニ御疲アリ、一時間休養ニテ御回復アラセラル。

満州国ヘノ我国ノ投資
（十一年十一月調）

昭和七年	97,152,000円
八年	160,950,000
九年	271,627,000
十年	386,210,000
十一年	318,404,000 (+
	1,134,343,000円 〔1,234,343,000〕

此ノ外ニ満州国内ノ投資ヲ加ヘテ一年平均約四億円ノ投資

企画庁要綱決定ノ閣議。企画庁ハ自発的ニ案ヲ起草スルコトヲ認メズ、総理大臣ノ諮問ニ応ズ。各省ヨリ企画庁ニモ提出スル予算ハ重要政策ニ関スル予算概算書ノミナリ。総裁ハ大臣兼任トス、専任総裁ハ閣内ノフリクシヨンヲ多カラシムル慎アリ、首相兼摂ハ余リニ大掛ノ感アレハナリ。

予算年額約二十万円。

十二年四月二十日

10hA外務、陸〔杉山元〕、海三相懇談会アリ（11hA終了）。ソ大使ノ齎シタルリトビノフ伝言ニ対スル回答ハ、国境委員会、国境紛争調節委員会ヲ開始スル腹ニテ交渉ヲ始ルニ一致ス。

二十日午後外相ヨリユ大使ニ応酬ス。

本件ハ関東軍ノ態度重大ナルニヨリ、司令官〔植田謙吉〕ニハ陸軍大臣ヨリ又大使ニハ外相ヨリ中央ノ意向ヲ伝フルコトトス。

対支実行策ノ具現法ニ就テ、出先ニ中央ノ意志ヲ充分了解セシムルコト必要ニ付、外務ヨリハ森島〔守人・東亜局長〕ヲ、陸軍ニテハ柴山〔兼四郎・陸軍省軍務課長〕大佐ヲ関東軍、天津軍及上海ニ、海軍モ軍務ヨリ人ヲ派遣ス。

日独防共問題ニ関シ、海軍大臣ヨリ『日独防共協定ハ戦争ヲスル積ニテ作リタルモノニアラスヤ』ト尋ネタルニ、陸軍大臣ハ『四五年前頃ハ戦争ヲスル積テアツテ荒木大将等モ其ノ積デアツタ様ダガ自分ハ然ラズ、軍備ハ戦争ヲ防止スル為必要ナリ、今ノ所戦争ヲ仕掛ル様ナ意見ナシ〔』〕。

国境画定ノ具体的問題ハ陸軍ニテ研究ス。

日独連絡飛行ニ就テ。支那ノ諒解ヲ必要トシ、此ノ諒解取付ハ困難ナレハ、ユックリ考ルコトニ陸軍モ異存ナシ。

智利〔チリ〕経済使節。目下来朝中ノ智利経済使節団ハ、日智合併ニテ埋蔵量豊富ナル智利国内ノ天然資源ノ開発ヲ希望シアリ。

海相ノ所感。陸軍ハ出先ヲ圧ヘル意志アルカ如シ。

十二年三月一日調
重油現在高

横須賀 456,624t	馬公 16,313t
大湊 85,861t	旅順 10,943t
呉 2,021,858t	厚岸 9,755t
徳山 786,203t	稚内 4,566t
舞鶴 142,184t	
佐世保 338,158t	
鎮海 141,829t	

合　計
4,014,296t
〔4,014,294〕

十二年四月二十三日

甲種飛行予科練習生
年齢17年以上20年未満、中学校第四学年第一学期修了程度以上ノ学力。
入隊期日　　採用員数
昭和十二年十月一日　130（九月一日入隊、十二年六月200名ニ改正）
十三年四月一日　160
同　十月一日　130 ｝（十三年十月一日以降ノ員
十四年四月一日　130 ｝数ハ変更スルコトアルヘシ
（計）550名
基礎教育　練習航空隊ニテ約二ケ年
実地教育　上〔右〕ニ引続キ約二ケ年
練習航空隊選修学生教程　上〔右〕ニ引続キ選抜ノ上履習〔修〕セシメ、修了セハ准士官ニ進級セシム。
四等航空兵トシテ入隊、累次進級ノ上概ネ五ケ年後ニ航空兵曹長ニ進級セシム。
現行ノ飛行予科練習生ヲ乙種飛行予科練習生ト改称ス。

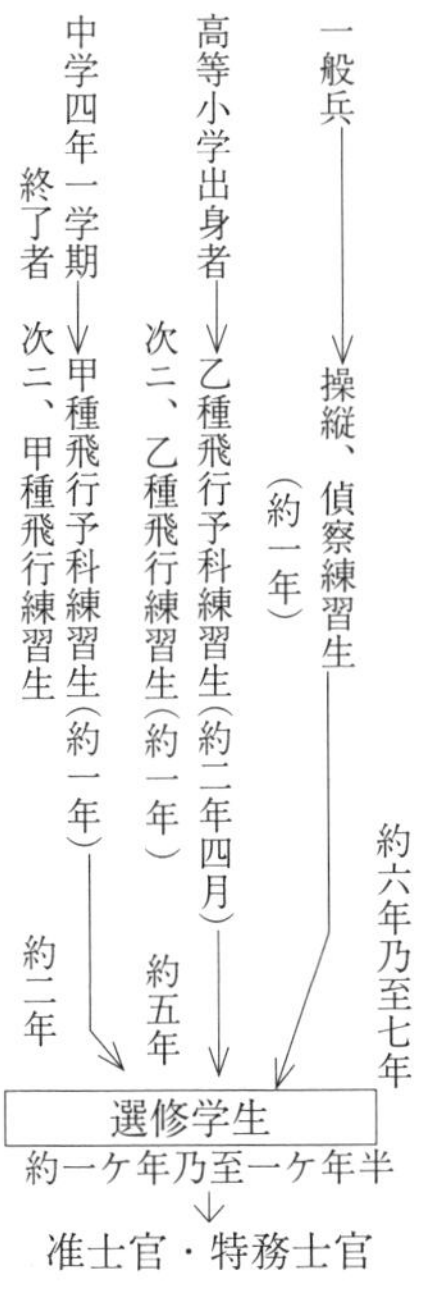

利根型巡洋艦二隻ノ砲塔

十五・五糎砲三連四基ヲ二〇・三糎砲二連装四基ニ変更ス（昭和十年五月三日決裁）。

機密保持上ヨリ本件ノ二〇・三糎砲ハ改十五・五糎砲ト仮称シ来リシガ、装備用図面ノ出図ヲ要スル時機ニ到達セル今日ニ於テ尚仮称ヲ用ルコトハ却テ職工等ニ疑念ヲ懐カシムル因トナリ、条約上何等ノ制限ヲモ受ケサルヲ以テ、爾今ハ正規ノ名称タル『二号二十糎砲連装砲塔』ト称シ、利根型巡洋艦ニ二十糎砲ヲ装備スル件ハ同艦完成迄極秘トス。

小型潜水艦

委員会ニテ議決シ大臣ニ報告。

△　213ｔ（水上）　魚雷型艦型、45㎝魚雷3

速力｛水上（ヂーゼル機関《航空用DaimlerBenz》）　18ｋ―1185浬
　　　水中（電動機、二次電池）25ｋ―22浬：10ｋ―130浬

士官3、兵員8名

更ニ600ｔ程度ニテ此ノ着想ヲ取入レ、洋上ニ駛駆シ得ルモノヲ研究ノコト。

十二年四月二十四日

主力艦艦型。大臣ヨリ総長へ回答アリ（官房機密第一四五七号）

昭和十一年軍令部機密第一九二号商議建造補充艦船中戦艦二隻ノ基本計画ニ関シテハ、別冊昭和十年高技機密第三号ノ三、昭和十一年艦本機密第一号九八及昭和十二年高技機密第四号ニ依ルコトト可致候。

十二年四月二十八日

独海軍武官ウエンネッケル〔Paul W. Wennecker〕氏ノ話

独ハ漸次国力ヲ回復シ軍備ヲ充実シアルガ、心配ハ在外資金ノ欠乏ト軍需品材料中国外供給ノ若干アルコトナリ、将来日本ト物々交換ニヨリ打開策ナキヤ研究中。

独ハ真ニ信頼シ得ル友邦ハ日本ト考ヘアリ、自分ハ東京着任ノ頭《（当）》初ハ日本ガ良ク見ヘ、中途ノ二年ハ悲観的ナリシガ、近頃ニナリ日本ノ弱点ト強点トハッキリ分リ、日本ノ強ミガ如何ニ偉大ナルカヲ感シアリ。

独伊ノ関係ハ近接ノ一路ヲ辿ルモ、独トシテハ絶対ノ信頼ヲ置キ得ズ。

独ハ今日迄西欧ニ対シテハ絶対守勢ヲ以テシ、専ラ東方へ

進出ヲ目論見アリシモ、日独防共協定ノ締結以来英国ノ独ニ対スル態度最モ警戒ヲ要スルモノアリ。最近15億磅《ポンド》ノ軍備計画カ其ノ目標日、独、伊ニアリ、就中日、独両国ナルコトハ明白ナリ。之ニヨリ英独ノ関係ハ不良ノ一路ヲ辿リ、独ノ如何ナル親英態度ニモ拘ラス事態ハ欧州大戦前ノ情勢ニ類似ノ対立関係ニ向ヒアリ。

日本ニ対スル独ノ考ハ次ノ通。欧州ニテハ英、仏音頭取ニナリ独逸ニケシカケルト同シク、東洋ニテハ英、米カ音頭取ニナリ支那ヲ操リ日本ニケシカケアリト思フ。

日本ハ満州ニテハ蘇ニ対シ守勢ニ出ルカ賢明ナリ。蘇トノ戦争ハ無意味ナリ且日本ニ危険之ヨリ大ナルナシ、何トナレハ、今日日、米ノ間ハ表面親善ノ如ク見ユルモ此ノ米国ノ態度コソ最モ警戒ヲ要ス、日本ハ決シテ油断スヘカラス。即チ万一日、蘇間ニ戦端開ケハ遅カレ早カレ戦局拡大ハ請合ニテ、英、米ノ参加ヲ見ルニ至ルヘシ。

満州ニ於ル戦ハ日本兵力劣勢ニテモ之ヲ守ルコトハ不可能ナラス、相当ノ航空兵力ヲ充実シ、守勢的固定防禦施設ヲ増強スレハ蘇軍カ満州ノ致命的地区迄進撃スルコトハ日本軍ノ忠勇ナル、殆ト不可能ニ近シ、故ニ蘇トシテハ日本ノ態度右ノ如キニ対シ恐ク進攻開戦スルカ如キコトナカルヘシ。

之ニ反シ、海軍ノ戦争ハ万一日本ニシテ不覚ヲ取ラハ致命的打撃トナリ、満州、朝鮮、台湾等ノ維持モ亦不可能トナラン。

最近日本ノ予算カ海軍ノ陸軍ヨリ小トナリシハ了解ニ苦シム、独逸ノ立場ヨリ考ヘ、独ノ為ニ英国ノ牽制力トナリ得ルハ日本就中其ノ海軍力ナリ、故ニ独トシテハ日本カ弥ケ〔カ〕上ニモ強大ナラムコトヲ希望シ、此見地ヨリ日本海軍力ノ高マル為如何ナル助力ヲモ惜マサル考ナリ。又日本ノ立場ヨリ考ヘ、日本ト英国トノ関係ハ日本ノ如何ナル親善ジエスチユアーモ効ナシ、日本ニ対スル英国ノ海軍力ヲ欧州ニ牽制スルハ独、伊ノ外ナシ、此見地ヨリ独海軍ノ強クナルコトハ日本海軍ノ望ム処ナルヘシ。

十二年五月

陸軍イデオロギーノ対立、末次大将朝鮮旅行ノ際聴取セラレタル点

南総督談

朝鮮軍内ニテモ左記二派対立シ、未ダ帰一スル処ナシ。

㈠対蘇戦備ヲ充実シ後顧ノ憂ヲ無クシ、支那ヲ撃チテ北

支ニ積極的ニ進出セヨ

(二)支那ニ対シテハ武力ト経済力トヲ以テ漸進的ニ進出シ(根本精神ハ日支提携)、現在ハ急速満州ヲ固メテ蘇ヲタ、ケ

小磯(国昭・朝鮮)軍司令官談

朝鮮軍参謀ヲシテ関東軍、北支駐屯軍、駐在武官ヲ歴訪セシメ得タル各方向ノ意向左ノ通。

(一)新京イデオロギー

北支分治工作ノ旧方針ヲ堅持ス、速ニ対支戦備ヲ整ヘ武力ヲ以テ積極的ニ支那ヲ抑ヘ、少クモ北支五省ヲ満州化セヨ

(二)北支イデオロギー

現状ヲ維持シ北支経済ノ進出ニ全力ヲ尽スト共ニ満州ヲ確保シテ蘇ニ対抗セヨ

(三)南支(中支)イデオロギー

支那ノ主権、領土ノ完整ヲ認メ之ト握手シ（少クモ有時ノトキ支那ヲ敵ニ追ヒ込ム勿レ)、満州ノ兵備ヲ充実シテ対蘇攻勢ヲ執レ

十二年五月三日

冀東政府秘書長池宗墨ノ話

冀東ノ年収約1200万円ニテ政費ヲ支払ヒトントンナリ。特殊貿易昨年度ノ収入約800万円、之ハ余リ南京政府ニモ収メズ。冀東地区ニテ戦争無クナリ匪賊モ無クナリ（察北ト冀察ニ逃レタリ)テ住民ハ大喜ナリ。綿ヲ奨励シ試作中。(池宗墨ハ48才ト云フモ一見若々シ、高等師範ヲ大正六年卒業)

十二年五月四日

石原〔莞爾、参謀本部第一部長〕陸軍少将ノ福留大佐へノ話

現内閣ノ影ハ薄シ、国防計画ヲ最後トシ之ニ関係ナキ限リ特ニ支持セズ、次ノ見込無シ。陸軍部内三月異動ニテ良クハナリタルモ、梅津次官消極ニテ今ノ革新ニ合ハズ。総長殿下長ク御疲恐懼ノ至ナルモ特ニ交迭〔更〕ノ話無シ、次ハ杉山大将ナラン。陸相ハ次ノ内閣ニテモ杉山大将可ナリ、板垣ハ今ノ気運ニテハ出テモ何モ出来ズ、時至ラハ短時日出テ事ヲヤルニ可ナラン。

政局現状ニ対シ若キ将校若干不満ノ情報アリシガ、六日迄ニ是ハデマト分ル（志柿〔謙吉〕、土肥〔一夫・朧航海長〕、亀田〔正〕ノ名アリ）。

十二年五月五日

篠原陸朗〔衆議院議員、東京中学校卒業、嶋田繁太郎の同窓〕氏（民政党）来訪談

現在ノ如キ政情ニテ進メバ政府ト政党トノ溝ハ愈々深クナリ深憂ニ堪ヘズ、何トカ海軍ニテ取ナシ呉レサルヤ、国家ノ重大事ナリト思フ。本総選挙〔同年三月三十一日のいわゆる食い逃げ解散に伴う四月二十日の第二十回総選挙〕ノ結果ヨリ林内閣ハ辞職スヘキナリ、是ヲナサズシテ如何ニスル積ナルヤ心配ナリ、国家ノ為挙国一致ヲ要スル重大時機ニ此ノ如キコトハ各部ヲ離反セシメ一大事ナリ。

此ノ話ハ民政党幹部ノ声ナリト認メラル。

十二年五月七日

米内大臣ノ話

現内閣ハ此ノ侭進ミ得ル丈ケ推シ切ル積リ。民政党ハ現内閣ニ絶対反対ナルモ、政友会ハ少壮派ガ反対シ幹部ハ政府ニ近接ノ意アリ。山崎〔達之輔〕農相ハ軍部ニテ政党ニ睨ヲキカシモライ度、政党ハ軍部ヲ怖ガリ居ルト云ヘリ。

陸軍ハ内部ノ情勢目下ノ総辞職ヲ望マズ。

現内閣ハ大予算ヲ成立セシメテ国防充実ニ邁進シ、外交ヲ常道化シ着々新政策ヲ実施セントシツ、アリ、今後推シ切リ得レハ国家ノ為ニナル施政ヲ行ヒ得。

民政党ノ党議ハ怖ル、ノ要ナシ、特別議会ニテ不信任案成立スレハ止ムナシ総辞職トナラン、再解散ハ無理ニテ考ヘラレアラズ。

林首相ハグラグラト考変リ困ル（杉山陸相モ同感ナリ）。林首相ノ秘書官ハ右翼ニテ、右翼ノ情勢ヲ知ル為ニト云フモ之ニ動カサレテハ困ル。建川〔美次・予備役陸軍中将〕、小林省〔三郎・予備役海軍中将〕等ヲ用ント考シコトモアリ（三月中旬）。然シ右翼ニハ中心人物ナク、頼リニナル人物ナシトハ考ヘ居ラル。

現状ニテハ新首相候補無シ、南、大角〔岑生・軍事参議官〕、近衛等ガ林首相ノ意中ナルモ近衛公ハ受ケズ、南大将ハ陸軍ニテ相当反対アリ（宇垣ノ如ク絶対ニハアラズト杉山陸相云フ）。

四月十六日決定ノ対支実行策、及ヒ北支指導方策ヲ現地ニ

於テ説明ノ為藤井〔茂〕軍務局々員ヲ派遣シ、五月十二日ヨリ十八日迄ノ間ニ上海、青島、天津、旅順ニ於テ首脳部ニ説明セシム。

外務省ニテハ守島《〔森〕》〔守人〕（現在ノ東亜局長、近ク北平在勤ノ参事官ニ転ス）氏ヲ派遣シテ説明セシム。

第二号艦〔武蔵〕建造ニ関シ、五月七日艦政本部長ヨリ三菱重工業会社ノ高級職員ニ対シ、追テ建造契約ヲ締結スヘキ第二号戦艦ノ建造ニ関シ希望ヲ申述ヘ、諸般ノ準備ニ違算ナキヲ期セシム。大体ノ項目ヲモ示ス、起工十三年二月、竣工十七年十二月ノ予定。機密保持上万遺憾ナキ様注意ス。

津石鉄道

興中公司ヨリ冀察政務委員会ノ命ニヨル交通委員会ニ天津・石家荘間鉄道敷設ノ為日本金二千五百五十万円ヲ貸款ス。契約後二年以内ニ完了。

十二年五月八日

南洋飛行案

海軍指導下ニ純然タル航空会社ヲ設立、昭和十三年度ヨリ事業開始。

定期航空

東京―サイパン、パラオ間、南洋群島間
台北―香港―盤谷間、台北―マニラ―バタビヤ間
パラオ―ニユーギニア―豪州、新西蘭間、パラオ―蘭印間

準備

空本〔航空本部〕出仕トシテ兵科佐官一名、嘱託ニ離現役主計科佐官一ヲ増員。

対南洋方策研究委員会ノ決議ヲ経タル上、決裁ヲ得テ実施。

航空行政機関

航空行政機関ニ関シ海、陸軍軍務局課長以下ニテ研究ヲ重ネタルガ、

一、軍用器材ノ調達補給ニ関シ意見一致ニ至ラズ
陸軍ハ軍用器材ノ調達補給ヲ航空省ニ行ハシメント云ヒ、海軍之ニ反対

二、航空省トスヘキヤ、航空局トスヘキヤニ関シテハ事務当局間ニ於テ論議スヘキ範囲以上ニアリ

依テ一応事務当局間ノ打合ハ之ヲ中止スルコトトシ、共通ノ覚書ヲ作リ上司ニ報告ノコトニ申合ス。

十二年五月十日

外相室ニテ川越〔茂・駐中国〕大使ノ報告ノ場合ニ陸軍省軍務課長柴山〔兼四郎〕大佐ノ話

一、冀東ヲ解消スル一難点ハ、関東軍ノ世話ニテ冀東23県ノ参事官ニ入レタル日本人23名ノ始末ニ困ルコトナリ（中々ニ悪者在リ）。尚冀東地区ニ満州ヨリ入レタル鮮人〔朝鮮人〕約八千人ノ始末ノコトモアリ。

二、綏遠事件ハ外務ノ若手ト陸軍トノ合作ナリ、陸軍ノミヲ攻ルハ当ラズ、又北支ニ在ル外務警察官ハ一、二年居レハ万ヲ以テ数ル財産ヲ貯ル者少カラズト。

三、陸軍ニハ蔣介石ノ排斥ヲ主張スル者無クナレリ。

四、支那ノ統一ハ我ニトリ決シテ悪クハナシ。

五、陸軍ハ「イデオロギー」ヲ変ヘ、正シキコトヲヤルコトニ進ミ、内政問題ニ余リ口ヲ出スコトナク黙シテ国防ノ充実ヲ期スルコトガ一番大切ト信シツヽアリ、是レ亦支那問題解決ノ要点ナリト思フ。

（柴山大佐ハ後日陸軍次官迄進シ人、支那通中ニテ穏健常識家ナリ）

十二年五月十五日

新艦要目

一二潜丙（第四十四号艦）

排水量（常備標準状態）　2553・8 tons
〃（満載　〃）　3215・1t
〃（潜航状態）　3561・2t

速力（常備標準状態）｛水上全力　23・6k
水中全力　約8k

航続距離｛水上（16kニテ）14000浬
水中（3kニテ）約60浬

安全潜航深度　100米

砲　14糎砲　一門
25粍機銃　二挺（連装一基）

水雷　九五式潜水艦発射管二型艏用　8門
九三式魚雷五型　20本

定員　士官9、准士官1、
下士官兵　85　｝計95名

十二年五月十九日

駐満陸軍部隊

十二年度
第一師団　……　チチハル　　方面
第二師団　……　哈爾賓〔ハルピン〕〃
第四師団　……　奉　天　　〃（一部密山方面）
第十二師団……　掖　河　　〃
　独立守備隊、騎兵集団（海拉爾〔ハイラル〕）、機械化部隊（公主嶺）、熱河部隊ハ従来ノ通
十三年度
第一師団ノ代リ　　第十四師団
第十二師団ノ代リ　　〃
増加スルモノ
第八師団……　佳木斯方面
第十師団……　黒河省　〃

十二年五月二十二日

　対支策

四月二十八日改定ノ対支実行策及ヒ北支指導方策ヲ海軍ニテハ軍務局藤井〔茂〕少佐現地ニ携行説明シ、陸軍ニテハ軍務局柴山〔兼四郎〕大佐携行シ現地ニ至リ、主ナル異論アルヘキ人ヲ説得シ、実行シ得サル人ハ転任セシムルコトニ大臣ノ同意ヲ得テ五月十四日出発セリ、参謀本部第一部関係者ハ全然柴山ニ同意ナリ。

十二年五月二十四日

　高雄ノ施設（三輪〔茂義〕馬公参謀長談）

新飛行場
　岡山　約70（90）万坪（陸上）
　東港　約200万坪（水上）
土地買収ヲ五月二十四日完了シ、今後海軍要望ノ地ナラシ、水上施設等ト水道等ヲモ高雄州ニテ行フ。
所要経費　約850万円
海軍ヨリ50万円ヲ出シ、州ニテ750万円ノ起債ヲ行フ、25年還付ノコト、此ノ間ノ利子ハ総督府ニテ補助ス。
岡山⋎ハ六月中ニ地ナラシヲ行ヒ施設ニ取掛リ、十三年四月開隊ノ予定。
高雄港内ニ在ル⋎関係ノ土地ハ全部州ニ与フ。
　アルミ会社隣接ノ海岸　約２５０００坪
　現用ノ飛行場　約８００００
　海軍買収ノ土地　約２００、０００
　州ニテ埋立中ノ土地　約３３０、０００

（５００、０００）

根拠地　十三年度予算ニテ海軍ニテ買収。

一町歩２０００円程度、計450万円　約600万坪

内200万坪官有山地

南洋興発松江〔春次〕社長談

昭和十一年度

内南洋ノ生産額

コプラ	360	万円
農、水、林産	400	〃
燐砿〔鉱〕	880	〃
砂糖	1500	〃
糖密〔蜜〕酒精	100	〃
鰹節	300	〃
		(+
（計）	3500 〔3540〕	万円

ニユーギニア

ダマール樹脂採取。棉花栽培、棉実採収後ニ全耕地ヲ焼払ヒ害虫(ピングボール)ヲ絶滅シ得テ昨年度ヨリ成功、蘭政府モ視察員ヲ出シ、今回新ニ「モミ」付近ニ600町歩ヲ租借許可アリ、前借地ト合シテ１２５０町歩トナル、愈々本作ニ掛ル。日蘭合併会社ノ話モ進ミ居ル。

陸稲、棉ノ害虫駆除ノ為焼払ヒシ跡ニ陸稲ノ試作ヲ行ヒ良好、今後ハ棉ト陸稲ト交互ニ作ル。

石油、租借地内ヲ調査中、有望ナル故技師ヲ派遣ス。

緬羊、豪州ノ緬羊ヲ一度満州ニ入レ、再ヒニユーギニアニ送リ実験中、目下30頭。

セレベス

南太平洋貿易株式会社、１０００万円ニテ現在ノメナドニ於ル柴田〔鉄四郎〕氏ノ事業ヲ拡張、差当リハ貿易、沿岸海運、将来ハ棉花、製糖、鉱物、電気等。

チモール

Ｓ．Ａ．Ｐ．Ｔ．会社ト合弁ニテ貿易、海運（デイリー、マカツサル、澳門〔マカオ〕、香港、台湾）ヲ行ヒ、将来ハ棉、ゴム、珈琲、鉱物等ヲ行ヒ、アラフラ海漁業ノ根拠地ヲ設ク。

アラフラ海

真珠事業ノ助成、300万円ニテ母船、運搬船、直営ノ会社(海洋殖産)設立。真珠船約65隻ヲ統制下ニ置ク予定。別ニ南拓(南洋拓殖株式会社)ハ大洋真珠会社ヲ設立、和歌山派ノ真珠船ヲ統制ス。

アロー島　椰子園、製材(台湾銀行ノ融資流レヲ引受)。

セラム島　椰子園、水産計画中。
アンボン　貿易、海運、北野ノ事業ヲ拡張ス。
ハルマヘラ　水産、ジュート、ラミー、江川農園ニ委托〔託〕。
バチヤン島　椰子、鉱物、島全体ヲ買収セントス。
ボホール（比島）　燐鉱（名義ハ官憲ヨリ買収トス）。
ネグロス（比島）　棉、独立後ニ砂糖ヲ止メ棉作ノ計画。

十二年五月二十六日

駐独武者小路〔公共〕大使ノ電

英国戴冠式ニ参列ノ独代表ブロンベルグ〔Werner von Blomberg〕元帥ノ英国観

一、英国ハ流石強大国タル貫禄アリ、今後共欧州政局ノ鍵ヲ握ルト見ルヲ至当トス。

一、英国指導階級ハ蘇連ヲ嫌悪シ乍ラ蘇連内政ノ困難等ヨリ観テ英国ニ及ホス共産党ノ危険ヲ過小ニ判断シ居ル、但シ蘇連カ日、独ノ反共対策ノ重圧ヲ感シ東西ノ進出ヲ見合セ中央亜細亜ニ進出セハ印度辺カ脅威セラル、コトハ充分怖ルモ、差当リ独伊ノ大陸ニ於ル活動ヲ惧レテ其ノ方ニ注意ヲ向ケ居ル。

一、独ハ英ト頡〔拮〕抗スヘキ必要ナク、何トカシテ独伊ノ対英親善ニ移リタシ、ムツソリーニ〔Benito Mussolini イタリア首相〕ハ態度之ト反スルニヨリ、先ツ「ム」ノ対英感情緩和ニ努メ、何トカ英ト話合ヲ進メタシ。

一、独カ絶対ニ蘇連ト合ハサル現状ニテ独仏ノ妥協ハ困難ナルモ、英独ノ間ニ相当ノ了解ヲ進メ仏ヲシテ英トノ関係上近ヨラシムルコト望ナキニアラズ。

一、新任ノヘンダーソン〔Nevile M. Henderson〕大使ハ親独ノ望アリ。

十二年五月三十一日

林内閣総辞職

午前閣議アリシガ何等総辞職ノ話ナシ。

3-30P頃大臣ノ参集ヲ求メテ辞意ヲ表明。内閣ノ声明ニハ理屈ヲ述ヘアルモ、林首相ノ真意ハ政、民両党ノ協同反対ニ対シ、選挙法改正モ行ヒ得ズ再解散モ行ヒ得サル点ナラン。各閣僚意見ヲ述ル者無ク同意。

5-30P頃米内海相帰来シ情況ヲ聴キ、総長殿下ニハ大臣参集シ総辞職ト思ハル、旨電話ニテ言上ヲ乞ヒアリシ故、

6-45P大臣参殿シテ殿下ニ御報告申上ク。

十二年六月一日

7-15A頃殿下ヨリ登庁ノ途ニ参殿ノ御下命アリ。

8-0A次長参殿、拝謁シ次ノ御言葉アリ。昨夕米内大臣来リ総辞職ニ至リシ経緯ノ話アリタリ、次ニ米内大臣ヨリ自分ハ不適任ナレハ藤田〔尚徳・軍事参議官〕大将ヲ推薦申上ルト云ヘリ。自分ハ藤田モ宜イガ此際ハ米内大将ガ再ヒ大臣トナルコトガ時局上最良ト思フ。新聞ニ見ヘル如ク平沼〔騏一郎・枢密院議長〕ニ大命降下ノ時ハ、平沼ハ自分ニ末次ヲ出スコトニ同意ヲ求メンガ、『末次モ宜シイガ米内ガ最適ナリ、部外ニテハ末次ヲ唱ヘルモ内部ニテハ必シモ然ラズ』ト応酬ノ積リ、但シ平沼ノ出方ニ依リテハ止ムナク末次ヲ出スコトニ同意セサルヲ得サルコトアルヘシ、尚登庁ノ上考ヲ述ヘヨ。何レ本日水難救済会ノ式後ニ登庁シテ米内大臣ニ是非再ヒ大臣ニナツテモライ度話スヘシ。

8-55A嶋田ヨリ殿下ノ御思召ヲ米内大臣及ヒ山本次官ニ話ス、米内大臣ハ自分ハ不適任ナリト云ヒ居リシガ、大体引受ニ観念ノ様見ユ。

11-0A今朝御下命ノ大臣ノ問題ハ兼々考ヘ居リシコトガ殿下ノ御言葉ノ通ニ有之、別ニ申上ルコト無之旨申上ク。次テ大臣ヲ召サレテ、一々大角大将以下ニ就キ御話アリテ結局米内大将ヲ最適トスルコト、若シ受ケサレハ中将又ハ少将級ヨリ物色スルノ外ナク心当リアラセラル、コト等縷々御話アリ。米内大将ハ自分ハ有難ク御受シ度モ、過日解散ノ時ニ新聞等ニテ自分カ主唱シタル如クニ書カレタル為、次ノ議会ニ於テ政党ノ反対ニヨリ海軍ノ予算ニ不利ノ影響ヲ及ホスコトナキヤ懸念有之。

殿下ハ当時ノ状況ヲ聴カセラレ、別ニ政党ノ悪口ヲ云ヒシニモ非ズ悪意ヲ持タル、コトニアラサルヲ知ラレ、其ハ取込苦労ニテ問題ニスルニ及バズ、万一不利ノ情勢生起スルコトアラハ其ノ時ニ至リテ考レハ可ナリトノ御言葉アリテ、米内大将御同意申上ク。

次ニ、米内大将ヨリ大命拝受者カ右傾又ハ左傾ノ人ナル時ハ御受シ難キ旨申上ゲ、　殿下ヨリ譬ハ平沼ノ場合ニハ殿下ヨリ平沼ノ考ヲ聴カセラレ、米内ニ迷惑ナルカ如ク思ハルレハ米内ハ推薦セズト申サル。

何レハ大命拝受者ノ定ル迄ニ良ク考ヘ置ク様申サル。

12-40〔P〕嶋田ヲ召サレ、午前米内大臣トノ御話ニ就キ委細御話アリテ、米内大将ハ初ハ辞シ居リシモ受ルコトニ決心シタト認ムトノ御言葉アリ。尚米内大将ノ気ニ入ラサル主〔首〕班者ナル時ニ無理ニト云フモ良ク行カサルヘキニヨリ其時ハ考ヘル、然シ各方面ニ良好ナル人ガ拝受スヘク、極端ナル人ニハ降下セサルヘシトノ御言葉アリ。

十二年六月二日

近衛〔文麿〕内閣成立

一日近衛公ヨリ電話ニテ米内〔光政〕海相ニ、海軍大臣ヲ出シテモライ度依頼アリ、次テ再ヒ電話ニテ同公ヨリ米内海相ノ留任ヲ希望スル旨申越セリ、海相ハ何レ総長殿下ニ伺ヒタル上返事スヘキ旨答フ。

此ヨリ前ニ河原田〔稼吉〕内相ヨリ米内海相ニ海軍大臣ヲ依頼ノ（組閣時）手続ヲ尋ネ来リシニヨリ、指名セズニ申込ムヘキ様答ヘタリ。

二日8-40A米内海相ハ総長殿下ノ御殿ニ伺候シ、報告ノ上留任ヲ御引受ス。次テ組閣本部ニ至リ留任ニ同意ス、其ノ際米内大臣ヨリ海軍ノ既定方針遂行ノ要ヲ述ヘ、近衛公之ニ同意ス。

十二年六月七日

旅順ニ爆弾ヲ貯蔵。六月十二日佐世保発便船ニヨリ旅順ニ応急用ノ飛行機爆弾ヲ送リ貯蔵セシム。

十二年六月十五日

主力艦備砲口径問題。米国大使〔Joseph C. Grew〕ハ六月七日広田〔弘毅〕外相ニ覚書ヲ以テ主力艦備砲口径ヲ十四吋ニ制限スルコトニ日本ノ同意アルヘキヤ否ヤヲ質問シ二十一日迄ニ回答ヲ望メリ、之ニ対シテ三月英国ニ回答シタルト同趣旨ニテ量的制限ヲ伴ハサル質的制限ニハ帝国同意シ得サル旨ヲ回答ノコトニ外務ト協定。

十二年六月十七日

今井〔清〕参謀次長ノ話

最近ノ満州ノ機構改革ハ中央ノ了解充分ナラサル中ニ行ハレ、陸相其ノ他ニモ意見アリ、出先ニテモ異論アリタリ。改革ノ趣旨ハ在来外見上ノミナリシヲ改メ実質ニ合致セシメ簡単化ノ点ナリ、蒙政部ノ廃止ノ如キ蒙古人ニ対シ悪影響ヲ憂ルモノアルト同時ニ反対ノ見方モアリ。

満州ノ進化ハ外見上匪賊数減少等ニテ良クナリヲルモ、之ヲ内容上ヨリ見レハ深憂アリ。満人ハ皇帝ニ忠良ナリト云フヨリモ、支那ニモ何処ニモ行キ場無ク止ムヲ得ズ留リアル状態ナリ、有事ノ際ニ警備兵力絶対ニ必要ニシテ、現在ノ五ケ守備隊ハ減シ度無シ。

満州ノ兵力増遣ハ十三、十四年度ニ主トシテ行ハル、ガ青年将校ノ不足甚シ。軍縮ノ結果ガ今現ハレシ上ニ部隊増加シ相当ノ満州ニ於ル減耗モアリ、差当リ約四千名不足ナルガ、此ノ半数約２０００名ヲ採用増ノ予定、四月ニ900採リ、本年ノ採用漏ヨリ約800名取リ、次テ試験採用ヲモ繰上ケ行ヒ、十二月ニ２２００名採ル。即チ十二、十三年度合計３９００名、十四年度850名（此ノ教育ハ在来ノ三年八月ヲ二年八月ニ短縮）。

海拉爾ノ防備ハ有効ナリ、同地ヲ中心トシ兵営ノ近クニ西方ニ設ケ、同地ノ北方及南方ニモ設ケ、此地ニテ汽車輸送ヲ阻止シ得レハ作戦上ノ寄与大ナリ。

黒河南方ノ防備ハ大ナラズ、正面モ広ク中々困難ナリ。蘇モトーチカニ余リタヨリ居ラズ鉄条網ナド破レタ侭ニナシアリ、兵力整ヒ攻勢ニ出テ得レハナリ。

陸軍ニテハ在来ノ如ク内政ニ嘴ヲ入ル、コトヲ禁シアリ、スキナノガ時々妙ナコトヤルヲ抑ヘツ、アリ。梅津〔美治郎〕次官ガ近衛内閣組閣ニ当リ平生〔釟三郎・貴族院議員〕氏ヲ訪ネシコト等ハ、スキナ若者ニ推サレ止ムナカリシナラン。

真崎〔甚三郎〕大将ハ新シイ事実ヲ探シ得テ調ヘシモ、知ラヌ存ゼヌノ一点張ナリト。事件直後ニ関係書類ハ全部焼却シ、其際何処カラカ来リシ千余円入ノモノヲモアハテ焼キタリト女中ノ自供アリ。

十二年六月二十一日

機関官問題

山本〔五十六〕次官トノ話

２F参謀長（三川〔軍一〕）出動ノ挨拶ニ来リ、軍務ニテ機関官問題ハ七月ニ片付ル様聞キシガ、重大問題ナルニ依リ予メ長官ニ内報アリタキ旨ノ話アリ、七月ニ片付ク見込アリヤト質問ス。

次官ノ答

中々難問題ニテ五月迄ニハ結末ヲ付ント努メシガ今日ニ至レリ、井上〔成美・軍令部兼海軍省出仕〕少将ノ研究終リ之ヲ軍務局長〔豊田副武〕ニ渡シアルモ、同局長ノ大臣ヘノ報告未タ無シ。何レニ結末スルモ短時日ニ解決至難、先ツ海軍省内ノ議ヲ纏メタル上軍令部ト話シ合ヒ結論ニ達シナバ五長官ニハ内報シタル上発表ノコトニ考ヘ居ル。

十二年六月二十二日

日英会談（外務当局話）

本年二月英外相イーデン〔Robert A. Eden〕ヨリ吉田〔茂〕大使ニ非公式ニ会談申込ニ始ル。

英側ノ動機（推察）。日独協定ニ次デ独伊ノ接近、進デ墺、波〔ポーランド〕羅〔ルーマニア〕等ノ独伊ニ親近アリ、欧州ノ情勢ハ英国ヲ不安ナラシメ、又極東ニ於テモ事毎ニ日本ト対立シアル情況ニテ甚シク自信ヲ失ハシメタルニ因ルナラン、首相チエンバレーン〔Neville Chamberlain〕ノ親日。

帝国ノ提案セントスル事項

㈠経済問題

支那市場ヲ或程度日本ニ譲レ、然ラハ日本ハ豪州印度ジヤバ等ニ於テ敢テ英ト貿易上抗争セサルヘシ。

㈡対支問題

㈢財政問題

英国ニ対シ日本ノクレヂツトヲ承認セシメ度意向ナリ

（註）詳細不明

英国ノ意向

対支経済発展ト関連シ全英領土ニ於ルバーター制等ニ就テモ更メテ考慮シ度、対支問題ニ就テハ支那領土ノ保全、英国ノ対支権益尊重等ヲ主眼トスル如シ。

交渉事項（六月二十二日、欧亜局課長談、六月十九日外務大臣〔広田弘毅〕ノ吉田〔茂〕大使ヘノ訓令）。支那ニ於ル日英協力問題、日英間ノ通商上ノ利害調整問題、日英間ニ於ル財政上ノ一層緊密ナル接触問題（高利短期債ヲ低利長期債ニ換）。

乾岔子〔カンチャーズ島〕事件

六月二十八日参謀次長ヨリ一部長〔近藤信竹〕、一課長ノ来訪ヲ求ム。十九日ソ軍センヌハ島、ボリシヨイ島ヲ占領セシヲ関東軍ハ武力奪回ノ希望アルニ対シ意見ヲ求メラル。一部長ヨリ事件拡大ノ意ナケレハ之ヲ行フハ不可、陸軍モ同意見、外交々渉ヲ以テナスコトニ一致ス。

二十八日夜今村〔均・関東軍〕参謀副長ヨリ中央ノ方針ヲ打電。

六月三十日乾岔子〔島〕ニテ蘇ノ砲艇一隻ヲ撃沈。

七月一日3-30P総長殿下乾岔子〔島〕事件ニ関シ海軍艦船部隊ノ派遣、任務、行動等ニ付奏上。奏上後陛下ヨリ、此コトハ戦争ニナル惧アルヤ先程米内海相ニ尋シニ、戦争ニハナルマジトノ答ナリシガ殿下ノ見込如何トノ御下問アラセラレ、殿下ヨリ大体海相ト同様ニ戦争ニハナルマジト思ハル、モ、事ノ善悪ハ別トシ蘇国ノ軍艦ヲ沈メシコトナレハ相当ノ紛糾ハアルヘシト思ハル、旨奉答セラレ、尚ホ島ノ帰属ハ両国各自ノ主張ニ差アリ水掛ケ論ニテ、彼ヨリ占領ニ出テ之カ奪回ニ手ヲ出シタルナラント思ハル、旨奏上。

関東軍ニ対シテ参謀本部ヨリ、一、事件不拡大ノ方針、二、処理ハ参謀本部ヨリ指示ス、ノ二件ヲ総長ヨリ指示セリ。

七月五日ニハ事件一段落ト認ルニ付、今後ノ指示ヲ行ハズ、蘇側ノ撤退ニ応シ適宜処理スル様指示ス。

関東軍ノ中央ヘノ報告少ク、駐満海軍部司令官（日比野正治）ノ電ニヨリ参謀本部モ助カレリト云フ。

蘆〔盧〕溝橋事件

七日11hP頃夜間演習中ノ日本軍（一中隊）ハ支那兵（国民革命軍第二十九軍第三十七師）（馮治安〔師長〕部隊）ヨリ射撃ヲ受クニ始マル。

支那軍ハ永定河右岸ニ撤退、日本軍ハ永定河左岸ニ鉄道線路以北ニ集結トシ、両軍同時ノ撤兵ノコトニ張自忠（第二十九軍第三十八師長兼天津市長）ノ調停ニテ九日2hA頃纏リ、5hAヲ期シテ実行ノ約成リシモ同時刻ニ行ハレズ、7hAヨリ敵射撃ス。

帝国海軍

八日夜次官、次長ヨリ3F長官（長谷川清）ニ対シ『事件重大ノ惧アルニ由リ演習ヲ止メ警備ニ就カル、要アリ』ト電。

3Fハ演習ニテ高雄ニ集合中ナリシガ、九日0hA演習ヲ取止メ、1hA出港。10Sハ十日6hP青島着、出雲（海防艦）ハ十一日6hA上海着、5Sdハ厦門、馬尾、汕頭ニ赴ク。

陸軍

熱河部隊ノ大部（混成約二旅）《自動車ヲ有ス》、朝鮮軍ノ一師団《（応急動員）》、機械化部隊（歩一連、砲一大、工一中、戦車二大）ノ大部、内地ヨリ動員ノ三師団（第五、第六、第十）

飛行機　計24中隊（関東軍6、内地18）

偵　八中（66）
戦　七中（74）
軽爆四中（36）
重爆五中（24）

内地師団ハ動員下令ヨリ五、六日ニテ到達、輸送全部ニハ一ケ月ヲ要ス。

九日8-30A臨時閣議

陸相（杉山元）ヨリ一昨夜以来ノ情況ヲ説明シ、此際内地ヨリ三ケ師団其ノ他ヲ出兵スルコトニ閣議承認ヲ得タシト述フ。之ニ対シ外相及ヒ首相ヨリ稍々不明瞭ナルモ後ノ海相ノ意味ニ類スル意見アリ。之ニ対シ陸相ヨリ用兵ノコトハ軍部ニ信頼サレタク、迅速ニ行ハサレハ時機ヲ失スルコトアリ、承認ヲ得置キテ適時ニ実施シ度ト述フ。

海相ヨリ只今迄ノ情報ニテハ出兵ヲ決スルコトニハ不同意ナリ、内地ヨリ出兵トナレハ事重大ニシテ全面戦争ニナルコトモ覚悟ノ要アリ、国際上ヨリモ重大ノ結果ヲ生シ日本ガ好ンデ事ヲ起シタルノ疑惑ナカラシムル為更ニ事態逼迫シタル上ニテ決シタシ、海軍トシテハ全支ニ対スル居留民保護ノ必要ヲ生シ充分覚悟ト準備ヲ要ス、事態ドウシテモ内地出兵ノ外ナキニ至ラバ夜中ト雖閣議ヲ行ヒ決スルコトニシタシ。

全閣僚之ニ同意シ、9h-30A頃ニ支那軍ニ撤退命令通シテ撤退交渉中トノ報来リ、愈々追テ決スルコトトナル。

10hA頃ノ情況（2-35P陸軍ヨリ通報）

支那軍ハ約一小隊ヲ残シテ他ハ永定河右岸ニ撤退、右一小隊ハ近ク保安隊ト交替セシム、我軍ハ歩兵二小隊ヲ残シ監視シ、主力ハ豊台、北平、通州ニ引揚ク。

十二年七月十日

北支ノ金鉱、駐支森島参事官ノ話。奉天ノ旧張学良邸門柱ノ鉱石ニ金ヲ含ムコトヲ住友ノ老練ナル人ガ六感ニヨリ発見シ、其ノ石ノ出所ヲ尋ネテ冀東ヨリ出シコトヲ知リ所々探求、住友ヨリ技術者多数派遣ノ結果、遵化ノ付近ニ金鉱在ルヲ認メ目下実稼ノ研究中。

蘆〔盧〕溝橋事件

十日5h-15P敵攻撃ス。

関東軍　十一日10hA　関外集結ヲ令ス。

歩兵　2大隊

砲兵　1 〃

飛行機　6中隊

公主嶺機械化部隊

11h-30Aヨリ1-30P五相会議（首、外、陸、海、蔵（賀屋興宣））。

2hPヨリ3-45P閣議。

十一日5h-10A駐屯軍命令

1、軍ハ第一線ヲ以テ豊台―北京ノ線ニ於テ態勢ヲ整ヘ爾後ノ行動ヲ準備ス

2、第一線ノ主力ヲ豊台ニ集結ス
3、一大隊ヲ北京ニ入ル
4、残余部隊ハ←機械化部隊福田〔峯雄〕大佐〔支那駐屯軍戦車隊長〕指揮ノ下ニ豊台ニ向ヒ前進ヲ準備ス

十一日ノ閣議
一、閣議前ノ五相会議
初ハ首相、外相、蔵相何レモ出兵ニ渋リタルガ、結局5500名ヲ見殺ニナシ得ズト云フコトニテ同意シ、其ノ目的ハ、
支那駐屯軍ノ救援
謝罪
将来ノ保障
｝ヲ得ルヲ目的トシ、彼ガ我要求ニ応セサレハ攻撃ス、止ムヲ得ズ打〔討〕ツコトトス。陸相ヨリ情況ニヨリ談判ト打〔討〕ツノト同時ニナルコトアルヘシト了解ヲ求ム。
方針ハ飽ク迄事件不拡大トシ、極力現地解決トス。之ニ対シ外相等ヨリ攻撃スレハ全面的対支作戦ニナルコトヲ強ク唱へ、陸相ハ北支ノミニテ支那ヘコタレルト云フ、此ノ何レノ算多キヤハ各自ノ判断トシ派兵ニ決ス。
海相ヨリ動員シタル後ニ派兵不要トナリシ時ノコトニ念ヲ推シ、陸相ハ決シテ出兵セズト言明ス。差当リ三ケ師団ヲ出スモ、直グ出兵シ得ルモノヨリ出ス。
閣議後ニ首相葉山ニ至リ上奏シタル上声明書ヲ発表（6-24P）。
海相ヨリ海軍ハ全面的対支作戦ニナル考ニテ準備シ、陸軍・外務ト連絡シ成ルヘク彼ヲ刺激セサル様ニ行フ、行動ハ極秘発表セズ。
一、閣議
陸相ヨリ情勢ヲ説明シ、五ケ師派兵ヲ諮リ各閣僚異議無ク賛成。経費ハ蔵相ニテ遣リ繰ルコトトス。

総長殿下、軍事参議官会合ノ後葉山ニ赴カレ用兵事項ヲ奏上セラル（十一日7-50P奏上終）、8h-0P御允裁アラセラル。

十一日7hP天津軍ノ報告
支那側ハ口頭ニテ我要求全部ヲ容ル旨回答シ、我ハ之ヲ文書ニテ受取ル迄監視。4-30P天津軍ハ支那カ要求全部ヲ容レ、日本ハ現駐地ニ帰ル旨発表セリ（同盟電）。内地ニテハ之ヲ発表セズ、現方針通進ム。8hP調印ヲ了ル、駐屯軍ハ原駐地ニ復帰ス。

十二日午後関東軍ハ一連隊ヲ天津ヘ、又古北口ヨリ、混成

二ケ旅団、高射砲12、電信隊一、鉄道隊一、丫偵、爆、戦各二中隊(約80)ヲ進出。

内地師団ノ動員ハ十二日午前仰勅裁ノ予定ナリシガ、現地ニテ要求貫徹セル為、暫ク待テ情況ヲ監視スルヲ可トスル意見ト即行ノ意見ト対立シ、午前中決定セズ（参謀本部）。動員ハ十三日9hAノ情勢ニ依リ決スルコトトシ、其迄延期トス。

地方県庁等ニテ動員準備事務始リシニ依ルナランガ、鐘紡(新)等十余円暴落シタリ。

香月〔清司〕新任軍司令官ハ十二日11-30hA天津着任。

朝鮮軍ハ十六日北支着ノ予定。

十二日迄ノ情況ニテハ内地ヨリ動員シテ出兵スルノ大義名分ヲ見出シ得ズトシ、又数師団ヲ北支ニ出ス時ハ北支ニ軍政ヲ布クコトハナシ得テモ兵力固着シ西伯利亜出兵ノ如クナル、経費モ大、他ノ方面ニ事端起ルモ如何トモナシ難シトノ理由ニテ参謀本部第一部長〔石原莞爾〕、二課ノ全員ハ動員ニ反対。

新事態生スレハ別問題、心配ハ北支ニ在ル不良邦人、鮮人ノ事端ヲ起スコトナリ注意シアリ。

香月司令官ヨリ現地ヲ篤ト視タル上意見具申ノ来ル筈（昨十二日参本ヨリ要求）。

新聞班ノ行キ過ギヲ誡メアリ。

支那軍隊ハ十二日夜八宝山方面ヨリ撤退セリ。

関東軍(参情報3)

十一日夕国境ヲ越ヘ独立混成第一及第十一旅団ハ古北口、山海関方面ヨリ平津地方ニ向フ。

飛行集団ノ一部十一日午後天津到着。

朝鮮軍第二十師団十二日1hA応急動員下令。

十二年七月十一日

8-45P首相葉山ヨリ帰京、9hPヨリ各種代表ト懇談。
政治家(両院議員代表者)　大客間
出席閣僚　外相、海相、逓相〔永井柳太郎〕、鉄相〔中島知久平〕、拓相〔大谷尊由・貴族院議員〕
新聞通信関係者　大食堂
出席閣僚　首相、陸相、内相〔馬場鍈一〕、司法相〔塩野季彦〕、
財政経済界名士　小客間
出席閣僚　蔵相、商相〔吉野信次〕、文相〔安井英二〕、農相〔有馬頼寧〕

首相、陸相、外相ハ各会場ヲ巡歴シ挨拶ヲ述ヘ、9hP三ケ処同時ニ開催。

終テ五相会議(首、外、陸、海、蔵)。

五相会議

「海相」事件解決セリトノコトナルガ派兵ハ如何ニナルヤ。

「陸相」関東軍ハ既ニ動員ヲ下令シ、朝鮮軍ハ明朝動員下令ノ予定、内地部隊ハ目下見合ハセ中ナリ。若シ支那側ニテ我要求ヲ文書ニテ承認セハ全部復員シテ可ナリ。

「蔵相」米国ヨリ一億六千万円、英国ヨリ一億五千万円借用シアリ、英米ノ機嫌ヲ損ヘハ(横浜)正金銀行ハ明日ヨリモ閉鎖スルノ止ムヲ得サルニ至ルヘキコトヲ憂フ。

十二年七月十三日

陸軍方針　8-50P決定

一、陸軍ハ今後共局面不拡大、現地解決ノ方針ヲ堅持シ全面的戦争ニ陥ルカ如キ行動ハ極力之ヲ回避ス、之カ為第二十九軍代表ノ提示セシ十一日午後八時調印ノ解決条件ハ是認シテ之カ実行ヲ監視ス。

内地部隊ノ動員ハ暫ク情勢ノ推移ヲ見テ決ス。

二、然レドモ支那側ニ於テ現行ノ解決条件ヲ無視シテ之カ実行ニ誠意ヲ示サヽル場合、或ハ南京政府ニシテ徒ラニ中央軍ヲ北上セシメテ攻勢ヲ企図スル場合ニ於テハ断乎タル決意ニ出ルモノトス、但シ此場合ニ在テハ支那駐屯軍ハ予メ中央部ノ承認ヲ受ルヲ要ス。

(終)

十三日7-30P奏上(総長、大臣ヨリ)、終テ椅子ヲ賜リ約二十分御下問。

十二年七月十五日

陸軍派兵御裁可

一、派遣予定ノ内地航空部隊(各種機計18中隊)ヲ山海関、錦州(奉天)及大連地区ニ進出、満州ニ派遣、中央直属トス(航空兵団長)。

一、関東軍及朝鮮軍ヨリノ北支派兵ニ対スル兵站部派兵(北支那ヘ)。

(備考)

右ハ十五日動員下令、十六日ヲ以テ動員第一日トシ、航空機ハ空輸ニ依リ、其ノ他ハ関釜経由概ネ動員第七、八日頃現地到着ノ予定。

所要船腹約十万頓(関釜線)22隻

参謀本部中島〔鉄蔵〕総務部長、軍務課長柴山〔兼四郎〕大佐ヲ十四日現地ニ派遣ス

十五日9hA上記動員部隊派兵ノ勅裁ヲ仰ク為ニ参謀総長参内、大臣モ参内。

陸軍ノ高射砲隊　(甲)移動四門、(乙)固定二門。

陸軍ノ飛行隊　(甲)偵、(乙)戦、(丙)軽爆、(丁)重爆。

隊（戦　12機
中　偵、軽爆　9機
一　重爆　6〃）

関東軍37機　内地168機　合計205機

十二年七月十六日

真崎陸軍大将ノ求刑

昨十五日論告求刑アリ。

裁判長　磯村〔年〕大将

裁判官　松木良亮〔直〕大将、小川〔関治郎〕高等軍法会議法務官

検察官　竹沢〔卯一〕法務官(近衛師団法務部長)

罪　名　反乱者ヲ利ス(陸軍刑法第三十条)

検察官求刑　禁固十三年

判決ハ何日頃カ不明。

航空省問題

陸軍ニテハ到底海軍ノ同意ヲ得ラレサルヲ観テ同問題ノ跡仕末ニ苦慮シ、企画庁ニテ研究ヲ申入シガ法制局長官〔瀧正雄〕ヨリ陸海軍間ノ話合ヲ一層行ヒタル上ト断ハラレ、陸海軍懇談ヲ行フト称シ大臣、次官、軍務局長ヲ柳光亭ニ招キ何モ同問題ニハ触レズ、航空局長官〔小松茂・逓信省航空局長〕ニ問題ヲ預ルコトヲ申入レ、同長官ハ催促無シノ条件付ニテ預リ其旨本日海軍ニ話ニ来ル。

閣議後ノ話

海、陸、外、内居残リタル席上海軍大臣ヨリ、斯クグズ々長引キテハ支那ノ準備モ出来、列強ノ中介〔仲〕等モ生ジ面白カラズ、何トカ方法ナキヤ、例ヘハ期限付ニテ約定ノ実行ヲ迫ルカ如キコトハ如何ト云ヒシニ、陸相ハ其ヲ迫ルニハ日本ノ準備出来ズ、37師ノミナレハ敲キ得ルモ全部ニ対シ自信無シ、航空兵力モ昨日動員シタレドモ中々短時日ニ整備セズト答フ、海軍航空兵力ノ助力ヲ願ヒ度ナド云フ。

外相ハ現地ニテ目下交渉中ナレハ他ノ工作ハ早シト云ヒ帰

ル。

2-15P頃外務ヨリ連絡アリテ、陸軍ヨリ『支那側ニ対シ中央軍ノ北上ヲ止ル』様外交々渉ノ希望アリ、之カ為適宜ノ声明ヲ行フモ可ナリト。

昨夕外務ヨリ外務案トシテ海軍ニ相談シ来リタル案ハ同シク陸軍ヨリ出シモノナリ。本案ハ陸軍ヨリ撤回ス（十六日夕刻）。

十五日参謀本部第二部ニテ会議シ、即時出兵ヲ決議シテ次長ニ提出ス。次長ハ之ニ対シ、
一、出兵ハ両三日ヲ目途トシ決定ス。
二、協定条件ヲ誤解スルナ。
三、中央軍ヲ北上セシメツ、アルコトニ対シテ、駐支大使〔川越茂〕ヲシテ南京政府ニ申込マシメ、若シ聞カサレハ重大決意ヲナス、聞ケハ我モ亦撤退スル旨ヲ伝へ交渉セシム。
四、列国在外武官ニモ機ヲ逸セズ伝ルコト。
五、中央軍ノ北上ハ未タ確実ナラス精査ヲ要ス。
六、出兵スルヤ否ヤハ交渉ノ推移ト中央軍ノ北上情況ニヨリテ決定ス。

参謀本部河辺〔虎四郎〕二課長〔戦争指導課長〕ノ話ニ依レハ、陸軍初ハ硬軟両派ニ分レシガ日ヲ経ルニ従ヒ硬派多クナリ、動員ヲシタノニソンナコトデ引込ルカト云フ論多ク、理論ハ立タズニ強硬ノ主張ヲナスモノ大勢ヲ制スルノ情況ナリ、石原一部長ハ支那ト戦フハ愚也トノ意見ナルモ、作戦課ヨリ敵ノ包囲態勢ニ依ル危険ヲ説カレアリ。

参謀本部石原一部長ノ話（近藤〔信竹〕軍令部一部長へ）

支那トノ戦争ハ不利ナリ、支那トハ手ヲ握リ進ムヘキモノニテ近衛首相ハ之ニ最適ナリ。戦フトシテハ北京占領ニ一ケ月ヲ要ス（タンク、長射程砲ヲ動員シテ送ル）、其ノ後ハ北寧線ヲ確保スルコトトシ前進セズ、敵モ地形上進ミ得ズ（敵ノ展開ニモ一ケ月ハ掛ル）持久戦トナル、斯ル戦争ハ行フヘキニアラズト。

十六日夜、外〔堀内謙介〕、陸〔梅津美治郎〕、海〔山本五十六〕三次官ノ懇談申込アリシガ、海軍次官ハ陸軍ノ考定ラサルニ話シ合フモ意味ナシ、先ツ陸軍ノ腹ヲ定テモラヒ度トテ出席セズ、外、陸会談セシガ決〔結〕論無ク、陸軍次官ヨリ『自分ハ現地ノ十四日夜ノ話合ニテ可ト思フガ中々収ラズ』ト

ノ話アリシト。

十六日9hP近衛首相ノ招ニテ海相同氏ヲ訪問、首相ヨリ現地ニテ収メテモ跡〔後〕々収ラズ、此際広田外相ヲ派遣シテ蔣介石ト話サセルヲ可ト思フ、明日海相ヨリ提議アリ度トノコト。海相ハ先ヅ陸相ノ腹ヲ良ク聞テノ上トス。

十二年七月十七日

11hA五相会談ノ結果
一、宋哲元〔第二十九軍長〕ニ対シ十一日ノ約ヲ十九日中ニ実行スヘキコトヲ申入ル、聴カサレハ内地三師団ヲ動員ス。細目ニ就テハ深ク討議セズ。
一、南京政府ニ対シ、現地交渉ヲ妨ケサルコト、中央軍ヲ北上セサルコトヲ申入ル。
一、爾後ノ北支安定方法。各自研究ノコトトシ明十八日更ニ会合トス。
陸軍次官ヨリ駐屯軍参謀長〔橋本群〕ニ概ネ十九日ヲ期限トシ我要求ノ実施ヲ促スコトヲ打電〔爾後ノ決意ニ対スル端的ナル基礎ヲ得ル如ク〕。

外相ヨリ川越大使ヘ支那ノ陸空軍北上ヲ止ルコトヲ交渉、『……現地ニ於テ解決ニ努力シツヽアルニ拘ラス国民政府ニ於テハ徒ラニ挑戦的行動ヲ継続シ居ルノミナラズ各種ノ手段方法ヲ以テ冀察当局ノ解決条件実行ヲ妨害シ……国民政府ニ於テ真ニ不拡大ノ希望ヲ有スルニ於テハ之カ実現ノ為汎有挑戦的言動ノ即時停止並ニ現地当局ノ解決条件実行ヲ妨害スルカ如キコトナカランコトヲ要請スル旨厳重申入』十九日迄ニ回答ヲ得ル如クスルコトヲ打電。

十七日11h-30P渡シ、十九日回答ヲ約ス（日高〔信六郎・在中国大使館参事官〕ヨリ王〔寵恵・国民政府〕外交部長ニ）。

宋哲元ニ対スル要求項目内容ハ現地ニ委シアリ。

十二年七月十八日

五相会議（外、内、陸、海、蔵）
11hA、先ツ内相ヨリ斯ル時ニハ一応白紙ニ帰リテ研究カ必要ト述ヘシヲキツカケニ話出テ種々話アリシガ、要約シテ次ノ如キ話合ヲナシタリ。
一、従来ノ行懸ヲ捨テ全然白紙ニ帰リ、日支ノ間ヲ理想的ニ調節スル交渉案ヲ研究ノコト、但シ現状ニ即シタルモノタルヘキコト。
一、一案トシテ冀東、冀察ヲ非戦地域トシ駐兵セサルコトモ考ヘラル。

一、又冀東、冀察ヲ特種地域トシ南京政府了解ノ特種政権ヲ置クコトモ一案。
一、要ハ経済開発ニ重点ヲ置ク。
一、何等領土的野心ナク主権尊重。
陸相ヨリ一案トシテ出シタルモノ。平津地方ニ支那ノ駐兵ヲ禁シ、昭和十年十一月ノ対支実行案ニテ支那ニ臨ム。右会談後ニ外、陸、海ノ三相ハ首相ヲ訪ネ、話合ヒノ覚書ヲ海相朗読ス。

英国ノ日本五分利債十六日以来低落、94→89→85。

十二年七月十九日

十八日7-30P風見〔章・衆議院議員〕書記官長、海相ヲ訪問ノ話。書記官長ハ外務東亜局長（石射〔猪太郎〕）ヲ招キ、本日五相会談ノ覚書ニ依リ立案シアルヤヲ尋ネシニ、石射ハ覚書ノ内容ハ知ラサルモ、何カ立案セヨトノコトニ棚サラシヲ綴リ合セ中トノ答ナリキ。陸軍ノ一案ハ十七日夕外務ニハ示シアリタリ（外務反対）、此ノ情勢ニ付書記官長ノ許ニテ覚書ニ準拠シテ立案シ、閣議ニ諮リ通過セハ御前会議ヲ奏請セントス、近衛首相同意。海相右ニ賛成ス。

近衛首相ヨリ無理アラントノコトニテ上記取止ム。


3-0Pヨリ6-0P海軍軍事参議官参集、軍令部一、三部長〔野村直邦〕及ヒ軍務局長〔豊田副武〕ヨリ説明懇談。

支那ノ不遜ノ回答ニ接シ参謀本部ハ仮令宋哲元ニテ色良キコトヲ云フモ南京ト通謀シアルモノト見ルヘク、事此処ニ至リテハ出兵ノ外ナシト意見一致ス。

十二年七月二十日

北支事変。支那ノ不遜ノ回答ニ対シ10hAヨリ閣議。

9-40A海軍大臣ト話ス。
一、情勢内地師団ノ出兵ヲ必要トシ、急速ニ処理ヲ可トス、但シ現地ニテ駐屯軍参謀長ト張自忠トニテ条件第三項ノ細目ヲ定メ調印ノ報アルニ付、現地ノ情況ヲ確ムルコト。本日8-30A王外交部長ト日高ノ会見ヲ見ルコト。
一、大義名分ヲ立ルコト、現地ニテ不信行為ヲ責ル。
一、局地的出兵トシ成ルヘク作戦ヲ局限スルヲ可トスルモ、中南支ニ波及ヲ免レズ。上海、青島ハ現地保護トスルモ、海軍兵力ノミニテハ保護ハ行ヒ難ク、陸軍ノ出兵ヲ必要トス。
一、閣議ノ決定ハ書キ物トシ署名ノコト。

10hAヨリ12h閣議。陸軍大臣ヨリ内地師団派兵ヲ要請（南京ノ回答不誠意ニ鑑ミ）、之ニ対シ、外相ヨリ今ノ情勢ニテ如何ナル理由ニテ動員出兵スルヤ。

陸相、監視ト中央軍ニ対スル準備ナリ。

外相、海相ヨリ㈠昨夜天津ニテ参謀長ト張自忠ト十一日ノ協定ニ対スル細目ヲ調印セルコト、㈡本日8-30A王外交部長ト日高参事官トノ会見ノ結果不明ナレバ、之ヲ聞テ態度ヲ決シテ可ナラン。

内地師団ヲ動員スルコトハ事態ヲ拡大スルノ公算ヲ増大スル惧アリ（海相）、事態ヲ拡大スル公算ヲ大ナラシムト思フ（内相）。

海相ヨリ、事態拡大ストセハ海軍ハ重大ナル関心ヲ有ス、無暗〔闇〕ニ動員ニ反対スルニアラズ、居留民ノ保護警備ノ任アリ揚子江砲艦等ノ始末モアリ、上海、青島ハ現地保護ノ方針ナルカ海軍力ノミニテハ保護シ得ズ、陸兵ヲ出スヤト問ヒ、陸相ハ陸兵ヲ出ス旨ヲ言明ス（海相ハ夫ナレハ安心ト）。

海相ヨリ南京政府ハ29軍ヲ自分ノモノト思ヒ、又中央軍ノ北上ハ自衛上止ムヲ得スト主張シアル情況ニテ出兵スルハ、南京政府ニ挑戦スルコトトナラズヤト。

首相ヨリ8-30A南京ニ於ル日高、王ノ会見ノ情況報告ヲ待テ決スルコトトシタシ。

二十日午前陸〔後宮淳〕海軍務局長ト東亜局長ト会談。陸軍ヨリ内地動員ヲ説キ、其ノ理由ヲ問ハレ返答シドロモドロニテ、遂ニ陸軍ニテハ動員ヲ行ハサレハ部内収ラズ陸相辞職ノ外ナキニ付同意サレ度ト述へ、決スルニ至ラズ。

内地師団派兵ノ閣議。7-30Pヨリ9-10P閣議。

本日午後再ヒ蘆〔盧〕溝橋方面ノ敵砲撃アリ、我応戦ノ事態生ズ（謀略ナルヤモ知レサレトモ）。

閣議ニテ、
陸相：此事態ニテ作戦上ノ見地ヨリ内地ヨリ派兵必要。

外相：派兵ハ賛成セズ、然シ作戦上ノ必要ニヨリドウシテモト云フナレハ止ムヲ得ズ。但シ条件アリ。動員ヲ令シテヨリ出発ニ一週間、尚到着ニ数日掛ルカ故ニ、其ノ間ニ和平解決トナレハ引還〔返〕シテ復員スルヤ。

陸相：復員ヲ行フ。

蔵相：出兵ハ行ヒタクナキ意ヲ縷述シ、作戦上ノ必要ナレハ止ムヲ得ズ。

海相：念ヲヲシタル上、作戦上ナレハ致方ナシト述フ。派兵ハゼスチユアート実力行使ト半々ト思フカ如何。

陸相：然リ。ゼスチユアーナレハ其ノ効果挙ラハ遅滞ナク
　復員ノコト。

昨夜迄ノ協定調印後ニ本日午後ノ新事態生シ、為ニ協定ハ破棄サレシヤ。陸相：然ラズ。

新ニ要求ヲ付加スルヤ。陸相：絶対ニ加ヘズ。

此位ニテ動員ニ決定ノコトニナル。政府ハ声明ヲ出サズ、書記官長ヨリ簡単ニ談ヲ出ス。外相ハ閣議後直ニ参内シ奏上ス。

十二年七月二十一日

　高橋〔坦〕中佐（参謀本部第二部）ノ話

工作費ヲ本日送ルモノ
　南京ニ於ル抗日連排除費　20万円
　韓復榘〔山東省主席〕ノ買収　10万円
　張自忠、劉汝明〔第二十九軍第百四十三師長〕ノ買収　20万円
北支作戦ニテ側面ノ上陸地。海州ハ隴海鉄道ノ利用不安ノ為ト二ケ師団ヲ進ムルニ不適ナル為、青島方面ニ上陸ノ予定。

内地師団ノ動員見合セ
昨夜ノ閣議ニテ決定シタル内地第5、6、10師団ノ動員ハ見合セトナル。

本朝北支ヨリ中島〔鉄蔵〕参謀本部総務部長及ヒ柴山軍務課長帰京シ、内地部隊動員ハ不適当ノ意見アリ。即チ現地ニテハ宋哲元着々協定ヲ実行シツヽアリ、第37師ハ北平市内、蘆〔盧〕溝橋、八宝山方面ヨリ撤退シツヽアリテ、現地ニテモ此ニテ事態ヲ収ルノ意見多シ。尚参謀長ヨリモ電話ニテ宋哲元協定実行シ、37師保定方面ニ撤去セハ事態一段落ノ報アリ。陸軍上層ニテ会議ノ結果、現地緩和ノ為動員見合ハセニ決ス。

閣議ニテ定メタル動員ハ其ノ目的明確ナラズ、国民ニ向フヘキ目的ヲ示サヽル可ラズト。

本日11hA軍令部総長殿下暑中天機奉伺ニ御参内ノ時、陸軍大臣上奏中ニテ相当長時間ナリシガ、終テ殿下拝謁ノ時陛下ヨリ『支那ノコトハ大キクナラナケレハ良イガ』トノ御言葉アリテ〝困ツタモノ〟ト云フ、御思召ハ拝上ケラレサリシ由。

陸相ニ対シ陛下ヨリ『先方ガ当方ノ条件ヲ全部容レ、バ派兵ハ行ハサルヤ』ト御下問アリ、陸相ハ『行ヒ申サズ』ト拝答シ、陛下ヨリ念ヲ推サレタリト（陸相ノ書記官長ヘノ談）。

十二年七月二十二日

柴山陸軍省軍務課長談

現地ハ平穏ニテ東京ハ第一線ノ如クニ騒ガシキ観アリ。天津軍ノ統制ハ一糸乱レズ、殊ニ河辺〔正三・支那駐屯歩兵旅団長〕部隊ノ如キ静カ過ル位ナリ。現地ニテハ現地解決可能ナリト信シアリ。又29軍云フコトヲ聴カサレハ現兵力（関東軍、朝鮮軍ヲ加ヘ）ニテ充分ナリト信シアリ、事件不拡大主義ヲ堅持ス。

現在ノ事態ニテ内地ヨリ出兵ノ必要ナシ。中央軍ニ対シ之ヲ討ツノナレハ改テ考ヘ直サ、ル可ラズ、現事態ニテハ内地ヨリ出兵ノ名分立タズ。

中島、柴山ト別々ニ昨朝帰京セシガ、話ガ期セスシテ一致シ、柴山ハ軍務局長ヨリ大臣、次官ニ話シタルニ、大臣ハ自分ハ天津軍危シト思ヒテ内地ヨリ救援ノ必要ヲ認メ来リシニ、軍自ラ安心ナレハ出スニ及バズト。上司何レモ動員セサルコトニ同意。

陸軍省ニテハ参謀本部ニ対シテ、内地師団動員ノコトハ『用兵上ノ必要有無ニヨリ決ス、参謀本部ニテ決定サレタシ』ト申入ル。

二十一日参謀本部ニテ会議セシガ、硬論相当アリテ決セズ。

二十二日10hAヨリ再ビ会議。

石原参本一部長、武藤〔章〕参本三課長ノ話〔福留一課長ヘ〕

武藤作戦課長

現地ハ之ニテ解決スルト思フ。中央軍ハ北上スルトモ容易ニ手ヲ出サズ、日本ヨリ手ヲ出サ、レハ出スマジ。昨日ノ会議ハ議論百出シタルガ、作戦課長トシテ曖昧ナ作戦命令ヲ書キ得サル如キ作戦ハオ断リ。

石原一部長

昨日ノ省部会議ハ中々困難アリタリ。本日10hAヨリノ会議ニテ決定スヘキモ、内地部隊ハ新タニ派兵セズ（既令ノモノハ止ムヲ得ズ）。中央トハ飽ク迄外交々渉ニテ行ク（北支ニテ若干退却スルモ可ナリ）。出先ノ統制ヲ心配セシガ、今ノ所安心ナリ。陸軍大臣ニ二時間ニ亘リ話シ了解サレタリ。

昨日11hA陸相上奏ノ時内地三ケ師団派兵ノ必要ヲ奏上セシガ、陸相ハ一日立テバ支那ノ情況ハ変化ス、派兵取止差支ナシト云ハル。

馮治安自身ハ敵愾心大ナラズ、部隊ニ共産系等抗日ノモノアルナリ。

参謀本部ノ決議

二十二日午前ノ部長会議ノ結果、政府カ北支問題ヲ徹底的ニ解決スルノ決意ヲナサヽル限リ、内地部隊ノ出兵ハ暫ク見合ハス。

同会議ニ臨ム前ニ第二部ニテ『出兵必要』ヲ決議シ、渡〔久雄〕二部長ハ之ニヨリ会議ニ臨メリ。従テ上記決議中『政府カ……』ハ第二部ノ面子ヲ立テノ文句ナリト思ハル。

113　十二年七月

輸入ヲ要スル軍需品（艦政本部）十二年七月調

（品名）	（輸入額《〔ママ〕》）	（代　価）	（輸出国）
フエロモリブデン	1,000tons	7,500,000円	英、米
ニツケル	2,830t	10,248,000	〃
錫	1,500t	6,000,000	ボリビヤ、シヤム、ビルマ、香港
白金地金	800K.G.	4,000,000	露、米
スクラツプ	182,000t	18,500,000	印度、米
コバルト	55t	770,000	英
純ベンゾール	6,900t	2,070,000	独、仏、米
トルオール	850t	325,000	独
石炭酸	4,900t	7,350,000	独、英
信管用鋼線材発条地金	16t	64,000	瑞典
鋼球用クローム鋼線	250t	175,000	〃
水　晶	27t	459,000	ブラジル、米
アンチモン	200t	160,000	支
		57,661,000〔57,621,000〕	（＋
鉛	1,500tons	600,000円	印、加、豪
レンズ用光学硝子	11.66t	350,100	独
石　綿	3,400t	3,400,000	加、阿、露
低燐銑	10,400t	2,080,000	瑞典
鋼線材	4,600t	920,000	瑞、独、米
亜　鉛	5,200t	2,600,00	豪、独
デイフエニール砒酸	300t	2,100,000	独、蘭
生ゴム	600t	180,000	新嘉坡
リグナムバイター	174t	87,000	ニユー・オルリンス
		12,317,000〔9,977,100〕	（＋
水　銀	70tons	420,000	英
特殊電機用炭素刷子	30K.G.	80,000	独、仏
椰子殻炭	10t	10,000	ジヤバ、新嘉坡
オクゾール	2,450t	2,450,000	独
チーク	30米^3	30,000	シヤム
		2,990,000	（＋
	総計	72,968,000円〔70,588,100〕	

十二年七月二十六日

今次事変ノ拾収〔収拾〕

二十三日10hA

外務　東亜局長以下

陸軍　柴山課長、園田〔晟之助・軍務局課員〕中佐（軍務局長欠）

海軍　軍務局長、同一課長〔保科善四郎〕、藤井少佐

下記ニ意見一致

一、状況ニ大ナル変化ナキ限リ飽迄現地解決不拡大ノ方針ニテ此上ノ派兵ヲ中止ス（目下進行中ノ部隊モ北支ニ入レサルコトニ陸軍省努力）。

二、現地協定履行ノ見極ツキ且我方ニ不安ナシト認メタル時ハ、自主的ニ速ニ増派部隊ヲ関外ニ撤収ス。馮治安部隊カ保定方面ニ移動完了ノ目途ツキタル時ヲ以テ右見極ト見做ス。

三、適当ノ機会ニ上記一、二、ノ趣旨ヲ声明ス。

四、我方増派部隊撤収ノ時期略確定ノ上ハ、速ニ国交調整ニ関スル南京交渉ヲ開始ス。

十二年七月二十七日

廊坊、広安門事件

二十五日11-30P廊坊ニ於ル支那ノ不法射撃ニ因リ、二十六日38師113旅226団ヲ攻撃潰走セシメタルニ引続キ、二十六日北平広安門ニ於ル衝突ニ依リ、二十六日11-55P支那駐屯軍司令官ヨリ意見具申。

事件不拡大ノ方針ニ依リ隠忍自重シ来レルモ、事茲ニ至リテハ皇軍ノ威信上、将来ノ任務達成上断然攻撃ニ出サルヲ得ズ、其ノ結果北支全部ニ波及スルコトトナルヘク、中央ノ準備ヲ必要トス。

二十七日8-30A閣議ニ臨ム海軍ノ態度

内地三ケ師団ノ出兵ニ同意、但シ事件不拡大ノ方針ニ変リナシ。

揚子江沿岸ノ居留民ヲ上海ニ引揚。

台湾、済州島ノ飛行場準備（周水子ハ既ニ完了）。

青島ニ出スヘキ陸戦隊ヲ旅順ニ待機セシム。

二十六日

航空兵団ヲ駐屯軍ノ隷下ニ入ル。

駐屯軍ノ行動ノ自由ヲ許ス（8hP御裁可）。

駐屯軍司令官ヨリ宋哲元ニ対シ（3-30P）、八宝山、蘆〔盧〕溝橋付近ノ37師ハ二十七日正午迄ニ、北平市内及西苑部隊ハ二十八日正午迄ニ撤退要求。

二十七日第五、第六、第十師団動員派兵御裁可。

動員第一日ヲ二十九日トシ、十月一日ヨリ輸送開始。大部ハ釜山上陸ニテ汽車輸送（第五、第六師団）、塘沽上陸部隊ハ八月十日発、二十二日着（第十師団）。

参謀本部一部長ノ挨拶

1hP石原参本一部長、武藤作戦課長ヲ伴ヒ次長ヲ訪問。

昨夜深更駐屯軍ヨリ連絡アリ、事態急ヲ要スル為軍令部ト充分連絡ヲ取ルコト能ハズ、今次ノ決定ヲ行ヒタル段御了承ヲ得、今後ノ御協力ト御指導ヲ仰タシト挨拶。次長ハ事情了承、今後ハ一層両統帥部ノ協力ヲ密ニスヘキ旨挨拶。

差当リ駐屯軍ノ有スル兵力ニテ攻撃ヲ開始スヘク、関東軍部隊ハ北方ヨリ西苑部隊ヲ、20Dハ南方ヨリ攻撃スヘク、北京城内ニ在ル敵ハ之ヲ外交的ニ処理スルカ可ナラント。

熱河ヨリ北平ヘ汽車ナク、汽車輸送ハ一度天津ヲ通リテ迂回スルノ不利アリ。

成ルヘク小区域ニテ結末ヲ付ケタキモ、止ムヲ得サレハ保定ノ線ニ出ン（同地方ハ地形上沼沢ニテ一段落ニ適ス）、一度進出シタル上ハ仮令戦略的ノ後退ヲ行フモ支那ハ之ヲ敗退ト宣伝スルニヨリ注意必要。

航空兵力ノ与力。現地ヨリ中央空軍攻撃ヲ伺ヒ来レルモ、事影響大ナレハ差止メアリトノコトニ、次長ヨリ海軍ハ揚子江ニ居留民保護ノ砲艦等ヲ有シ、敵空軍ノ砲艦ニ対スル報復ヲ考慮シ、先ツ砲艦ヲ下江セシメタル上空軍攻撃ノ方針ヲ話ス。

8-30A閣議

陸相ヨリ内地師団動員派兵ノ報告アリ。之ニ対シ海相ヨリ其ノ目標如何ヲ尋ネ29軍トノコトナリシカ、中央トノ衝突公算大ナルヲモ認ム、之ニ対シ海相ヨリ然ラハ全面作戦トナル算多ク、上海、青島ヘノ派兵準備ノ必要ヲ述ヘ、陸相同意ス。

十二年七月二十八日

大臣（次官、軍務局長同席）ニ対シ9hAヨリ9h-30A

海軍用兵ニ関スル腹案ヲ軍令部一課長ヨリ説明、次官ヨリ中南支作戦ノ場合、航空戦ヲ海軍ニテ担任スル協定（陸軍トノ）ニ対シテハ中攻約100機ヲ急速製造シ人員養成ヲ行フ必要ナキヤトノ意見出テ、軍令部ハ全然同意ニテ、次長ヨリ次官ヘ本日申進ヲ出シタル通ナリ。

臨時議会ニ追加予算ヲ出スコトニナル。

艦隊ニ兵力増勢。

2Fヘ4Sd
3Fヘ9S、3Sd ｝ヲ編入シ、其ノ他兵力増加ノ仰允〔ママ〕裁ヲ仰ク。

GF、2F長官〔吉田善吾〕及各鎮〔鎮守府〕、旅〔前田政一・旅順要港部〕、馬〔和田専三・馬公要港部〕、鎮〔原敬太郎・鎮海要港部〕、満〔日比野正治・駐満海軍部〕司令官ヘ大海令、奉勅命令、総長指示、次長申進。

2hP総長殿下参内、海軍用兵ニ関シ奏上ス。

臨参命第六十四号

命令

一、支那駐屯軍司令官ハ現任務ノ外平津地方ノ支那軍ヲ膺懲シテ同地方主要各地ノ安定ニ任スヘシ

二、細項ニ関シテハ参謀総長ヲシテ指示セシム

昭和十二年七月二十七日

奉勅伝宣　参謀総長〔閑院宮〕載仁親王

支那駐屯軍司令官香月清司殿

十二年七月二十九日

二十八日夜ヨリ二十九日払暁前ニ亘リ〔12hP頃ヨリ4hA頃迄〕（10hP特務機関ニ予報）、北平城内ノ37師ハ城外ニ撤退シ、宋哲元、秦徳純〔第二十九軍副司令〕、馮治安モ退去シ、張自忠残存シ132師ヲ保安隊ニ改編ス。

二十九日中ニ南苑、西苑、八宝山、蘆〔盧〕溝橋等ノ永定河左岸ニ在リシ29軍ハ撤退シテ、同河右岸ニ移ル。

天津市内ニ二十九日未明ヨリ兵変起リテ終日掃蕩ス。

方針：平津地方ノ支那軍ヲ撃破シテ同地方ノ安定ヲ図ル、作戦地域ハ概ネ保定独流鎮ノ線以北ニ限定ス、情況ニヨリ一部ノ兵力ヲ以テ青島及上海付近ニ作戦スルコトアリ。

兵団ノ兵力編組及任務

1、平津地方　支那駐屯軍ニシテ約四師団ヲ基幹トシ、平津地方ノ支那軍ヲ撃破ス。

2、青島付近　概ネ一師団ヲ基幹トシ、青島付近ヲ占領シテ主トシテ居留民ヲ保護ス。

3、上海付近　概ネ一師団ヲ基幹トシ、上海付近ヲ占領シテ主トシテ居留民ヲ保護ス。

作戦指導ノ要領

1、支那駐屯軍ヲ以テ平津地方特ニ前記作戦地域ニ於テ支那軍ニ対シ可及的大打撃ヲ与ル如ク作戦セシム。

2、青島及上海付近ニ対スル作戦ハ情況已ムヲ得サル場合ニ之ヲ行フ。

3、戦況ノ推移、特ニ蘇国トノ関係ニ依リ最小限ノ兵力ヲ以テ平津地方ヲ領有シ、持久ヲ策スルコトアリ。

第三国、特ニ蘇国ニ対シ厳ニ警戒シ、情勢ニ応シ逐次所要ノ兵力ヲ動員シテ満州ニ派遣ス、之ニ要スル兵力ハ概ネ十九師団ト予定ス。

別ニ五師団ヲ中央直轄トシ、情勢ノ変化ニ応シ得ル如ク準備ス。

6ケ師 ｛ 4　北支
　　　　2　上海、青島

19ケ師 ｛ 8　東
　　　　4　北
　　　　3　西
　　　　4　中

5ケ師　直轄

十二年七月三十日

10hAヨリ10h-55A石原参謀本部一部長来訪、今回ノ北支作戦ノ計画ヲ説明。

石原ノ事態収拾案

支那ニ満州国承認ヲ要求シ、其ノ代リニ日本ノ政治的特権ヲ返還ス（北支方面ノコト、治外法権、租借地等）。手ヲ打ツ時機㈠北平占領ノ只今、㈡長辛店占領ノ時止ムヲ得サレハ、㈢保定占領ノ時。

石原参謀本部第一部長来談要旨

本日午前、石原一部長、次長ヲ訪問シ（福留第一課長同席）、左記要旨ノ申入アリ、

一、作戦上ヨリ事態ヲ速ニ収拾スルヲ要シ、陸軍部内ヲ取纏メ、且政府ノ決意ヲ促進スル為、別紙作戦計画大綱ヲ立案セリ、陸軍大臣ニモ説明シタルカ、参謀総長ハ之ヲ上聞ニ達セラレ度意向ヲ有セラル、ニ付、軍令部ノ御意見伺度。

（理由）

㈠対支作戦ハ少クモ対蘇支二国作戦ノ決意ナクシテ深入スルコト能ハズ、然ル時ハ全動員兵力ノ割当別図ノ如ク、北支作戦兵力ハ四ケ師団(20、5、6、10)（対蘇支予備兵力五ケ師団ヲ情況ニヨリ一時増派シ得ルヲ最大限度トス）ヲ超ルコト能ハズ、対支一国全力作戦ヲ以テスルモ容易ニ支那ヲ屈服セシムル成算立タサルニ、僅少ナル四ケ師団（外ニ上海、青島各一ケ師）ヲ以テ到底支那ヲ屈セシムルコト能ハズ。

㈡陸軍部内ニ対支全面作戦ヲ行フヘシトスル硬論多キモ、此ノ如キハ作戦ノ本質ヲ知ラサルモノナリ。

㈢支那ヲ屈服セシムル目途ナキ今次出兵ノ為ニ要スル多額ノ軍費ヲ仮ニ満州ニ用フレハ、産業五ケ年計画等ハ問題ニアラズ。

㈣故ニ速ニカ無用ノ兵ヲ収ル為ノ根拠ヲ与ヘントスルモノ本研究ナリ。

二、次長ノ質問ニ対シテ事態収拾ニ対スル石原案

㈠支那ヲ屈服セシムル目途ナキ故、適当ノ機会ヲ捉ヘテ事態ヲ収ル外ナシ。其ノ機会ハ、

(イ)北平、天津ヲ占領セル此ノ際ガ best ナリ、

(ロ)次ノ機会ハ長辛店奪取ノ時、

(ハ)最後ノ機会ハ保定占領ノ時、

(ニ)其以後ハ適当ノ機会ヲ予期シ得ズ。

㈡解決条件

(1)全支ニ渉リ日本ノ一切ノ政治的権益ノ返還。治外法権、北支特権、駐兵権（海陸軍共）、租界等。是レ日支親善、貿易好転ノ唯一策也。

(2)満州国ヲ承認セシム。

石原一部長来談ノ要旨ヲ総長殿下ニ報告、次テ大臣（次官同席）ニ話シ、2hP福留一課長ヨリ石原一部長ニ上聞ニ達セラル、コトニ異存ナキ旨回答。

其ノ際石原一部長ヨリ、北平、天津共ニ三、四日後ニハ平定スヘキニ付、此際ガ和平解決ノ最良時機ナリ。就テハ参謀本部ニ部ト交渉スルモ中々同意セズ、次長（今井次長）ハ病気ニテ纏メテ行カサレハ同意ヲ与ヘラレズ、困却ス。海軍大臣ヨリ切出サレ度（三十一日海相ヨリ首相ノ腹ヲ聞ク）。

4-0P参謀総長参内、対支作戦計画大綱ヲ奏上。

三十一日更ニ石原一部長ハ次長代理（次長病気ノ為）トシテ御進講、委細所信ヲ奏上。

二十九日陸相ノ海相ヘノ話ニ関東軍、朝鮮軍司令官（小磯

国昭〕ヨリ北支、山東ヲ占領スヘシトノ意見具申アリシカ、陸相ハ不同意ナリト。作戦上ニ無責任ノ強硬意見ヲ案ジテ石原一部長ノ提案アリシナラン。

三十日参謀総長参内前ニ侍従武官長〔宇佐美興屋〕ヨリ何処迄行ク積リカノ御下問アルヘシト伝ヘ、同御下問ニ対シ総長ハ単ニ作戦上ノ見地ヨリ保定ノ線迄前進致スヘシト奏上ス。

三十一日石原一部長ハ御進講ニ於テ、作戦上四ケ師団以上ハ差当リ用ヒ難ク、此兵力ニテハ保定ノ線ニ進ムガ一杯ニシテ此以上ハ如何トモ致難ク、其ノ線迄進ム前ニ成ルヘク速ニ外交折衝ニ依リテ兵ヲ収ルノ機会ヲ得ルコトカ刻下ノ急務ナル旨奏上シ、陛下御ウナヅキ遊ハサル。

一日9hA石原ヨリ福留ヘ陸軍大臣ニ更ニ話スヘキモ、中々決心付キ兼ル様子ナルニヨリ、海軍大臣ヨリ話ヲ出スコトニサレタシト、之ヲ大臣ニ伝ヘ大臣ハ何トカ処置スルコトトナル。

三十日陛下、近衛首相ヲ御召ノ時ニ、永定河東方地区カ平定スレハ軍事行動ヲ止メテ宜キニアラズヤトノ御下問アリ。

首相ヨリ成ルベク速ニ時局収拾スヘキ旨奉答。

十二年七月三十一日

天津軍ヘ増援（奉勅）

天津ノ治安不良ニ際シ、七月三十日関東軍ヨリ混成第二旅団及臨時重砲兵中隊ヲ北支那ニ派遣シ、駐屯軍ノ指揮下ニ入ラシム。

指示ヲ以テ（総長指示）、混成第二旅団ヲ主トシテ天津方面ニ使用シ、内地兵団ノ到着ニ伴ヒ成ルヘク速ニ関東軍隷下ニ復帰。

此ノ部隊ハ八月一日天津着。

陸軍ヨリ通報

天津東站ヲ襲撃サレシ時、天津軍ヨリ航空隊ヘ渡スヘキ

陸軍ノ暗号書
海陸軍協同作戦暗号書｝ヲ支那側ニ取ラレタリ。

其ノ後市内ニ散乱セルヲ発見、多数収容。

十二年八月二日

8-30A海、陸両軍ノ次官、軍務局長、海相官邸ニ参集シ、時局ニ関シ話合フ。其ノ結果陸軍ニテモ今ノ時機ニ時局収拾ノ希望アルコトヲ確メ、閣僚ノ会議ニテ話ヲ切出スコトトス。

二日閣議ノ席上、海軍大臣ヨリ陸軍大臣ニ対シ、時局ヲ何処ニテ収メントスル考ナルカヲ尋ネシニ、陸相ハ作戦上ノコトナレハト逃ケルヲ追ヒ、此問題ハ作戦以上ノコトナリ、長辛店、永定河ノ線、保定ノ線等如何ニヨリ支那ノ態度モ各国ノ態度ニモ差アラント云ヒ、陸相ハ保定ノ線位ト答ヘシニ対シ、時局ヲ速ニ平定スルニハ即今大捷ノ時機カ最良ナラン、裏面工作ニヨリテ日本ノ要求ノ過大ナラサルヲ知ラシメナバ、支那モ応スルコトアラント云ヒ、陸相モ裏面ヨリナレハ可ナルヘシト同意ス。

二日夜風見〔章〕書記官長、海相ヲ訪ネ、裏面工作促進ヲ打合ス。又、10hP堀内〔謙介〕外務次官ハ山本〔五十六〕次官ヲ訪ネ海軍ノ意向ヲ聞キ取リ、更ニ10-30Pヨリ梅津〔美治郎〕陸軍次官ヲ訪ネテ陸軍ノ意向ヲ聞キタル上、外相ニ報告スレハ外相立ツヘシト。

第5、6、10師団ノ輸送

第五師団（応急動員）、八月一日ヨリ宇品乗船、釜山へ上陸。

第六師団（応急動員）、八月二日ヨリ門司ニテ乗船、釜山へ上陸。

後続部隊ノ輸送終了、八月二十三日。

第十師団（動員）、神戸ニテ乗船、大沽及ヒ北塘へ上陸。

神州丸（陸軍特種船）ニテ艀舟等ヲ前日輸送ス。

八月　十日
　　　十一日
　　　十二日　｝各12隻
　　　十三日　5隻

八月十八日現地着ヲ最後トス。

十二年八月三日

二日朝ヨリ夜ニ亘ル海相、次官ノ陸、外ト話合ノ結果ヲ見、三日午前近藤一部長ヲ石原参謀本部一部長ニ派シ、各部ノ情勢ニ依リ陸軍ノ態度ヲ一致セシメ、陸相ヲシツカリ導クノ必要ヲ説キ努力ヲ求ム。石原ノ話ニ、永定河以東ヲ非武装地帯トシ、南京ノ治下ニ在ル特種政権ヲ作ル案ナレハ陸軍ハ収マルト。

三日午後外務大臣ハ海軍大臣ト会見シ、予メ陸海外三省主務者間ニ話合ノ条件ニ就キ打合セ、陸相ニ話ス。陸相ハ尚陸軍次官ニ話サレ度ト希望シ、外務次官ハ三日夕陸軍次官ト話ス。

四日四相会議ニ上程ノ上、内面工作ヲ行フコトトス（船津

〔辰一郎・在華日本紡績同業会総務理事〕ヲ用フ）。

条件

一、永定河以東（長辛店高地ヲ含ム）ヲ非武装地帯トス

一、冀察、冀東ヲ解消シ、日本ニ了解アル者ニ治メシム

一、日本陸軍ハ三千（陸相ハ五千希望）名以内トス

船津氏四日夕東京発、七日上海着。日高〔信六郎、在中国大使館参事官〕ニ高宗武〔国民政府外交部亜州司長〕ト話サシムルコトハ其後トス。

適時ニ議会ニ於テ陸相ヨリ『領土的野心ナキコト、冀東拡大ノ意ナキコト』ヲ声明ノ話アリ（行ハレズ）。

十二年八月六日

五日首相ヨリ時局収拾ニ関スルコトヲ奏上。陛下御嘉納アラセラレ、迅速ニ行フヘキコト、勝ツテヲル我国ヨリ話ヲ切出シヤルコトノ御言葉アリ。

漢口事態急迫ヲ感シ、五日夜ヨリ船舶部隊ハ戦闘準備ヲ完成シ、陸戦隊ハ戦闘警戒配備ニ就ク。

六日漢口下流ノ居留民ニ引揚ヲ命ジ、漢口ハ七日午後五時迄ニ鳳陽丸、信陽丸〔共に日清汽船〕ニ収容シ勢多〔砲艦〕、比良〔砲艦〕ニテ護衛シ上海ニ至ル（武穴ノ居留民ヲ収容）。

漢口陸戦隊ハ七日中ニ八重山〔敷設艦〕、栂〔駆逐艦〕、栗〔駆逐艦〕ニ収容シ、11S司令官〔谷本馬太郎〕之ヲ率ヒ、八日1hA発上海ニ至ル。

九江居留民ハ瑞陽丸〔日清汽船〕ニ収容シ熱海〔砲艦〕護送。

蕪湖、大冶居留民ハ襄陽丸〔日清汽船〕ニ収容シ鳥羽〔砲艦〕護送。

二見〔砲艦〕、保津〔砲艦〕ハ適時南京発上海ニ至ル（要スレハ洛陽丸〔日清汽船〕護送）。

安宅〔砲艦〕、堅田〔砲艦〕、蓮〔駆逐艦〕ハ上海待機。

漢口総領事代理〔松平忠久〕、重慶〔糟谷廉三〕、宜昌〔田中正一〕、長沙〔高井末彦・領事代理〕領事ハ後始末ノ為ニ漢口ニ残留。

先頭隊鳥羽八日6-30A鎮江通過。

殿《しんがり》隊八重山等九日7-0A全部通州以南ニ達ス（八日4-20A江陰通過）。

九日1hP全部上海着。

十二年八月七日

六日陸、海、外三相ニテ時局収拾案ノ内容ヲ討議ス。大体ノ原則ハ纏リ、細項ニ就キ陸軍ニテ種々注文アリ。長辛店、独流鎮ノ線ヲ希望（永定河ノ代リニ）、土肥原〔賢二〕・秦徳

純協定（昭和十年六月）ノ意味ヲ含マシムルコト等。
七日更ニ三相ニテ討議シ確定シ三相署名シ、其ノ要旨ヲ上海ノ船津ニ電ス、但シ要綱ノ(一)ヲ満州国承認又ハ満州国ヲ今後問題トセスト改メ打電ス。

第二連合航空隊
戦闘機2　京城
〃　6　平壌　ノ外全機周水子基地着七日（7hP）
第一連合航空隊　鹿屋隊　八日5hP台北着（中攻4　輸送機1　九日）
木更津隊　中攻20、輸送機1、大村着（八日0-30P）

六日ノ情報

中国銀行総裁呉俊陞ハ西（義顕）満鉄上海支店長ニ対シ、蒋介石ノ意ナリトテ何トカ平和的ニ本時局ヲ収拾シタク、満州国ヲ承認スルコトニテ妥結出来マシキヤト。

八月七日　陸、海、外三相議定調印文

一、停戦提議ハ支那側ヨリ持出サシムル様、外務省ニテ大至急裏面工作ヲナス。
二、時局収拾ノ条件ハ概ネ左ノ通トス。

（甲）非武装地帯ノ設定

第一案

(1)徳化、張北、龍門、延慶、門頭溝、涿州、固安、永清、信安、独流鎮、興農鎮、高沙嶺ヲ連ル線（線上ハ之ヲ含ム）ノ以東及以北地区ヲ非武装地帯トシ、右地域内ニハ支那軍ハ駐屯セサルモノトス。
右地域内ノ治安ハ保安隊ヲ以テ維持ス、該保安隊ノ人員及装備ニ関シテハ別ニ定ル所ニ依ル。

第二案

(2)宝昌、張北、龍門、延慶、門頭溝ヲ連ル線（線上ハ之ヲ含ム）ノ以東及以北並ニ之ト接続スル河北省内永定河及海河左岸（長辛店及付近高地並ニ天津周辺ヲ含ム）地区ヲ非武装地帯トスルコトニ同意ス（此場合ニ於テモ保安隊ノ件前項ニ同シ）。
(3)支那側カ非武装地帯ノ設定ニ付一定ノ期限ヲ付スルコトヲ条件トシテ、前記(1)若ハ(2)ヲ受諾スヘキ旨強ク主張スル場合ニハ、期限付ニ同意差支ナシ（但シ期限付ノ場合ニハ期限満了ト共ニ新ニ満支国境ニ沿フ地区ニ一定ノ線（例ヘハ長城ヨリ三〇粁）ヲ画シテ非武装地帯ヲ設定スルノ了解ヲ確立シ置クモノトス)。

(乙)帝国ノ許与シ得ル限度

(1)必要ニ応シ我方駐屯軍ノ兵数モ事変勃発当時ノ兵数ノ範囲内ニ於テ出来得ル限リ自発的ニ縮少〔小〕スルノ意向アル旨表示ス。

(2)塘沽停戦協定(之ニ準拠シ成立セル各種約束ヲ含ム、但シ北平申合ニ準拠セル各種申合、即チ(1)長城諸関門ノ接収(2)通車(3)設関(4)通郵(5)通空ハ解消セラレサルモノトス)。

土肥原・秦徳純協定及梅津・何応欽協定(昭和十年六月)ハ之ヲ解消ス(尤モ現ニ河北省内ニ進出シ居ル中央軍ハ省外ニ撤退スヘキコト勿論ナリトス)、但シ右非武装地帯内ノ排日抗日ノ取締及赤化防止ヲ厳ニスルコトヲ約セシム。

(3)冀察及冀東ヲ解消シ、南京政府ニ於テ任意右地域ノ行政ヲ行フコトニ同意ス。

但シ右地域ノ行政首脳者ハ日支融和ノ具現ニ適当ナル有力者タルコトヲ希望ス。

尚右ニ関連シ北支ニ於ル日支経済合作ノ趣旨ヲ協定ス、但シ日支平等ノ立場ニ立テル合併其他ニ依ル合作タルコト勿論ナリ(註、冀東ノ解消ハ差支ナシトノ肚ナルモ交渉ノ懸引ニ充分利用スル様考慮スヘキモノトス)。

(丙)以上(甲)及(乙)ニヨル停戦談ト同時ニ、又ハ引続キ従来ノ行懸リニ捉ハレサル日支国交調整ニ関スル交渉ヲ行フモノトス、其案ハ別ニ具ス。

備考

一、前記日支間停戦ノ話合成立シ、支那軍隊ノ非武装地帯外撤収及中央軍ノ河北省外撤退ヲ見タル上ハ、我軍ノ撤収ヲ開始スルモノトス(尤モ前記話合成立ト共ニ適宜我方撤収ノ意向ヲ声明ス)。

二、尚右停戦ノ話合成立シタルトキハ日支双方ニ於テ従来ノ行懸リヲ棄テ、真ニ両国ノ親善ヲ具現セントスル「ニユーデール」ニ入ルモノナルコトヲ声明スルモノトス。

八月六日　陸、海、外三相談合

日支国交全般的調整案要綱(十二年八月六日夕)

一、政治的方面

(一)支那ハ満州国ヲ今後問題トセストノ約束ヲ陰約ノ間ニ

ナスコト。

㈡日支間防共協定（非武装地帯内ノ防共ハ之ニ依リテ当然実現サルヘキモ、同地帯ニ関シテハ特ニ取締ヲ厳ニス）。

㈢停戦条件ニヨリ冀東、冀察ヲ解消セシムル外、日本ハ内蒙及綏遠方面ニ就テモ南京トノ間ニ話合シ、南京ヲシテ我方ノ正当ナル要望（概ネ前記（二）ニ包含セラル）ヲ容レシムルコトトシ、同方面ヨリ南京ノ勢力ヲ排除スルカ如キコトヲナサス。

㈣支那ハ全国ニ亘リ抗日排日ヲ厳ニ取締リ、邦交敦睦令ヲ徹底セシムルコト（非武装地帯内ノ排日抗日ニ関シ特ニ取締ヲ厳ニスヘキハ勿論ナリ）。

二、軍事的方面

㈠上海停戦協定ノ解消ハ支那側ヨリ強キ希望アリタル場合、掛〔駆〕引ニ十分利用シタル上之ニ同意ス。

㈡自由飛行ヲ廃止スルコト。

三、経済的方面

㈠特定品ノ関税率引下。

㈡冀東特殊貿易ノ当然ナル廃止並非武装地帯海面ニ於ル支那側密輸取締ノ自由恢復。

十二年八月九日

八日伊国大使〔Giacinto Auriti〕来訪、堀内次官ニ在伊ノ支那大使〔劉文島〕ヨリチアノ〔Galeazzo Ciano〕伊国外相ニ対シテ、支那ハ日本ト妥協シタク日本ノ要求ヲ知リタシ、支那ハ満州国ヲ承認シ其トノ間ニ中立地帯ヲ作ル意アリト申出テ、日本ハ第三国ノ介入ヲ喜ハサルコトハ承知スルモ好意的ニ御伝ヘスル旨申入アリ。

九日次ノ要旨ノ返事ヲ伊国大使ニ与フ。日本ノ出兵ハ自衛上止ムヲ得ス行フモノニシテ毫モ領土的野心等無シ、満州国ハ最モ重大視スル問題ナレハ、支那ノ高官ヨリ直接申入アレハ話ニ応スル意アリ。

九日6hP高宗武上海ニテ川越大使ヲ訪問。日本ノ腹ヲ大体読ミ十日南京ニ赴ク。㈠満州問題、㈡現地ノ安定法（主権ハ尊重）、㈢国交ノ親善、ニ関シ抽象的文句ニテ話ス。

之ヨリ先七日夕高宗武カ日高トノ会談ニテ、高宗武ノ私案トシテ㈠満州国ヲ承認シ、㈡日本ハ北支ヲ返シ、㈢排日根絶、ヲ話ス。

九日高宗武ハ川越訪問ノ前ニ船津ニ会見シタルモ、川越ノ指示ニヨリ船津ハ日本ノ腹ヲ一切話サズ、日本ノ決意ノ大ナルヲ話シ、蔣ノ決意ヲ促ス。

十二年八月十日

上海事件

九日夕上海虹橋飛行場前ノエキステンションロード上ニテ特陸〔上海特別陸戦隊〕ノ大山勇夫〔第一大隊第一中隊長〕中尉ハ支那保安隊ニ殺サル。

3F長官〔長谷川清〕ハ佐世保ニテ待機中ノ8S、1Sd、特陸二大隊ニ即時待機ヲ令ス（2-30A、整備）。

中央ヨリ特陸二大隊ハ大海機密第十号ニ依リ現地ニ進出サレ差支ナキ旨為念電ス、1hP3Fヨリ8S等ニ進発下ル。

陸軍派兵ニ関シ参謀本部ト打合セ。

大臣ニ本日ノ閣議ニテ動員下令ヲ提議サル、件ハ現地ヨリノ情況報告不充分ニテ決定ニ至ラズ。閣議ニテハ大臣ヨリ『兼々申上アル通リ、上海ノ事態悪化スレハ陸軍ノ派遣ヲ必要トスヘシ』ト申入シ程度ニテ陸、外相ヨリハ提議ナシ。

上海

上海ハ支那側カ停戦協定ヲ無視シテ「トーチカ」其他ノ軍事施設ヲ行ヒ兵力ヲ増加シアリ、此侭ニテ事態収ラバ此等軍事施設ハ公認セラレタルモノトシ、居留地ノ周囲ニ之ヲ行ヒ居留民ハ不安ニ脅ヘ、且海軍ト市政府トハ敵視ヲ続ルコトトナル、故ニ速ニ此等停戦協定違反事項ハ之ヲ是正セシムルノ要アリ。

停戦協定遵守ヲ容認セサレハ兵力行使止ムヲ得サルヘシ。

十二年八月十一日

陸用爆弾

60瓩〔キログラム〕陸用爆弾ヲ月額１５０００個製造

一、信管製造

二、爆薬　〃。爆薬部ノ施設充実ト由良染料、三池染料ニ増産計画ヲ促進ス。

三、弾体、発火装置製造。１２０００個ヲ海軍工作庁、３０００個ヲ民間工場ニテ製造。

四、炸塡能力拡充。横〔横須賀〕、呉ノ炸塡能力ヲ拡充シ、爆薬部ト合シテ月額１５０００個トス。

五、所要材料。爆弾２００００個分ノ所要材料及関連仮設物ヲ装備ス。

（備考）一、月額１５０００個製造ノ場合ハ、砲用等ノ製造艦艇ハ建造ニ相当大ナル支障ヲ生ス。

二、爆薬ハ下瀬ノミヲ以テ所要量ヲ充スコト困難ニシテ、状況ニヨリ九一式若ハ八八式爆薬ヲモ使用ノ止ムナキ場合アルヘシ。

全経費　3、597、400円

総長殿下ヨリ大臣へ御申入。上海ノ事態急迫シ支那ハ停戦協定ヲ蹂躙シテ軍事施設ヲ着々行ヒ兵力増強シ、居留民ハ不安ニ脅ヘアリ、之ニ対シ時機ヲ遅レサル様ニ居留民保護ノ為ニ陸軍ヲ派兵ヲ必要トシ、今ヤ其ノ時機ニ達シ居ルモノト認ムトノ御言葉アリ。大臣ハ支那ニテ停戦協定蹂躙ノ事実ヲ確カメ、名分ヲ立テ、派兵ノコトニ致スヘク奉答ス。

十四日長崎発ニテ、上海出兵軍ノ参謀予定者西原〔一策・参謀本部第四部第十課兼第十一課長〕騎兵大佐、第十一師団参謀一田《カツ〔イチタ〕》〔次郎〕中佐、3Fト打合ノ為上海ニ赴ク。

上海特陸ニ赴任ノ藤田〔利三郎・軍令部出仕兼部員、第三艦隊司令部付〕大佐モ同行ス、ノ予定ナリシガ、十二日ノ事態ニ鑑ミ十三日朝飛行機ニテ佐世保ニ赴キ、同日夕佐世保ヨリ駆逐艦ニテ上海ニ赴ク。第三師団参謀、参謀本部員モ同行ス。

臨参命第七十二号

命令

一、支那駐屯軍司令官〔香月清司〕ハ適時有力ナル兵団ヲ以テ概ネ張家口以東ノ支那軍ヲ掃滅スヘシ

二、関東軍司令官〔植田謙吉〕ハ所要ノ部隊ヲ以テ熱河省及内蒙古方面ヨリ前記ノ作戦ヲ容易ナラシムヘシ

三、支那駐屯軍司令官ハ右ノ作戦ノ為所要ニ応シ其指揮下ニ在ル関東軍司令官隷下部隊ノ一部ヲ関東軍司令官ノ指揮下ニ復セシムルコトヲ得

四、細項ハ参謀総長ヲシテ指示セシム

昭和十二年八月九日

奉勅伝宣　参謀総長　載仁親王

指示

臨参命第七十二号ニ基キ左ノ如ク指示ス

支那駐屯軍司令官ハ其指揮下ニアル関東軍飛行部隊ノ一部及混成第二旅団ヲ爾今関東軍司令官ノ指揮ニ復帰セシムヘシ

昭和十二年八月十二日　参謀総長

十二年八月十二日

5-37P着ノ3F長官ノ緊急電ニテ『陸軍出兵ノ促進』ヲ申来ル。

情況急迫ニヨリ9hP首相邸ニ海、陸、外相参集シ、海相ヨリ上海ノ情況ヲ報告シ陸軍派兵ヲ提議シ、各相止ムヲ得ストシテ内定シ、明十三日9hA閣議ニテ正式ニ決定ノコトトス。

10-30P仰允裁。3F長官ニ奉勅命令。2Sfヲ3F長官ノ指揮ヲ受ケシムル件、之ト3F長官ニ対シ総長指示トヲ打電ス。

御言葉（仰允裁ノ時侍従武官ニ）。モウコウナツタラ止ムヲ得ンダラウナ、軍令部モソウ思ツテヤツテルノダラウ、斯クナリテハ外交ニテ収ルコトハムヅカシイ。

南京ノ英〔Hughe M. Knatchbull-Hugessen〕、米〔Nelson T. Johnson〕、独〔Oskar P. Trautmann〕、仏〔Paul E. Maggiar〕、伊〔Giuliano Cora〕大使ヨリ、十一日8-30P日支両国ノ上海付近ニ於ル戦闘ヲ避ルコトヲ申入来リシニ対シ、次ノ如ク回答ス。

　支那側ニシテ停戦協定確守ヲ基礎条件トシ差当リ正規軍及武装保安隊ヲ戦闘距離外ニ撤去シ軍事施設ヲ解毀セハ我ハ陸戦隊ノ配備ヲ常態トスルニ同意ス（十二日夜半回訓）。

　停戦協定ヲ確守スレハ増遣兵力ヲ復ス。

十二年八月十三日

10-35A同盟電。9-15A陸戦隊西方ニ銃声起ル、爾後各所ニテ小戦闘。

　9hA40mヨリ閣議。上海ノ事態斯クナル上ハ止ムナシトシ上海ニ陸軍派兵ニ決ス、其ノ兵力及時機ハ海陸両統帥部ニ一任ノコトトス。

両統帥部協議ノ結果、左ノ通定ム。

第三、第十一師団及付属諸部隊

軍司令部

　3Dノ先遣隊　熱田乗船　　　動員第四、五日

11Dノ先遣隊　多度津、丸亀乗船　　〃

上陸地　　劉河鎮（11D）及呉淞付近

青島方面

独立第十四師団

A（天谷〔直次郎・歩兵第十旅団長〕）支隊（第十一師団ノ旅団司令部、歩兵一連隊三大隊、山砲一大隊、工兵二小隊ヲ基幹トス、情況許ス限リ速ニ上海方面ニ転用ス）

十二年八月十四日

8-30A閣議。青島方面へ派兵ノ準備トシテ大連ニ待機ヲ決ス。

11-0A敵爆撃機十数機8S、公大方面ヲ爆撃、被害ナシ。

11-23A敵爆撃機四機出雲ヲ爆撃、被害ナシ。

三日以前沖縄西方ヲ通過シタル低気圧停滞シ、昨今両日馬鞍群島付近荒天ニシテ飛行不適。

11-30A3F長官ハ8S、1Sd、出雲飛行機ニ虹橋爆撃ヲ命ジ、出雲機進発（呉淞沖ノ8S等波高ク不適）、次テ第一連合航空隊ニ杭州、広徳ノ〔渡洋〕爆撃ヲ命シ、1hP2Sfニ進発シ得レハ虹橋、杭州、蘇州（若シ目標ヲ発見シ得サレハ江湾及其東方ノ敵部隊）攻撃ヲ命ス。

一連合航空隊（十四日）

2-50P18機台北発、悪天候ヲ冒シ

6-30P頃　9機筧橋及喬司ヲ ｝爆撃
7-40P頃　9機広徳　　　ヲ ｝

成果　筧橋 ｝　　　　｛1
　　　喬司 ｝格納庫 ｛1庫外⋎十数機ヲ爆破
　　　広徳 ｝　　　　｛2

11-0P
15機帰
一基〔機〕基隆ニ
着（弾痕70）
二基〔機〕帰ラズ

空中戦闘ニヨリ戦闘機4ヲ撃墜　—

出雲、川内〔軽巡洋艦〕機（十四日）。2-24P虹橋飛行場ヲ爆撃、5hP敵ノースロップ、ホーク各一ヲ撃墜。出雲射撃ニヨリノースロップ一ヲ撃墜セル如シ。

閣議。十四日10-30Pヨリ十五日1hA。

海相ヨリ上海ノ事態ヲ説明シ、斯クナル上ハ事態不拡大主義ハ消滅シ、北支事変ハ日支事変トナリタリトシ、三省当局ニテ立案シアリシ政府声明ニ手ヲ入レ可決。

外相広田ハ依然不拡大ノ考ヲ述ヘ、声明モ必要ナシト述ヘ、海相之ヲ論駁シ、外相ヨリ国防方針ヲ承リ度ト云ヒ、海相ハ国防方針ハ当面ノ敵ヲ速ニ撃滅スルニ在リト。蔵相ハ経費ノ点ヨリ渋リアリタリ。

海相ヨリ陸相へ日支全面作戦トナリシ上ハ南京ヲ打ツガ当然ナリ、兵力行使上ノコトハアランモ主義トシテ斯クアラズヤト云ヒ、陸相ハ参謀本部ト良ク話スヘキモ、対蘇ノ考慮モアリ多数兵力ハ用ヒ得ス、実施シ得サルコトハ主義トシテモ認メ得ズト。

上海現地ノ救恤医療ノコトヲ決ス。

大詔喚〔渙〕発ノ議アリシモ、決スルニ至ラズ。

十二年八月十五日

海軍大臣へ優渥ナル御言葉ヲ賜ハル。

八月十五日時局ニ関スル奏上ノ後、陛下ヨリ左ノ優渥ナル御言葉アリタリ。

『従来ノ海軍ノ態度、ヤリ方ニ対シテハ充分信頼ヲシテ居ツタ、尚ホ此上共感情ニ走ラズ克ク大局ニ著〔着〕眼シ誤ノナイ様ニシテモライタイ。』

空中攻撃

第一連合航空隊台北隊十四機、7-20A台北発南昌攻撃、目的地付近豪雨ニテ分離八機ハ爆撃（250吉弾16）2-50P全機帰着。

成果：旧飛行場大格納庫2、指揮所、研究所及ヒ庫外中型機5、6機爆破。新飛行場大格納庫1、庫外丫3爆破。

同木更津隊二十機（爆弾250吉32個投下）、9-20A大村発南京攻撃、支那沿岸台風ノ影響大ニシテNW風10m小雨、雲高低ク視界不良、各隊分離シ南京航空基地ヲ爆撃、9-15P迄ニ16機済州島着。

成果：南京城内外ノ基地ヲ高度500mニテ爆撃。格納庫3爆破（内2延焼）庫外丫約8爆破。南京上空、蘇州付近上空ニテ敵機ト交戦、9ヲ撃墜。被害、南京地上銃火ニテ火災ヲ起シ墜落4。一機ハ左発動機ヲ射タレ右舷機ニテ9-15P帰着。

二航戦〔第二航空戦隊〕、舟山叢〔群〕島南方海面荒天ト闘ヒ発進。九六式艦攻13、八九式艦攻16、九四式艦爆16。艦爆16ハ9hA喬司、紹興飛行場爆撃、地上ニアリシ丫6ヲ破壊、格納庫ニ損害ヲ与フ。

艦攻16ハ8-40A筧橋飛行場及付近ヲ爆撃シ、飛行場及格納庫ニ損害ヲ与フ。戦ト空中戦闘ノ結果9機ヲ撃墜。南京爆撃ハ密雲ノ為目的ヲ達セズ。被害、八九式艦攻2杭州湾ニ不時着。外ニ八九式艦攻6、艦爆2ヲ失フ。

神威〔水上機母艦〕隊水偵9、3hP発進、杭州爆撃、6-30P帰着。格納庫4、戦闘機1爆破。

十六日2hP総長殿下今朝迄ノ上海方面戦況ヲ奏上セラル。

（敵信傍受）

十五日11hA敵轟炸機6、駆逐機十余機……南昌二十余回投弾ス、新機場及老特務機関房ハ縮旧機事務所ノ一二三棟新生舎ハ何レモ爆撃損害ヲ蒙リ〇〇中隊ノ機銃亦破壊セラル、十六日2hA

十二年八月十六日

上海ノ陸戦隊ハ連日無休ノ奮闘ヲ続ケ、3F参謀長〔杉山六蔵〕ヨリ二ケ大隊増派ノ申入アリ、直ニ発令、佐世保ニテ編成シ明十七日夜摂津ニテ輸送、18k。

第一航空戦隊

連日ノ荒天ニ飛行不能ナリシカ、十六日初テ活躍ヲ開始。

(1)龍驤〔航空母艦〕、九六式艦攻3、九四式艦爆12、4-15A発進。5-40A頃嘉興上空ニ達シ飛行場ヲ捜シタルモ、容易ニ発見シ得サル間ニ驟雨ニ遇ヒ各隊分離シ、其ノ中艦爆6ハ6hA飛行場発見シ大、小飛行機約20カ将ニ離陸セントスルヲ雨中ニ爆撃シ、敵8ヲ破壊ス。敵戦闘機ト交戦シ2機ヲ撃墜ス。虹橋、龍華、崑山付近鉄路ヲ爆破、10h-5A全部帰艦。

鳳翔〔航空母艦〕、九二式艦攻6機、4-15A発進。6-40A龍華ヲ経テ虹橋ヲ攻撃、大格納庫一、兵舎・小建物粉砕、庫外ノ⋎2ヲ爆破。8-40A全機無事帰艦。

(2)鳳、艦攻6、10-30A発、江湾及大場鎮砲兵陣地爆撃。

龍、艦爆12、11hA発、艦攻3正午発、崑山鉄橋爆撃、大場鎮南東方砲兵陣地爆撃。

(3)龍、艦爆12、4-30P発、艦攻3、5-30P発、鳳、艦攻6、5-0P発、何レモ敵砲兵陣地攻撃。8hP全機収容、異状ナシ。

第二航空戦隊

八九式艦攻7、艦戦6ハ7-45A発、江湾敵陣地ヲ爆撃、艦戦ハ空中戦ニテ敵ダグラス2、コルセア1、計3ヲ撃墜ス。

九六式艦攻12、艦爆11ハ7-10A発、南翔及江湾ノ敵陣地ヲ爆撃。

第一連合航空隊（台北隊）6機10-50A句容ヲ爆撃、戦闘機12ヲ爆撃同11ヲ撃墜、6機0-30P揚州ヲ爆撃、庫外⋎大3、小6爆撃、戦闘機2撃墜、台北ニ8、済州島ニ1帰着。

上海へ再ヒ増派。9-30P頃着電ニテ3F参謀長ヨリ本日ノ激戦ノ模様ニ依リ更ニ増兵必要ノ申入アリ、陸軍ノ活動開始迄尚相当ノ時日アルニ鑑ミ、又青島ハ若干ノ予備アルヲ以テ差当リ急速旅順ニ待機中ノ〔青島ニ対シテ待機〕二ケ大隊ヲ派遣ノコトトシ発令。

GF長官〔永野修身〕ヨリ十七日2hA、2F長官〔吉田善吾〕ヨリ同日4hA発令アリ、4Sd（11dg欠）ト長鯨〔潜水母艦〕トニテ急送、7hA旅順発、十八日朝〔長鯨ハ夕刻上海方面着。

馬鞍島方面占領。

十六日3hP花鳥山、陳銭山、大榴山島ノ無電局ヲ占領。

十七日泗礁山及ヒ金鶏山頂ヲ占領。

十八日6hA器材ノ揚陸開始。

臨参命第七十三号
命令
一、上海派遣軍（編組別紙ノ如シ）ヲ上海ニ派遣ス
二、上海派遣軍司令官〔松井石根〕ハ海軍ト協力シテ上海付近ノ敵ヲ掃滅シ上海並其北方地区ノ要線ヲ占領シ帝国臣民ヲ保護スヘシ
三、……
四、支那駐屯軍司令官ハ臨時航空兵団ヨリ独立飛行第六中隊ヲ上海付近ニ派遣シテ上海派遣軍司令官ノ隷下ニ入ラシムヘシ
五、……
六、細項ニ関シテハ参謀総長ヲシテ指示セシム
昭和十二年八月十五日
奉勅伝宣　参謀総長　載仁親王

御言葉
十六日午後総長殿下拝謁、戦況奏上終リテ陛下ヨリ、険悪ナル天候ヲ冒シテ美事ナル攻撃ヲ行ヒ満足ニ思フ御言葉ヲ拝サル（伝達ス）。誠ニ感激ノ至ニ堪ヘズ。

尚上海其ノ他犠牲者ハ誠ニ気ノ毒ナルモ止ムヲ得サルヘシトノ御話アラセラレ、殿下ヨリ、戦闘ニテ敵ニ大損害ヲ与ル為我ニ若干ノ犠牲ハ免レ難ク、今後モ若干生シ候ヘシ、上海ニ陸軍到着迄ニ海軍ニテ増兵モ致シ最善ノ努力ヲ以テ苦戦ナガラ維持シ得ル旨申上ラル。

又南京ニハ大公使館モアレハ爆撃ニ注意ヲ要スヘキ御話アリシニ対シ、殿下ヨリ海軍ノ者ハ此点ハ充分ニ注意シ居リ、過誤ノ外ハ万間違ナキ旨申上ラル。

総長殿下、十七日午前九時明治神宮ニ参拝アラセラル。

陸軍部隊輸送
第三師団先遣部隊（二十日正午出港）。二十二日0hA着、5S、2Sd、摩耶〔重巡洋艦〕、大巡各600名、神通〔軽巡洋艦〕400、駆各60名。

第十一師団先遣部隊。二十二日2hA着、9S、五十鈴〔軽巡洋艦〕、大井〔軽巡洋艦〕、沖島〔敷設艦〕、厳島〔敷設艦〕、24dg、青葉〔重巡洋艦〕、衣笠〔重巡洋艦〕。

9S司令官〔小林宗之助〕ハ本輸送掩護ニ関シ派遣陸軍其ノ他ト協定ヲナシ置クヘシ、且此等部隊ヲ区処スヘシ。

木更津隊9機、5-0P発、南京ヲ爆撃目標トシタルモ天候不良ノ為ニ目標ヲ蘇州トシ爆撃（8-5P）。此ノ中一機ハ十七日5-50A全羅南道ニ不時着、人員無事、二機ハ十七日1-40A大村着。成果Y大型1、敵1砲台、小燃料庫ヲ認メ爆撃（250吉18）。

陸戦隊主力方面。3hA頃ヨリ北部突角ニ敵約二ケ旅ノ攻撃アリ、砲弾ニヨリ第一線陣地二ケ所破壊セラレ陣地ノ一部ヲ失ヒタルモ、直ニ予備隊ヲ以テ逆襲シ、10hA頃陣地北方ニ撃退ス。

9-50P頃出雲、敵高速艇ノ雷撃ヲ受ケシモ命中セズ、領事館岸壁ニ当ル。

敵ノ十六日中ノ損害。空戦ニヨル撃墜約16、爆撃ニヨリ撃破約34、其ノ他格納庫、飛行場ニモ損害ヲ与フ。

3F長官ノ決心

㈠陸上作戦ハ今ヤ相当ノ困難ニ面シアルモ依然防禦ヲ堅クシ現地区ヲ確保ス。

㈡航空作戦ハ大半ヲ以テ尚敵空軍主要基地ヲ掃蕩シ、爾余ヲ以テ上海外廓ノ陸上作戦ニ直接協力、特ニ其ノ交通線及砲兵陣地ヲ破砕ス。

十二年八月十七日

本日ノ閣議ニテ事件不拡大方針ハ自然消滅ノコトニ了解ス。

第一航空戦隊

SE風強ク浪濤大ニシテ午前ノ大部ハ飛行不能。

(1)11-15A鳳、艦攻6発進、密雲ヲ冒シ江湾及浦東ノ敵砲兵陣地ヲ爆撃（250吉弾使用）。

(2)3-50P龍、艦攻3、艦爆11発進、商務印書館、同付近ヲ爆撃（250吉弾7以上命中）、北停車場付近ヲ爆撃。

(3)鳳、艦攻6、3-40P発、4-30Pヨリ5-15P北停車場西方ノ列車砲及ヒ商務印書館（中央ニ命中）ヲ爆破、北停車場ノ格納庫及ヒ付近線路粉砕。艦攻1出雲付近ニ不時着、人員無事。

第二航空戦隊

(1)9hA余山ノ60°50浬ニ進出、飛行隊ヲ進発。八九式艦攻7、上海、浦東上空低雲濛気ノ為敵陣地ヲ発見シ得ズ、10-8A羅店鎮ト思ハシキ地ニ爆撃、艦戦4ハ江湾上空ニテ10-3A及ヒ10-10A敵ホーク型戦闘機各3ト交戦、其ノ2ヲ撃墜、11-10帰艦。

(2)九六式艦攻8、海門ヲ偵察、密雲多ク目的ヲ達セズ、南通飛行場爆撃、艦爆7ハ無錫、常州間ノ鉄路爆撃。

第一連合航空隊

台北隊、7-20A偵察隊二隊（各二機編制）ハ悪天候ノ為辛フシテ呉興ヲ偵察シ得タルノミ、帰途海寧飛行場ニ丫大4ヲ発見爆撃、2hP帰投。

木更津隊

11-10A11機発進、8機ハ蚌埠ヲ爆撃、大格納庫一ヲ爆破延焼、庫外丫3ヲ爆破、飛行場ヲ当分使用不能ニ爆破（250吉8）、6-10P帰投。

3機ハ淮陰ヲ爆撃、丫1、倉庫1ヲ爆破（格納庫無シ）、5-40P帰投、何レモ無事。

陸戦

10hA頃ヨリ敵攻撃重点ヲ公大方面ニ指向シ来ル、我ハ居留民ヲ虹口地区ニ収容、虹口及之ニ接続スル現陣地線ヲ確保ス、1Sd、3Sd、11Sノ一部ハ之カ掩護ニ任ス。

浦東側ニ重砲ヲ有スル敵約一旅進出シ、時々江上及ヒ揚樹浦方面ヲ射撃ス、我ハ此ノ砲兵陣地ヲ数次爆撃及ヒ砲撃ス。

十二年八月十八日

御下問

十八日午後総長殿下戦況奏上ノ後、改マラル、コトナク次ノ御下問アリ。

今度ノ事変ハ北支ノミナリシガ、上海ニモ事起リ将来ハ或ハ又青島ニモ事起ルヤモ知レズ、アチコチト拡大スルコトハ万事困ルコトニナル。何トカ早ク目的ヲ達シ事態収拾ノ要アリ、北支、上海両方デナク、一先ヅ一方ニ主力ヲ注ギ打撃ヲ与ヘタ上平和条件ヲ出スカ、先方ヨリ出サス。作戦上如何ニスルカ可ナルカ。

之ニ対シ殿下ヨリ、此事ハ海陸軍両方ニ関係アルコトナレハ今直ニ速答ハ出来申サズ、何レ両統帥部ニテ協議ノ上奉答申上ント奉答ス。

尚殿下ヨリ、一日モ速ニ収ルコトガ必要ニシテ、財政上ノ負担大ニシテ陸軍ノ五年計画、海軍ノ第三次計画ニモ影響アルノミナラズ経済上ニ妨害多シ、支那ヨリ償金ノ取レル当モナク長引クコトハ不利。尚中支那方面ニテハ海軍ハ江岸、沿岸ニテ助力シ航空兵力ニヨリテ協力スルモ、主体ハ陸軍作戦ナレハ陸軍ノ考ヲ篤ト承知シテ研究致ベシト申上グ。

尚陛下ヨリ、政府ニモ速ニ収拾ノ必要ヲ述ヘヨ（近衛ニハ申スモ）ト仰ラレ、大臣ニ申ヘキ旨奉答ス。

一航戦

龍、4-0A艦攻3、艦爆12発進、大〔太〕倉付近捜索セシモ十浬圏内飛行場ヲ認メズ、江湾・大場鎮付近敵砲兵陣地爆撃。

11-15A艦攻2、艦爆12、戦4発進、市政府・公大ニ至ル敵砲兵及機銃陣地ヲ爆撃銃撃ス。

4-15P艦爆6発進、特〔持〕志大学ヲ爆撃粉砕ス。

二航戦

8-10A余山ノ75°50′ニ進出、九六式艦攻11、艦爆9ハ閔行一帯ニ飛行場ヲ認メズ、虹橋・龍華ニ敵機ナシ、楊家屯・柯橋一帯爆撃。

八九式艦攻6、戦4ハ公大前面ノ敵陣地偵察、9-40A楊家屯一帯・遠東競馬場北方ノ敵陣地ヲ爆撃。本日戦場一帯ニ敵機ヲ見ズ。

3-25P余山東方60′ヨリ九六式艦攻6、艦爆4、八九式艦攻6、艦爆2発進、大場鎮ノ陣地爆撃。艦爆2ハ4-50P南翔ヲ爆撃。

一連空隊

鹿屋（台北）隊、6-40A6機、11-10A4機台北発進、淞滬鉄道松江西方ノ鉄橋爆破。

神威、特〔持〕志大学北方ノ敵野砲陣地、江湾ノ機銃陣地、真茹保安隊本部爆撃。

十八日ノ3F長官ノ戦闘概報（要旨）

一、昨夜来予想セル襲撃ナク、戦線一般ニ平静変化ナシ、本日午前増援部隊（四水戦ニ便乗）ノ上陸ニ依リ公大部隊概ネ前日ノ線迄進出、東部租界ヲ確保ス。

二、艦船ハ浦東側、楊樹浦及呉淞ノ敵ニ対シ緩除〔徐〕ナル射撃ニ依リ制圧ス。

三、航空部隊ハ殆ト全力ヲ挙ケテ陸戦正面ノ戦闘ニ協力シ敵ヲ沈黙セシム、1hP敵飛行機6来襲セルモ害ナシ。

木更津隊（済州島）

先ツ7機、次テ6機蓖〔崑〕山鉄橋爆撃。第一次ハ命中不良、枕木ノ飛散セルヲ認メタルノミ。第二次ハ鉄橋中央ニ二弾命中、二線共ニ切断、西側ヨリ約十米水面ニ垂下ス。

一航戦

鳳翔、攻5、10hA北停車場、商務印書館付近ノ敵陣地ヲ爆撃、攻6、2-40P発、嘉定付近主要路、崑〔崐〕山東方五浬ノ大鉄橋（完全ニ爆破ス）、真茹電信所、市政府及ヒ其ノ西方五叉〔差〕路、南翔付近ノ軍需貨物自動車群爆撃、戦闘機一直3機ヲ以テ8-30Aヨリ4-45P迄租界上空ヲ直衛、傍ラ付近敵要点ヲ爆撃。

7hP龍驤、攻2、爆6機、8-45P鳳翔、攻4発進、真茹、南翔、大場鎮ヲ爆撃。

十二年八月十九日

青島作戦ニ関スル談合

十九日午後福留〔繁〕一課長ハ参謀本部武藤〔章〕三課長ト談合シ、左ノ通一致ス。

一、上海目下ノ戦況ニ鑑ミ青島ハ今暫ク刺激ヲ与ヘサル如クシ、上海ニテ陸軍ノ作戦ニ目鼻付キタル時空母一隻位ヲ割キ得ルニ至リテ作戦ス。

一、作戦ノ開始ハ2F長官ニ任ス。A支隊ハ2F長官所要ノ地ニ待機セシム。

一、14Dノ進出ハ之ニ合致セシムル如ク促進ス。

武藤大佐ノ話

一、上海作戦二ケ師団ニテ進捗セサル場合ニモ、14Dヲ之ニ廻スコトハナシ。直ニ注ギ込ミテモ効少ケレハナリ。

一、上海及南口方面作戦ノ為ニ新タニ四ケ師団ノ動員ヲ行フ、南口ニ三ケ師団ヲ充ツ。

一航戦

龍、攻2、爆6、4-30A発進、6-20A嘉興飛行場ニ達シ敵⋎ヲ見ズ、建物三棟ヲ爆破、同市街及軍用列車ヲ爆撃。

鳳、攻6、8-30A発進、南翔ニテ軍用列車及橋梁ヲ爆撃、真茹曁南大学ヲ爆撃。

龍、爆4、戦4発進、9-30A発進、曁南大学ヲ爆破。

鳳、戦3（花本大尉指揮）、0-20P余山島ノ西方五浬付近ニテ敵ノースロップ一機ト交戦、之ヲ撃墜ス、攻6ハ1-15P発、市政府北西方砲兵陣地及〔松〕江クリーク陣地ヲ爆撃。

龍、攻2、爆4、戦4ハ1-35P発、復旦大学ヲ爆撃。

鳳、攻6、4-26P発進、浦東敵砲兵陣地及陰行鎮敵砲兵陣地ヲ爆撃。

二航戦

(1)八九攻6、爆5、8-20A余山ノ東北約30′ヨリ発進、復旦大学、菎〔崑〕山鉄橋爆撃(橋ニ命中ナシ)。

(2)九六攻4、爆4、10-30A発進、江陰ヲ爆撃、敵ホーク型戦12機ト遭遇シタルモ敵ハ南京方面ニ避退ス。

(3)九六攻6、爆2、4-0P発進、松江鉄橋爆破、直撃四発、橋梁ノ変形大。

一連空隊

台北隊8機、10-15A発進、1-30P南京火薬廠及兵器廠ヲ爆破(高度四千)、火薬廠全弾10(250吉)命中、全部火災ヲ起ス、5-0P七機帰着、一機ハ爆撃後ニ不明。

木更津隊南京攻撃、14機、4-0P発進、8hP九機ハ軍官学校、五機ハ国民政府ヲ爆撃、11hP帰着。軍官学校諸建物ニ10発命中、各所ニ火災起ル。国民政府、参謀本部ニ7発命中、猛烈ニ火災起ル。爆撃高度三千米、投下弾250吉28個。

一航戦薄暮杭州攻撃

龍、攻2、爆8ヲ6-10P発進、7-45P杭州格納庫其ノ他諸施設ヲ爆撃。中央大格納庫二棟ハ直ニ火ヲ発シ、火勢猛烈ナリシ情況ヨリ見テ相当多数飛行機格納シアリシト認ム。中央及北側格納庫(四棟)、工廠飛行機製作廠ニ直撃ス(南側格納庫2ハ既ニ破壊)。

22空隊

3機、7-45A発進、江湾陣地ヲ爆撃。3機、9-45A発進、日本人墓地至近ノ敵陣爆撃。上海市ノ上空、出雲ヲ警戒。

十二年八月二十日

御下問奉答要旨(案)

支那ヲシテ戦意ヲ喪失セシメ抗日戦争継続ノ不利ヲ痛感スルニ至ラシムヘキ手段ヲ講シタル後、最モ公明正大ニシテ求ル所少キ条件ヲ以テ和平ノ局ヲ結フ如ク施策ス。

支那ヲシテ戦意ヲ喪失セシムヘキ諸方策ニ関シ考フヘキ所左ノ如シ、

一、早期ニ目的ヲ達成スル為目下最モ期待シ得ヘキ手段ハ、海軍航空兵力ヲ以テ敵国軍隊ノ白眉トスル航空兵力ヲ覆滅シ且重要ナル軍事施設、軍需工業中心地及政治中心等ヲ反復攻撃シテ敵国軍隊並ニ国民ノ戦意ヲ喪失セシムルニアリ、之カ為速ニ上海付近ニ陸上航空基地ノ獲得ヲ要ス。

二、右ニ拠リ必スシモ目的ノ達成ヲ期スルコト難カルヘク、従テ戦局相当長期ニ亘ルノ覚悟ノ下ニ次ノ諸方策ヲ継続、若ハ新ニ実施スルヲ要ス。

(一)北支ニ於テハ平津地方及其付近ノ安定確保ニ必要ナル主要地ヲ占拠スルト共ニ、我ニ向テ攻勢ヲ企図スル支那中央軍ニ打撃ヲ与ヘテ抗日ノ自尊心ヲ喪失セシム。

註　南京ニ対シ陸軍部隊ヲ指向シテ行フ作戦ハ相当大ナル兵力ヲ以テ長時日ヲ要シ、而モ水田乾涸セル季節ナルヲ要ス。

(二)上海ヲ確保シテ其経済的中心タルノ機能ヲ喪失セシム。

(三)適当ナル時機ニ支那沿岸ノ封鎖ヲ断行シ以テ支那国民並ニ軍隊ノ生存ヲ脅威シ、且対外経済活動ヲ封止ス。

閣議。青島方面ノ派兵ニ就テ。

「陸相」青島方面必要ノ際ハ海軍ト協議シテ陸軍兵力ヲ派遣スルコトトス。

「海相」大局ノ作戦上ヨリ青島ニ陸兵ヲ揚陸スルヲ必要トスルナラ、此ハ別個ノ問題ナリ。単ニ現地保護ノ見地ヨリセハ、目下ノ情況ニテハ青島ニハ陸戦隊ヲ成ヘク揚陸セシメタクナシ。但シ情況止ムヲ得サルニ至レハ揚陸セシムルコトニ了解アリ度。

一航戦

龍、爆6、8-5A発進、江南兵工廠爆撃、工場ノ一部破壊、一部火災。

鳳、攻6、8-30A発進、大場鎮、江湾鎮方面陣地爆撃、江南造船所本部、飛行機製造所等ニ250吉4、30吉8ノ直撃ヲ与ヘ火災ヲ起サシム。1-0P攻5発進、江湾、大場鎮、真茹方面ノ敵陣地爆撃。

龍、爆4、10-40A発進、江湾砲兵陣地爆撃。攻2、10-40A発進、寧波付近飛行場偵察、敵機ヲ見ズ。爆4、1-40P発進、江湾砲兵陣地及ヒ道路上ノ装甲自動車ヲ爆撃。攻2、4-35P発進、江湾砲兵陣地等爆撃。戦4、11hAヨリ2hP泗礁山泊地上空警戒、敵ヲ見ズ。

鳳、戦一直三機、8-30Aヨリ夕刻迄租界上空警戒。

二航戦

(1)九六攻8、爆8、7-0A発進、9hA広徳飛行場爆撃、10-45A、無事帰投。敵戦闘機ノ地上滑走ヲ認メ爆撃シ四ヲ撃墜、大格納庫ニ六発命中、庫前ノ四機ヲ破壊。
(2)八九攻6、8-25A発進、江湾西方砲兵陣地爆撃。
(3)九六攻4、9-55A発進、特《(持)》志大学西方ノ敵陣地及ヒ江湾西方ノ砲兵陣地ニ250吉4ヲ爆撃。
(4)陸戦隊ノ依頼ニ接シ九六攻2、爆3ヲ6-45P発進、東部租界招商局碼頭ノ北方千米ノ敵陣爆撃。

第一連合航空隊

台北隊

一、3機2-15A台北発、漢口ヲ発見シ得ズ、帰途九江飛行場ヲ爆撃(特情ニヨレハ紗廠ニ一命中)、11-30A帰着。

一、3機9-5P台北発、九江飛行場ヲ爆撃、二十一日3-30A帰着。

3F長官ノ決心。本日増加ヲ完了セル陸戦部隊ヲ以テ堅実ニ現区域ヲ防備シ、航空部隊ノ活躍ニ依リ敵兵力及要点破砕ヲ継続ス、又派遣軍トノ協同作戦ヲ整ヘントス。

陸軍飛行機

動員シテ北支派遣ノ丫　172機
此ノ内空輸中ノ破損　15機(四名ヲ失フ)
八月中旬迄ノ損失　13機
補充シタルモノ　32機
青島戦ニ参加セシムヘキモノ
戦闘機　2中隊
偵察機　1中隊
台湾ノ重爆ハ北支ニテ使用ヲ希望(海軍ヨリ上海ヘ提言)

十二年八月二十一日

御下問奉答(10hAヨリ10h-15A)

参謀総長、軍令部総長両殿下御揃ヒニテ奉答申上ク。

御尋ネ

一、参謀総長ニ、『青島ニハ陸兵ヲ派遣セサル可ラサルヤ』。
奉答、居留民保護ノ為ニ必要ナリ。

一、軍令部総長ニ、『飛行基地ハ上海ノ何処ニ設ルヤ』。崇明島ニ関シ奉答、更ニ、『封鎖ハ如何ニスルヤ』。戦時ナレハ簡明徹底的ニ行ヒ得ルモ、平時封鎖ニテハ第三国船舶ニ手ヲ加ヘ難ク、有形上ノ効果ハ大ナル期待ヲナシ得サルヘク思ハル、旨奉答。

御下問奉答後ニ軍令部総長拝謁。崇明島航空基地ノコトヲ図上ニテ御説明。防備ニ就キ御尋アリ、高角砲・機銃ヲ奉答。青島作戦ハ成ルヘク遅クスルコト海軍作戦上必要ニシテ、派兵セズニ済メハ最良ナルモ、差当リ上海ニテ一ト息ツク時迄ハ極力事ノ起ラサル様10S司令官（下村正助）ニ注意ヲ与ヘアリト奏上。航空隊員ノ苦心、済州島ノ施設整ハサル時ニ進出シテ着ノ身着ノ侭カンナ屑ノ上ニ寝テ飲料等ニ不自由ナリシコト、梅林（孝次・鹿屋航空隊付）中尉ノ勇壮等ヲ奏上セラレ、陛下深ク御満足アラセラレ、『クタビレハセヌカ』御尋アリ、司令ニテ考慮ノ旨奉答。

二航戦

(1)九六攻5、爆11ハ6-0A発進、8-0A筧橋飛行場、急襲飛行機製造廠ヲ爆破（60吉十）火災ヲ起サシム、500吉二発、250吉六発ヲ投下、付属建造物ノ大部粉砕。

(2)九六攻6、7-10A江湾南東ノ敵砲兵陣地爆撃、村落火災。八九攻3、2-15P閘北ノ西方ノ建物爆撃、火災。八九攻2、3-20P同上爆撃。八九攻2、4-20P大場鎮西部ヲ爆撃。

(3)戦2又ハ3機ニテ1-10Pヨリ5-30P迄租界警戒。

一航戦

龍、攻2、爆6ハ1hP発進、蘇州南方飛行場ニテダグラス機3ヲ爆撃（一機ハ焼失）、爆6ハ5-15P発閘北、南翔。

鳳、攻6ハ2-30P発進、閘北ノ大家屋、砲兵陣地及ヒ密集隊ヲ爆撃、戦3ハ租界警戒（9-30Aヨリ2-30P）。

一連空隊

台北隊、4hP台北発進、3機ハ8-30P孝感飛行場ヲ爆撃、ダグラス4、練習機2ヲ破損（特情）（30中隊ノ丫多大ノ損傷、特情）全弾命中（格納庫ハ認メズ）、飛行機ノ有無ハ暗キ為不明、5機ハ漢口飛行場ニ至リシモ発見シ得ズ、全機二十二日2hA帰投。

済州島隊、6機2h-20A、9機3-40A発進、楊〔揚〕州及ヒ滁州ヲ爆撃（6-15Aヨリ6-30A）、11機9-50A帰着一機、楊〔揚〕州ノ帰途空戦ニテ火災、海安鎮付近ニ墜落、三機不明。成果、楊〔揚〕州敵地上機3ヲ爆破炎焼、空中戦闘ニテ敵機一ヲ撃墜、楊〔揚〕州攻撃ノ6機中3機ハ目標ヲ発見シ得ズ浦口ヲ爆撃（効果ナシ）。滁州格納庫一、兵舎二ヲ完全ニ爆破炎上シ、庫外ノ飛行機十ヲ爆破ス（250吉弾18）。

二十三航空隊

九四水偵4、南翔及江湾方面ノ敵軍用列車及部隊爆撃、九五水偵3、上海上空直衛、閘北ノ敵陣ヲ爆撃銃撃。

二十二空隊

6機ニテ上海上空警戒、洋涇鎮爆撃、密集部隊ヲ銃撃、4-40P基地待機中ニ敵戦4、爆6、来襲ヲ認メ4機発進、追撃セシモ敵ヲ逸ス。

神威水偵ハ敵4機ヲ撃墜ス。

二十二日朝西部楊樹浦唐山路ノ戦闘ニ於テ敵ノ戦車3ヲ捕獲、敵ノ放棄死体三百数十名、我戦死3(重傷16、軽傷28、焼傷3)。

十二年八月二十二日

一航戦

龍、戦4(兼子中尉指揮)ハ3-10P頃戦線上空警戒中、宝山上空ニテ敵カーチスホーク三型戦闘機9ト遭遇、敵5ヲ撃墜、2ハ白煙ヲ噴ツ、西方へ遁走、2機ハ之ヲ逸ス、我ニ損害ナシ。

上海派遣陸軍

5S、摩耶ハ二十二日11hP輸送任務終了、原隊ニ復帰。

二十三日5hA陸軍先遣部隊無事上陸完了。『両師団ノ上陸成功セリ、午前五時』宛参謀総長、発上海派遣軍司令官。

3Dノ第一回上陸全部終了5-15A(3-25A開始)。6-20A第二次開始、3D先遣部隊上陸完了10-30A。

一航戦

龍、6-30A発攻2、爆4、大場鎮砲兵陣地、密集部隊ヲ爆撃、瀏河鎮西方ノ集団部隊及砲兵陣地ヲ爆撃、七了口付近ニ陽動、銃撃。

鳳、8-5A攻4、発進、南翔、嘉定、大(太)倉ヲ偵察攻撃(軍用自動車群粉砕、機銃陣地爆破)。6-0Aヨリ戦3、租界上空警戒。

龍、5-45P、爆8発進、呉淞砲台爆撃、門3破壊。

鳳、4-0P、攻4発進、宝山北方江岸砲台(15榴二門、小砲四門)ヲ爆撃、15糎一門ノ砲側ニ命中ス。

二航戦

攻6、爆6、3-0P発進、江陰黄山南麓ノ工場及軍艦爆撃、工場ニハ命中、軍艦ニ命中ナシ、我ノ爆一ヲ失フ。

攻4ハ3-20P発進、真茹、獅子林砲台ヲ爆撃。

爆4ハ3-30P発進、呉淞ノ歩兵陣地爆撃。

攻2、戦2ハ4-30P発進、宝山鎮ヲ爆撃。

戦闘機2、攻4ヲ済州島ヲ経テ加賀(航空母艦)ニ収容。

一連空隊
済州島隊、3機6hP、3機10-30P発進、南京爆撃（9-30P及1-40A）、0-15A及6hA全機帰投。高度2500m、2800m。
3F長官ノ報告、二十二日（二十三日3hA発）。敵戦闘機数機来襲セルモ何レモ高高度ニテ爆撃セズ、敵ニ積極的攻撃意志次第ニ薄ラギツ、アルヤニ見受ラル。

飛行基地ノ呼称

公大	甲飛行基地	済州島	第一飛行基地
江湾	乙　〃	台北	第二　〃
崇明島	丙　〃	周水子	第三　〃
市役所側	戊　〃		

十二年八月二十三日

一航戦
龍、戦4（鈴木中尉指揮）9-25A戦線上空警戒中宝山付近高度3500m~5000mニ於テ敵戦（カーチスホーク、ボーイング）約27機ト遭遇シ、三十分間激戦シ敵8機ヲ撃墜シ、一機ニ大損害ヲ与へ、他ヲ遁走セシム（ホーク4、ボーイング4）、我2ハ敵弾十数発及ヒ二十数発ヲ被リシガ無事帰艦。

鳳、攻4、9hA発宝山ヨリ大場鎮ヲ偵察爆撃、密集部隊ニ野砲自動車、装甲自動車ヲ爆撃。戦3、7-30Aヨリ輸送艦上空警戒。

龍、攻2、爆3、6-30Aヨリ六回陸軍正面偵察攻撃、大場鎮付近密集部隊ヲ爆撃。戦4、6-30Aヨリ5hP戦線上空警戒。

鳳、攻4、2-30P発進、南翔付近密集部隊ヲ爆撃、鉄橋爆破、宝山、嘉定、大《〔太〕》倉方面偵察。

二航戦
第十一師団先遣部隊上陸直衛、攻2、戦2宛ヲ以テ5-45Aヨリ6-30P迄五回、戦ハ上空直衛、攻ハ上陸点付近ヲ攻撃、嘉定、大《〔太〕》倉ヲ爆撃。攻4、5-30A発進、嘉定、南翔爆撃。

八九攻8、8-30A発進、嘉定、羅店鎮南方ノ敵陣爆撃。

攻4、2-20P発進、嘉定、大《〔太〕》倉ヲ爆撃。爆8、2-20P発進、常熟、崑《〔昆〕》山、蘇州偵察、トラック爆撃。

上陸作戦概報（3F長官）

上海派遣軍先遣部隊二十二日馬鞍群島ニ集合、軽巡以下ノ第一、第二護衛隊ニ移乗シ、11Dハ二十三日2hA川沙鎮北側ニ、3Dハ呉淞鎮南方江岸ニ上陸開始、午前中ニ其大部ノ上陸完了。天候晴穏、上陸ノ実施、航空機ノ掩護等極テ順調ニ行ハレ、正午迄ニ11Dハ羅店鎮ニ迫リ、3Dハ呉淞クリーク南側支流、又横鎮第一特陸（3Dノ歩兵一中隊、機銃一小隊ヲ加フ）ハ3Sdノ掩護下ニ徴傭船3ニ分乗シ極テ勇敢ニ動作シ、3Dノ線ニ進出。

2Sd司令官（坂本伊久太）報告

二水戦、二駆隊、日清汽船3、横鎮第一特陸ハ3Dノ先遣部隊ヲ護衛シ、二十三日3-25A呉淞鉄道桟橋付近ヨリ強行上陸、10-30A上陸完了。3-30P物件ノ揚陸終了、上陸ニ当リ敵ノ抵抗ハ相当大、特陸ハ激戦奮闘シ神通及各駆逐艦敵ヲ攻撃制圧ス、特陸ノ戦死25、重傷59。

上海派遣軍参謀長（飯沼守）（二十三日6hP）

11D第一次部隊ハ4-30A川沙鎮北方江岸ニ上陸開始、頑強ナル敵ノ抵抗ヲ排シテ7hA江岸南方約千米ノ堤防ノ線占領、目下羅店鎮ニ向ヒ前進中。

3D第一次部隊ハ呉淞鎮南側付近ニ於テ掩蓋ヲ有スル堅固陣地ニ拠ル敵ニ対シ3-15Aヨリ強行上陸ヲ敢行シ（機関銃、迫撃砲）、敵ヲ撃破シ目下呉淞クリーク鉄道橋南側張家宅、張華浜ノ線ヲ占領シアリ。

目下判明セル死傷

3D　死6　傷39

11D　死3　傷15

両師団第二次輸送部隊ハ明二十四日午前迄ニ上陸ヲ終了シ得ル見込。

二十三日ノ死傷

3D　死18　傷160

11D　死7　傷46

十二年八月二十四日

喜多（誠一・天津特務機関長）陸軍少将ノ上海談

支那ハ北支ニテ事起リシガ、上海方面ニテハ無事ニ努メタリ、是レ貿易16億ノ約半額、関税3億中1.6億ニシテ経済財政上ノ影響大ナレハナリ。事ヲ起シタルハ白崇禧（国民政府軍事委員会参謀本部副参謀総長兼軍訓部部長）等ナリ。

支那ノ軍隊ハ改善セラレタリト云フモ、一中隊ノ銃数ハ70ニシテ人員ノ約半数、砲兵ハ独人顧問指導シアリト云フ為ニヤ比較的弾着良キモ盲弾多シ。

我前線300m位ノ所ニ迫リ夜襲ヲ行ヒ来ルモ打返サレ、大兵力ニテ一挙ニ圧シ来ル如キコトナシ。

支那モ早ク平和ヲ望ム、長期抵抗ト大言壮語スルモ其ノ力無シ。

我モ支那軍ニ打撃ヲ与ヘナバ速ニ公明正大ナル条件ヲ提示シ、北支ニテモ領土的野心無キコトヲ明カニシテ手ヲ握ルヲ可トス。北支ニテ領土的野心ヲ有スレハ永久ニ親支ハ出来ズ、全支ヲ収ル迄ハ不安去ラサルヘキナリ、此ノ如キ考ハ愚ナリ。

青島居留民引揚

昨二十三日陸軍ヨリ外務、海軍ニ提案シ来リシ結果、本日ノ閣議ニ於テ次ノ通決定ス。

青島在留ノ居留民ノ現地保護ノ方針ハ之ヲ採ラサルコトトス。同居留民ハ之ヲ全部内地ニ引揚ケシム。

本日ノ閣議ニ於テ四ケ師団ノ動員可決。

16D、101D、108D、109D、更ニ四ケ師団ヲ準備ス。

二十一日2300発信ノ米国国務長官〔Cordell Hull〕ノ日本駐在大使〔Joseph C. Grew〕ヘノ電ニテ『青島ニテ日本軍カ作戦ヲ行ハサルヘキ正式保証ヲ要求ス』(特情)。二十三日外務次官ニ申入ル。

天谷支隊二十八日大連発、山東高角方向ニテ待機。

14D八月二十八、二十九、三十、三十一日大阪発各日約10隻、九月一、四、五、六日神戸発各日約10隻。

一連空隊

台北隊、5機3-15A発進、6-30A安慶飛行場爆撃、敵∨ナシ。6機ハ4-30A発進、広安(広徳南方約40浬)付近ヲ広ク捜索セシモ飛行場ヲ発見セズ、寧波飛行場ヲ爆撃、∨ナシ、全部帰着。

一航戦

江湾、閘北、永安紡績等ヲ爆撃シ陸軍ニ協力、菎〔崑〕山駅東方ノ鉄橋爆撃(完全ニ破壊)。

龍、戦4、鳳、戦3ヲ以テ常時租界上空ヲ警戒。

一連空隊

済州島隊、6機6-0P発進、9-30P南京城外飛行場爆撃、1-50A全部帰着。60吉弾71投下、高度1500m〜2500m、場内飛行機相次デ炎上シ効果極テ大。

二航戦

両上陸点ノ上空警戒、敵ヲ見ズ。菎〔崑〕山、大〔太〕倉、嘉定、南翔方面ノ敵爆撃。呉淞鎮中央広場ノ砲兵、永安紡績爆撃。菎〔崑〕山以東ノ鉄道交通ハ全ク破壊サレアルモノト認ム。

十二年八月二十五日

一航戦

鳳、戦3（岡本中尉指揮）3-15P上海上空警戒中、敵マルチン型3ト交戦、2機ヲ撃墜、1機虹橋付近ニ不時着、更ニ銃撃ヲ加ヘ火災灰燼ニ帰セシム。

龍、攻2、爆6、7-0Aヨリ永安紡〔績〕及ヒ付近敵陣地ヲ爆撃。

鳳、攻4、9-0A発進、呉淞、大場鎮、真茹、南翔方面ヲ偵察攻撃。攻4、2-0P発進、呉淞、朱家浜、閘北、江湾競馬場付近爆撃。

龍（午前中）、鳳（午後）、租界上空警戒。

二航戦

戦2～4ヲ以テ呉淞上空警戒、5-15P敵ホーク型4ト遭遇シ、交戦中敵大ダグラス型3ヲ認メ壮烈ナル空中戦ヲ行ヒ、ホーク一ヲ撃墜、ダグラス1、ホーク2ヲガソリン噴出、降下セシム。攻、爆ハ数次南翔、嘉定、菎〔崑〕山、羅店鎮、廟行鎮付近ヲ爆撃。

二十五日7hP戦地発、佐世保ニ急航、二十六日午前佐世保着、補給ノ上二十八日早朝現地帰着。

23空隊

九四水偵ハ陸戦ニ協力、黄渡駅付近ノ軍用列車、八字橋付近ノ密集部隊、浦東砲兵陣地ニ大ナル損害ヲ与フ。九五水偵ハ陸軍部隊ノ上空警戒。

台北隊、6機11-30P発進、3-30A（二十六日）南昌爆撃、60吉弾72投下、新飛行場ニ約50命中相当大ナル損害ヲ与フ。6-30A全機帰着。

駐支米国大使ノ国務長官ヘノ電（八月二十四日）

一、胡適〔国立北京大学文学院長〕曰ク、『八月十三日迄ハ和平解決ノ望猶存シ当日蒋介石任命ノ代表川越ト会見ノ筈ナリシモ通信故障ノ為遂ニ戦端ヲ開クニ至レリ、然レドモ英米ニシテ中立地帯ノ設定等ヲ含ム援助ヲ惜マサレハ和平解決ノ望猶存ス、戦闘行為ヲ停止ノ後三ケ月ニ日支間ニ和平会議ヲ開クハ焦眉ノ急ナルガ之ヲ第一段階トナシ、次テ日露間ノ不侵略条約締結ニ努力シ漸次之ヲ太平洋諸国ニ及ボスハ之第二段階ナリ、蒋介石ハ平和克服ヲ希望シアルガ其ノ一半ノ理由ハ敗戦ノ場合地方軍閥ノ跋扆等内部的騒擾ノ発生ヲ防遏スヘク、支那ノ統制ト国力トヲ保存セントノ希望ニ出ヅ』ト。

二、小官本日調査セル処ニ依レハ、南京市街両側ニアル432ノ商店中其ノ四分ノ一ハ閉鎖シアリテ、商業ニ及ボセル空襲ノ効果ヲ示シアリ。

十二年八月二十六日

二十六日午後六時上海派遣軍戦況。

11D主力ヲ以テ羅店鎮ノ敵ニ対シ、歩二大山砲一中ヲ以テ張家宅、瀏河鎮南端ノ線ニアル敵（歩二団）ニ対シ二十五日以来攻撃中ナルモ、敵ノ抵抗頑強ナルト補給容易ナラサル為未ダ之ヲ占領スルニ至ラズ、明二十七日ニハ羅店鎮ハ占領シ得ル見込。

3D方面前電ノ線ニ於テ近ク敵ト相対シ終日射撃ヲ交ヘツ、アリ。特ニ呉淞鎮、永安紡績間クリーク北岸ハ極テ堅固ナル掩蓋ヲ有スルトーチカニ近キ防禦施設ニシテ、之ヨリ受ル我ノ損害甚シク之カ攻略容易ナラサルモ、近ク攻撃開始ノ予定。

二十六日夕迄ニ判明セル死傷、3D死58（内将校6）、傷364（内将校22）。

8-55A梅、蓮ハ通州海関鐘楼ニ遁入セル敵艦暾日ヲ砲撃撃破セリ。

済州島隊、4機9-45P発進、4機10-45P発進、南京爆撃（1h-40A及ヒ2h-20A）、5-40A七機帰着、60吉96発投下、憲兵団付近ニ概ネ全弾命中（大ナル火災ヲ起スニ至ラズ）。

一航戦

龍、攻2、爆4、7-0Aヨリ四回、次ニ嘉定、大〔太〕倉、南翔、真茹ヲ偵察攻撃。

鳳、攻4、7-10A発進、南翔、崑〔崑〕山、松江ヲ偵察攻撃、崑〔崑〕山鉄橋ハ南側線不通ナルモ北側線ハ修理シ通行可能ナリシガ、之ヲ爆破シ同鉄橋ノ⅓ヲ破砕ス。

龍、鳳、戦闘機ニテ7-30Aヨリ6hP陸軍上空ヲ警戒。

台北隊

6機二十七日0-20A発進、4hA南京爆撃、7h-30A全機帰投、一小隊3機60吉弾36ハ大部ハ目標タル兵工廠ニ命中、一部炎上相当被害ヲ与フ、二小隊ハ照射ヲ受ケ眩惑シタルガ南部ニ弾着炎上スルヲ認ム。

22空隊

天生港桟橋ニ繋留中ノ運送船、桟橋倉庫貨物ヲ爆撃、火災ヲ起サシム、運送船ニモ一弾命中。

十(十二)年八月二十七日

一航戦

龍、攻2、爆4、6-30A発進、羅店鎮ヲ爆撃、市内全域ニ損害ヲ与フ。爆4、10-30A発進、蘆上浜ヲ爆撃。攻2、爆4、2hP発進、嘉定ヲ爆撃。爆4、3-50P発進、江湾競馬場時計台付近爆撃、此攻撃中5-20爆一(西脇中尉)急降下爆撃中高度千米付近ニテ敵弾ノ為火ヲ発シ、敵陣ニ撃(激)突焼失ス。

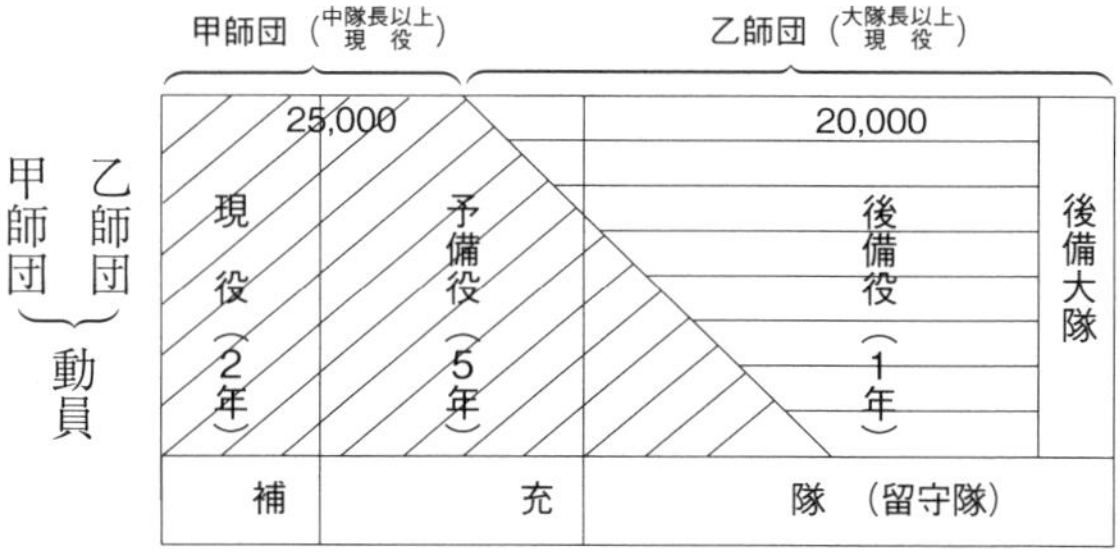

鳳、攻4、6-40A発進、瀏河鎮ヲ爆撃。攻4、11-0A発進、大場鎮ヲ爆撃。

鳳、戦3、6-40Aヨリ11h-0A迄、龍、戦4、10-30Aヨリ6hP迄上陸点上空警戒、敵ヲ見ズ。

鳳、攻4、4-26P発進、大場鎮、呉淞偵察攻撃。

23空隊

九四式水偵、反覆浦東一帯ヲ爆銃撃、江南造船所岸壁ニ繋留中ノ敵巡洋艦（約二千頓）及ヒ商船一ヲ爆撃沈没セシム、造船所及ヒ飛行機製造所ヲ爆撃炎上セシム。九五式水偵終日11Dノ上空警戒、敵ヲ見ズ。

十二年八月二十八日

陸軍、正午羅店鎮ヲ占領ス。

一航戦

龍、攻2、爆4、6-30A発
鳳、攻4、6-45A発
} 羅店鎮攻撃
甚大ナル損害ヲ与フ

龍、爆4、10-30A発進、朱家浜、張家上ノ敵砲兵陣地ヲ攻撃、爆一（久下三空曹、畠山一空）永安紡(績)付近ニテ高度850mニテ砲弾ヲ受ケ張家宅付近ニ墜落。

鳳、攻4、正午発進、呉淞ノ敵陣爆撃。

龍、攻2、爆4、3-0P発進、周家橋、楊家上ノ敵陣ヲ攻撃、周家橋ニ高角砲四ヲ発見、250吉2ヲ直撃シ破砕ス。

鳳、戦3ハ6-45Aヨリ11hA、龍、戦4ハ11hAヨリ5hP上陸点上空ヲ警戒、敵ヲ見ズ。

二航戦
7hA佐世保ニテノ補給ヲ終リ現地帰着。
九六爆6、戦3、7-30A発進、8-20A菎〔崑〕山鉄橋爆破、東方ノ橋梁付根ニ四発(250吉)命中、大破シレール盛リ上リ彎曲シ当分使用不能ト認ム。攻6、戦4、9-50A発進、11hA松江鉄橋爆撃、一発付近線路ニ命中切断。攻4、戦4、3hP新龍華分基〔岐〕点爆撃、南停車場倉庫ニ命中、付近建物ニ四発命中粉砕ス、レールニ一発直撃。
十一戦隊
熱海夕刻三井桟橋ニテ載炭中数十名ノ敵兵来襲、警戒船之ヲ反撃シ敵潰走ス。敵飛行機ハ数日来夜間高高度空襲ヲ行ヒアルモ一モ命中ナシ。
陸戦隊方面
8hP敵砲撃(十五榴、山砲、迫撃砲)ノ下ニ北部支隊正面ニ大規模ノ逆襲ヲ試ム、其ノ勢数日来見サル所ナリシガ、我ハ沈着果敢ニ痛撃ヲ与フ。
三航戦
午前、九四式3、11D前面ノ敵陣地及大場鎮ノ偵察爆撃、午後浦東ノ制圧。

十二年八月二十九日

一航戦
6-10A敵ノースロップ2機花鳥山ノ西七浬ニ於テ鳳翔ニ対シ爆撃セシモ弾着1500m離レ損害ナシ、戦闘機ニテ追躡セルモ雲中ニ逸セリ。

鳳、攻4、7-10A発進、江湾地方ノ砲兵陣地、大場鎮北方ノ砲兵陣地、密集部隊ヲ爆撃、相当大ナル損害ヲ与フ。

龍、爆4、7-50A発進、廟行鎮西方ノ砲兵陣地ヲ爆撃。

鳳、攻4、松江鉄橋ヲ爆撃、250吉一、30吉三ヲ直撃、一線ハ撃破ス。

龍、攻3、爆3、0-30P発進、北停車場ヲ爆撃、停車場建物ハ火災、大損害ヲ与フ。

鳳、攻4、松江鉄橋ヲ爆撃、鉄橋中央ニ250吉三命中破壊、其ノ北方ジヤンクシヨンニ250吉一命中、線路破壊、列車ニ30吉一命中粉砕。

龍、攻2、爆6、6-30P杭州上空ニ達ス、嘉興、喬司、翁家埠、筧橋ノ各飛行場敵ヲ見ズ、筧橋ヲ爆撃シ兵器廠、北格納庫、西側建物ニ命中、大損害ヲ与フ。

龍、戦4、鳳、戦3、7-0Aヨリ5hP迄上陸地点ノ上空ヲ警戒、敵ヲ見ズ。

二航戦
攻4（各機60吉6発）7-30A、八九攻5（各機30吉6発）、10-9A宝山城爆撃。爆4（各250吉一発）10hA呉淞砲台爆撃。攻4（各800吉一発）1-50P張家上、朱家浜、金家宅ノ呉淞クリーク北方敵砲兵陣地ヲ爆撃。
爆6、攻2、戦3ハ3-30P発進、広徳ヲ薄暮攻撃。爆6ハ5-20P広徳飛行場ニ3000m高度ヨリ急降下爆撃、兵舎、工場ニ三発、ガソリン庫ニ四発命中、飛行場周辺ニ大型1、ノースロップ1、ホーク6ヲ発見シ、爆撃シテ大型機ヲ大破、ガソリン庫ハ五棟ノ内三棟ニ火災ヲ起サシム。爆撃隊長上敷領〔清〕大尉機ハ敵弾ニヨリ戦死。
戦2宛ニテ6-30Aヨリ1-30P租界上空直衛。
23空隊
九四式水偵ヲ以テ瀏河鎮、嘉定、大〔太〕倉方面ヲ偵察、敵地上部隊及陣地ヲ攻撃。
4-30P敵機8機基地上空ニ来襲、爆撃セシモ損害ナシ、九五式水偵2ヲ以テ杭州湾迄追躡シタルモ之ヲ逸ス。

十二年八月三十日

上海ニ陸軍増派ノ交渉。三十日午前福留一課長ヲシテ上海ニ陸軍ヲ増派シ、迅速ニ敵ヲ撃破スルコトヲ交渉セシム。

之ニ対シ武藤作戦課長ノ談。

当方ニテモ大ニ研究シタルガ目下増派トスルトセバ、
(1)現戦線ニ注ギ込ムコト
昨二十九日砲兵等漸ク上陸ヲ終リシ所ニシテ水田ニハ水多ク進メズ、道路ハ少ク増派兵力ハ後方ニ溜ルコトニナルノミ。
(2)七了口ニ上陸
水田ニ水多クシテ進出容易ナラズ。
(3)乍浦ニ上陸
天谷支隊ニ14Dニテハ上陸作戦ハ行ヒ難シ、上陸作戦ニハ平綏方面ニテ手ノ空ク5Dヲ用ルノ外ナシ、即チ5Dヲ集結シテ海路進出セシム。

以上ノ如キ研究ニヨリ、14Dヲ青島方面ノ必要ナキニヨリ上海ニ用ルコトハ有利ナラズ、今暫ク戦況ノ推移ヲ待チ正面ノ拡リタル上ニテ決シタシ。

陸軍飛行機ヲ成ルヘク上海ニ出スコトニハ同意ニシテ、第六中隊（偵察）ノ外ニ台湾ヨリ戦闘機一中隊ヲ神州丸ニテ派遣ス。

済州島部隊

6機3-30P発進、8-0P徐州駅ヲ爆撃、11-45P全機帰着(250吉12発)。構内貨車群ニ約4発命中、線路及駅事務所ニ各1発命中、相当効果アリシト認ム。

一航戦

鳳、攻4発進、7-10A周家宅、江湾ノ敵陣地爆撃。

龍、攻3、爆3、7-30A発進、楊煥橋砲兵陣地爆撃。爆4、11-20A発進、金(家)宅、李家楼爆撃。

鳳、攻3、2-30P発進、朱家浜(大建物ニ500吉一命中)、楊家上付近爆撃。

龍、攻3、爆3、3-45P発進、李家楼、廟巷鎮東方陣地ヲ爆撃。

龍、戦4、鳳、戦3、7-30Aヨリ7hP上陸点上空警戒。

鳳、4-50P泗礁山上空ニ砲煙ヲ認メ、5-0P戦2発進、警戒中エントランス灯船付近ニテダラー汽船ヲ爆撃セルカーチスホーク三型3機ヲ認メ、直ニ攻撃、敵一機ハ白煙ヲ噴キツ、降下セルヲ以テ撃墜ト認ム、他ノ二ハ追躡セルモ杭州方面ニ逸ス。

二航戦

攻4(各80吉3)7-35A、攻5(各60吉4)、爆4(各60吉2)12h-20m、爆4、3hP瀏河鎮ヲ攻撃シ殆ト全鎮隈ナク爆破ス。

攻4(各60吉6)9-50A楊行鎮ヲ遍ク爆破ス。戦2、租界上空ヲ警戒。

23空隊

九五式水偵2、6-25Pカーチスホーク型3機ト大戢山島上空ニテ交戦、一機ヲ撃墜シ、他ノ二機ハ杭州方面ニ逸走ス。九四式水偵6、1-30Aヨリ連続江湾、顧家宅、廟行鎮付近ノ敵砲兵ニ夜間爆撃。九五式水偵4、10hAヨリ2hP呉淞鎮及其ノ付近陣地ヲ爆銃撃ス。

九四式水偵4、通州水道方面ノ敵魚雷艇捜索中一機圩角港ニ類似ノ二艇ヲ認メ爆撃セシモ命中セズ、他ノ一機ハ張黄港上流ニ於テ多数敵艦艇ヲ認メ爆撃セシモ命中セズ。

十二年八月三十一日

石原参本一部長ノ来談

一、石原一部長ハ近藤軍令部一部長ニ左ノ申入ヲナス。

上海方面ノ作戦予期ノ如ク進捗セズ、兵力ヲ注ギ込ムモ中々困難ナリ(呉淞、江湾、閘北ノ線位ナリ)。北方ニ於テモ作戦思フ様ニ進マズ、斯クシテ我ノ希望セサル長期戦ニナラントス。

陸軍統帥部トシテハ何カノキッカケアラバ成ヘク速ニ平和ニ進ミタク、就テハ平和条件ヲ公明正大ナル領土的野心ナキモノニ定メ置キタシ。

陸軍大臣ハ誰カニ吹キ込マレシカ穏和ナル平和条件ニ満足セサル如シ、両統帥部ニテ条件決定ヲ促進シタシ、参謀総長殿下ニハ自ラ陸軍大臣ニ話スモ可ナリト仰ラル。

両次長ノ懇談ニテ大綱ヲ定メタシ。
二、国民ハ戦時体制ニナリアルニ軍部ハ平時ノ侭ナレハ、大本営設置ニ進ミタシ。
之ニ対シ近藤ヨリ、戦時状態トナスコトニヨリ米国ノ中立法発動等我ニ不利ヲ来スモノアレハ目下研究中ト答フ。

三十一日正午、上海派遣軍司令官ヨリ意見具申。

上海方面ノ敵ハ十五ケ師ヲ以テ二十九日以来攻勢ヲ採ル、我ハ此ノ中央軍ニ鉄槌ヲ加ルノ要アリテ五ケ師団ヲ必要トス、差当リ第十四師団及ヒ天谷支隊ヲ上海ニ急派スルヲ要ス。


宛参謀総長、陸軍大臣　発上海派遣軍司令官

一、軍当面ノ敵ハ平漢、津浦沿線ヨリ転用セシ中央直系軍ノ精鋭ヲ併セ総計十五ケ師団ニシテ、二十九日ヨリ其主力（九ケ師）ヲ以テ山室（宗武）部隊（第十一師団）正面ニ攻撃ヲ開始セリ、該方面ニ支那軍中最モ精鋭ナル第十一、第十四師ノ陳誠軍ヲ使用シアルハ注目ニ値ス。
二、戦場一般ノ地形ハ、大「クリーク」ヲ除キ一般ニ「クリーク」ハ徒歩兵ノ徒渉ヲ許シ、水田ハ概ネ乾涸シアリテ用兵作戦ニ支障ナシ。
三、上述ノ敵情並ニ地形ニ鑑ミ、軍ハ当面ノ南京軍ニ対シ鉄槌ヲ加ルノ要アリ、従テ当軍ノ兵力ヲ最小限五個師団トシ、差当リ待機中ノ土肥原兵団（第十四師団）及天谷支隊ヲ神速ニ急派セラル、コト極テ肝要ト判断セラル。

八月三十一日正午

3F長官ヨリモ上海派遣軍ニ急速ニ増兵ヲ必要ト認ル意見具申アリ（三十一日一八〇〇）。
二航戦
攻18、爆11、戦4、8-10A発進、呉淞爆撃、永安紡（績）ヨリ水産学校方面一帯ヲ粉砕ス。
攻7、爆8、3-45P発進、好視界ヲ利用シ莫干山付近南

方地区ヲ隈ナク捜索シタルモ、五十粁以内ニ敵飛行場ラシキモノヲ認メズ、帰途ニ筧橋飛行場ヲ爆撃、飛行学校ヲ大破ス、又嘉興飛行場ニテ燃料庫ヲ爆撃（二大黒煙長時間噴出）。

一航戦

龍、爆4、7-25A発、楊煥橋南方陣地爆撃。

鳳、攻4、8-0A発、大場鎮北方王家街砲兵陣地（砲五門）及大場鎮西端ノ砲兵陣地爆撃、砲三門ヲ破壊其ノ他大被害ヲ与フ。

龍、爆4、1-25P発、楊煥橋南東方陣地ヲ爆撃。

龍、攻3、爆6、11-30A発進、1-40P広徳ニ達シ、飛行場縁端付近ニ大小八乃至九機ヲ認メ、内数機ハ燃料補給中ノ如シ、爆撃ノ結果大型（双発動キ）一機ニ直撃火災ヲ起サシメ、他機ニモ相当大ナル損害ヲ与フ。

台北隊、南支一帯空襲。

漳州、4機5-0A発、6-50A爆撃、8-45A全帰着、中型格納庫一ノ至近距離ニ弾着セシモ爆破ニ至ラズ、飛行機ニ相当ノ被害ヲ与フ。

汕頭方面、2機、4-45A発進、品〔ママ〕掲陽、梅県ヲ偵察セシモ何モナシ、帰途漳州飛行場ヲ爆撃、全帰着。

韶関、3機4-0A発、7hA飛行機製作廠爆撃、10-15A全帰着、250吉ニテ格納庫一爆破炎上、製作廠内宿舎炎上ス。

広東、12機3hA発進、7hA3機白雲飛行場、9機天河飛行場爆撃、11h-15A十一機帰着。白雲飛行場（250吉）格納庫3棟ヲ爆破炎上、宿舎炎上、天河飛行場（250吉）格納庫至近ニ五弾命中、庫外戦3ヲ爆破、庫内ノ飛行機ニモ相当ノ損害ヲ与フ、司令部庁舎炎上ス。戦闘機約10機ト交戦シ3機ヲ撃墜ス。

福州、南平、建甌方面偵察、1機8h-10A発進、建甌火薬庫ヲ爆破炎上ス。一機敵機ノ射弾ニヨリ火災ヲ起シ、7-20A恵州ノ南方十浬ニ墜落。

9S

水偵4機、午前漳州ヲ爆撃ス。格納庫一棟爆破、本部建物ニ相当ノ損害ヲ与フ。

一航戦

龍、攻2、鳳、攻2、6hP発進、敵砲兵陣地、列車砲（一門粉砕）、機銃陣地等爆撃。

上海派遣軍参謀長発電

藤田〔進〕部隊〔第三師団〕ノ呉淞攻撃部隊ハ海軍ノ協力ニ

依リ予定ノ如ク上陸ヲ開始シ爾後当面ノ敵ヲ撃破シ、夕刻砲台湾、謝家浜、張家上、楊家柵、永安紡績西端ノ線ニ進出シ、占領地区内ノ掃蕩ヲ概ネ了セリ。明日更ニ呉淞砲台及ヒ其ノ西側地区ニ戦果ヲ拡張ス

午前二時十五分（一日）

臨参命第八十二号

命令

一、別冊ノ如ク北支那方面軍、第一軍及第二軍ノ戦闘序列並臨時航空兵団、北支那方面軍鉄道隊、北支那方面軍通信隊、第一軍通信隊及第二軍通信隊ノ編成ヲ令ス

二、前記諸部隊ハ自今（未タ北支那ニ到着セサル部隊ハ満支国境通過若ハ北支那上陸ノ時ヲ以テ）各々当該指揮官ノ隷下ニ入ルモノトス

昭和十二年八月三十一日

奉勅伝宣　参謀総長　載仁親王

臨参命第八十八号

命令

一、北支那方面軍司令官〔寺内〕ハ平津地方及其付近主要地ヲ占拠シ是等地方ノ安定確保ニ任スヘシ
敵ノ戦争意志ヲ挫折セシメ戦局終結ノ動機ヲ獲得スル目的ヲ以テ速ニ中部河北省ノ敵ヲ撃滅スヘシ

二、細項ニ関シテハ参謀総長ヲシテ指示セシム

昭和十二年八月三十一日

奉勅伝宣　参謀総長　載仁親王

北支那方面軍戦闘序列

北支那方面軍司令官　陸軍大将伯爵　寺内寿一

北支那方面軍司令部　（参謀長岡部〔直三郎〕）

第一軍（香月）

第二軍（西尾）

第五師団（板垣〔征四郎〕）

第百九師団（山岡〔重厚〕）

支那駐屯混成旅団

臨時航空兵団

北支那方面軍直属防空部隊

……

第一軍戦闘序列

第一軍司令官　　　　　　　陸軍中将　香月清司
第一軍司令部　　　　　　　（参謀長橋本〔群〕）
第六師団　（谷〔寿夫〕）
第十四師団　（土肥原〔賢二〕）
第二十師団　（川岸〔文三郎〕）
……
第二軍戦闘序列
第二軍司令官　　　　　　　陸軍中将　西尾寿造
第二軍司令部　　　　　　　（参謀長　鈴木率道）
第十師団　（磯谷〔廉介〕）
第十六師団　（中島〔今朝吾〕）
第百八師団　（下元〔熊弥〕）
……
野戦重砲兵第六旅団
……
待機師団
18D　（牛島〔貞雄〕）

〰〰〰〰〰〰〰〰

備忘録　第三

軍令部次長
自昭和十二年九月
至　　　十二月

十二年九月一日

上海ニ陸軍増派交渉

八月二十三日陸軍ノ上海上陸以来今日ニ至ル陸戦ノ進捗ハ遅々タリ、此情況ニテハ成ヘク速ニ陸軍兵力ヲ増派スルコト必要ニシテ、八月三十日福留〔繁・軍令部〕一課長ヲシテ参謀本部ニ交渉セシメタリ。

昨三十一日ニハ上海派遣軍司令官〔松井石根〕及ヒ3F長官〔長谷川清〕ヨリ共ニ陸軍ヲ速ニ増派スヘキ意見具申アリシニ由リ、本日更ニ近藤〔信竹・軍令部〕一部長ヲシテ参謀本部石原〔莞爾〕一部長ニ増派ヲ督促セシム。石原一部長ノ答ハ、5Dハ目下察哈爾〔チャハル〕ヨリ引抜キ難シ。上海方面ニテハ駄馬師団ヲ可トスルガ、5D、9D、11D、19Dノミニテ、19Dハ朝鮮唯一ノ兵力ナレハ抜キ難ク、9Dハ対蘇ノ為保有シタシ、従テ適当ノ兵力ナシ。現用ノ3D、11Dノ全部上陸セハ七万〜六万人ニテ呉淞、江湾、閘北ノ線ニ守勢ヲ採ルヲ得ヘシ、成ルヘク速ニ講和シタシ、海軍航空兵力ニテ奇功ヲ奏スルニアラサレハ成算ナシ。又蘇国立タバ守勢ノ外ナシ、満州国ハ危シ、折角ノ御話ナレハ増派ニ就キ更ニ研究セント。

二航戦〔第二航空戦隊〕

攻12、6-30A発進、象山ヨリ寧海ノ間隈ナク捜索セシモ飛行場ヲ発見セズ、寧波飛行場ヲ爆撃セシモ大ナル効果ナシ。

攻4（各60吉6）、爆3（各60吉2）ハ9-25Aニ、攻4、3-25Pニ、攻4、3-30Pニ、瀏河鎮ヲ爆撃、敵陣地及ヒ市街ヲ爆破ス。

攻8、10hA、羅店鎮ノ我ニ対スル馬周、周家宅付近ノ敵塹壕ヲ爆撃、爆6ハ巽家宅、金家宅、徐家宅ヲ爆破ス。攻4（各250吉2）ハ3-10P真茹、無電台ヲ爆撃、第一小隊二弾ヲ投シ命中、俄ニ大型米国旗ヲ展張スルヲ認メ爆撃ヲ止ム。戦闘機ハ馬鞍群島ノ上空直衛。

23空隊

九四式水偵2、三十一日11hPヨリ払暁迄閘北、江湾方面ノ敵制圧、各機十数発ノ吊光弾ヲ投下シ、発砲スル敵砲兵陣地ヲ爆撃銃撃ス。九四式9、3Dニ協力シ敵陣地密集部隊ニ対シ爆銃撃ス、2機ハ陸軍将校搭乗シ全線偵察。

一航戦〔第一航空戦隊〕

龍〔驤、航空母艦〕、攻3、爆3、7-30A発進、常熟ヲ爆撃、市内爆破。

鳳〔翔、航空母艦〕、攻3、9-0A発、500吉弾ヲ以テ松江鉄橋爆撃、一弾鉄橋線路中央ニ直撃レール粉砕、他ノ二弾橋端橋脚至近ニ命中、多大ノ損害ヲ与フ。

龍、爆4、11-15A発、大〔太〕倉ヲ爆撃、市内ヲ爆破。

鳳、攻4、2-20P発、曹河渡鎮鉄橋及ヒ橋梁ヲ爆破、閘北滬杭鉄道ジャンクション爆破。

龍、攻3、爆3、2-25P発、常熟、大〔太〕倉ヲ爆撃。

龍、戦4、鳳、戦3、7-30Aヨリ6hP陸軍上陸地点ノ上空警戒、敵ヲ見ズ。

鳳翔ハ補給、修理ノ為佐世保ニ回航ス。

陸軍作戦

5hP山室〔宗武・第十一師団長〕部隊、浅間〔義雄・歩兵第43連隊長〕隊ハ獅子林砲台ヲ占領ス。

藤田〔進・第三師団長〕部隊、鷹森〔孝・歩兵第68連隊長〕隊ハ商船学校、水産学校、薄家庄付近ノ頑強ナル敵ヲ打破シ、6hP呉淞砲台南端ニ進出ス。

天谷〔直次郎・歩兵第十旅団長〕支隊ヲ上海ニ派遣。青島ノ不測ノ事態ニ即応セシムル為、11Dノ一部ヲ基幹トシ上陸作戦ニ慣熟シタル部隊ヲ編成シ大連次デ洋上ニ待機セシメアリシガ、八月三十一日青島居留民ノ引揚概ネ完了シタルニ依リ、天谷部隊ハ待機ヲ解キ上海ニ派遣セラル（九月一日）。

臨参命第九十号ヲ以テ天谷支隊ヲ上海ニ派遣シ、揚子江口到着ノ時ヲ以テ上海派遣軍司令官ノ隷下ニ入リ且其編組ヲ解キ、本来ノ所属ニ復帰セシメラル（昭和十二年九月一日）。

二日7hP揚子江口着、三日呉淞鎮北方ニ上陸。

佐鎮〔佐世保鎮守府〕第二、第三特別陸戦隊。青島ノ不慮ニ備ル為旅順ニ待機中ナリシ佐鎮第二、第三特陸ハ青島ノ事態必要ヲ認メサルニ依リ3Fノ指揮下ニ入レシメ、同時ニ3F長官ノ指揮下ニ入レラレタル4Sd、長鯨〔潜水母艦〕ニテ輸送シ二日9hA旅順発、4Sdハ三日2hP、長鯨ハ四日0hA呉淞着。

今回ノ事変ハ之ヲ支那事変ト呼称スルコトニ閣議決定ス（九月二日）。

十二年九月二日

陸軍

3Dハ呉淞砲台ヲ9-30A攻略、黄浦江口左岸地区一帯ヲ確保ス、二日午後ヨリ宝山城攻撃。

11Dハ獅子林砲台ヲ占領、宝山ニ向ヒ進出ス。

敵飛行機羅店鎮、瀏河鎮方面ニ出没ス。

山風〔駆逐艦〕、海風〔駆逐艦〕

鬼怒〔軽巡洋艦〕丫ノ観測ニ依リ瀏河鎮ノ野砲陣地及軍需品ニ有効ナル砲撃ヲ加ヘ、山室部隊ノ右翼ニ協力ス。

3Sd

呉淞方面ノ陸戦ニ協力砲撃ス。

二航戦

九六式攻3、八九式攻2、瀏河鎮、羅店鎮方面ノ敵爆撃。

攻3、爆4、同上爆撃。爆5、羅店鎮西方ノ塹壕ヲ爆撃粉砕ス。攻3、3-40P真茹無電台ノ主要建物ヲ順撃、全弾命中、打漏セル一建物モ相当ノ被害ヲ与フ。

戦2宛6-45Aヨリ7-15P迄馬鞍群島上空警戒、敵ヲ見ズ。

一航戦（龍驤ノミ）

爆4、7-25A発進、楊行鎮付近ノ敵陣爆撃。爆4、7hP頃北停車場付近隈ナク捜索シタルモ列車砲ヲ発見セズ、交叉点付近線路ヲ爆撃。戦闘機ニテ上陸点上空ヲ警戒、敵ヲ見ズ。

22空隊

3機1-15P進発、宝山城ヲ爆撃、敵ノ拠点ラシキ家屋十数棟ヲ爆破。租界上空ヲ警戒、敵ヲ見ス。

23空隊

九四及九五式水偵各2機、午前中宝山城内敵ノ拠点ラシキ主要家屋十数棟ヲ爆破。九四式水偵2、3hP黄浦江上流閔行付近ニテ魚雷艇類似ノ小艇3隻ヲ爆撃、更ニ2機モ加リシガ直撃セズ、銃撃ヲ加フ、乗員ハ陸上ニ逃走、日没ヨリ明黎明迄終夜閘北、江湾、大場鎮、乍浦攻撃。

3Sf

九五式3機5-15P上空直衛中大場鎮、羅店鎮中間上空ニテ敵カーチスホーク十数機ト会戦、敵三機撃墜。我一機ハ平翼操縦索ニ被弾、操縦意ノ如クナラス避退、他ノ一機ハ白煙ヲハキテ避退、江中ニ転覆シ人員ハ川内〔軽巡洋艦〕ニ収容サル。九五式4機5-20P敵ホーク四機ト会シタルカ敵逃走シ、蘇州北方ニテ之ヲ逸ス。

十二年九月三日

一航戦

龍、攻2、爆6、4-40A発進、杭州飛行場急襲、雲高五百米以下ニテ情況明ナラサリシガ、一機ハ喬司飛行場ニコルセア機一ヲ認メ爆撃大破ス。爾余ノ丫ハ松江鉄橋ヲ爆撃、鉄橋東端線路ヲ大破シ橋梁ニモ相当ノ損害ヲ与フ。

五水戦

夕張〔軽巡洋艦〕陸戦隊ヲ以テ9-10A東沙島ヲ占領ス。電信所及気象観測所ヲ占領シ、海軍中校以下27名ヲ捕フ。

一航戦、3D正面ニ協力。

龍、爆3、戦4、10h-0A発進、大場鎮西方敵陣爆銃撃。攻2、戦4、1h-25P発進、大場鎮東端砲兵陣地、虹橋飛行場北方兵舎ヲ爆撃、戦ハ上空警戒。爆4、戦4、3h-0P発進、金家巷鎮西側砲兵陣地ヲ爆撃、直撃ヲ得一部ニ火災ヲ生セシメ効果大ト認ム。

二航戦、11D正面ニ協力。

攻4、8-25A小顧宅敵陣〔羅店鎮東四粁〕及ヒ李家宅〔羅店鎮南方〕北隣ノ小部落ヲ爆破。9hA楊家宅〔瀏河鎮西方二粁〕ヲ爆破。攻3、爆2、11-15A瀏河鎮付近ニ装甲自動車数台ヲ粉砕、小部隊ヲ爆銃撃シ潰滅セシム。

爆4、1-15P小顧宅付近野砲陣地ヲ爆撃。戦闘機ハ11D上空警戒、敵ヲ見ズ。攻2、2-30P張家鎮北端ノ砲兵陣地及ヒ装甲自動車群ヲ爆撃、弾火薬庫ラシク多数誘爆ヲ認ム。攻2、4-45P張家巷鎮、金家巷鎮ヲ爆撃。攻4、戦1、杭州攻撃、4hP発進、喬司飛行場北端ノ建物二棟ヲ爆破炎上セシム。5h-40P碶石鎮ニテ軍用列車爆撃、全弾命中シレール諸共爆破ス。

22空隊

2機、2-20P発進、浦東側彭巷南方ノ砲兵陣地ヲ爆撃（有効弾2）。租界上空警戒、敵ヲ見ズ。

5駆逐隊厦門砲撃

三日7hA、厦門港内ニ進入、白石砲台、飛行場、湖里山砲台、大磐角砲台ヲ砲撃ス、平均３０００ｍ。直撃弾ニ依ル敵ノ損害大。

妙高〔重巡洋艦〕厦門攻撃

妙高主砲（30発消耗）ニテ午前ニ、飛行機3ニテ午前午後攻撃、目標ハ厦門海軍司令部、飛行機格納庫、湖里山砲台、前二者ハ完全ニ破壊シ、砲台ニハ多大ノ損害ヲ与フ。

十二年九月四日

青島引揚完了

四日正午大鷹〔正次郎・青島〕総領事外邦人320名原田丸〔原田汽船〕ニテ青島発、之ニテ青島居留民ノ引揚完了ス。

青島警備船中天龍〔軽巡洋艦〕ハ赤痢患者続発ニテ消毒ノ為三日青島ヲ発シ佐世保ニ至ル（四日4hP着）。

旗艦龍田〔軽巡洋艦〕ハ四日青島発旅順ニ至ル（0-15P）。

二航戦
攻6（各60吉4）、爆4（各60吉2）8-5A中正営ヲ爆撃、30発命中ス、広大ナル建物ニシテ全部ヲ粉砕シ得サリシモ大損害ヲ与ヘタリ。

攻4（各60吉6）10-35A広東墓地北方引込線及ヒ倉庫爆撃、爆4（60吉2）1-20P墓地内ニ砲兵陣地ラシキモノヲ認メ急降下爆撃ス、二番機ハ高度1000m位ニテ火ヲ発シ、爆弾投下後蘇州河中ニ墜落。

戦2宛ヲ以テ7-0Aヨリ7hP迄陸軍戦線及上陸点ヲ警戒ス、1-45P11D上空警戒中、敵ホーク6機ト壮烈ナル空中戦ヲ行ヒ3機ヲ撃墜ス。

一航戦（龍）

攻2、爆3、戦4、7-0A発進、北停車場及ヒ付近建造物、鉄路総局ヲ爆撃、八弾命中。攻1、爆4、戦5、11hA発進、鉄路総局及ヒ付近倉庫ヲ爆撃（250吉3弾直撃）。

爆3、攻2、戦4、2hP発進、商務印書館付近ニ250吉2弾、小家屋ヲ粉砕火災ヲ起サシメ、密集部隊及ヒ軍需品ニ多大ノ損害ヲ与フ。

邵家巷ノ敵陣地ニ60吉8弾命中。爆4、戦4、4hP発進、浦東側砲兵陣地ヲ攻撃。

攻2、1-15P発進、南翔西方ニテ2-30P東行中ノ軍用列車急停車シ敵兵四散セントスルヲ認メ爆撃（各60吉6）、機関車ヲ爆破シ敵兵ヲ銃撃ス。

攻2（各60吉3）4-20P商務印書館付近爆撃。

攻2（〃）5-30P劉家行ニテ装甲自動車ヲ爆撃シ二台ヲ粉砕ス。

済州島隊
6機、4-30P発進、3機ハ7h-50P海州兵営爆撃、二棟ニ二発命中、他ノ3機ハ目標ヲ認メズ、10h-30P全部帰着。

英国駐支大使〔Hughe M. Knatchbull-Hugessen〕負傷事件

四日駐日新大使クレーギー〔Robert L. Craigie〕着任挨拶ノ時、外相〔広田弘毅〕ニ駐支大使ノ負傷事件ニ関スル英ノ公文ニ対スル日本ノ回答ヲ催促シ、山本〔五十六〕海軍次官ハ友人ナレハ懇談シタキ話アリ。

四日6-30P外務次官〔堀内謙介〕官邸ニテ山本、クレーギー話合フ。

クレーギーノ態度ハ温和ニテ両国親善保持ニ苦慮ノ誠アリ、六日又ハ七日朝迄ニハ回答ノコトトス。

陸、海軍課長懇談

（海）軍令部　福留一課長、横井〔忠雄・軍令部第一部甲部員〕大佐、保科〔善四郎・海軍省〕軍務一課長

参謀本部　武藤〔章〕三課長、河辺〔虎四郎〕二課長、田中〔新一・陸軍省〕軍事課長

今尚外務辺ニハ不拡大ノ惰性アリ、支那膺懲ヲ徹底セシムルノ要アリ。

大本営設置ハ陸海軍政当局ハ尚早トシ一致セズ。

北方ニテ大打撃ヲ与ヘ保定ノ線ニ進出シ、南方ニテ上海付近ヨリ敵ヲ撃攘スルノ勝利ニテ戦局ヲ結ブトシ、十月下旬乃至十一月初トナラン。

陸軍ノ動員兵力既ニ約60万、徴用船舶85万噸。

陸上飛行場ヲ確保スル為ノ兵力ヲ別ニ考慮スヘシ。浦東ノ敵ヲ攘ヒ、公大飛行場ヲ使用シ得ル如ク兵力ヲ考慮セン。

十二年九月五日

二航戦

北新涇鎮付近ノ敵攻撃

攻5、爆6、8h-40A、北新涇及付近部落ニ部隊アルヲ認メ爆撃、張家宅ニテハ爆発物ノ炸裂アリ。河岸ニアル200隻余ノジヤンク攻撃。攻2、11hA張巷付近ノ敵ヲ爆撃。攻7、2hP運貨船約10隻ヲ曳航スル四群ヲ爆撃。攻2、4h-15P北新涇ヨリ真茹付近ノ小部隊攻撃。

市政府方面トーチカ陣地攻撃

攻2、5-20P東競馬場ノ東方軍工路付近ノ敵陣地爆撃、トーチカノ如キニ命中。攻2、5-35P軍工路上何家宅陣地ヲ爆撃大破。戦闘機ハ陸軍上空警戒、敵ヲ見ズ。

陸軍上海方面ノ死傷（九月三日迄）

	（死）	（傷）
3D	329（内将校13）	1011（内将校46）
11D	342（内将校18）	698（内将校33）

支那沿岸封鎖

八月二十五日ヨリ3F長官〔長谷川清〕ハ上海沖ヨリ汕頭ニ至ル支那沿岸ニテ支那船舶ノ交通ヲ遮断スル旨宣言シ、9S、5Sd等ニテ封鎖ヲ行ヒアリシガ、九月五日午後六時ヨリ第三国港湾及ヒ青島ヲ除ク支那沿岸ニテ支那船舶ノ交通ヲ禁スル旨宣言シ、海州（含ム）ヨリ以北ハ2F長官〔吉

田善吾〕、同以南ハ3F長官封鎖ヲ行フ。

第二連合航空隊移動

周水子ニ在リシ第二連合航空隊ハ六日2hP全部大村ニ移動完了。

陸軍飛行機上海へ増派

台湾ヨリ独立飛行第十中隊ヲ上海ニ派遣セラレ、九月十九日上海着。九五式戦闘機12、人員219。

上海陸軍ノ現地報告

参謀本部第三課長へ参本西村〔敏雄・作戦班員〕少佐ヨリ（五日午後十一時）。

㈠軍ノ第一線ハ全線ニ亘リ敵ト相対峙シ一ノ部落ヲ取レハ更ニ次ノ村ニ敵陣地アリ、将来ト雖戦況ノ進展ハ敏速ナル能ハサルヘシ。

㈡両師団ノ損害ハ既ニ合計約二千五百ニ及ビ日々少クモ百名ヲ失ヒツ、アリ、之カ補充員ノ輸送ヲ促進セラレ度、特ニ幹部ノ補充ハ部隊ノ戦闘力ニ影響スル所大ナルヲ以テ特ニ迅速ナルヲ要ス。

㈢藤田部隊（3D）ノ正面十二粁、山室部隊（11D）ノ正面ハ更ニ大ニシテ、将来両師団ノ主力ヲ近ク相提携セシメ大場鎮方向ニ主攻撃ヲ行フ場合、山室部隊ノ右翼及藤田部隊ノ左翼方面ヲ掩護シ其ノ上陸拠点ヲ直接防護スル等ノ為、後備歩兵大隊少クモ六個ヲ増派スルノ要アリ、九月中旬到着スルカ如ク北支割当ノモノヲ至急転用スルヲ要ス。

㈣略

㈤為シ得レハ野戦重砲兵第十連隊ノ一大隊〔第十四師団ト同行セシモノ〕ヲ当方面ニ復帰セシメラル、如ク希望ス。

㈥略

十二年九月六日

〔伏見宮博恭王・軍令部〕総長殿下拝謁、奏上

六日午前殿下拝謁、海軍ノ用兵作戦ニ関シ奏上ノ後、上海ノ陸戦遅々タリ、増兵必要ノ旨奏上遊ハサル、直ニ参謀総長〔閑院宮載仁親王〕ヲ御召遊ハサル（3hP参内）。

上海ニ9D、13D（2Dノ乙師団）、101D、台湾守備隊〔崇明島飛行場占領〕増派ニ内定ス、6Dノ後備四大隊ヲ派遣。

一航戦

龍、爆3、攻2、戦4、7-0A発進、何家宅トーチカ爆

撃、軍工路東側ノ塹壕ヲ銃撃。爆3、8-55A発進、トーチカ爆撃、直撃弾ニテトーチカノ一部炎上ス。爆3、戦3、0-30P発進、トーチカ爆撃、直撃数弾ヲ得テ之ヲ粉砕シ、付近陣地ニ多大ノ損害ヲ与フ。

陸軍

宝山城ヲ六日11hA鷹森隊占領。天谷支隊ハ之ニ協力ノ後、宝山城西方ヲ掃討シツ、月浦鎮方向ニ進撃開始。

9S

午前9Sノ飛行機4機ニテ汕頭飛行場ヲ爆撃、格納庫一ヲ破砕ス。午後、妙高⋎3ヲ以テ厦門無電所及公安局爆撃。

一航戦

龍、攻3、戦3、2-30P発進、市政府北方陣地ヲ爆撃。爆3、戦3、4-30P発進、市政府北方砲兵陣地ヲ爆撃シ、全弾命中シ粉砕炎上セシム。

鳳、攻3、1-10P発進、市政府北方斉家宅北方350m付近ノ砲兵陣地、塹壕ヲ爆撃、トーチカ2ヲ粉砕ス。攻3、7-0P発進、斉家宅北方敵陣地ヲ爆撃シトーチカ2ヲ粉砕ス。

二航戦

爆4、7-0A発進、北新涇ヨリ楊家橋ニ向ケ北進中ノ敵兵約120名ヲ爆撃、自動車粉砕。攻2、11-0A発進、嘉定城内ノ防空砲台等爆撃。攻2、2-30P発進、装甲自動車2爆破。戦2、11D上空ヲ警戒、敵ヲ見ズ。攻6、戦4、4-40P発進、広徳飛行場ニ至リ敵機ヲ見ズ、60吉弾24ヲ散布爆撃。

飛行基地

公大飛行場ノ設営ハ完了、尚若干敵弾ノ顧慮アルモ、九月八日以後艦上機約40使用可能。

第二連合航空隊十二空ノ九五式戦6、十三空ノ九六式戦5、十三空ノ九六式爆6（誘導機）ヲ九日8-30A大村発、幕瑟浦経由上海ニ移動、2h-45P上海公大着。

十二年九月七日

海軍事変ニ依ル戦死傷者（九月七日正午判明ノモノ）

	士官	特務士官 准士官	下士官、兵	(計)
戦死	14	47	417	478
重傷	7	8	398	413
軽傷	6	11	457	474
微傷	0	0	41	41
合計	27	66	1313	1406

3F長官ノ陸軍増派意見(九月七日)
上海ノ戦線膠着ノ兆アリ、敵ノ抵抗侮リ難キモノアリ、直チニ有力ナル陸兵(少クモ二ケ師団)ヲ増派シ作戦目的ヲ迅速ニ達成スルヲ急務トスル意見電アリ(西田〔正雄・第三艦隊〕参謀赴任ニ托〔託〕シ長谷川長官ニ陸軍増派決定ノコトヲ手紙ス)。

上海派遣軍司令官及司令部
九月七日4hP由良〔軽巡洋艦〕ヨリ瑞穂丸〔陸軍徴用船〕ニ移乗、八日呉淞ニ上陸。

一航戦
龍、爆6、6hA発進、軍工路上トーチカ爆撃、トーチカ二個ニ直撃二及ヒ三発、破砕ス。
鳳、攻4、6-10A発進、軍工路上ヲ60吉22爆撃命中。
龍、攻2、戦2、8-0A発、閘北、真茹、大場鎮、南翔、楊行鎮等写真偵察。爆3、戦3、11-30A発、沈家行鎮東方陣地爆撃。攻3、戦3、2-30P発、沈力港鎮爆撃。爆3、5-15P発、右手浜大家屋内ノ密集部隊ヲ爆撃、全弾命中建物ノ大部分粉砕炎上、人員殲滅。
鳳、攻4、10hA発、軍工路西方陣地、密集部隊ヲ爆撃、韋家宅付近森林内ノ大密集部隊ニ八弾命中殲滅。攻4、2-15P発、韋家宅内ノ密集部隊ヲ爆撃、十二発命中、楊家〔橋〕付近ノ密集部隊ニ七発命中。

二航戦
爆6機、杭州爆撃、筧橋敵ヲ見ズ、全飛行場廃墟ノ如ク僅ニ被害ヲ免レアリシ中央部工廠及二建物ヲ爆破ス。攻6、戦3、6-15A発、広徳爆撃、八月二十九日攻撃時ノ模様ト大差ナシ(大型ノースロップ3大破シアリ)。飛行場周辺ノ建物ヲ爆破ス、帰途太湖上空ニテホーク型3来リ、3機共撃墜ス。引続キ4機ヲ認メ其ノ二機ヲ撃墜(敵搭乗者中ニ西洋人ラシキモノアリ)、計5機ヲ撃墜ス。
攻2、9-30A発、北新涇付近ニ装甲自動車二ヲ爆破。攻3、9-30A発、劉家行ノ無電台ヲ爆撃、直撃セズ。攻2、11-30A発、嘉定、南翔駅ヲ爆撃。攻2、4-0P発、劉家行無電台ヲ爆撃、直撃セズ。戦2宛、11D上空ヲ10hAヨリ3hP迄警戒、敵ヲ見ズ。
9S妙高⋎2、厦門無電所、電柱一ヲ爆破。

陸軍上海ニ派遣

台湾ヨリ重藤〔千秋・台湾守備隊司令官〕支隊（台湾守備隊ヲ充ツ）ヲ上海ニ派遣。人員４３００名、４Ｓｄ、其ノ他艦船ニテ上海へ輸送、上海飛行基地占領ニ任ス。

北支那方面軍（派遣中途ノモノ）ヨリ左ノ部隊ヲ上海ニ派遣、上海派遣軍ニ編入ス。

高射砲隊（乙）五
第六師団後備歩兵第一乃至第四大隊
第七　〃　〃　第五、第六大隊
第十一〃　〃　第一乃至第四大隊
野砲兵二ケ中隊、山砲兵一中隊（後備）
野戦重砲兵第十連隊ノ一大隊、及ヒ同連隊段列½
工兵三ケ中隊（後備）

十二年九月八日

参謀本部石原一部長談

御心配ヲ煩シタル上海方面ニ三ケ師団増派ノコトニ昨日上司ノ決裁ヲ得タリ。九月二十五日迄ニ内地発、十月上中旬ニ決戦ヲ行ヒ、羅店鎮、大場鎮、真茹、南市ノ線ヲ確保シ、専守ノ態勢トシ、一部ヲ満州ニ派遣セントス。対蘇ノ関係益々不安ナルニ、蘇ハ既ニ戦略展開ヲ終リアレハナリ。北支ニテハ保定ノ線ヲ確保（十月中旬）スレハ一部ヲ残シテ満州ニ派兵セントス。

9S

妙高Y3、汕頭ノ市政府、公安局及敵兵占拠スル回瀾中学校ヲ爆破ス。

一航戦
龍、爆3、攻2、6-25A発、軍工路方面爆撃
爆3、攻2、6-57A発、　〃
爆3、9-35A発、軍工路西方地区爆撃
攻2、10-57A発、　〃
爆3、1-0P発、　〃
爆3、3-0P発、　〃
鳳、攻4、7-5A発、軍工路方面爆撃
攻4、11-0A発、軍工路西方地区爆撃
攻4、3-15P発、　〃
龍、戦3、戦場上空ヲ警戒、敵ヲ見ズ。
二航戦
攻5、7hA発、閔（崑）行渡場付近及ヒヂヤンク集団ヲ爆撃。
爆6、9-30A発、崑山鉄橋爆撃、橋ニ250吉一直撃、枕木

四散、二発橋ノ袂ノ崖下ニ命中、駅構内レールニ60吉一命中。

攻6、正午発、松江鉄橋爆撃、橋ノ袂ノ水際ニ500吉一命中、崖崩壊、停車場ノ列車ニ60吉2発命中シ列車転覆ス。攻2、2-30P発、劉家行無電台爆撃、30吉二命中。攻2、4-0P発、劉家行西方五粁ノ塹壕爆撃。攻2、5-15P発、羅店鎮南方ノ敵陣地爆破。

陸軍

3D、飯田（七郎・歩兵第18連隊第3大隊長）大隊2hP軍工路ニ進出、トーチカ2占領。

陸軍飛行機八日ヨリ公大飛行場ヲ用ヒ飛行開始。

軍司令部ハ八日上陸、呉淞水産学校ニ入ル。

馬鞍群島方面

七日夜半以来風向北変シ、飛行不能ノ為泗礁山南側ニ転錨。

十二年九月九日

九日第九、第十八（第十二師団ノ乙）、第十三（第二師団ノ乙）ノ三ケ師団ニ動員下令セラル。第9、13ハ既動員ノ第101ト共ニ上海ヘ、第18ハ大連待機。

二航戦

攻2（各30吉12）、7h-15A発、嘉定爆撃。攻4、10hA発、嘉定爆撃（800吉弾）。爆5、9-30A発、杭州攻撃、喬司ニテトタン葺爆撃。

攻4、戦4、正午発、長興攻撃、瓦葺小屋及コンクリート面ヲ含ム飛行場ヲ爆撃、一弾舗装面ノ端末ニ弾着スルヤ火災ヲ混セル大黒煙昇騰シ長時間続ク、地下燃料ノ爆発ト認ム。攻4、2-30P発、江南飛行機製造廠攻撃、工場及ヒ造船所ノ一部ヲ爆破。

9S

午後妙高Ｙ3、汕頭綏靖公署、公安局、市政府ヲ爆撃、次テ潮州司令部、停車場、兵舎ヲ爆撃シ多大ノ損害ヲ与フ。

二連空隊

96式戦5、95式戦6、96式爆6、上海公大飛行基地着。

23空隊

九四式水偵2、江南兵工廠ヲ爆撃、建物ヲ大破ス。

一航戦（公大基地）

龍、攻2、戦6 ｝6-30A甲基地ニ派遣ス、終日市政府
鳳、攻3、戦4 ｝付近ノ陸戦ニ協力爆撃。

十二年九月十日

西村〔敏雄〕参謀本部々員ノ上海戦談

在来支那相手ノ戦ニハ戦略態勢ヲ有利ニスレハ戦術上ノコトハ問題ナシト云ヒ居リシガ、今回ノ上海戦ニテハ此ハ全ク誤ナルヲ証シタリ、敵ノ抵抗全ク予想外ナリ。敵ハ包囲セラル、モ退却セズ、砲撃セラル、モ退カズ、敵ハ約七万ヲ11D正面ニ、約五万ヲ3D正面ニ、約二万ヲ陸戦隊正面ニ、第一線ニ配シ、第二線ノ停戦地区内ニハ尚十数万アリテ計二十七、八万、之ヲ我ノ正面ニ推シ込ミ至ル所ニ配備シアリ。故ニ一地ヲ取ルモ直グ其ノ後方ニ敵アリ、退却スレハ銃殺ニシテ一家眷族ニ及ブ。

住民ノ敵愾心強ク、住民ハ全部追ヒ払フノ要アリ、婦人ニテモ信号ヲ行ヒシモノアリ。

応急動員ニテ軍艦輸送シ、後方続カズ兵力足ラズ両師団ハ大苦戦ナリ。陸戦隊正面ノ敵ノ圧力ハ減シタレハ、派兵ヲ急ギシ目的ハ達シタリ。

陸軍上海方面死傷者〔九月九日迄〕

	（死）	（傷）
3D	589（内将校24）	1539（内将校63）
11D	488（内　〃20）	1001（内将校50）
天谷支隊	128（内　〃9）	335（内　〃19）

一航戦

龍、攻、6-30A艦発、甲〔公大〕基地ヘ派遣ノ途次、右手浜ニ爆撃。

鳳、攻3、戦4、7-0A艦発、甲基地ヘ派遣ノ途次、軍工路及遠東運動場西端南方ノ火薬庫ラシキモノヲ潰滅セシメ陣地爆撃。

広東、香港間ノ通航船舶　九日夜以来全ク無シ。

6D後備四ケ大隊1-30P上陸終了。一、二大隊呉淞、三、四大隊貴腰湾。

天谷支隊ハ月浦鎮ヲ占領ス。飯田支隊ノ軍工路確保ニ連繋シテ陸戦隊（安田〔義達〕隊）ハ周家宅、張家弄ノ線ニ進出ス。11S安宅〔砲艦〕、堅田〔砲艦〕、熱海〔砲艦〕、夕月〔駆逐艦〕、望月〔駆逐艦〕、菊月〔駆逐艦〕、鵯〔水雷艇〕等飯田支隊ノ作戦ニ多大ノ協力ヲ与フ。

一航戦

龍、攻2、基地発、石家浜付近爆撃、8-50A。
鳳、攻3、9-45A基地発、遠東競馬場付近敵陣地爆撃。
　攻3、10-55A　〃　、軍工路付近敵陣地爆撃。
　攻3、4-45P　〃　、基地対岸ノ敵野砲陣地ヲ爆撃、
　　二門ヲ破壊ス。
戦闘機隊ハ終日租界上空ヲ警戒、敵ヲ見ズ。
龍、攻2、2-0P基地発、遠東競馬場付近ノ敵陣爆撃。

二航戦
天候険悪ノ為9-30Aヨリ攻撃開始。攻3、9-30A発進、月浦鎮付近ノ敵砲兵陣地ヲ爆撃、四弾命中沈黙セシム。攻2、11-15A発進、楊行鎮付近ノ砲兵陣地ニ6弾命中、約300名ノ部隊ニ4弾命中爆破。攻2、11-15A発進、嘉定付近ノ敵陣地ヲ爆撃。攻2、1-45P発進、楊行鎮付近ノ敵兵約300名ニ4弾、約80名ニ2弾爆撃。

二連空隊
浦東ノ敵野砲陣地ニ爆3、戦3ニテ攻撃。

23空隊
2hAヨリ黎明迄水偵一機浦東制圧、甲基地対岸付近ノ敵銃火ニ爆撃沈黙セシム。

上海ヘ増兵ノコト現地ヘ通報
上海方面ノ苦戦ニ鑑ミ三ケ師団ノ増派ヲ早ク現地ニ通報スル時ハ気ヲ弛メ思ハサル不覚ヲ取ルコトナキニアラズトシ、六日内定シ九日仰勅裁ノ後モ通報セサリシガ、十一日派遣軍ニ通報ス。
海軍ニテハ十二日3F長官ニ通報ス、現地着予定ハ

101D　九月二十二日 ～ 二十六日　　重砲　九月二十六日 ～ 二十七日
9D　九月二十八日 ～ 十月二日　　13D　十月二日 ～ 四日

十二年九月十一日

三航戦（神威（水上機母艦））
十一日夕丁基地（貴腰湾）ニ移動（十一日5h-15P発、十二日8-30A着）。

二連空隊
戦、終日租界及基地上空警戒、敵ヲ見ズ。十二空ノ戦6、市政府付近ノ敵砲兵陣地、爆撃。十三空爆5、杭州公路上ノ敵部隊爆撃。

一航戦

鳳、攻3、8-44A基地発、市政府南東ノ赤キ建物（野砲陣地ラシ）ヲ爆撃、250吉二命中、建物ノ1/4粉砕。
龍、攻4、基地発、10hAヨリ11hA、斉家宅付近ノ野砲陣地ヲ爆撃、60吉二、30吉六命中。
鳳、攻2、0h-20P、市政府南西ノ赤キ建物（野砲陣地ラシ）ヲ爆撃、60吉三命中。攻3、3-30Pヨリ4h-20P、江湾ノ労働大学爆撃、60吉八、30吉九命中。陸軍機着陸ノ際、鳳、戦2ヲ大破。
龍、攻2、4-30P、大場鎮付近敵宿舎ラシキ大建物ヲ爆撃、60吉四、30吉三命中。戦6、6-10P、遠東競馬場付近敵陣地爆撃。
龍、攻1
鳳、攻3 }7h-20P敵野砲及迫撃砲陣地ヲ発見爆撃
水上機隊昼夜ニ亘リ浦東側ノ敵制圧爆撃。

臨参命第九十九号

命令

一、左記部隊ヲ上海ニ派遣ス

第九師団（吉住〔良輔〕）

第百一師団（伊藤政喜）

第十三師団（荻洲〔立兵〕）

…

野戦重砲兵第五旅団（3D）

独立野戦重砲兵第十五連隊（近）

…

独立工兵第十二連隊（戊）（16D）

…

第三飛行団司令部　第四、第六、第十中隊（台湾）
↗九四式偵9

…

攻城重砲兵第一連隊ノ一大隊（乙）（12D）

…

二、第九、第百一、第十三師団長ハ上海ニ至リ上海派遣軍司令官ノ隷下ニ入ルヘシ。

…

昭和十二年九月十一日

同日第十八師団ヲ満州ニ派遣ノ伝宣アリ（新京以南ニテ部隊練成）。

〔欄外〕
（3D　藤田
11D　山室）

十二年九月十二日

浦東
3Sf⋎ノ報告ニ依レハ浦東側敵兵ラシキモノヲ認メズ、南市ヨリ家財ヲ携ヘ帰リ来ル群集多ク農耕ニ従事スル民衆多シ、此情況ニヨリ敵ノ大部ハ浦東側ヲ撤退シ避難民復帰スルモノ、如シト。
楊行鎮ヲ3D占領。
天谷支隊ニコレラ患者約300発生。
一航戦
市政府方面ノ陸戦ニ協力爆撃。
1-35P龍、鳳ノ基地派遣⋎全部収容ノ上佐世保ニ向フ。
一航戦ノ上海方面作戦一段落、南支方面ニ移ル。
二航戦
楊行鎮、羅店鎮方面ニテ11Dノ作戦ニ協力爆撃、龍華ノ警備司令部爆撃（60吉十二発命中）。
二連空隊
爆4、戦4、午前海門、通州、蘇州、嘉興等偵察。虹橋ニテ格納庫一残リアルヲ爆破。爆、戦12、大場鎮、劉家行方面ノ敵ヲ爆撃。
13dg
6-30P平海欽街ノ広東海軍特設無電台ヲ砲撃破壊ス。11hAヨリ1-30Pバイアス湾排牙山突角ノ砲台ヲ攻撃、トーチカ及ヒ弾薬庫ヲ完全ニ爆破、陸戦隊ニテ野砲二門ヲ破壊海中ニ投棄シ、一門ヲ鹵獲ス。
9S
妙高恵陽無電所ヲ爆撃。
23空隊及大鯨（潜水母艦）
十四日8hA中支部隊ヨリ除キ南支部隊ニ編入。
北支方面
十三日9h-50A山西省大同ヲ占領ス（関東軍東条（英機）部隊）。

十二年九月十三日

多田（駿）参謀次長来談
10hA来訪、談話ノ要旨次ノ如シ。
十月中旬上海方面ノ敵ニ大打撃ヲ加ヘ、少シ遅ル、ヤモ知レサルモ概ネ同時ニ北支那方面軍ハ敵ヲ撃破スヘシ、此時機ガ講和ノ最良ノ時機ニシテ、之ヲ逸スレハ長期トナル。
此時機ヲ逸セサル為ニハ今ヨリ外交ノ暗躍ヲ必要トス、我ノ要求スル所ハ近衛（文麿）首相ヨリ領土的野心無シト公言スルモ、彼ハ日本ヲ侵略者トシ、我ノ意図ヲ知ラシムル要アリ、要スレハ独、伊等ヲ用フルモ可。

両統帥部ニテ案ヲ練リ両総長ノ御話合ヲ願ヒテ政府ニ通シテハ如何。

陸軍ニテハ大本営ヲ設置セサレハ統帥上不都合多シ。

指導要綱案ヲ示ス。

之ニ対シ嶋田ヨリ、趣旨ニハ同意、第一部長間ニテ話合ハシメ速ニ進ルコトトスヘシ。

陸戦隊
東部ノ安田部隊ハ進出シ遠東競馬場ヲ占領。昨夜無気味ノ沈黙ヲ続ケシ敵ハ今朝偵察ノ結果退却セルコト判明シ、残敵ヲ掃蕩シ8hA競馬場占領。
姚家宅、王家宅ノ線ニ進出ス。
北部支隊ハ崇徳女学校付近ヲ占領ス。
二航戦
爆3、戦5、11hA杭州方面偵察攻撃、翁家阜アンペラ格納庫一ヲ爆破。
攻3、2-15P発進
攻2、爆4、3-15P発進 ｝江湾競馬場西方、干涇庙、江湾駅付近等ノ敵陣地爆撃及ヒ北新涇ヨリ曳航ノジヤンク群ヲ爆破。
戦2宛、8hAヨリ4-30P川沙口方面上空警戒、敵ヲ見ズ。
二連空隊
江南造船所対岸ノ浦東軍需工場ヲ爆10ニテ爆撃、酒精槽3ノ中2個爆破、工場炎上。
市政府方面ノ敵退去ヲ乗シ、陸戦ニ協力シ敵ノ集団及野砲陣地(江湾方面)ヲ爆8、戦10ニテ爆撃。
23空隊
九四式水偵7、終日浦東側制圧、同方面極テ平静。

十二年九月十四日

5Sd
十四日黎明夕張、29dg(追風(駆逐艦)、疾風(駆逐艦))ニテ広東虎門要塞ニ近迫シ、砲台下ニアリタル敵巡洋艦二隻(一隻ハ巡、他ハ砲ナラン)及砲台ヲ6-55Aヨリ7-20A迄砲撃。敵巡一ヲ大破(艦橋後方ニ大破口ヲ生シ傾斜)、他ノ一ニモ大損害ヲ与ヘ二隻共擱座セシム、川鼻島砲台ニモ多大ノ損害ヲ与フ。
8-10Aヨリ9-45Aノ間ニ大産〔嵯〕島付近ニテ第一回ノースロツプ6、第二回同2、第三回同3、第四回カーチスホーク

2、ノ爆撃ヲ受ク、船体兵器ニ損害ナキモ、第二回ノ爆弾中2ハ夕張ノ艏〔船首〕30m及50mニ落下シ傷者7ヲ出ス。

10S

天龍、旗風〔駆逐艦〕、春風〔駆逐艦〕、厦門偵察、砲台ヲ砲撃。

二連空隊

戦3、9-30A南翔ノ敵密集部隊ヲ爆撃。爆3、7-0P特〔持〕志大学ノ敵ヲ爆撃。

陸軍

台湾ヨリ派遣ノ重藤〔千秋〕支隊ハ十四日6hP貴腰湾ニ上陸完了。

3Sf

九五式3、大場鎮方面爆撃、九四式2、江湾、南翔、大場攻撃、夜九四式1、敵砲兵制圧爆撃及吊光投弾。

十二年九月十五日

上海方面

雨天ノ為甲基地使用不能。戦勢変化ナシ。水上機ニテ浦東側ノ制圧、租界上空直衛。

呉竹〔駆逐艦〕

汕頭港外ニテ9-25Aヨリ10hA敵ノ一スロップ型6襲来、爆弾24ヲ五回ニ投下セシモ呉竹被害ナシ。

19dg第二小隊

車牛山ノ備砲ヲ爆破シ、灯台ノ点灯復旧(海州沖)。

22空隊

貴腰湾ニ移ル。

十四日3F機密347番電

南京空襲部隊

第二、第四及第五空襲部隊ニテ編成シ、九月十六日以後反覆南京ヲ攻撃、敵航空兵力、軍事施設、主要官衙ヲ攻撃。

指揮官　第二連合航空隊司令官〔三並貞三〕

兵力　第二(2Sf)九六式戦6、九六式攻12

第四　九五式水偵12

第五　九六式戦12、九六式及九四式爆30

但シ九六式攻及ヒ九四式爆ハ同方面ノ敵戦闘機ヲ制圧シタル後ニ使用ス。

十二年九月十六日

二連空隊

上海方面雨天ノ為甲基地使用困難。

二航戦
羅店鎮南東方地区及劉家行付近ノ敵攻撃。攻3、爆3、8-15A発艦、穎家宅、嘉定等爆撃。爆3、10-30A発艦、滇宅付近ノ塹壕ヲ爆撃、一機ハ敵火ニヨリ急降下ノ侭火焔ニ包マレ落ツ。攻4、正午甲基地発、嘉定城内ニ散布爆撃。
一連空隊
中攻3、正午発進、汕頭付近ヲ捜索敵機ヲ見ズ。恵州、潮州ノ軍事施設ト認ル建物ヲ爆撃、5-40P全機帰着。
栗〔駆逐艦〕ハ七了口方面ニテ敵戦闘機6ノ爆撃ヲ受ク、被害ナシ。
水上機
通州水道ノ偵察、浦東側制圧、租界警戒。
23空隊
封鎖戦ニ協力シ、海上捜索。
16dg
上海方面ニ行動参戦シアリシガ、本日5Sdニ復帰。
1Sf
南支方向攻撃ノ為2-45P佐世保発進。
一連空隊
中攻6、4-15P台北発進、広東天河飛行場付近天候ノ障害アリタルモ同飛行場ニ有効ナル爆撃ヲ行ヒ、11-45P全機帰着。使用爆弾250吉、成果左ノ通。
南東隅大型格納庫二棟　各一弾命中炎上
北西隅大型格納庫一棟　一弾命中爆破
南西隅兵舎　四弾命中爆破
夕張
海南海峡ノ〔空白〕砲台ヲ砲撃（18発）。

十二年九月十七日

二連空隊
十七日5hP移動完了、甲基地ノ現有機。
十二空隊　九五戦15、九二攻12、九七偵2
十三空隊　九六戦12、九六爆18
1Ss
十七日11-30P佐世保発（伊四〔潜水艦〕欠）南支ニ向フ。
上海方面
雨天ニテ戦勢ニ変化ナシ。
一連空隊
1h-30P木更津隊台北ニ集中。
二連空隊

十二空、攻6、十三空、爆9、陸軍ニ協力シ敵爆撃。甲基地連日雨ニテ軟弱、極力修補セルモ使用可能区域幅50、発着ニ支障大。

3Sf九五式4機
月浦鎮上空ニテ雨中ニ敵戦闘機（カーチスホーク）10ト交戦シ、之ヲ撃退セシム。

兵要地点略語
　P　南京、S　杭州、T　南昌、W　漢口、X　広東

四相会談

本日閣議後、首相〔近衛文麿〕、陸相〔杉山元〕、海相〔米内光政〕、外相〔広田弘毅〕居残リ、外相ヨリ英大使クレーギー氏来訪ノ報告アリ。

英大使ヨリ日本ハ支那ニ何ヲ求ルカ、満州国承認ハ元ヨリナラン。

外相、支那ガ満州国ヲ承認シ呉レルナラ結構也、止ムヲ得サレハ永久ニ満州ニ就キ文句ヲ云ハズトシテモ可ト思フ、日本ハ兼々ノ声明通リ領土的野心ノアルヘキ筈ナシ。

英大使、北支ニテハ何カ。

外相、永久ニ戦争ノ起ラサル様非武装地帯ヲ設ケ、平和ニ経済的ニ日支両国共栄ヲ計リタシ。

英大使、然ラハ自ラ特種政権ヲ作ル要アラン。

外相、支那ノ主権下ニ支那ノ任命スル政権ニテ可ナルモ、日本ヲ良ク了解シ支那ヲ了解スル人タルヘシ。

英大使、日本カ支那ニテ経済上ノ発展ヲナス為ニ必要ナル資金ハ英国ニテ融資差支ナシ。

外相ヨリ、第三国ガ介入シテ講和ヲ進ルハ日本ニテ応シ難シ、日支直接交渉ヲ行フ、英国ハ支那ニ真意ヲ通セラレタシ。

今後此問題ニテ四相時々話合フコトトス。

陸相 ｛十月中旬迄ハ戦況発展ヲ期シ難シ
　　　欧米派遣使節ヲ早ク出サレタシ

十二年九月十八日

上海陸戦隊
佐世保ニ待機セシ六ケ中隊ヲ上海ニ派遣シ、艦船ヨリ揚陸ノ陸戦隊ヲ帰艦セシム（本日上海着）。
十八日1Sd、春雨〔駆逐艦〕、9dgノ一艦、出雲〔海防艦〕ノ一部。
二十日8S、21dgノ二艦。

夜間来襲ノ敵機一（浙江号）ヲ撃墜。

二連空隊、攻6、戦3蘇州停車場及付近ノ軍需品ヲ爆撃。

十三空、爆4、虹橋飛行場ヲ監視、敵ヲ見ズ、格納庫事務所ヲ爆撃。

十二空、攻6、飛行場対岸ノ敵陣地爆撃。

飛行場不良ノ為本日毀損3。戦闘機ニテ上空警戒、敵ヲ見ズ。

広東封鎖隊（29dg司令報告）

五日以来珠江、万山諸島付近ニテ抑留ノヂヤンク13（内大型2、中型11）。万山諸島付近通過ノ汽船ハ十五日以来毎日一隻ニ過ギズ（英、葡）。

十五日以来万山諸島牛角山付近ニ敵飛行機ヲ見ズ。

101D第一梯団
七隻師団司令部ト共ニ十八日5hP神戸発、9K。

3Sf
九四式2機7-30P発、11-30P帰着、杭州及虹橋監視。筧橋ノ兵舎ニ2、大場鎮ニ6弾爆撃。

十二年九月十九日

二連空隊　南京空襲（第一次）
(1)敵航空兵力殲滅ノ為九六式戦13、九六式爆17、九五式水偵16、8h-0A南京ニ向フ。
成果、撃墜確実ノモノ25、撃墜ト認ルモ確実ナラサルモノ2、格納庫一炎上。兵工廠ニ大損害ヲ与フ。

被害、空中戦ニヨリ行衛〔方〕不明ノモノ爆3（二連空）、水偵1（川内）。

甲基地不良ノ為戦4破損、燃料不足着水戦2、不時着水偵3（神威2）。8S、川内ノ四機ハ句容ニテ敵戦5ヲ撃墜ス。神威ノ八機ハ南京ニテ敵戦4ヲ撃墜ス。22空水偵ハ敵戦3ヲ撃墜ス。

二連空ノ戦闘機隊ハ10hAヨリ10h-15Aノ間敵機約20ト交戦シ15機（確実13機）ヲ撃墜。爆撃機隊ハ大校場飛行場、兵工廠、放送局ヲ爆撃、格納庫一炎上、兵工廠ニ相当ノ損害ヲ与フ。飛行場ニ約20機（大型3）アリシモ配列疎ニシテ爆撃効果不充分。
(2)第一次ノ戦果ニ鑑ミ敵戦闘機ノ殲滅ヲ期スル為、第一次ト概ネ同一ノ編制（戦10、爆12、水偵11）ヲ以テ3hP発進、4h-15P南京ヲ空襲。飛行場ニハ午前ト同様ニ二十数機散在シ離昇ノ模様ナシ、空中ニハボーイング戦3、ホーク3乃至5機アリ、戦闘ノ結果撃墜7（戦ニテ

3、8Sニテ2、神威ニテ1、22f1)。爆撃隊ハ憲兵
司令部ヲ爆撃。我ニ損害ナシ（離陸ノトキ戦1転覆)。
二航戦
攻10、9-30A発艦、6機ハ11hA松江停車場ヲ、4機ハ
11hA嘉興停車場ヲ爆撃、大損害ヲ与フ。南京空襲ニ第一
次戦3、第二次戦3参加ス。第一次ニ敵3、第二次ニ敵2
ヲ撃墜ス。

十二年九月二十日

陸軍作戦計画

参謀本部作戦課長(武藤章)来訪、説明ノ要旨
対支作戦中ノ現情勢ニ於テ万一ノ場合ヲ考慮シ、対蘇作戦
ノ計画ヲ策定シ上奏スルニ付御了承ヲ得度。
現在支那ニテ使用スル兵力ハ、
北支　8師団(第一、第二軍各3、方面軍直属1、15D)
上海　5〃
中央直属1〃
尚ホ内地ニ3師団配スルトシ、対蘇ノ予定計画ニ比シテ10
師団不足ス、之ヲ割当レハ、
東方　3(8師団ノ内)
北方　3(4師団ノ内)
西方　(3師団)
軍直属　4(8師団ノ内)
之ニ対シ支那戦線ヲ守勢トシ、次ノ兵力ヲ残置ス。
北支　4師団(北京、天津、保定、張家口)
上海　3師団
依テ節約ノ7師団ヲ対蘇戦線ニ配シ、東方、北方ニ各3師
団ヲ増シテ原計画通ノ兵力トシ、内地ニ4師団トス。
出征陸軍兵力
北支37万人、上海19万人

二連空隊及2Sf
南京空襲(第三次)
十三空ノ爆12、戦4、11h-30A南京ヲ攻撃。国民政府、
参謀本部ニ対シ効果充分、広播無電台ニ対シ不充分、爆撃
中敵機ヲ見ズ、250吉弾12、爆1帰投セズ。
南京空襲(第四次)、爆弾250吉12、60吉55個使用。
加賀(航空母艦)、攻11、爆13、戦2(3)
3Sf、8S、22空隊ノ水偵13(15)
} 計39(42)機
1hP南京攻撃、3hP帰着。富貴山、雨花台防空砲台ニ

相当ノ効果アリ、一弾ハ富貴山弾薬庫ニ命中セル如シ（攻機隊）。

爆機隊ハ大校場飛行場ノ本部及格納庫ニ60吉12発命中、各種施設ニ相当ノ効果ヲ与フ、飛行場周囲ニ依然約20機散在シアルモ囮ナルヤ実物ナルヤ不明、飛行場ニ60吉13発命中。

攻5ハ敵戦7ト交戦シ1ヲ撃墜ス
爆ハ敵戦5ト交戦シ1ヲ撃墜ス　撃墜4
戦2ハ敵戦3ト交戦シ2ヲ撃墜ス

蘇州空襲

十二空、攻12、戦3、夕刻蘇州停車場付近ノ諸施設、軍需品倉庫ヲ爆撃、60吉弾72、多大ノ損害ヲ与フ。

第二連合航空隊其ノ他ノ軍隊区分

第一空中攻撃隊
　十三空　爆18、戦6　指揮官　十三空飛行隊長（和田）
第二空中攻撃隊
　十二空
　十三空　戦1　指揮官　十二空飛行隊長（田中）
第三空中攻撃隊
　加賀　攻12、戦6　指揮官　加賀飛行隊長
第四空中攻撃隊
　加賀　爆12　同上
第五空中攻撃隊
　第三航空戦隊、二十二空、8S水偵指揮官　3Sf司令官（寺田幸吉）所定

2F空襲

4S、5S、神通（軽巡洋艦）ノ丫ヲ以テ徐州及ヒ連雲港ヲ爆撃。徐州北及ヒ東停車場（機関庫、貨車、水槽）ニ直撃60、連雲港ニテハ重油槽爆破炎上、機関車、貨車、建物等ニ直撃24。

陸軍上海方面死傷（九月十九日迄）

	（死）	（傷）
11D	660（内将校25）	1513（内将校58）
旧天谷支隊	150	737
3D	777（内将校26）	2601（内将校89）
片山（理一郎・歩兵醍醐旅団）支隊		8
重藤支隊	67（内将校3）	137（内将校8）

英陸軍武官ノ電
八月十三日ヨリ九月十九日迄ノ支那軍死傷見積リ２５００００名。

十二年九月二十一日

一航戦
第一次広東空襲
戦15、攻3、爆12、6-45A発艦、密雲多ク一時間余上空ヲ捜索中、8-50A頃雲間ヨリ白雲及天河飛行場増歩火薬廠ヲ発見攻撃、9-55A帰着。
成果、敵カーチスホーク戦闘機十数機ト交戦シ敵十一機(カーチス9、コルセア型2)ヲ撃墜ス。天河飛行場西側格納庫ニ250吉弾2直撃炎上ス、東側兵舎ニ大損害ヲ与フ、地上ニアリシノースロップ一ヲ爆破、一ヲ大破、四ニ相当ノ損害ヲ与フ。白雲飛行場、北側新格納庫一、旧格納庫一ヲ爆破、特ニ新格納庫ハ大火焔ヲ上ゲ炎上ス。燃料庫ニ250吉一弾命中セル如ク大黒焔ヲ発シ炎上ス、地上ノースロップ一ヲ銃撃。
増歩火薬廠、構内付近ニ250吉3弾命中、小火災被害。鳳翔戦闘機5空中戦闘ノ結果燃料欠乏且驟雨ニ会ヒ警戒艦付近ニ着水、人員全部救助ス。
第二次広東空襲
龍驤、戦9、爆12、攻3、2hP発艦、2h-55P天河及白雲飛行場攻撃、4-40P帰着。
成果、敵カーチスホーク戦闘機十機ト交戦シ其ノ5機ヲ撃墜ス。天河飛行場、東側格納庫2棟爆破シ、3棟ニ大損害ヲ与フ、兵舎ニ火災ヲ生セシム。白雲飛行場、格納庫一ヲ爆破、地上ニアリシ中型機4爆破、1ヲ大破、西側兵舎ヲ炎上。
本日天候不良、上空所々密雲アリ、時々驟雨来ル為大部隊ノ集団行動不適ト認メ、中攻隊(一連空隊)トノ協力攻撃ヲ延期シ当隊単独ニテ攻撃ヲ実施セリ。
9S
妙高陸戦隊50名ヲ呉竹ニ移乗シ協力、二十一日10hA抵抗ナクシテ牛角山島(澳門沖)ヲ占領。北側ニ水上基地ヲ設営ス。
2F
4S⋎連雲港爆撃。桟橋上ノ倉庫ヲ大破、桟橋根元及付近ノ鉄路ヲ破壊ス。昨日来ノ攻撃ニヨリ同港ノ主要施設ハ破壊シ、自沈汽船ノ水路閉塞ト相俟チ当分港湾機能ノ大部ヲ失ヘリ。

11S

陸上派遣ノ陸戦隊ヲ復帰セシム。

十二年九月二十二日

陸軍

101D先頭部隊今朝呉淞ニ上陸開始。

一航戦

広東空襲（第三次）

戦10、攻9、爆9、7-0A発艦、天候良好ナルモ処々密雲アリテ天河飛行場ハ認メ得ズ、8-20A辛フシテ白雲飛行場ヲ発見、一部ハ北方従化付近ニ飛行場ヲ認メ攻撃、本日空中ニ敵機ヲ認メズ、白雲ノ防禦砲火盛ニシテ爆一機（指揮官機吉沢（政明・龍驤分隊長）大尉）墜落ス。

成果、白雲、格納所及建物ノ残存セルモノ大半ヲ粉砕。マーチン一爆破、ノースロップ一大破、外二ニ相当ノ損害ヲ与フ。飛行場南方高角砲二門破壊。従化飛行場、格納庫2爆破、兵舎ニ相当ノ損害ヲ与へ、地上機一ヲ爆破。

広東空襲（第四次）

龍、戦9、攻2、1hP艦発、第一連合航空隊18機トノ合同意ノ如クナラズ、一部ニ直接掩護セルモ、他ハ広東上空ニ先行シ間接掩護ヲ行フ。行動中敵機ヲ認メズ。攻2ハ2h-10P虎門飛行場ノ格納庫ヲ攻撃、3-30P全機帰着。虎門ノ格納庫一ヲ爆破、一ニ相当ノ大損害ヲ与フ兵舎一ヲ粉砕ス。

一連空隊

広東空襲

鹿屋12、木更津6、9-10A台北発進、1Sf掩護ノ下ニ2-10P有効ナル爆撃（250吉弾）ヲ行ヒ、6-40P全機帰着。

成果、天河飛行場南東隅格納庫2ニ各一弾命中炎上ス、第一製弾廠ニ2又ハ3命中炎上。西村大工場ニ六弾命中爆破、石井兵工廠ニ十一弾命中潰滅。

地上砲火相当猛烈ナリシモ被害ナシ、敵機ヲ見ズ。

二連空隊

南京空襲、前日ノ雨ニ飛行場悪クナリ10hA迄修補ス。

第五次、十二空、爆12、木更空、戦3、十三空、戦1、神威水偵7、10h-30A発進、正午航空署及ヒ防空委員会ヲ爆撃シ60吉24命中、一部火災ヲ生セシム。水偵ハ敵ボーイング3又ハ4ト会戦、敵ハ直ニ避退ス。

第六次、十三空、爆14、戦4、11hA発進、12-15頃中央党部ヲ爆撃、60吉弾26目標及ヒ付近ニ命中。敵ホーク4、ボーイング1ヲ認メ、ホーク4ヲ撃墜ス、我爆1行衛〔方〕不明。
第七次、加賀、攻爆4、戦3、二十二空、偵4、8S、偵2、3hP頃南京停車場付近ヲ爆撃、250吉弾8、60吉弾20、北停車場及江辺車站付近倉庫ニ命中炎上。攻2ハ江陰水雷庫ニ250吉2、60吉6ヲ投下爆破ス。
二連空隊
十二空、97式艦偵2、11h-20A広徳飛行場ヲ偵察、新飛行場ニ中型1、小型1機ヲ認メ爆撃（命中セズ）。
十二空、攻12、戦6、12h-15江陰碇泊中ノ敵艦ヲ爆撃、一隻ニ60吉通常弾艏ニ直撃一、舷側ニ数発命中、火災ヲ起サシム。
十二空、攻11、戦3、6hP頃再ヒ平海型（中華民国）巡洋艦ヲ爆撃、平海艦長以下負傷者ヲ生ス。250吉2至近ニ弾着セシモ損傷ヲ認メズ。十二空、攻8、馬家宅付近ノ敵野砲陣地ヲ爆撃。
23空隊
広東空襲
94式水偵6、95式水偵2、2hA泊地発進、4hAヨリ5h-30A広東爆撃、6-30A全機帰着。
成果、天河飛行場ニテ本部ニ6、旧本部ニ2、兵舎ニ3、格納庫ニ4弾命中。軍司令部ニ2弾命中、付近著シキ建物ニ8命中。
2F
4S丫6、偵察攻撃。済寧、臨沂、徐州、淮陰各飛行場ニ丫ヲ見ズ、建物及貨車ヲ爆撃、更ニ午後丫10ヲ以テ兗州停車場ニテ機関庫（命中7弾）及機関車一大破、貨車多数ヲ破壊。摩耶（重巡洋艦）水偵一爆撃中銃火ニテ墜落。

十二年九月二十三日

陸戦隊
3Sd陸戦隊ハ10hA陸上発、各艦船ニ帰還ス。
一航戦
広東第五次空襲、戦10、攻9、爆9、7hA艦発、10-25A全部帰着。
成果、敵戦闘機4ト交戦、敵2ヲ撃墜（龍驤機）、茶頭火薬廠（無煙火薬廠）250吉7、60K10弾命中、数回ノ大爆発ヲ起シ白煙全廠ヲ掩ヒ壊滅セリ。増歩火薬廠（黒色火薬）ニ60吉30弾命中、大火焔奔騰シ建物12棟中小ナル3ヲ残シ他ハ粉砕。

収容後補給ノ為馬公ニ向フ。

南支部隊Y広東攻撃

3hAヨリ6hA、二十三空7、9SY5、五十鈴〔軽巡洋艦〕1計13機ニテ広東空襲。白雲飛行場格納庫5弾、天河飛行場本部1、軍司令部2、軍官学校6弾命中。空中ニ敵ヲ見ズ。

2F

4S水偵10、兗州ヲ空襲、防禦陣地ヲ有スル兵舎ヲ爆破、停車場、機関庫、貨車等ヲ破壊。

3F司令長官宛　　次長

発電

南京空襲ノ進行ニ伴ヒ自然攻撃範囲モ拡大セラルヘキ処、屢次申進ノ通特ニ対外関係ヲ考慮セラレ第三国ノ人命権益ニ危害ヲ及ホサヽル様此ノ上共深甚ノ注意ヲ払ハシメラレ度、尚今次ノ南京攻撃ハ適当ノ時機ヲ以テ一先ツ切上ゲ、航空兵力ノ大部ヲ以テ陸戦ニ協力之カ急速ナル進展ヲ図リ、然ル後再度最後的南京攻撃ヲ行フヲ作戦大局上有利ト認メラル、ニ付可然考慮アリ度。

本電ヲ発シタル動機

上海ノ作戦遅々タリ、此ニ対シ海軍航空兵力ノ協力ハ甚ダ少キ様認メラル、目下ノ情勢ニ於テ上海ノ戦勝ハ作戦大局ヲ決スヘキ重要事ニシテ、海軍モ全力ヲ尽シテ陸軍ニ協力速ニ之カ進展ヲ図ラサル可ラズ。

南京空襲ハ敵飛行機ノ残勢ヲ大破シ上海方面ヘノ来襲ヲ圧ヘ、又有形無形ノ大損害ヲ敵ニ与ヘタリト雖、目下上海ノ現情ニテハ第三国トノ紛糾ヲ絶対ニ避ルヲ要シ、南京ノ徹底的攻撃ハ上海ニ一段落ノ快捷ヲ獲タル直後ヲ最良ト認ム、即チ此際ノ南京空襲ハ概ネ既ニ目的ヲ達シタルモノニシテ適宜打切リ、上海ニ全力ヲ注クヘキ時機トス。

二連空隊

雨ノ為飛行場泥化シ南京空襲ヲ取止ム。

十二空、攻9、爆12、戦6、十三空、爆14、計41機。3-30P頃艦攻ニテ防空砲台ヲ制圧シ、艦爆ニテ敵艦ヲ爆撃、平海、寧海〔中華民国巡洋艦〕ニ各一又ハ二弾命中、砲艦一ノ前甲板ニ一弾(各60吉)直撃、外ニ舷側至近ノ処ニ有効弾5アリ、為ニ平海ハ浸水甚シク南京ニ急行止ムナクハ浅所ニ擱座ヲ命セラル、寧海ハ火災且浸水大、応瑞（中華民国巡洋艦）ハ昨日ノ爆撃ニテ浸水アリシガ、本日ノ攻撃ニテ浸水甚シク危険ナル旨ヲ報ス。

江陰高角砲台及ヒ兵舎ニ15発命中。

一連空隊

12機4hP台北発進、3機ハ南昌新飛行場ヲ発見、7h-5P爆撃、建物（六棟密集）ノ三棟ニ3弾命中炎上ス。他ノ9機ハ氾濫ノ為飛行場ヲ発見シ得ズ、10-30P全機帰着。

十二年九月二十四日

上海方面ニ近藤一部長ヲ派遣（二十五日夜出発）。中央ノ意図説明及打合セ、一部長へ指示左ノ通。

一、上海方面ニ於ル急速ナル戦勝。

北支ニ於ル保定、滄州占領モ上海ノ膠着セル戦況ニ依リテ大局ヲ左右シ得ズ、又上海ノ戦勝ハ第三国関係ヲ明朗ナラシムヘシ。

此戦勝獲得ニ対シテハ海軍モ陸軍ニ最大ノ協力ヲ行フヲ要シ、刻下最重要ノ航空戦ハ陸軍協力ナリ。

一、南京空襲。

敵空軍ノ残余ヲ大破シ敵ノ来襲ヲ圧ヘ且首都ニ対スル有形無形ノ攻撃効果ヲ収メ得タリ、上海戦ニ勝利ヲ得サル現情ニ於テハ第三国関係ニ多大ノ顧慮ヲ要スルモ、一度上海ニ快捷ヲ獲レハ第三国モ大勢ヲ推察シ大概ノ事ハ異論ヲ唱ヘズ、而シテ此ノ勝利ニ乗シテ南京ニ加ル大打撃ハ決勝ノ効果ヲ生スヘシ、尚奥地攻撃ノ効果亦至大ナラン。

一、上海戦一段落トナラハ一部差支ナキ兵力ハ内地ニ帰還セシメ、修理休養ノ上次期準備ヲ行フ、差当リ対蘇作戦ニ於ル5F充当兵力ヲ準備ノ要アリ。

一、講和ニ於ル上海方面処理ノ現地案知リタシ。

一、航空基地ノ現地調査。

一、司令部ニ関スル（杉山六蔵・第三艦隊）参謀長来信ニ対スル所見。

一連空隊

13機（木更津隊）2hP台北発進、悪天候ヲ冒シ漢口ヲ奇襲、5h-55P頃爆撃、10hP全機帰着。

成果（250吉弾）、製鉄廠ニ7命中炎上、之ニ隣接ノ大工場ニ5命中、兵器廠ニ6命中炎上ス。戦闘機2撃墜ス。飛行場ヲ発見シ得サリシガ、爆撃後ニ之ヲ発見ス（小型機二十数機ヲ認ム、武昌飛行場ニモ小型機アリ）。

15機（鹿屋隊）4h-10P台北発進、7h-15P南昌爆撃シ、10〔h〕-40P全機帰着。

成果（250吉弾）、格納庫5（8ノ内）ニ一又ハ二弾宛命中、4ハ炎上ス。修理工場ラシキ建物ニ一弾命中炎上ス。庫外戦闘機五ヲ破壊、一部炎上ス。旧飛行場兵舎群ニ4弾命中炎上ス。格納庫一（四ノ内）ニ命中。

9S

妙高機2、早朝広東軍官学校、軍司令部ヲ爆撃。

上海方面

天候不良ノ為南京、江陰攻撃中止。出雲ノ外艦船ヨリノ陸戦隊全部帰還。陸戦隊員9772名（出雲ノ外）、二十四日迄戦死傷者1416名。

十二年九月二十五日

多田参謀次長ノ談

北支方面軍司令官〔寺内寿一〕ニ対シ、左ノ総長指示ヲ与ヘラル。

同軍ノ作戦区域ヲ石家荘ト徳県（州）トノ連絡線以北トス。

北支方面軍第一軍ハ平漢線ヲ南下追撃、第二軍ハ滄州ヨリ斜ニ石家荘ニ向ヒ南西下スル軍ノ案ナルニ対シ、参謀本部ヨリ第二軍ハ兵站ノ関係アリ、徳県（州）ニ南下スルヲ可トスル意見ヲ申送レリ。

石家荘ヲ取リシ後ハ情況ニヨリ太原ニ作戦スルコトアルヘシ。

北支五省ノ政権ハ戦後支那中央政府如何ニモ依ルヘク、自治ノ程度ノ濃、薄ノ差アラン。

参謀本部総務部長〔中島鉄蔵〕ノ談

現内閣ハ確乎タル方針ヲ立テ、進ミ得サルカ如キニ付、作戦ノ要求範囲等ヲ御前会議ニテ首相、陸海相、外相ニ両総長殿下御参加決定シ進ムヲ可トセズヤ。

北支方面死傷概数〔陸軍〕

事変勃発ヨリ九月二十四日迄

5D	死398	傷954
6D	死傷813	
10D	死265	傷812
14D	死傷920	
16D	死16	傷118

20D	386	1148
支〔那〕駐〔屯〕旅	94	201
航空兵団	21	9
其ノ他	60	54
（計）	死 1574	傷 4695

同日迄ノ上海方面陸軍死傷	死 1867（内将校69）	傷 6095（内将校214）
二十五日迄ニ判明	2261（84）	傷 6414（255）

海軍死傷者　九月二十五日調

	士官	特、准士官	下士官、兵	（計）
死	20	57	531	608
重傷	8	14	422	444
軽微傷	6	14	575	595
計	34	85	1528	1647

博義王〔伏見宮博恭王第一王子・第三駆逐隊司令〕殿下御負傷

九月二十五日3dg島風〔駆逐艦〕上海入港ノ際、日本郵船ノ浦東桟橋付近遡航中同倉庫内ニ敵土嚢陣地及敵兵ヲ発見シ砲撃制圧ス、3h-40P此際敵迫撃砲弾ニ依リ戦死2、戦傷17、艦橋及一番連管〔魚雷発射管〕付近ニ被害アルモ、戦闘航海ニ差支ナシ。

司令博義王殿下御微傷ヲ受ケサセラレタルモ、極テ御元気ニ渡ラセラル。殿下ノ御戦傷ハ左小指球ノ盲管弾片創ニアラセラル、同箇所中央内縁ニ長サ約1・3糎ノ射入口アリ、X線写真検査ノ上皮膚面ニ近ク弾片ノ窺入ヲ認メ、局麻ノ下ニ不正形大豆大ノ弾片ヲ摘出申上ゲ、創面開放「リバノール」湿布貼用申上ケタル後御機嫌御変リアラセラレズ、御帰艦遊ハサル（8hP）。

二連空隊、二航戦

南京空襲、第八次

十二空、爆11、十三空、爆12、戦8、11hA頃南京攻撃。

十二空、下関電灯廠ニ全弾命中炎上シ全廠火焔ニ包マル、十三空ハ市政府、市党部ニ各数箇命中大破セル外付近市街ニモ多少弾着ス。十二空、爆一帰途敵砲艦一隻ヲ江陰付近ニテ認メ爆撃シ、直撃弾ニテ同艦火災ヲ起シ擱座ス。

本行動中南京上空敵機ヲ認メズ。砲火ノ為爆2墜落、1ハ江上ニ不時着シ神威ノ水偵ニテ一名救助セラル（一名行衛〔方〕不明）。

第九次、2Sf攻10、爆9、戦4、九五式水偵6ヲ伴ヒ正午発進、1h-47Pヨリ2hPノ間攻撃、3h-30P全機帰着。
攻4、爆5ハ広播中央無電台ヲ攻撃、250吉2弾、60吉一弾命中、其ノ東隣工場ラシキ建物ニ250吉3、60吉9弾命中大破、無線柱ニ250吉1命中。攻6、爆4ハ財政部ヲ攻撃、500吉1、250吉2、60吉3弾命中之ヲ粉砕ス、外ニ軍医司付近ヲモ爆破ス。本行動中敵機ヲ見ズ。
二航戦
攻2、爆4、1-15P発、2h-30P江陰上流十浬付近ヲ上航中ノ敵巡洋艦3ヲ認メ其ノ一隻ヲ爆撃シ艏〔船首〕、艉〔船尾〕至近ニ60吉2計4ノ弾着ヲ得。攻1、10-30A、攻2、1h-15P発進、商務印書館付近ノ敵陣地ヲ攻撃。
九月十七日以降戦闘機6ヲ甲基地ニ派遣シ、連日基地及租界上空ノ警戒ニ任ス。
本日ノ攻撃終了後全機ヲ加賀ニ収容シ佐世保ニ向フ。
二連空隊
十二空、攻6、戦3、9-45A江陰上流目魚州〔洲〕付近ヲ低速遡江ノ巡洋艦ヲ爆撃、60吉1弾直撃シ、5弾至近ノ有効弾ヲ得、該艦ハ黒煙ヲ上ケ擱座ス。攻3、商務印書館付近ノ敵陣地爆撃。
十二空、攻6、十三空、爆1、島風ヲ砲撃セル浦東ノ敵迫撃砲陣地爆撃制圧ス。
多摩〔軽巡洋艦〕
二十四日1hP海口砲台ヲ爆撃、砲撃。砲台ニ命中19弾、爆弾2命中。敵ハ四弾発射セルモ八千米付近ニテ不達。
南支部隊
広東空襲
23空隊4機、0hAヨリ6hA(二十五日)白雲航空学校ニ6弾、軍官学校ニ2弾ノ爆撃命中。
妙高機2、午後虎門付近捜索、一機ハ岐山上流ニテ楚同型〔中華民国〕砲艦一及雷艇ラシキモノ二隻ヲ攻撃、至近弾一ヲ得、砲艦ハ河岸ニ擱座ス乗員ハ短艇2ニテ遁走ス、一機ハ虎門砲台ノ北方飛行場(格納庫3∨無シ)ヲ攻撃、格納庫一ノ一隅ニ一弾命中。牛角山島ノ基地ハ良好、23空隊、妙高、伊6潜ノ飛行機利用中。
二連空隊
南京空襲、第十一次
十二空、爆11、十三空、爆9、戦8、5hP南京攻撃。十二空、爆ハ北極閣防空指揮所及交通兵団ニ60吉3又ハ4弾直撃大破。

十三空、爆ハ江北車站及付近倉庫ニ250吉3弾命中、倉庫炎上、停車場大破、軍政部ニ250吉2弾命中、一偏弾軍政部ト仏領事館トノ中間ノ空地ニ落ツ領事館ニ損害ナシ。

本朝来連続空襲ノ間敵機ヲ認メズ。

3Sf南京空襲
6機1hP兵工廠爆撃、30吉6弾命中。

臨命第五百四十二号
　指示
臨参命第八十八号ニ基キ左ノ如ク指示ス
北支那方面軍ノ作戦地域(航空ヲ除ク)ハ概ネ石家荘、徳州ヲ連ヌル線以北トス
　昭和十二年九月二十五日
　　参謀総長　載仁親王

十二年九月二十六日

一連空隊　浙贛鉄道攻撃
12機9hA台北発進、金華ニ鉄路2弾(250吉)命中。衢県ニ鉄路、停車場、貨車十数両6弾命中。広信ニ機関庫、貨車10、レールニ2弾命中。余江ニ鉄路、貨車ニ3弾命中、1h-15P全機帰着。
二連空隊
南京空襲ハ天候不良ノ為途中ヨリ引返ス、戦1(山下大尉)故障ノ為常熟付近ヨリ引返シ行方不明トナル。
97式艦偵2ハ広徳、杭州、諸曁、寧波偵察、広徳ニテノースロップ1ヲ爆撃転覆セシム、寧波格納庫ヲ爆撃シ一角ヲ破壊ス。
妙高
丫4、6-30Pヨリ楚同ニ30吉弾一艦橋ニ命中、虎門飛行場ノ中央格納庫ニ30吉弾二命中炎上、西側格納庫ノ一角ニ60吉二命中、兵舎ニ60吉一命中。
23空隊
94式水偵4、3hA発、琶江第二兵器廠ヲ爆撃、視認困難ナリシガ2機ハ目標ヲ発見シ命中弾6、他ノ2機ハ琶江及清遠付近ノ工場ラシキ建物ヲ爆撃。水偵1、0-15Aヨリ航空学校ニ2弾命中、妙高水偵1ハ黄埔軍官学校ニ1弾命中。
9D先頭部隊、呉淞ニ本日ヨリ上陸開始。

十二年九月二十七日

一航戦

広東空襲、第六次

戦12、攻9、爆9、9hA発進、攻撃。攻3、江村南方鉄橋爆破、脚付近ニ命中、線路屈曲相当大被害ヲ与フ。爆9、銀蓋拗車站及付近鉄橋爆破、車站炎上、駅内ノ線路及鉄橋ニ相当大損害ヲ与フ。攻3、琶口付近ノ鉄橋攻撃、攻3ヲ以テ連江口付近鉄橋ヲ爆破、連江口北方ノ鉄橋脚一ノ一部破壊シ、付近線路屈曲相当大損害ヲ与フ。

空中戦闘ニテ敵2機ノ中一機ヲ撃墜ス。従化飛行場内ニフイアツト一機ヲ発見銃撃炎上セシム。

第七次空襲

鳳、戦4、攻5、3hP発進、江村南方ノ鉄橋攻撃、橋梁中央部ニ330吉二弾、脚部ニ同一弾直撃、橋梁切断シ完全ニ爆破ス、5hP帰着。

龍、戦6、攻3、爆8、2h-35P発進、銀蓋拗、郭塘間山間隘部鉄路攻撃、隘部線路ニ300吉二弾、60吉八弾直撃、線路ヲ破壊シタル上四ケ所ニ於テ延長約500米ニ亘リ崩壊セシメ線路ヲ埋没閉塞ス、5h-30P帰着。

本行動中敵機ヲ見ズ。

9S、23空隊、香久丸〔特設水上機母艦〕

妙高7、香久丸6、23空3機広東方面攻撃。海寧型〔中華民国〕砲艦ニ2弾、至近ニ6弾投下擱岸セシム。虎門飛行場兵舎ニ11弾。

妙高4、虎門飛行場格納庫及兵舎ヲ爆破炎上。楚謙型〔中華民国〕砲艦ニ2弾直撃大破。

二連空隊

十二空、爆9、十三空、戦3、11-30A南京硫安工場ヲ爆撃、大形〔型〕工場2棟、小形〔型〕工場倉庫5棟ニ命中一部炎上ス(60吉18)。

十三空、爆9、戦2、1h-40P浦口停車場及付近倉庫ヲ爆撃(250吉9)、建物及列車ニ命中。

十二空、攻7、商務印書館付近ノ建物ニ拠ル敵ニ250吉14弾爆撃ヲ加フ。十二空、攻3、劉家行ニ拠ル敵部隊ヲ爆撃(60吉18)。

13D司令部

二十七日神戸発、五隻13K、4-15P。

3Sf

海塩、杭州、紹興、東関、寧波飛行場偵察。

筧橋格納庫ヲ爆破、東関ニテ林ノ中ニ燃料庫ラシキモノヲ銃撃セルニ炎上シ火焔天ニ冲シ45分燃ユ。

8S由良、名取〔軽巡洋艦〕機3D正面、鬼怒機11D正面ノ敵陣地ヲ偵察攻撃。

3F長官へ電　次長

南京爆撃声明以来諸外国就中英米ノ世論著シク硬化シ、中立法発動ノ気配モ見ユルニ至レル実情ニモ鑑ミ、此ノ上引続キ彼等ニ強キ刺激ヲ与ルハ作戦大局上不利ナリト認メラル、ヲ以テ、此際上海陸上作戦ノ一段落ヲ見ル迄航空戦ノ実施ハ概ネ左ニ依リ第三国トノ紛争ヲ醸サ、ルコトニ留意セラレ度。

一、上海付近以外ノ中支方面及南支方面攻撃目標ハ艦隊長官之ヲ指示ス。

二、爆撃目標ハ兵力、軍事施設、直接軍事上ニ利用セラル、交通通信機関ニ限ル。

三、第三国人命権益ニ対シテハ絶対ニ、又一般非戦闘員ニ対シテモ為シ得ル限リ危害ヲ及サ、ル如ク計画実施ス。

9S司令官〔小林宗之助〕、一連空隊司令官〔戸塚道太郎〕へ

機密695番電　3F参謀長

南支部隊、第一連合航空隊ノ航空機ハ概ネ左記ニ依リ攻撃実施ノコトニ取計ハレ度。

一、攻撃目標

(イ)中南支航空及海上兵力

(ロ)中南支飛行場諸施設

(ハ)南昌、韶関各飛行機製造廠修理工廠及材料庫

(ニ)漢陽、琶江、南昌、株州〔洲〕兵工廠

(ホ)鉄道要点

粤漢鉄路(…)浙贛鉄路(…)津浦線(…)

准南線(…)平漢線(…)

攻撃実施上ノ注意事項

(イ)鉄道要点ノ爆撃ハ時々之ヲ反覆ス

(ロ)爆撃目標ハ敵兵力、軍事施設及軍事上ニ利用セラル、交通通信機関ニ限定シ目標ヲ確認シテ之ヲ行フモノトシ、第三国人命権益及一般非戦闘員ニ対シ成ヘク危害ヲ及ホサ、ル如ク注意ス

九月二十七日—二三〇〇

巴里九月二十五日発

杉村(陽太郎・駐仏)大使ノ電一節

二十四日求ニ依リ「レジエー」(Alexis Léger フランス外務次官)往訪会談ノ要旨

……次ニ南京、広東ノ空爆ニ依リ英米両国ノ世論頓ニ悪化シ仏国世論亦之ニ影響セラル、所大ナリ……ト言ヘルニ付、一九二二年ノ海牙空戦法会議ノ経緯ヲ説明シ、日米伊等カ空爆ノ目的物ヲ具体的ニ制限列挙スヘキコトヲ主張シタルニ対シ、大凡軍用目的物ト認メ得ルモノハ総テ之ヲ空爆シ得ヘシト強調シタルハ英仏両国ニアラスヤト反駁シ置キタリ。

陸軍∨上海へ増派

十月十日頃王浜ノ飛行場完成ノ上台湾ノ

重爆一中隊(6機)
軽爆一中隊(9機)} 上海へ進出ス。

粤漢鉄道ノ故障

九月三十日復旧ノ一情報アリ(米特情1332)。

二十七日漢口発ノ列車三十日夕広東着(米特情1336)。

一連空隊

6機、9-20A発進、楽昌・宜章間ノ粤漢鉄道爆撃。目的地付近天候不良(山頂雲ニ蔽ハル)、地形上極テ困難ナリシガ2hP巧ニ敢行、5hP迄ニ5機帰着。

成果、嶺頭付近ニ1弾鉄路直撃、1弾鉄路ノ川側斜面ニ命中路面崩壊。師古杭付近1弾鉄路ノ川側斜面ニ命中路面崩壊。爆撃中敵戦闘機2ト交戦。我一機ハ汕頭東方沖23°-38′、117°-52′ニ不時着、搭乗員6名英汽船ニ救助サル。

妙高

10hA妙高機2、広東粤漢鉄道停車場ヲ爆撃。建物ニ30吉3弾命中、一棟炎上ス、一弾ハ線路ニ命中。

香久丸

水偵2、1-20A基地発、琶江兵器廠ニ対シ月明ヲ利用シ全弾命中、5-30A帰着。水偵1、2hA広東軍官学校ヲ爆撃命中。

十二年九月二十八日

一航戦

広東空襲、第八次
戦10、攻9、爆9、7-30A発艦、琶口第二兵器廠ヲ爆撃、主要建物ニ300吉1、60吉8弾直撃、二個所ニ火災ヲ生ス。又従化飛行場ヲ爆撃、大格納庫2ニ60吉7弾、小格納庫3ニ60吉7弾直撃、兵舎ニ60吉6弾直撃、右ニテ建築物ノ大部分ヲ大破ス。

二連空隊
十二空、攻6、戦2、6h-45A広徳新飛行場ヲ攻撃、格納庫ニ3弾、飛行学校ニ9弾(60吉)命中大破。
十二空、爆8、十三空、戦5、2h-20P蕪湖飛行場ヲ爆撃、戦闘機1ヲ撃墜、場内ニ⋎6配列、外ニ組立中ノ一機ヲ爆撃シ4機炎上、1機大破、ガソリン庫ニ大火災ヲ生ス。
十三空、爆12、戦5、1-30P南京大教〔校〕場飛行場ヲ爆撃、⋎無ク、格納庫ヲ大破、又1-40P句容飛行場ヲ攻撃、完全格納庫ニ60吉4弾命中大破、場内ニアル⋎2ノ中間ニ250吉2弾々着破壊、敵ホーク型1ヲ撃墜。攻8、閘北敵陣地ヲ爆撃。

8S由良、名取機
龍華飛行場格納庫爆破、3D正面敵陣地爆撃。

2F
徐州東方ニ飛行場発見(約600m平方)⋎、建物無シ。
徐州東停車場ノ転轍部及貨車ニ3弾直撃、軍需倉庫ニ2弾命中、午後海州飛行場ノ兵舎、倉庫ニ7弾爆中。

3Sf
95式2機筧橋飛行場爆撃、本部、倉庫、揮発油庫、アンペラ小屋ニ60吉14殆ト全部命中大損害ヲ与フ。水偵2、南翔南西ノ竹藪及駅前ノ密集部隊ヲ爆撃。水偵2、南翔ニテ貨物列車及密集部隊ヲ爆撃、大損害ヲ与フ。
支那海軍ノ艦船乗員大通ニ移駐(特情)。

大通移駐ノ〔中国海軍〕各艦ノ士官及兵数

平海	士官	14	兵	210
寧海	〃	37	〃	200
海容〔巡洋艦〕	〃	31	〃	311
海籌〔巡洋艦〕	〃	24	〃	210
逸仙〔砲艦〕	〃	4	〃	72
建康〔駆逐艦〕	〃	8	〃	34

23空隊、五十鈴、妙高
⋎8機広東黄浦〔埔〕ニテ肇和型〔中華民国巡洋艦〕(6弾命中)及

300t級敵艦（3弾命中）各一ヲ大破擱座、又琶江兵器廠、虎門飛行場格納庫兵舎ヲ爆破、尚黄浦〔埔〕広州行営ニ多大ノ損害ヲ与フ。

十二年九月二十九日

出雲

5-40A出雲（2、3番浮標繋留）ノ。235約200mノ江中ニテ爆発起リ、調査ノ結果視発水雷ニシテ電鑛ハ浦東ノ上海造船所（英国権益）構内ヲ経テ導キアリタリ。

英艦隊参謀長出雲ニ来リ『日本兵上海造船所内ニ上陸セル由ナルガ支那側ノ射撃ニヨリ英国財産ニ危害ヲ及ボスヘキヲ以テ今後斯ルコトナキ様』ト抗議セルニヨリ、上記ノ事実ヲ指摘シ英国側ニテ支那兵ノ侵入セサル様取締ル様ニ反駁シタリ。

陸戦隊

北四川路ヨリ進撃シ、閘北松〔淞〕滬鉄道線ニ一部進出。

3Sf

広徳新飛行場ノ格納庫一ヲ爆破、倉庫約十棟大破、江陰ニテ海容型艦ヲ爆撃、右ニ大傾斜セシム。南翔-嘉定ヲ爆撃ス。

香久丸、妙高

汀州付近ニテ1500t型艦ニ3弾直撃、江岸ニ擱座傾斜。

横沙付近ニテ肇和型艦ニ60吉2弾ヲ艦橋ニ直撃シ、更ニ5弾命中大火災、人影ヲ認メズ。

2F

済寧ノ機関庫、飛行場兵舎、徐州ノ軍需倉庫ヲ爆破。

十二年九月三十日

陸軍

9D戦列部隊ノ大部三十日上陸ヲ終ル。11Dト3Dトノ中間ニ進出、一日払暁攻撃準備ヲ了ル。

一連空隊（済州島隊）

大攻6、7-30A発進、上海ニ至リ、2機ハ江湾鎮西半部ニ60吉30弾命中、1機ハ南翔ニ250吉4弾命中。4hP全機帰着。

中攻3、9hA発進、杭州南方ノ江干駅ヲ爆撃、60吉23、機関車及貨車群、倉庫ニ命中、2-45P全部帰着。

二連空隊陸戦ニ協力

十二空、攻4、北停車場方面ノ敵ヲ爆撃。

〃　、攻3、3D正面ノ敵野砲陣地ヲ爆撃。

十三空、爆2、101D正面ノ敵陣地ニ向ヒシモ雲低クシテ爆撃ヲ中止ス。

3Sf、諸曁ヲ爆撃、本部ニ命中セズ小屋3破壊。

22空隊、寧波飛行場格納庫ニ直撃1、有効弾2。

香久丸、妙高、多摩(94式6、95式7)

黄浦〔埔〕西方支流ニ2500t巡洋艦ヲ爆撃、2命中。潭江中流ノ砲艦(約500t)命中6、撃沈(檣、煙突ノ一部水面ニ出ス)。黄浦〔埔〕広州行営ニ命中2。

十二年十月一日

九月二十二日碣石湾沖40浬付近ニテ伊一潜水艦ハ支那ヂヤンク10隻ヲ撃沈シ、海上荒クシテ人員救助ヲ行ヒ得サリシ旨九月二十九日報告ニ接シタリト9S司令官ノ電アリ。
此ノ一部ノ人員独船シヤルンホルストニ二十七日救助セラレテ香港ニ入港シ、世界ノ問題トナリタリ。
1Ssヲ南支派遣ニ当リ大海機密第32号ヲ以テ『沿岸第一線ニ充ツルコトナク沖合海面ノ監視ニ任セシム、支那汽船・戎克〔ジャンク〕ニ対スル臨検拿捕等ノ処置ハ水上艦艇之ニ当ルモノトス』
指示アルニ拘ラズジヤンクニ接近シタルニ端ヲ発ス。此点、本日再ヒ注意ヲ与フ。

参謀本部ヨリ通報

太原攻略ヲ命令セラル(奉勅)
綏遠方面ハ関東軍ニ委シアリ、但シ綏遠止リ
上海作戦ヲ促進ノ為、18※D、109Dヲ乍浦方面ニ用ヒ又山東ノ結末ノ為ニ萊州又ハ海州ニ一師団上陸ノコトヲ目下研究中
※六日ヨリ門司発(12Dナル故兵ハ上陸作戦ニ熟ス)

陸軍
13D師団司令部等上陸。
一連空隊
台北隊3機、正午発進、浙贛鉄道ノ黄信機関庫ヲ爆破潰滅(内ニ機関車在リ)、5hP帰着。
済州島隊3機、3hP発進、7-5P蚌埠停車場及引入線ヲ攻撃、線路構内建物破壊、10-40P帰着。
8S
丫3、陸軍作戦ニ協力、大場鎮及江湾付近ノ敵陣地ヲ爆撃。
22空隊

丫4、寧波飛行場ノ倉庫ヲ爆撃。

二連空隊軍司令官トノ細目協定ヲ了シ、本日ヨリ大部ニテ陸戦ニ協力爆撃（延機数99）。

十二空、101D正面、大場鎮（全面的爆破）、外岡鎮（蔣介石来レリトノ情報アリ、二回ノ大爆発ヲ誘起セシム）、嘉定付近ノ敵司令部ヲ爆撃。

十三空、9D正面敵陣地部落ヲ逐一爆撃シ推進ス。南翔付近ノ敵司令部ヲ爆撃（大ナル白煙昇ル）。

十二空、陸戦隊ニ協力、敵野砲陣地爆撃。

香久丸

天河飛行場格納庫ニ2弾、虎門飛行場格納庫ニ2弾、黄浦〔埔〕広墉行営及兵舎ニ5弾命中。

一連空隊

12機、3-45P台北発進（鹿屋9、※木更津3）、7h-10P頃南昌新飛行場ヲ爆撃、9-50P全機帰着。

成果、格納所2棟ニ各一弾命中炎上。格納所以外ノ重要建物ニ18弾命中、大火災ヲ起ス。本空襲ハ沿岸ヨリ貴渓付近迄密雲上ヲ行動シ為ニ奇襲ヲ行ヒ得タリト認ム。

※特情（支1104）『第一総站ニ投弾十数個損傷甚大ナリ、党部ハ重要公文書ノ外悉ク毀壊セラレ一物ヲ存セズ……』

3Sf

江陰ニテ徳勝型ノ〔中華民国〕砲艦一ヲ爆撃沈没。永綏型〔中華民国〕砲艦一舷側ニ命中擱座セシム。

5S

偵察ノ結果隴海線列車運行ノ模様ナシ、台庄、棗庄付近爆撃。

2Fノ封鎖、九月五日以来九月末日迄ノ成果。臨検支那船163、内拿捕セシモノ汽船1、発動機船6、適宜処分ノヂヤンク56。

現在大沽ヨリ靖海衛（南東高角付近）ニ至ル諸港ニ多数ノヂヤンク、小船アルモ時々一部沿岸漁撈ニ従事スルノ外大部分ハ蟄居シ、支那船舶ノ交通ハ局地的ノ小ヂヤンク及ヒ特ニ許可ノモノ以外ハ全ク杜絶ノ状態ニアリ。

広東『十月一日6hA以降一切ノ船舶ニ対シ広東、虎門間ノ通航ヲ禁ス』ル旨第四路軍布告ス。

上海方面陸軍死傷（九月三十日迄）
（〔下段は〕十月三日〔迄〕）

	死	傷
3 D	1059（内将校65） （1125）（　〃　67）	3503（内将校143） （3732）（　〃　148）
11 D	1500（　〃　51） （1637）（　〃　55）	3713（　〃　121） （4232）（　〃　133）
101 D	11（　〃　3） （95）（　〃　49）	137（　〃　6）
9 D	5 （17）	25（　〃　1） （57）（　〃　2）
重藤支隊	117（　〃　4） （130）（　〃　5）	342（　〃　15） （347）（　〃　20）
谷川支隊	1	8（19）
	2693（　〃　123）（＋	7728（　〃　286）（＋

十月一日8-45P発信北平米大使館付海軍武官
〔Harvey E. Overesch〕電
『約７００００ノ支那東北軍ハ戦ヒヲ拒否シ津浦戦線ハ士気阻喪シアリ、馮玉祥〔第六戦区司令長官〕ハ南京ノ援助ヲ強要シ、若シ援助セサレハ全北支ヲ喪失スヘシトス』

臨参命第百十二号
命令
一、敵ノ戦意ヲ喪失セシムル目的ヲ以テ北部山西省ニ作戦ス
二、北支那方面軍司令官ハ一部ノ兵力ヲ北部山西省ニ作戦セシメ太原ヲ占領セシムヘシ
三、関東軍司令官〔植田謙吉〕ハ北支那方面軍ノ右作戦ヲ容易ナラシムヘシ
四、関東軍司令官ハ第二項ノ作戦ノ為一部ノ兵力ヲ北支那方面軍司令官ノ指揮下ニ入ラシムヘシ
五、細項ニ関シテハ参謀総長ヲシテ指示セシム

昭和十二年十月一日

奉勅伝宣　参謀総長　載仁親王

臨命第五百四十八号指示ヲ以テ
一、北支那方面軍ノ山西省方面ニ於ル作戦地域ハ概ネ太原以北トス
二、関東軍司令官ハ左ノ任務ニ服スルモノトス
イ、概ネ内長城ノ線以南地区ニ進出セル部隊ヲ北支那方面軍司令官ノ指揮下ニ入ラシム
ロ、陽原、渾源、渾源以西ノ内長城線以北ノ山西省ノ安定確保ニ任ス

十二年十月二日

陸戦隊
二十九日以来淞滬鉄道へ進撃中ニテ着々成功シアリ。
陸戦
陸軍兵力ノ到着及ヒ海軍航空兵力ノ協力増加ニヨリテ、3D、9D、11D方面着々前進。王浜飛行場一日ヨリ陸軍機使用ス。
一連空隊、済州島隊
中攻9、9-20A発進、11-45A頃大場鎮爆撃、250吉16弾市街ニ命中炎上、1-45P全機帰着。
大攻6、8-35A発進、11-50A頃大場鎮爆撃、250吉19弾、60吉30ヲ市街ニ命中炎上。
二連空隊陸戦協力
軍、師団司令部及ヒ陸軍部隊ト密接ナル連絡ノ下ニ陸軍戦線推進ニ協力、延機数102(爆61、攻19、戦22)又攻3ヲ以テ閘北ノ陸戦隊ニ協力。
十二空、攻12、爆25、3D正面ノ敵攻撃。
十二空、攻7、戦22、碼頭、大場鎮、廟行鎮、江湾等ノ要点攻撃。
十三空、爆12、9D正面ノ敵ノ後方ヲ攻撃(爆一墜落)。
〃　爆9、101Dノクリーク渡河掩護ノ為廟行鎮ノ敵砲兵陣地ヲ爆撃。
〃　爆15、南碼頭及崑山ノ司令部ヲ爆撃。
3Sf
江陰ニテ昨日擱座セル永綏型砲艦ノ艦橋ニ一弾命中シ船体二ツニ折ル。
香久丸、妙高、多摩丫
天河飛行場格納庫ニ3弾命中大破。黄浦〔埔〕広東行営及兵舎ヲ攻撃、5弾命中。掲示門格納庫ニ2弾命中。
写真偵察ニ依リ撃沈敵艦ノ現状
二十七日撃沈ノ300t砲艦、上甲板浸水、右30°傾斜。

二十八日　〃　600ｔ　〃、上甲板浸水。

　〃　1500ｔ　〃、後甲板水中ニ没ス。

三十日　撃沈　400ｔ　〃、上甲板浸水。

　〃　三弾命中ノ巡洋艦ハ本日、檣、煙突ヲ水上ニ現ハシ沈没シアルヲ確認ス。

肇和ハ二十九日六弾命中大火災ヲ生シタルガ見当ラズ沈没セルモノト認ム。

95式2機、黄浦〔埔〕広州行営爆撃、帰途付近上空ニテ敵カーチスホーク4機ト遭遇、敵一機ヲ撃墜ス。

8S、川内∨

江陰上流ノ永安洲SE側ニ碇泊中ノ三艦ヲ爆撃、逸仙型座州、後甲板迄浸水、勇勝型〔中華民国砲艦〕艦橋ニ命中火災、湖鵬型〔中華民国〕水雷艇ニ命中大傾斜。

5S∨津浦線兗州以南ヲ偵察爆撃。

十二年十月三日

北支
徳州ヲ占領(三日3h-20P)。
一航戦、上海後方線攻撃、陸戦隊協力。
龍、攻2、爆6、7-30A発艦、崑山停車場ノ車庫ニ60吉1、直撃大破、倉庫三ニ60吉4命中二棟炎上、機関車貨車及ヒ線路、橋梁ヲ破壊、9-45A帰着。
龍、攻2、爆6、1hP発艦、嘉興停車場ノ車庫ニ60吉2命中大破、倉庫四ニ60吉4命中、大破一棟炎上、線路ヲ破壊　3h-50P帰着。
鳳、攻5、7-30A発甲基地着、陸戦隊ト協議シ、閘北砲兵陣地等ヲ爆撃。
一連空隊、済州島隊
大攻6、8hA発進、南翔ヲ爆撃、250吉20、60吉30市街ニ命中、2-45P全機帰着。
中攻6、10h-15A発進、甲基地上空ヨリ戦4ノ掩護下ニ2h-25P安慶飛行場ニ達シ、大型機3、及天幕三棟ニ対シ爆撃、2機ヲ撃破、天幕ニ小損害ヲ与フ、飛行場ヲ破壊、5h-30P全機帰着。
二連空隊
陸軍ノ作戦ニ協力、延数、爆42、攻19、戦3。
十二空、攻12、爆9、3D正面ノ敵陣地ヲ逐一爆撃潰滅シ進出掩護、11hA、3D戦線整理ノ為中止。
十二空、攻3、爆4、戦3｝南翔鎮及ヒ同停車場、列車ヲ
十三空、爆5　　　　　｝爆破。

十三空、爆22、9D正面ノ敵陣地ヲ8h-30Aヨリ4hP迄逐一爆撃壊滅シ進出ヲ掩護ス。

十二空、攻4、爆2、南翔SE4吉米ニ集積ノ軍需品ヲ爆撃、相当ノ損害ヲ与フ。

十二空、攻1、戦4、閘北敵砲兵陣地ヲ爆撃。

陸戦隊、航空員、其ノ他海軍死傷者(十月三日調)

(四日)[七日]

	士官	特士、准士	下士官、兵	計
(死)	22 [23]	65 [70]	576 (583) [606]	663 [699]
(重傷)	11 [12]	15 (16) [17]	444 (451) [465]	470 [494]
(軽傷)	10	14 (15)	568 (583) [608]	592 [633]
(微傷)		4	79 (85) [106]	83 [110]
合計	43 [45]	98 (100) [106]	1667 (1702) [1785]	1808 (1845) [1936]

3Sf
8機南京ニ向ヒシカ天候不良ノ為引返シ、途中江陰上流連生洲付近ニテ魚雷艇一ヲ銃撃、大火災ヲ起サシム。
5S
九四式3、九五式9機津浦線空襲。爆破セルモノ機関車4、貨車3、レール三箇所。
一連空隊　台北隊
4機　3-30P台北発進、樟樹鎮鉄橋爆破、橋脚ニ250吉3弾命中、9-15P全機帰着。

十二年十月四日

4-49A浦東側海軍桟橋付近ニテ視発水雷爆発、何等ノ被害ナシ。
陸軍
13D戦列部隊上陸完了(全部ハ六日)。
羅店鎮北方ニ700m×200mノ飛行場整備(朱毛宅ノ東)、各師団着々前進、9Dハ全部上陸揚陸完了。
一航戦
午前陸軍作戦協力、午後雲高350m以下トナリ爆撃困難。
龍、攻3、爆9、鳳、攻6、6-40A発進、大場、南翔、

嘉定方面ニテ退却中ノ敵密集部隊、敵陣地爆撃。
鳳、攻6ハ閘北ノ敵陣地爆撃、9-50A全部帰着。
此攻撃ノ際多数味方飛行機ニテ空中著シク錯綜セルニ鑑ミ、第二次以後ハ機数ヲ減シ発進時隔ヲ一時間トシ反覆攻撃セシム。
龍、爆3、11-50A発艦、敵陣攻撃、2-50P帰着。
鳳、攻4、11-40A発艦、閘北市街爆撃、天候不良ノ為一時甲基地ニ到リ3-50P母艦帰着。
一連空隊、済州島隊
大攻6、6-0A発進、南翔爆撃、250吉12、60吉36市内及ヒ周囲ニ命中、12-30(P)全機帰着。
中攻13、四隊ニ分レ、8hAヨリ9-30A三十分間隔ニテ発進、南翔ヲ爆撃、60吉20、50吉113弾ヲ市内外ニ命中、1-30P全機帰着。
本日各隊共ニ敵ノ地上銃砲火ヲ認メズ。
3Sf
8機、陸戦協力、大場鎮方面ノ敵陣地、砲兵陣地等ヲ攻撃。
8S⋎
大場鎮、南翔付近ノ敵陣地及退却中ノ敵密集部隊ヲ攻撃。
22空隊
陸戦ニ協力、大場鎮、南翔、真茹方面ノ敵陣地及ヒ黄渡ニテ貨車(20両)、楊家橋ニテ装甲自動車等爆撃。
二連空隊
7hAヨリ正午迄陸軍作戦ニ協力、午後雲低ク中止。延数攻14、爆35、戦9、計58機。
十二空、攻8、爆6、3D正面ノ敵陣地、部落ヲ爆撃。攻4、爆3、戦3、陸軍機ノ偵察ニヨリ南翔SW紀王廟ニ大密集部隊アルヲ知リ60吉35弾ヲ以テ爆撃。攻2、戦2、華曹鎮ノ兵舎等爆撃、炎上。攻2、戦6、大場、南翔付近ノ敵陣及敗走兵ヲ爆撃。
十三空、爆13、9D正面ノ敵陣地部落ヲ爆撃推進。爆12、9Dノ側面ヲ脅威スル嘉定SEノ敵重砲陣地付近一帯ヲ爆撃(大白煙ノ昇ルヲ見ル)。
十二空、攻2、戦2、閘北陸戦隊正面ノ敵砲兵陣地ヲ爆撃。
5S⋎
2機、膠済鉄路隠密偵察。10機、津浦線、機関車一爆破、貨物列車一ヲ爆破五両転覆、一両炎上、機関車ハ銃撃噴蒸。
臨(参)命五百五十五号
指示

臨参命第百二号ニ基キ左ノ如ク指示ス

一、第十八師団長〔牛島貞雄〕ハ上陸戦闘ノ訓練ヲ実施スヘシ

第一船舶輸送司令官〔松田巻平〕ヲシテ右訓練ニ協力セシム

二、細項ニ関シテハ参謀次長ヲシテ指示セシム

昭和十二年十月四日

十二年九月二十七日　為替局

昭和十二年度海外資金計画（摘要）

（単位　百万円）

一、海外資金需要原因	
(一)日満一体トシテノ国際収支支払超過（支那事変前ノ見積）	813
(二)海外資金計画上調整ヲ要スル項目	
(1)為替関係ヲ伴ハサル無為替輸入	150
(2)貿易外受取勘定ニシテ海外滞留ノ虞アルモノ	50
(3)本年中ノ輸入ニシテ前年中ニ資金ヲ要シタルモノ	(−)300
(4)明年輸入ニシテ本年中ニ資金ヲ要スルモノ	340
(5)正金銀行手許資金	50
計	1103
二、海外資金調達方法	
(一)金現送	604
(二)正金銀行借入金	210
計	814
三、差引海外資金不足額	289
四、支那事変ニ依ル国際収支ノ悪化	
(一)満州以外ヨリノ輸入増加	804 (960)
(二)満州以外ヘノ輸出減	121
(三)貿易外国際収支ノ悪化	100
計	1025
五、支那事変関係ヲ考慮セル海外資金不足	1314
六、満州ニ於ル支払減ヲ差引ル海外資金不足	1260

十二年十月五日

陸戦隊

三義里確保、トーチカ式陣地2ヲ占領ス。

陸軍

戦線変化ナシ。

二連空隊

午前中雲低ク陸戦協力行ハズ。午後陸軍ノ作戦ニ協力、延

機数60（爆44、攻14、戦2）。
十二空、爆25、攻8、戦2、3D正面ノ敵陣地、部落爆撃。
攻6、北新涇ニ330吉6弾命中、部落大破。
十三空、9D正面ノ敵爆撃（爆19）一機墜落。
3Sf九五〔式〕6機、22空隊4機
蕪湖爆撃、（雲高200m）、敵戦1ヲ撃墜、飛行場建物1ニ直撃、地上ニアリシ重爆1ヲ炎上セシム、1-10P全機帰着。
5S≻
12機（60吉30発）、鄒県、泰安間ノ列車爆撃。
一航戦甲基地派遣隊
攻3宛10-40Aヨリ5-0P迄四回発進、6-0P終了、閘北方面爆撃、第三回ニ敵野砲8門粉砕。
8S≻
大場鎮、南翔付近ノ敵陣地、部隊ヲ爆撃（30吉16）。
3Sf九五式6機南京攻撃
敵戦4ト交戦之ヲ逸ス（為ニ5機ハ爆弾ヲ投棄）、一機ハ句容格納庫ヲ爆撃。
26Dノ編制
関東軍ノ兵力ハ現在ノ四ケ師団以外ニ六ケ師団ヲ新タニ編入シ、計10ケ師団トナサントス。鉄道守備隊ハ止メテ師団内ニ入ル。此ノ新編制21師団ヨリ26師団ニ至ル。
26師団ハ今回増設計画ヲ繰上ゲ実施セルモノナリ。歩兵三ケ連隊ヲ基幹トス。
師団司令部師団長後宮〔淳〕中将
歩兵団司令部（元ノ混成第十一旅団司令部）鈴木〔重康〕中将
歩3ケ連（現在12ケ連隊ノ外、5D、6D管内ヨリ増派）
師団偵察隊（機械化部隊、騎兵部隊）
野砲兵連隊、工兵連隊、輜重兵連隊
関東軍北支作戦部隊
一、方面軍麾下ニ入リタルモノ
篠原〔誠一郎・歩兵第十五旅団長〕旅団　歩五大、野砲二大（2D）
〔大〕小泉〔基〕支隊　歩一大（2D）
堤〔不夾貴〕支隊　歩一大（独立守備隊ヨリ）
外ニ戦車30、山砲一大、15榴12門、15加2門、等
二、長城線以北ノ部隊
後宮（鈴木）部隊　歩四大、野砲一大

酒井〔鎬次・独立混成第一旅団長〕旅団（戦車主力欠）　歩二大（機械化）
本多〔政材・歩兵第二旅団長〕旅団　歩四大、野砲二大（1D）
野砲一大　15榴12門
内蒙軍9ケ師（一師約千名）

伊一潜支那ヂャンク撃沈事件上奏

1Ssヲ南支方面ヨリ引揚シムル仰允裁、奏上ノ後ニ総長殿下ニハ倚〔椅〕子ヲ賜リ（〔侍従〕武官長〔宇佐美興屋〕退下）、伊一潜九月二十二日支那ジャンク十隻ヲ撃沈シタル真相並ニ之ニ対スル対外処置ノ方針ヲ奏上セラル。

陛下ニハ意外ノコトニ其ハ困ツタコトダト御驚アリシガ、過去ノコトハ仕方ナシ将来注意セヨトノ御言葉アリ、尚之ヲ天下ニ公表セハ日本ハ何モ彼モ正直ニ云フ印象ヲ与ヘテ宜カラズヤトノ御言葉アリ。

殿下ヨリ二十三、二十四日頃ニ報告来リシナラバ公表スルカ宜シキモ、報告ニ接シタルハ三十日ニシテ、其迄ニ外務、海軍ニテ幾度モ絶対ニ無シト打消シアリテ、今ニ至テハ公表スルコト反テ不利ナル旨御説明申上ケ、御許アラセラル。

陛下ヨリ今度ノコトハ誠ニ困ツタコトナルガ、海軍ニテハ事実ヲ在リノ侭ニ朕ニ聞カセ且其ノ処置迄話シテクレ満足ニ思フ、陸軍ノ如クニ隠蔽サレルト他ヨリ耳ニ入リシ時心配ナリ、何モ彼モ在リノ侭ニ申セトノ難有キ御言葉ヲ拝サル。

尚軍隊ニテハ賞罰ヲ明ニスルコト肝要ナレハ、伊一潜艦長〔宮崎武治〕ハ元ヨリ1Ss〔小松輝久〕、9S司令官〔小林宗之助〕、7sg司令〔三戸寿〕等良ク調ヘテ、罰スヘキハ罰スヘシトノ御言葉アリ。

蘇国ノ飛行機（特情1238）

十二年十月六日発上海徐堪〔国民党中央執行委員〕宛孔祥熙〔国民政府行政院副院長〕
(1)蘇邦ヨリ間モ無ク飛行機230機到着スヘキニ付安心サレ度
(2)目下小銃弾欠乏ニ苦シミツヽアリ、独乙ヨリ購入ノ小銃弾五億発ヲ速ニ輸送スル様取計ハレ度
〔所見〕飛行機230ヲ送ル蘇ガ斯ク困リアル小銃弾ヲ送ラサルコト如何

十二年十月六日

一航戦

1、上海後方交通線攻撃（龍驤）
龍、攻3、爆6、8-20A発艦、蘇州ノ軍需倉庫、停車場ヲ攻撃、11-5A帰着。倉庫3ニ7弾直撃、機関車1、貨車約30爆破、4両炎上。

攻2、爆6、0-50P発艦、無錫停車場攻撃、軍用列車至近ニ1弾投下、数百名ノ敵兵逃出スヲ銃撃ス。構内ノ倉庫、車庫6棟ニ60吉10弾直撃、二棟ハ大火災。構内工場ニ60吉2直撃、一部炎上、3-50P帰着。
2、陸戦隊ニ協力（鳳翔機甲基地ヨリ）
攻3、6-50Aヨリ10-30A
攻3、10-40Aヨリ11-35A
攻3、0-25Pヨリ1-0P
攻3、1-5Pヨリ2-7P
攻3、3-10Pヨリ4-55P
（以上）閘北方面ノ敵野砲陣地、機銃陣地等ヲ爆撃。
二航戦
広東方面ニ進出、攻撃開始。爆10、戦2、10-15A発進、琶江兵工廠攻撃、大工場ニ250吉弾命中大破。
攻18、戦6、10-15A発進、韶関製造廠攻撃、韶関ハ密雲ニ閉サレ攻4ノミ辛フシテ爆撃、250吉4、60吉4弾飛行機製造廠ニ命中、60吉6弾ハ機関車庫付近ニ弾着、敵カーチスホーク2ト交戦、他ノ攻4ハ西村北方ノ鉄橋ヲ爆撃。
攻8、戦5ハ広東北方十五吉ノ高塘墟ノ鉄橋ヲ爆撃、250吉4弾、60吉13直撃大破。爆6、戦2、1-0P発進、英徳鉄橋爆撃ニ向ヒ密雲ノ為連江口南側ノ松嶺鉄橋ヲ爆撃、200吉4北側橋脚ニ命中、レール切断湾曲ス。
一連空隊、済州島隊
中攻10、8-10A発進、二連空隊ノ戦5ト悪天候ヲ冒シ、0-24P安慶飛行場攻撃、4-40P全部帰着。格納庫ニ命中3、同至近ニ40弾、投下弾117、敵機ヲ認メズ。
大攻5、9-15A発進、江湾東部ヲ爆撃、250吉24、50吉20弾ヲ散布、地上銃砲火ヲ認メズ、2h-30P帰着。
二連空隊
1、安慶、南京、蕪湖攻撃
十三空、爆9、戦6、一連空隊中攻ノ安慶攻撃ニ協力シテ蕪湖、南京ヲ攻撃。蕪湖ニハ敵機無ク、格納庫付近ヲ爆撃。南京空中ニ敵戦11アリ、交戦ノ結果1機撃墜確実、2機ハ不確実、地上ニ中、小型約十ヲ認メ爆撃、一機転覆其ノ他ニモ相当ノ損害ヲ与フ、我爆1機敵ノ砲火ニヨリ墜落。

更ニ、2-40P爆3、戦4ヲ発進、南京ヲ爆撃、帰途戦

4ハ敵ノ戦約12ト激戦、其ノ8機ヲ撃墜ス。
十三空、戦5、中攻隊ノ安慶攻撃ヲ掩護ス。
2、十二空、爆4、戦2、広徳ヲ爆撃、Yヲ見ズ。
十二空、爆4、戦6、虹橋ニノースロップ4着陸ノ情報ニヨリ発進セシガ敵ヲ見ズ、北新涇ヲ爆撃。
3、陸戦協力
十二空延数、攻38、爆20、戦8、計64機ハ3D、9D、101D正面ノ敵陣地ヲ爆撃協力。江湾鎮方面ノ敵砲兵陣地ヲ爆撃。
2F　4S、5S、Y(17機)
津浦線　徐州・泰安間ニテ機関車9、貨車十数両ヲ爆破、線路数ケ所破壊。
隴海線　機関車一ヲ大破。
22空隊
4機3hP発進、楊〔揚〕州飛行場建物ヲ爆破。
陸戦隊
北四川路方面ハ淞滬鉄道ノ線ニ進出ヲ了ル。
香久丸、妙高、多摩
6機、黄浦〔埔〕広州行営西側ノ大建築物及船渠ヲ爆撃、命中11弾大破。黄浦〔埔〕雷艇庫爆撃、9弾命中大破炎上。

臨参命第百十六号
命令　師団長　前田〔利為〕中将
一、第八師団ヲ満州ニ派遣ス
二、第八師団長ハ満州ニ到リ関東軍司令官ノ隷下ニ入ルヘシ
三、第八師団ハ大連上陸又ハ鴨緑江通過ノ時ヲ以テ関東軍司令官ノ隷下ニ入ルモノトス
四、細項ニ関シテハ参謀総長ヲシテ指示セシム
昭和十二年十月六日
奉勅伝宣　参謀総長　載仁親王

十二年十月七日

一航戦
陸戦隊協力(雨天)
攻3、9-10A甲基地発、閘北敵砲兵陣地爆撃、10hA帰着。
鳳、攻2、陸戦隊急請ニヨリ強雨ヲ冒シ基地発、閘北砲兵陣地爆撃(0-50Pヨリ1-15P)。
上海後方交通線破壊ノ為、龍、爆6、9-20A発進、崑山

以西雲低キ為反転シ途中大《(太)》倉北方敵陣地銃爆撃、11hA帰着。

二航戦、広東方面

爆12、戦1発進、爆6ハ琶江口兵工廠攻撃、黒色工場ニ250吉4弾命中、大破、本工廠之ニテ全滅。

爆6、鉄道破壊、江流口上流断崖部ヲ爆破シ崖崩壊ニヨリ線路埋没30米二箇所、15米二箇所。

一連空隊、台北隊

中攻8（大杉大尉）10h-5A発進、粤漢鉄道楽昌宜章間爆撃、雲低ク山岳ヲ覆ヒ困難ナル状況下ニテ坪石ノ東方二粁ノ鉄橋ニ2弾直撃、5-40P帰着。

二連空隊

陸軍ニ協力、7-0Aヨリ9hA迄3D、9D、101D正面ノ敵陣地ニ対シ延数十二空、攻7、爆12、戦4、ヲ以テ有効ナル爆撃ヲ行フ、9hA以後雨ノ為止ム。

昨夜江湾方面ヨリノ砲弾ニヨリ攻1機小破、爆弾庫破損。

3Sf

九四式2機、永安洲ニテ逸仙ヲ爆撃、直撃一、有効三弾アリ多大ノ損害ヲ与フ（八日横転沈坐セルヲ認ム）。

2F

4S全機ヲ以テ雨中ニ津浦線方面偵察攻撃。泰安、兗州間ニテ貨車十数両、機関車五両ヲ大破。泰安機関庫ヲ小破、線路数箇所破壊。

二航戦

韶関攻撃、攻6、戦4、11hA発艦、1hP飛行機製作廠及ヒ鳳陽ヲ爆撃、250吉4、60吉22弾製作廠ニ命中、昨日ノ攻撃ト併セテ壊滅セルモノト認ム。格納所ニ60吉2命中、ガソリン火災ラシキ大黒煙昇ル。

空中戦闘ニテカーチスホーク型5ト激戦シ、4機ヲ撃墜シ一機ヲ逸ス、2-30P全機帰着。

香久丸、妙高、多摩

九五式水偵6、黄浦《(埔)》雷艇庫爆撃、潰滅残骸ノミトナス。敵砲艦ヲ銃撃（敵弾ニヨリ一機不時着、人員救助ス）。

十二年十月八日

一航戦

陸戦協力、鳳、攻3、9-25A基地発、閘北ノ敵陣地ヲ爆撃、10-15A帰着。

龍、攻2、0-39P発進、天候不良ニシテ照準困難ナリシモ閘北ノ敵砲兵陣地ヲ爆撃、1-15P帰着。

二航戦、広東方面
攻6、戦3、9hA発艦、積雲ノ間ヨリ白雲飛行場ヲ爆撃、11-30A全部帰着。飛行場西隅ノ堆土ニ囲マレシ建物ニ60吉12弾命中、褐色ノ大爆煙昇ル、庁舎ニ6、東隅ノ格納庫ニ4命中大破。
攻6、爆6、戦2、1-30P発艦、3hP英徳駅南方四粁ノ鉄橋ヲ爆撃、4-45P全機帰着。橋梁ニ250吉2弾命中、橋脚部レールニ2弾命中湾曲セシメ、中央支柱コンクリートニ1弾命中。
二連空隊　陸軍ニ協力
十二空、攻6、爆6、戦2、7-0A発進、3D正面ノ敵陣地爆撃、9hA頃ヨリ雨トナリ中止ス。十二空、攻8、夕刻晴間ニ江湾付近ノ敵砲兵陣地及ヒ浦東敵陣地ヲ爆撃。
香久丸、妙高
九五式水偵4機、月関付近ノ坐礁砲艇及ヒ虎門砲台兵舎爆撃、砲艇ハ覆没シ兵舎大破ス。
神威
九五式水偵6、江陰ニテ水雷艇ヲ爆撃、有効弾2、永安洲ノ下流ニ於テ今迄ニ破壊セル敵艦艇ハ巡洋艦4（内一隻全没）、砲艦3（内一隻全没）、雑役船1。
4S
泰安駅北側ニテ機関庫一、貨車若干ヲ大破。泰安、徐州間機関車7、貨車十数両、線路五箇所及兗州駅転轍部ヲ大破ス。済寧、棗庄ニテ機関車4、貨車数両ヲ大破ス。
北上〔軽巡洋艦〕、菊月
陸戦隊ト連絡シ、昨日ニ引続キ江湾鎮NW方ノ敵陣地ヲ射撃。
陸戦隊
3F長官ハ協定ニ基キ八日ヨリ上海陸戦隊ヲシテ派遣軍司令官ノ指揮ヲ受ケシム。
9-30P頃三義里ニ対シ敵歩砲協同ノ下ニ数百発ノ砲弾ヲ北四川路戦線ニ集中喊声ヲ挙ケテ突撃シ来ル、我ハ敵ノ近迫ヲ待チ猛然山砲機銃ヲ浴セ之ヲ粉砕シ、甚大ノ損害ヲ与ヘ撃退。
一航戦、陸戦隊協力
鳳、攻3、龍、攻2、鳳、攻3、3-50Pヨリ6-20Pノ間ニ閘北方面敵砲兵陣地ヲ爆撃。
一連空隊、台北隊
11機（内4機、済州島隊）9h-40A台北発進、株州〔洲〕攻撃、付近天候不良ナリシモ、1-45P頃高度600mニテ250吉ヲ爆撃、5-15P全機帰着。兵工廠ハ敷地広大ナルモ、小建物三アルノミニテ工事中止。停車場ハ停留場程度ノモノニテ、共ニ爆撃ノ価値ナシ。

粤漢線緑〔淥〕口鉄橋ノ中央橋脚及鉄路ニ直撃一、株州〔洲〕南方ノ鉄路ニ直撃2弾、株州東側鉄路ニ直撃1弾、株州〔洲〕北方三粁ノ工場（製鉄所ト認ム）大型建物四棟中ノ一棟ニ5弾命中。

21空隊（北支ニテ陸軍ニ協力）、北支方面軍司令官ノ区処ヲ受ル様発令アリ。

六日、衡水（徳州ノＮＷ50粁）離着水場調査及ヒ献県トノ連絡飛行。

七日、小範鎮基地調査。

八日、小範鎮前進基地設営及連絡飛行。南皮（滄州ノＳＷ方）ヲ根拠トセル約一箇旅ノ敵敗残兵ヲ爆撃、兵舎其ノ他ニ大損害ヲ与フ。

十二年十月九日

北支

寺内司令官ヨリ黄河迄進出ノ希望ヲ申来リ、中央ハ之ヲ阻止スルニ苦心中。結局兵力ヲ減スルノ外ナク、適時六ケ師団ニセントス。

上海

更ニ3ケ師団ヲ増派ス。第18師団（長クナルニ付佐世保ニテ休マス）、北支ヨリ一師団（6師団）、内地ヨリ乙師団一（114師団）。

二十七日（北支ヨリ輸送ノ関係上）上陸ノ予定ニテ中央ハ乍浦方面ヲ希望。大場鎮占領ハ十七日頃ナレハ上々。

上海特別陸戦隊ヲ上海派遣軍司令官ノ指揮下ニ置クコト十月九日海軍、陸軍同時ニ仰允裁ノ手続トス。現地ニテハ中央ヨリ指示シタル協定ニ基キ十月八日ニ発令シタリト雖、九日付ニ訂正ノコトトス。

解除ノ時機ハ大場鎮、真茹、上海南西部ヲ攻略シタル時トスルコトニ約束ス。

上海陸軍ニ海軍航空隊協力ニ対シ謝電

参謀総長ヨリ

参電第六〇七号

3F長官へ

上海付近ノ陸上戦闘ニ対シ第三艦隊司令長官麾下航空部隊ノ適切ナル協力ヲ受ケツ、アル由ヲ承知シ、感謝ノ意ヲ表ス

参謀総長へ　　3F長官ヨリ

御懇電ヲ拝シ感激ニ堪ヘス、倍々協調ノ実ヲ挙ケ戦果ヲ全フセンコトヲ期ス

九日二二時

3F機密第九九四番電

一、第一空襲部隊（一航戦）甲基地派遣隊及ヒ第五空襲部隊（二連空隊）ヲ以テ上海連合空襲部隊ヲ編成シ、指揮官ヲ一航戦司令官（高須四郎）ニ指定ス

二、上海連合空襲部隊ハ当分ノ内左記ニ依リ行動スヘシ

㈠任務分担左ノ通定ム、但シ指揮官ハ情況ニ依リ適宜之ヲ変更スルコトヲ得

第一空襲部隊

(イ)上海陸戦隊直接協力

(ロ)概ネ嘉定ヲ通スル南北線以西、常州及ヒ杭州ヲ通スル線以東地区ニ於ル敵軍隊及ヒ軍需品輸送（主トシテ鉄道）ノ偵察攻撃

第五空襲部隊

(イ)上海派遣軍直接協力

(ロ)概ネ嘉定ヲ通スル南北線以東地区（浦東ヲ含マズ）ニ於ル敵軍隊及軍需品輸送ノ偵察攻撃

㈡指揮官ノ定ル所ニヨリ適宜一部飛行機ヲ待機セシメ特令ニ依ル捜索攻撃ニ備ヘシムヘシ

九日二〇時

上海方面陸上

連日ノ雨ニテ泥濘、戦勢ニ大ナル進展ナシ。

艦船派遣ノ陸戦隊

本日出雲派遣ノ残部ヲ帰艦セシメ、之ヲ以テ艦船派出ノ陸戦隊ハ全部引揚ク。

第十八師団ト協力

第18師団五島方面ニテ上陸作戦ノ訓練ヲ行フニ対シ、4Sd司令部及ヒ6dgヲ訓練地ニ回航セシム。

二航戦、広東方面

攻6、戦4、9-30A発艦、10-30A天河飛行場爆撃。格納庫ハ既ニ破壊セラレ修理ノ模様ナシ、飛行場中央部ニ広範囲ニ60吉36弾ヲ散布大破ス、11-30A全機帰着。

攻16、戦6、韶関攻撃、爆12、英徳北方鉄道爆撃、正午何レモ発艦シ、快晴ニ恵マレ2-15P爆撃、4-30P全機帰着。

韶関ニテハ格納庫ニ250吉4弾命中炎上、防空砲台ヲ爆破、

飛行機製作廠ニ多数命中弾ヲ得テ潰滅セシム、飛行場ニ8機アリシヲ爆撃、1ヲ炎上、1ヲ破壊、他ノ6ニモ相当ノ大損傷ヲ与フ。

英徳北方50粁ノ烏石墟付近ノ鉄道ニ直撃弾ヲ得線路切断2箇所、又崖ノ崩壊ニテ線路埋没2箇所、線路浮上湾曲約100米ノ所、線路直下ノ崖崩壊セル所ヲ生セシム、小鉄橋ニ125吉2弾直撃。

英徳南方12粁大塘基付近ニ立往生ノ列車アリ、同所以南ノ交通ハ不通ノ如シ、七日ノ爆撃ニ依ル線路埋没箇所ハ未タ修復セズ。

香久丸

九五式水偵4、虎門砲台、司令部、兵舎ヲ爆撃。

4S⋎

6機泰安、兗州間ニテ機関車3、貨車20両ヲ爆破ス。昨八日爆破セルモノ其ノ侭停車ノモノ二列車アリ。

上海特陸

本九日ヨリ陸上戦闘ニ関シ上海派遣軍司令官ノ指揮ヲ受ケシム。

十二年十月十日

上海方面

終日雨、戦勢変化ナシ。

二航戦、広東方面

攻6、戦2、9-30A発艦、台山、三水、白雲飛行場ヲ偵察、従化飛行場ヲ爆撃、格納庫前面ノ飛行場ヲ爆破。格納庫ニハ多数ノ弾痕アリ、従化、白雲共ニ使用ノ模様ナシ。

攻5、戦2、9-30A発艦、虎門、東莞、龍門ヲ偵察シ天河飛行場ヲ爆撃。虎門ハ格納所、工場共ニ大破シアリ、東莞ハ目下水浸シ、龍門ニハ簡単ナル不時着程度ノ広場アルノミ、天河モ使用ノ模様ナシ、庁舎ニ60吉15命中大破。0-30P全機帰着。

香久丸、妙高、多摩⋎

8機、広州軍官学校分校ヲ爆撃、校舎東半部ニ60吉19命中大破、黄浦〔埔〕広州行営ニ2弾命中大破。

4S⋎

6機、津浦線徐州、六宿間ニテ軍隊軍需品搭載ノ貨車3列車爆撃、貨車10両、機関車一ヲ大破。隴海線徐州以東ニテ貨車数両、機関車一ヲ大破。

十二年十月十一日

陸軍作戦

石家荘ニテハ相当ノ抵抗アリテ大打撃ヲ与ヘ得ルモノト思ヒシニ敵逃走セリ、之ニ対シ中央ニテハ、

津浦線方面ハ黄河ノ線迄追撃
平漢線方面ハ順徳迄追撃 }之ニテ止リ、

山西省ハ太原ヲ攻略スレハ止ル(本月下旬)。

爾後ノ作戦ハ上海戦ノ成果ヲ見テ決ス。要スレハ山東省ヲ攻略セン。

方面軍ニテハ隴海線迄進出ノ意見ナレハ、明十二日武藤作戦課長ハ御使ニテ方面軍ニ至リ進出ヲ止メシメ打合ヲ行フ、十四日帰ル予定。

陸軍大臣ハ海軍大臣ヲ訪問シ、上海ニ更ニ3師団増派ノコトヲ話ス。チビチビ派遣シ申訳ナシト云フ。

上海派遣ハ、第18師団ト第6師団(第5師団ノ三大隊一部ヲ加ヘ上陸作戦ノ先導ヲナサシム)ト第114師団ニ決ス。6D、18Dノ上陸点ヲ金山付近トシ、十月三十日両師団同時ニ上陸。

一航戦

司令官弥生(駆逐艦)ニ将旗ヲ移シ、上海ニ至ル。

二航戦

爆12、戦2、9-30A発艦、11hA琶江口付近爆撃、琶江口北方横石付近ニテレール切断二箇所、崖崩壊シ線路埋没ノ所アリ、琶江口南方源潭付近ニテレール湾曲一箇所、崖崩壊線路埋没二箇所、0-15P全機帰着。英徳以南列車ノ運行ヲ認メズ。

一連空隊、台北隊

6機、1-30P、台北発進、浙灨鉄道爆撃、6-0P全機帰着。玉山駅構内線路ニ1弾(250吉)、付近鉄橋ノ橋脚ニ2弾直撃、金華駅構内線路及建物ニ各1弾直撃。

14機(内6機木更津隊)3-45P台北発進、南昌爆撃、密雲500mナリシモ7-15P頃敢行、10-15P全機帰着。旧飛行場格納庫一棟ニ4弾(250吉)命中炎上、兵舎群南半部ニ3弾命中、一炎上。停車場(南潯線)構内倉庫群ニ7弾命中炎上。

二連空隊

十一日午後連日ノ降雨、漸ク止ム、3hP頃ヨリ。

十二空、攻22、爆26、戦4(延数)、3D及9Dノ正面敵陣地ヲ爆撃シ前進ヲ掩護ス。

十三空、爆6、3-30P頃浦東電気会社ニアル敵部隊ヲ爆

撃。

十三空、爆6、5-0P頃江湾北方梁姻宅付近ヨリ陸軍、逆襲シ来レル敵密集部隊ヲ爆撃。

神威

運河、クリーク偵察、江陰ニテ水雷艇ヲ爆撃（有効一）。

一連空隊、済州島隊

大攻6、11-45A発進、3-30P嘉定、大〔太〕倉爆撃。嘉定城内及大〔太〕倉市街ニ250吉19、50吉40投下、効果大ナリシト認ム、6-30P全機帰着。

一航戦、甲基地派遣隊

鳳、攻3、0-13P発、1-55P帰着
龍、攻2、0-30P発
｝閘北敵陣地爆撃。

龍、爆6、2-50P発、常州ニ向ヒシカ雲低キ為蘇州停車場ヲ爆撃、三棟ニ60吉4、貨車六両ニ60吉4、停車場ニ60吉2直撃、5-0P帰着。

鳳、攻3、4-50P発、攻2、4-55P発、管理局爆撃。

龍、攻2、閘北ノジヤンクシヨン付近陣地、砲兵陣地爆撃。

神川丸〔特設水上機母艦〕

2機、1-20P発進、運河偵察、貨車二十両ニ爆撃。

香久丸、妙高、多摩

8機、広州軍官学校分校爆撃、校舎及付属建物ニ60吉20命中火災ヲ生ス、広州行営ニ2弾命中大破。

十二年十月十二日

北支ヘ中攻

北支ヨリ蘭州方面攻撃ヲ企図シ、調査ノ為中攻一機済州島隊ヨリ南苑ヘ移ル。

一航戦、甲基地

本朝6-0A浦東側ヨリ甲基地砲撃ニヨリ爆一機小破、此敵ニ対シ二連空ト共ニ攻撃、鳳、攻3、8-42A発、攻2、9-25A発、敵砲兵陣地ヲ爆撃、次テ鳳、攻3、11-55A発、砲兵陣地ノ如キヲ爆撃、又龍、爆3、2-32P発、爆撃。

閘北ノ敵爆撃。龍、攻2、1-35P発進、敵密集部隊等ニ60吉8攻撃。鳳、攻3、1-35P発進、三義里方面敵陣地ニ60吉15命中、高角砲陣地粉砕、攻3、3-10P発進、トーチカ等爆撃、攻3、4-35P発進、高角砲陣地等爆撃。

龍、攻2、4-52P発進、敵陣地ヲ爆撃粉砕。龍、爆3、戦3、4-15P発進、松江停車場及線路ニ60吉各一弾命中、5-8P帰着。

二連空隊

十二空、攻21、爆21、戦5
十三、空爆3
計50機(延数)8-15Aヨリ夕刻迄陸軍作戦ニ協力ス。

攻12、爆21、3D及9D正面ノ敵陣地爆撃。

攻3、爆3、戦5ハ陸軍Yノ偵察ニ依リ南翔付近ノ密集大部隊及ヒ自動車約50ヲ爆撃。攻6、江湾ノ敵砲兵陣地ヲ爆撃。

今朝甲基地ヲ砲撃セル浦東側ノ敵砲兵陣地ニ対シ十二空、攻3、戦14、十三空、爆10、攻8、計35機ヲ以テ徹底的ニ爆撃(今朝敵砲弾ニテ戦一小破)。

南京攻撃

十三空、戦11、一連空木更津隊ノ南京空襲ヲ掩護シ2hP頃南京上空ニ於テ敵戦7機ト交戦、5ヲ撃墜、我戦3、空戦後ニ行衛《〔方〕》不明。

蕪湖攻撃

十三空、爆6、戦3、2hP広徳、2-30P蕪湖ヲ偵察セルモ敵ヲ見ズ、蕪湖飛行場ニテアンペラ格納庫ラシキモノヲ爆撃。

一連空隊、台北隊

6機、10hA台北発進、悪天候ノ為衡陽へ進出不能トナリ、楽昌ニ向ヒシガ不良ノ天候ニテ小隊分離トナリ、一小隊ハ楽昌ヲ発見、機関庫ヲ爆撃、他ノ小隊ハ琶江北方二粁ノ鉄橋ヲ爆撃、7hP全機帰着。楽昌機関庫4棟中2棟ニ各一弾命中、線路ニ一弾命中、琶江鉄橋ハ中央橋脚ニ2弾命中、橋脚崩壊ス。

一連空隊、済州島隊

大攻4、9-15A発進、2機ハ常熟、2機ハ嘉定ヲ爆撃、4-0P全機帰着。常熟250吉6、50吉20、全弾市街ニ命中。嘉定、同上。

香久丸、妙高、多摩　広東方面

水偵5機、三水ノ上流14浬ニテ敵砲艦一(百噸)ヲ爆撃シ擱座セシム、乗員ハ陸上ニ逃走。

水偵5機、虎門付近ニテ砲艇一(約50t)ヲ爆撃撃沈、虎門司令部ニ2弾命中。

神威、神川丸

常州、青浦、菎《〔崑〕》山、蘇州、嘉興付近ニテ軍需品ラシキモノ搭載ノジヤンク数十隻ヲ汽船ニテ曳航スルニ対シ銃爆撃ヲ加へ、汽艇一ハ機缶破裂其ノ他ニ損害ヲ与フ。

九五式二基《〔機〕》(南部〔徳盛・神威分隊長〕大尉指揮)、0h-40P北星州到着後通信杜絶行衛《〔方〕》不明。

一連空隊、済州島隊
中攻9機、2-0P発進、二連空ノ戦11機掩護下ニ3-50P6機ハ南京大校場飛行場ノ敵6機ヲ爆撃、2機ニ相当ノ損害ヲ与フ、3機ハ南京火薬廠ニ50吉2命中シ二棟炎上、6-30P全機帰着。
21空隊（北支）
2機6-22P順徳ヲ爆撃、兵舎ニ60吉3命中。

関東軍主要職員　十二年十月七日調

軍司令官植田〔謙吉〕大将　参謀長　東条〔英機〕中将
1D　河村〔恭輔〕中将　歩一旅　阿部少将（規秀）
　　　　　　　　　　　歩二旅　本多少将（政材）
2D　岡村〔寧次〕中将　歩三旅　田村少将（元一）
　　　　　　　　　　　歩十五旅　篠原少将（誠一郎）
4D　松井命中将　歩七旅　伊藤少将（知剛）
　　　　　　　　歩三十二旅　熊谷少将（敬一）
12D　山田乙三中将　歩十二旅　塩田少将（定市）
　　　　　　　　　歩二十四旅　七田少将（一郎）
第一独立守備隊　岩松中将（義雄）　歩6ケ大隊
第二　〃　小松原少将（道太郎）　〃
第三　〃　大串中将（敬吉）　〃
第四　〃　小林中将（角太郎）　〃
第五　〃　安井中将（藤治）　〃
騎兵集団稲葉中将（四郎）　騎一旅　野沢少将（北地）
　　　　　　　　　　　　騎三旅　和田少将（義雄）
　　　　　　　　　　　　騎四旅　小島少将（吉蔵）
第二飛行集団　安藤少将（三郎）　10、11、12、15、16連隊
関東軍砲兵司令部　岡田少将（実）
関東軍野戦鉄道司令部　舞少将（伝男）
関東軍憲兵隊　田中少将（静壱）

駐満海軍参謀長〔鈴木義尾〕書信

昨十一日新京出発ノ後宮26師団長ニ軍司令官ヨリ内蒙ニテ日本軍ノ大体ノ進出限度ハ包頭トシ、該方面平定セハ隊ヲ綏遠方面ニ引上ル様命令ヲ与ヘラレタリ（参謀談）、五原ハ内蒙軍（李守信）ヲ以テ攻略セシムル予定。
関東軍ノ事変後仕末案。内蒙及北支（山西、河北ヲ主体トス）ノ二区画ニ分チ、夫々蒙古人及漢人ノ可然人物ヲ立テ、行政ニ任セシム、二区画共ニ中華民国ノ主権ニ属セシメ適当少数ノ日本人顧問ニテ内面指導ス。

内蒙ノ範囲ハ内長城線及黄河上流以北ノ察哈爾〔チャハル〕及綏遠省ノ地域トシ、六、七ノ盟ニ分チ、首脳者ハ雲王、徳王、李守信等ヲ充ツ。内蒙ニ或程度ノ日本陸軍ヲ駐屯シ其中心ヲ張家口トシ、或ハ一部ヲ綏遠ニ屯ス（五原ニハ李守信軍）。

十二年十月十三日

友鶴〔水雷艇〕

呉淞沖クロツシング浮標ノ下流4000mニ於テ敵魚雷艇一隻発見、之ヲ撃沈ス、敵魚雷ヲ発射セシモ害ナシ。

一航戦

閘北ノ敵攻撃

鳳、攻6、8-10A基地発、9-30A帰着。鉄路管理局付近ノ敵陣地ヲ250吉、60吉ニテ爆撃。鳳、攻3、10-50A発、攻3、11-53A発、閘北鉄路管理局付近ノ敵陣地爆撃、鳳、攻3、1-20P発、彭浦鎮付近ノ敵砲兵陣地爆撃、一箇所ヲ爆破。鳳、攻3、3-32P発進、野砲陣地ヲ爆撃。龍、攻2、5-10P発進、閘北高角砲陣地爆撃。

杭州等攻撃

龍、攻2、爆6、戦3、9-20A基地発、11-25A帰着。

嘉興停車場ノ建物ニ60吉2直撃、貨物車五両ニ60吉2直撃、構内線路ニ60吉4直撃、80米破壊。杭州停車場ノ三棟ニ60吉10直撃。

常州停車場攻撃

龍、攻2、爆6、戦3、1-35P発進、3-58P帰着。機関庫ニ60吉6命中、庫内炎上。貨車四集団(各七、八両)ニ60吉5命中。倉庫十棟ニ60吉7、30吉5命中、三棟大火災。

浦東側攻撃

鳳、戦2、11-23A発、鳳、戦2、4-15P発進、敵野砲陣地爆撃。

一連空隊、台北隊

6機、9-5A台北発進、密雲上ヲ目的地ニ達シ1-15P衡陽停車場ノ機関庫爆撃、4-45P全機帰着。大型機関庫二棟ニ各三、四弾(250吉)命中全壊炎上、付近ノ貨車約300両ニ数弾命中、約4/5ヲ転覆破壊、粤漢線ノ車両大部集中シアリシ如シ。

一連空隊、済州島隊

大攻5、8-45A発進、南翔市街ニ250吉7、50吉40弾命中、市街所々炎上、停車場ニ250吉7命中、車両数両ヲ転覆、線路破壊、3-30P全帰着。

中攻6、2-0P発進、合肥飛行場ニ分散配置ノ敵機6ニ
60吉72投下、敵2機爆破、9-20P帰着。
二連空隊
十二空、攻24、爆30(延数)終日3D、9Dノ正面奥行約2
500mノ敵陣地、部落ヲ爆撃(201弾)。
十三空、爆3、戦9、0-30P発進、途中雲低キ為爆ハ引返シ、戦ノミ南京上空ニ至リシガ、雲上ニ敵機ナク雲下ハ低過キ空戦ニハ適セズ引返ス。
十三空、攻2、爆8、陸軍⋎ノ偵察ニ依リ南翔、蘇州間ノ七個列車ヲ爆撃、60吉8弾命中シ二列車ヲ粉砕又ハ脱線セシメ線路破壊。
十三空、攻2、爆11、真茹北方ノ戦車群、江橋鎮ノ砲兵陣地、北新涇、青浦ノ密集部隊、紀王廟ノ兵舎ヲ爆撃。
十二空、戦2、十三空、攻2、爆8、浦東及江湾ノ敵砲兵陣地ヲ爆撃。
8S、1Sd
8S⋎3、北星州北方ノ小型砲艦ヲ爆撃、大破。大〔太〕倉、劉河鎮及江岸ノ密集部隊ヲ爆撃。1Sd川内⋎十二日嘉定城内、南翔ノ南方ニテ大型トラック群等ヲ爆撃。
神威、偵4
新豊ニテ列車及線路ヲ爆破。
21空隊
南宮(正定、済南ノ中間)ヲ爆撃。
5S
津浦線及隴海線上ニテ列車ヲ爆撃。
上海陸戦隊
毎日我攻撃ニヨリ敵ハ三、四百ノ死傷ヲ出シアルモ、十月ニ入リ敵ノ兵力ハ約三倍ニナリ連日砲撃並ニ逆襲アリ。

上海方面陸軍死傷　　12年10月9日調

(14)
合計25,015……　(20)
(23)

	死		傷	
※重藤支隊	220	(内将校8)	709	(内将校20)
	258		740	
	276	(11)	802	
	294		874	
11 D	1710	(55)	4544	(138)
	1766	(56)	4671	(144)
	1928	(60)	5104	(150)
	1944		5192	(150)
13 D	1		36	(1)
	7		149	(2)
	30	(内将校6)	549	(18)
	53		777	(19)
9 D	49	(2)	1844	(91)
	98		2796	(113)
	530	(30)	4553	(100)
	530		5163	(108)
3 D	1212	(68)	4259	(160)
	1465	(75)	4766	(169)
	1543	(82)	5694	(179)
	1874	(83)	6032	(183)
101 D	136	(10)	1684	(96)
	305	(21)	2654	(132)
	394	(32)	3200	(173)
	432	(37)	3385	(147)
※※谷川支隊	8		54	
	9		67	(1)
	10		71	(1)
	13		81	(1)

※台湾守備隊司令官重藤千秋少将の指揮する部隊
※※歩兵第百三連隊長谷川幸造大佐指揮の同連隊主力基幹の部隊

十二年十月十四日

一航戦、甲基地

呉江停車場攻撃、龍、爆6、戦3、8-24A発進。呉江停車場ニ30吉1直撃、線路ニ60吉2、倉庫ニ60吉4、命中、列車ニ敵兵密集セルヲ爆撃、10-5A帰着。

滬杭甬〔上海杭州寧波〕鉄道攻撃、龍、攻2、8-24A発進、閘口ノ機関庫、付近建物ニ60吉2直撃、貨車約120両ニ60吉9命中、10-44A帰着。

常州付近攻撃、龍、攻2、爆6、戦3、0-40P発進。常州南方ノ戚野機関庫及修理工場爆撃、機関庫ニ60吉6、30吉4直撃、修理工場二棟ニ30吉各1、貨車七ニ60吉1、駅ニ2命中、2-45P帰着。

閘北攻撃、鳳、攻3、8-45A発進、敵高角砲及機銃陣地爆撃、鳳、攻3、10-5A発、高角砲及野砲陣地ヲ爆撃、

鳳、攻3、0-8P発、高角砲陣地ニ60吉6命中、龍、攻1、鳳、戦2、1-10P発、倉庫及密集ジヤンクニ60吉2命中、鳳、攻3、商務印書館西方ニ250吉3、倉庫ニ60吉6命中、鳳、攻6、大豊沙廠ニ60吉4命中、閘北ポケツト地区ニ60吉28投下、一区画炎上。

3-50Pニ龍、爆6、戦3、列車ニ60吉3命中シ四両粉砕。龍、攻2、4-15P発、家屋ヲ爆破。鳳、攻3、5-30P発進、野砲陣地ヲ爆撃シ火薬庫ラシキ家屋ニ大火災ヲ起サシム。

浦東側攻撃、龍、爆3、5-45P発、倉庫及部落ヲ爆撃、ジヤンクヲ銃撃。

二航戦、広東方面

韶関攻撃、攻8、戦4、正午発艦、密雲ヲ冒シテ2hP爆撃、4hP全機帰着。飛行機格納庫及工場ニ60吉約10命中、格納庫炎上ス、飛行場ニ約12投下大破。新設兵器工場ラシキニ2弾命中、大爆発ヲ起シ付属プラツトホーム、線路ニ9弾集中大破。

粤漢鉄道爆破、爆6、正午発艦、1-30P英徳北方八粁付近ノ線路二箇所飛散、三箇所屈曲セシム、3-30P全機帰着。

広九鉄道爆破、攻5、爆4、戦2、1-0P発、2-45P新塘駅西方ニテ土砂ニヨリ線路埋没、横岡南方ノ峡部ニテ線路湾曲三箇所ヲ生セシム、3-45P全機帰着。

一連空隊、済州島隊

6機(中攻)2-10P発進、5-30P3機、蚌埠飛行場、3機ハ同停車場ヲ爆撃、9-15P全機帰着。

二連空隊

陸軍協力、十二空、攻26、爆22、戦2(延数)ハ3D、9D正面ノ敵陣地攻撃(250吉7、60吉186)。

十三空、爆16、攻5(延数)ハ崑山付近ノ列車、真茹付近ノ兵舎、青浦付近ノ軍需倉庫、南市付近ノジヤンク集団、浦東ノ野砲陣地ヲ爆撃。

南京攻撃、十三空、爆3、戦9ハ10-30A頃南京大教場(校)飛行場ヲ空襲、場内丫ヲ認メズ、戦ハ高度4800mニ敵戦11(内2ボーイング、其ノ他ホーク)ヲ発見追撃、敵一斉ニ約。70ノ急降下ニテ逸走ス、内2ヲ撃墜、別ニ1機ヲ地面ニ撃突セシム。

更ニマルチン、ハインケル各3機南京着ノ特情ニヨリ十三空、爆4、戦6、4-40P発、5-40P頃大教場(校)飛行場ヲ爆撃、列線付近ニ弾着セルモ直撃ナク効果不明。

神川丸
常熟、菎〔崑〕山、蘇州、嘉興、松江間ノ運河、蘇州河ヲ偵察シ、ジャンク群、貨車、装甲自動車ヲ発見、銃爆撃。
神威
鎮江駅機関庫2弾命中、常州南東ノ車両工場ニ8弾、鎮江、蘇州間ノ列車ヲ爆撃、ジャンク群攻撃。
5S
津浦線ノ列車攻撃、機関車1粉砕、8大破、貨車8大破、レール二箇所大破、陸兵約150殺傷。
21空隊
禹城駅ノ装甲車及貨車ヲ爆破。

十二年十月十五日

陸軍飛行機
重爆6、軽爆9、6-30P台湾ヨリ上海着。軽爆1途中行衛〔方〕不明トナル。
甲基地ノ被害
十四日11hPヨリ十五日早朝ニ甲基地ニ数回ノ敵空襲アリ。此ノ爆撃及ヒ浦東側ノ夜間砲撃ニヨリ基地⋎ノ被害。
　焼失、戦1、大破、戦1、中破、爆1
　小破、爆5、戦1(修理ノ上使用可能)
一航戦
浦東側攻撃、鳳、攻3、8-15A発、砲兵陣地攻撃。龍、攻1、9-30A発、浦東ノ部落爆撃、鳳、攻3、10-40A発、敵砲ラシキモノ爆撃、龍、攻1、3-5P発、砲兵陣地ラシキモノヲ爆撃。
閘北攻撃、鳳、攻3、9-18A発、北停車場北方敵司令部所在ノ疑アル家ヲ爆撃(60吉10命中大破)、汽車公司ヲ爆撃、鳳、攻3、1-23P発、高角砲陣地及家屋ヲ爆撃、鳳、攻3、4-15P発、倉庫及高角砲陣地ヲ爆撃。
呉興線攻撃、龍、爆6、9-55A発進、平望鎮ノ倉庫等爆撃、二棟大破炎上。
南翔、黄渡攻撃、龍、爆6、1-26P発、南翔及黄渡駅ニ荷役中ノ貨車爆破小火災。
滁州、句容攻撃、一航戦、攻3、二連空、攻3、爆5、戦8、2-0P発進、滁州ニテハ兵舎爆撃(⋎及格納庫無シ)
句容格納庫爆撃、6-0P全帰着。
京滬鉄路陸家浜駅攻撃、龍、爆3、3-15P発、建物及列車機関車ヲ爆破。
一連空隊、済州島隊

中攻6機、10hA発進、杭州停車場ニ2弾(250吉)命中大火災ヲ起サシメ、列車ニ1弾命中数両爆破、閘口停車場、倉庫、線路ニ7弾命中大破。3-15P全機帰着。

二連空隊

陸軍協力、十二空、攻17、爆8(延数)3D、9D正面ノ敵陣地爆撃、陸軍戦線ノ膠着ニ伴ヒ爆撃点ヲ味方前方300米迄接近セシム。大場鎮及浦東ノ砲兵陣地爆撃、嘉定付近ノ敵軍需品ヲ爆撃。

十三空、攻3、爆3、黄渡鎮付近ノ密集ジヤンク及ヒ浦東ノ野砲陣地ヲ爆撃。

神威

常州、蘇州、崑山間ノ交通線爆撃、常州南東方ノ車両工場ヲ爆撃。

神川丸

崑山南方ニテジヤンク群ヲ爆撃、十数隻撃沈、黄渡西方ニテジヤンク数隻ヲ爆沈。

二航戦、広東方面

広九鉄道攻撃、攻6、爆8、戦2、11-45A発艦。石龍鉄橋及機関庫、石龍ノ南、北方ノ鉄路ヲ爆破、2-0P全機帰着。石龍北方ニテ爆1機敵銃火ニテ墜落。

能登呂(水上機母艦)、香久丸

新寧鉄路攻撃、潭江列車運搬船、機関庫、倉庫ヲ爆破。

21空隊

北支方面ノ陸軍協力ノ任務ヲ解ク。

十二年十月十六日

一航戦、甲基地

閘北攻撃、鳳、攻3、8-30A発進、広東中学付近ノ敵陣地爆撃、鳳、攻3、10-40A発進、爆撃、鳳、攻3、4-0P発進、商学院ノ敵密集部隊ヲ爆撃、60吉15命中。

無錫攻撃、龍、爆3、8-37A発進、無錫停車場及列車ヲ爆撃。

嘉善(滬杭甬線)付近攻撃、龍、爆3、8-45A発進、嘉善東方進行中ノ列車ニ60吉2直撃、小鉄橋爆破。

浦東側攻撃、龍、攻1、11-42A発、龍、攻1、2-4P発、浦東側ノ敵爆撃。

菎〔崑〕山停車場攻撃、龍、爆6、1-14P発進、菎〔崑〕山停車場ノ貨車ニ60吉7命中、貨車2ハ大爆発ヲナス。

一連空隊、済州島隊

中攻5、2-0P発進、合肥停車場前ノ倉庫等ヲ爆撃、10-

0P全機帰着。

大攻5、10-0A発進、嘉定南東角ニ200吉10、150吉5、50吉34命中炎上、城外南西角ノ大工場ニ200吉2、150吉1、50吉9命中、三棟炎上。

二連空隊
陸戦協力、十二空、攻16、爆19、(延数)3D、9D正面ノ作戦ニ協力、南翔、江湾ノ野砲陣地ヲ爆撃、陳家行(其ノ東端ハ我軍占領)ノ中部ニ250吉6命中。

南京攻撃、十三空、攻3、戦6、3-40P頃南京大教〔校〕場飛行場ヲ爆撃。

北新涇、楊家橋、黄渡鎮攻撃、十三空、攻3、爆2、兵站ヲ爆撃。

浦東側攻撃、爆4、野砲陣地ヲ爆撃。

第一号艦(大和〔戦艦〕)工事

起工　十二年十一月四日
進水　十五年八月上
主機積込　十四年十一月下
従　〃　十四年十月中
主砲〃　十六年七月下
予行運転　十六年十二月下～十七年一月上
公試〃　十七年一月下～十七年二月下
引渡　十七年六月十五日

十二年十月十七日

樋端〔久利雄〕新〔支那〕方面艦隊参謀(軍令部ヨリ特ニ現地ニ転出)ヘ(嶋田手記)

天下ノ耳目ハ挙テ上海戦ニ集中サレアリ。上海戦ノ一日モ速カナル成功ハ啻ニ事変ノ終局ヲ早ムルノミナラズ、英米蘇等列国ノ嚮背ヲ良導シ本事変ノ成果ヲ全フスヘキ刻下帝国ノ最重要事也。

目下ノ陸軍苦戦ヲ援助打開シ此目的ヲ達成センニハ、海軍ノ全能ヲ尽シテ本作戦ニ協力、海陸一丸トナリ、上海方面以外ハ暫ク眼ヲ閉チ、全航空兵力ヲ挙ケテ敵空軍撃滅ト上海陸戦全正面トニ集中スルコト最モ緊要也。一弾デモ多ク有効ナル爆弾ノ雨ヲ降ラスヘキ也。

注意(次長ヨリ口述)

一、陸軍ニ対スル協力援助ニハ海陸軍間ノ真ニ密接ナル連絡ヲ緊要トス、極力工夫改善ノコト。

艦隊ト軍トノ連絡ヲ密ニスルハ勿論、実施部隊ト各師団個々トノ連絡ニ努メ、予シメ空中写真等ニ依リ攻撃点ヲ打合セ、一撃終ラハ連絡シテ次ノ攻撃点ヲ打合セ、両者一体有効ナル攻撃ヲ行ヒ以テ陸軍ノ推進ヲ図ル、連絡ハ海軍ヨリまめニ取ルノ襟度アリタシ、要ハ如何ニカシテ陸軍ノ進撃ヲ計ルニ在リ。

二、中攻隊就中台北隊ノ活動近時鈍ク、一層ノ奮闘ヲ計ルノ要アリ、艦隊司令部之ヲ握リ攻撃目標ヲ現戦況ニ適応スル如ク指示シ、暫ク上海戦協力ト敵空軍撃滅トニ限定スルノ要アリ。

鳳翔内地帰還

新造ノ蒼龍（航空母艦）乗員訓練ノ為鳳翔ヲ用ルコトトナリ、十七日鳳翔（戦6、攻6ニ対スル人員機材ヲ龍驤ニ移シ）及卯月（駆逐艦）ヲ3F長官ノ指揮ヲ解カレ、内地ニ帰ス。

一航戦、甲基地

京滬、滬杭甬沿線攻撃、龍、爆3、戦2、8-40A発進、京滬線ノ列車及蘇州駅ヲ爆撃、龍、爆3、8-40A発、滬杭甬線ノ列車爆撃、龍、爆6、1-7P発、京滬線ニテ列車爆撃、貨車5、線路等破壊。

閘北攻撃、鳳、攻3、8-55A発進、閘北敵砲兵陣地ラシキ四ケ所爆撃、鳳、攻3、11-10A発、閘北敵陣地ニ大損害ヲ与フ。龍、攻2、閘北爆撃、攻2、4-7P発進、閘北敵陣地ニ大損害ヲ与フ、爆3、4-22P発、閘北商学院爆撃。

浦東攻撃、龍、戦2、1-10P発、浦東ノ旅司令部ノ建物爆撃、火災ヲ生セシム、戦2、2-40P発、浦東塘橋鎮爆撃、戦2、5-4P発進、塘橋鎮爆撃。

一連空隊、済州島隊

中攻9、8-0A発進、蘇州・嘉興間ノ鉄道攻撃、線路及嘉興機関庫爆破、2-15P全機帰着。

大攻3、6-45A発進、二連空ノ戦3掩護シ、蘇州停車場ノ倉庫ニ50吉16命中、機関車一及線路ニ250吉各一命中、3-5P全機帰着。

二連空隊

十二空、攻、爆48、十三空、攻、爆37、（延）陸戦ニ協力。

十二空、攻31、爆17、3D、9Dノ正面敵陣地攻撃（250吉10、60吉198）、陳家行ノ爆破ハ9Dノ前進ニ功アリ。軍司令部ノ誘導シタル馬陸鎮砲兵陣地ノ爆撃ハ大火災ヲ起シ誘爆セル如シ。

十三空、攻6、爆31、戦線後方ヲ爆撃、真茹、浦東ノ塘橋鎮、馬陸鎮西方部落（敵密集部隊ヲ発見）、黄渡鎮、浦東及閘北ノ砲兵陣地。

神川丸

黄渡ノ西方ニテジャンク群銃爆撃。

神威

常州ノ車両工場、列車ヲ爆撃。

5S

泰安、済寧間ニテ列車爆撃。

陸戦隊

十四日広東路ノ夜戦ニテ敵ノ遺棄セル死体ハ我陣地付近ニ126。

十二年十月十八日

一航戦

戦3、爆6、京滬、滬杭甬鉄道沿線ノ列車、倉庫等爆破。

攻17（延）、閘北敵陣地爆撃。戦2、爆2、浦東ノ敵砲兵陣地爆撃。戦3、爆6、杭州、閘口ノ機関庫爆撃。

一連空隊、台北隊

中攻12機（鹿屋隊6、木更津隊6）2-30P台北発進、入佐〔俊家・木更津航空隊分隊長〕大尉（木更津）指揮シ6-45P頃漢口飛行場攻撃。庫外ニ在リタル大型⋎11、小型⋎約20機ニ対シ全弾命中（250吉）、大9爆破炎上（確認）、小型機ノ大部分黒煙ニ包マレ大部分爆破、敵戦闘機6交戦シ其ノ2機ヲ撃墜シ、11-10P全機帰着。

二連空隊

十二空、攻14、爆12、戦2、陸軍偵察ニ依リ後方ノ敵砲兵陣地ヲ爆撃、十二空、攻10、爆4、戦4、3D及9D正面ノ敵陣地爆撃、十二空、攻6、爆6、神川丸ノ偵察ニ依リ唯亭付近ニテ敵軍用列車（約50両）ヲ爆破（60吉9直撃）、十三空、爆13、9Dノ要望ニテ敵砲兵観測所、真茹付近ノ密集部隊（約400）、ジャンク群ヲ爆撃。

南京空襲、攻1、爆6、戦6、4hP南京大校飛行場ヲ爆撃、格納庫ニ命中6、飛行場周囲ノ掩護ノ間ニ⋎約15ヲ認メシモ直撃セズ。

十二空、爆6、十三空、攻2、爆5、浦東ノ砲兵陣地爆撃。

参謀本部武藤作戦課長談

上海方面

方面軍ヲ作リ、司令部ハ別ニ編成シ、松井〔石根〕大将ヲ兼トス。杭州湾北岸ノ作戦ハ上陸ニ相当ノ抵抗モアルヘク、爾後補給ノ困難モアランガ決行シタシ。

十一月二日未明（五日ニ変更（十月二十五日））ニ6D（5Dノ三大隊加）ト18Dト同時ニ金山ノ両側方ヨリ上陸、6Dヲ以テ急速松江ニ進出セシメテ滬杭線ヲ握ル、尚情況許セハジヤンクニテ蘇州ニ進出セントス（H作戦ト称ス）。

114Dハ四日上陸。

現在ノ戦線ニ兵力増加ノ案アルモ、要塞戦ノ如ク大ナル期待ヲ有シ難ク思切ツタ作戦ノ要アリ。

更ニ北支ヨリ16Dヲ取リ、約一週間遅レニテ揚子江上ノ白茆河々口ニ上陸シ、上海、南京路ニ進出ヲ企図ス。

16Dノ汽車輸送遅レ十一月十五日長江到着トナリシ為、十一月五日（六日）11Dヲ川沙口、13Dヲ呉淞ヨリ各半数位出シ白茆口ニ上陸セシムルコトニ改ム（K作戦）。

北支方面

指示ハ現在ノ石家荘、徳州以北ノ侭トシ、現作戦ハ追撃戦トス、平漢線ハ彰徳付近迄出ルコトトナラン、津浦線ハ黄河迄トシ南下ニ備フ。上海戦後ニ情況ニヨリ二ケ師団ニテ海州ニ上陸。

神川丸、水偵3

張浦鎮ニテジヤンク群、唯亭ニテ貨車ヲ攻撃、真義鎮ニテ貨車ニ60吉4直撃。

神威

水偵12、鎮江・蘇州・菎〔崑〕山間ノ鉄橋、機関車、ジヤンク群ヲ攻撃。

5S、水偵6

津浦線ノ列車爆撃。

十二年十月十九日

上海

1-40Aヨリ未明迄数次敵ノ空襲アリ、之ヲ撃退被害ナシ。

一航戦

爆6、戦3、京滬、滬杭甬鉄路攻撃、常州ノ車庫7炎上、桐涇鎮駅ノ貨車15爆破一部炎上、同駅油庫大火災。攻15（六回）閘北爆撃、管理局中央ニ250吉3直撃、見張台粉砕。攻2、爆4（三回）浦東ノ敵陣地爆撃、砲2半壊。攻8（三回）閘北攻撃、管理局午前ヨリノ火災ヲ助勢内部ニ延焼セシム。

戦6（二機三回）7hPヨリ11h-40P基地上空警戒。

一連空隊、台北隊
8機9hA台北発進、二連空（十三空）戦6掩護シ、1-40P頃5機南京大校場飛行場、3機浦口停車場ヲ爆撃、5-15P全機帰着、敵戦機ヲ見ズ。飛行場ノSE隅ヨリSW隅ニ亘リ掩壕アリ丫数機アリ、SE隅6弾命中、飛行場36命中（炎上セズ、形貌ヨリモ模擬物ノ疑アリ）、浦口駅ノ倉庫四棟炎上。
一連空隊、済州島隊
大攻3、8hA発進、正午無錫停車場爆撃、2-50P帰着。中攻4、1hA発進、南京大校場飛行場ヲ爆撃、格納庫付近建物ニ命中、燃料庫ラシキ一棟炎上、9hA全機帰着。
二連空隊
陸軍協力、十二空、攻18、爆18、戦5（延）3D、9Dト密接ナル連絡下ニ7-20Aヨリ午前中両師団前面数百米ノ敵陣地爆撃。十二空、攻9、爆3、陸軍偵機ト連絡シ敵野砲陣地ヲ爆撃シ誘爆ヲ起サシム。十三空、攻6、爆12、松江駅、七宝鎮、虹橋鎮、紀王廟、洛陽鎮等ニテ軍需品、密集部隊等ヲ攻撃。
浦東攻撃、十二空、爆1、十三空、爆5、砲兵陣地爆撃。被害、南翔ノ南2000mノ路上ニテ戦車ニ対シ急降下爆撃中十三空、爆1（疋田〔外茂・第十三航空隊付〕中尉）敵機銃弾ニテ引火墜落。
神威
水偵4、十八日夕刻ヨリ十九日未明迄杭州方面飛行場ヲ監視、敵機ヲ見ズ、格納庫、兵舎ヲ爆破。水偵6、蘇州、崑山方面ニ亘リ交通線攻撃、列車ヲ爆破、九五式1機発動機故障ノ為太湖上ニ不時着、11hP復旧帰艦ス。
神川丸
運河ヲ偵察、ジヤンク群ヲ攻撃。
4S
津浦線ニテ貨車6、機関車4両ヲ爆破、線路二ケ所大破、二ケ所小破。隴海線ニテ貨車2両爆破。
5S
隴海線及棗荘付近ニテ列車攻撃。
沖島（敷設艦）（12S）
10h-30Aヨリ40分間、日没時ヨリ30分間、飛行機及市政府ヨリノ観測ニヨリ江湾ノ市街、敵陣地ヲ砲撃。同艦丫浦東ノ敵陣地及江湾爆撃。

十二年十月二十日

支那方面艦隊
在来ノ3Fヲ3F、4Fニ分チ、4F旗艦トシテ足柄（重巡洋艦）ヲ加ヘ、3F、4Fヲ以テ支那方面艦隊ヲ編成セラル。

十月二十日長谷川支那方面艦隊司令長官ニ左ノ勅語ヲ賜フ（午後一時三十分軍令部総長拝受）

勅語

朕卿ニ委スルニ支那方面艦隊ノ統率ヲ以テス、宜シク宇内ノ大勢ニ鑑ミ速ニ敵軍ヲ戡定シ国威ヲ中外ニ顕彰シ、以テ朕カ倚信ニ対ヘヨ。

一航戦
京滬、滬杭甬鉄道沿線攻撃、爆8（三回）機関車、貨車等爆破。攻3、九王廟砲兵陣地（四門）ヲ爆破全滅、真茹無電台爆撃。
閘北ポケツト地区、陸戦隊正面攻撃、攻18（六回）。攻3、閘北北方ノ敵砲兵陣地爆撃。
浦東攻撃、爆2、戦2、龍王廟西方陣地ヲ爆撃。

一連空隊、台北隊
中攻5機、9hA台北発進、粤漢線衡陽停車場爆撃。線路及貨車大破、4-20P全機帰着。
一連空隊、済州島隊
中攻9機（小谷（雄二）大尉）10hA発進、甲基地ニテ掩護十三空、戦9機ヲ合シ南京大校場飛行場ノ北端格納庫兵舎ヲ爆撃、格納庫ニ2、東部兵舎群ニ40弾命中セルモ、炎上セルモノナシ（60吉108）、4-15P全機帰着。

二連空隊
陸軍協力、十二空、攻20、爆6、3D正面ヲ爆撃（60吉152）、十二空、攻3、爆2、9D正面ヲ爆撃。十二空、攻9、爆13、陸軍偵機ト連絡、敵後方ノ砲兵陣地12ケ所爆撃、陸家宅ニテ大誘爆ヲ起セリ。
連日ノ爆撃ニ依リ搭乗員ノ練度向上シ地形ニ熟シ、味方前線至近ニ有効ナル爆撃ヲ加ヘ得ルニ至レリ。
十三空、攻4、爆6、南翔、黄渡等ノ敵兵站、紀王廟付近ジヤンク群、七宝鎮ノ橋梁（250吉2直撃）爆撃。
浦東攻撃、攻1、爆3、砲兵陣地ヲ爆撃。
十二空、戦6（延）日没後11-30P迄上空直衛。11hPヨリ三回敵機来襲。

神川丸、水偵3
蘇州、嘉興方面ニテ貨車数両、機関車一爆破。
神威、水偵4
呂城鎮、陵口鎮間ニテ鉄路爆破。
能登呂、水偵3
広九鉄道石龍機関庫ニ2弾命中炎上。常平ノ南八浬ノ隘路ニテ鉄路ニ1弾命中。
一連空隊、台北隊(其ノ二)
中攻14機、3h-40P発、6-50P南昌攻撃、旧飛行場格納庫2棟ニ各1弾(250吉)炎上、兵舎ニ3弾炎上、修理廠ニ9弾、機械学校ニ6弾命中、戦1ヲ撃墜、9-45P全帰着。

海軍死傷者(十月二十一日調)

	士官	特、准士官	下士官、兵	計
戦死	26	72	636	734
重傷	12	18	481	511
軽傷	10	17	675	702
微傷		7	146	153
合計	48	114	1938	2100

4SY、津浦線、隴海線レール爆撃。

十二年十月二十一日
一航戦
京滬、滬杭甬鉄道攻撃、爆12、戦5(四回)。
閘北攻撃、攻6、鉄路管理局ニ250吉2直撃。攻15、商務印書館其ノ他ノ各地爆撃。
攻3、江湾南方陣地、攻3、大場付近ノ道路上ノ集団、爆2、戦2、浦東ノ敵陣地爆撃。
戦6(二機宛三直)、7hPヨリ11-30P基地上空警戒。
一連空隊、台北隊
中攻12、9-10A発進、南京攻撃、6hP11機帰着、一機ハ宝山ニ不時着シタルモ9hP帰着。
大校場飛行場南側掩壕及付近ニ60吉40、中央ニ30弾、地上Y3機ヲ爆破炎上。火薬廠ニ250吉2弾命中(殆ト壊滅状態ニアリ)。造兵廠(火薬廠南方)6弾命中、爆破炎上。
一連空隊、済州島隊
中攻12機、10-15A発進、二連空戦3ノ掩護下ニ6機ハ浦口停車場ヲ攻撃(命中ナシ)、6機ハ硫酸亜廠ヲ爆撃、7弾命中炎上(250吉)。
大攻4機、7-45A発進、崑山ノ敵司令部ラシキ建物ニ250

吉2、60吉5、50吉5命中潰滅、付近ヲモ爆破炎上、2-45P全機帰着。
二連空隊
陸戦協力、十二空、攻26、爆28、戦7、十三空、攻3、3D、9D正面爆撃、後方ノ敵密集部隊等攻撃。
十三空、爆1、虹橋付近ニテ戦車爆撃中墜落。
攻1、浦東攻撃。
能登呂
広九鉄道攻撃。
神川丸、神威
南翔、菎〔崑〕山、蘇州、嘉興、松江方面ノ列車等攻撃。
4S
津浦線、隴海線攻撃。

十二年十月二十二日

一航戦
攻22(七回)陸戦隊ニ協力シ、閘北各地、真茹南方ノ新兵舎、大夏大学等ヲ爆撃、平江公所ハ大爆発シ炎上ス。
爆6(2回)蘇州、嘉興方面ノ鉄路攻撃、機関車2、貨車3両破壊。
戦13(六回)浦東ノ砲兵陣地攻撃。
一連空隊、済州島帰着隊
中攻6(入佐〔俊家・木更津海軍航空隊分隊長〕大尉指揮)9-10A台北発、11-55A頃杭州、閘口停車場爆撃、全機2-30P済州島着。機関庫ニ250吉2弾命中、銭塘江岸ニ繋留中ノ貨物船(二、三百噸)ニ1命中沈没。
二航戦、広東方面
広九鉄道攻撃、爆4、戦2、11hA発艦、横岡南方五浬付近ノ山峡部爆撃、1hP帰艦。250吉1弾線路直撃切断、3弾崖ニ命中シ線路ヲ埋没二ケ所、線路地盤崩壊一ケ所。
韶関攻撃、攻6、戦4、11hA発艦、新兵器工場ニ60吉12弾命中大破炎上、工場ハ之ニテ全ク潰滅ス、飛行場ニ60吉12弾散布、一弾ハ可燃物ニ命中シ猛烈ノ火焔長時間続ケリ、2-30P全機帰着。
(特情)二十二日午前敵機6ノ爆撃ヲ受ケ本機場ニアリタル第28隊ノカーチス、ホーク3ハ全部焼失ス　韶関航空站長
粤漢鉄道攻撃、攻6、爆8、11hA発艦、英徳以北ノ鉄路爆撃、線路埋没二ケ所、湾曲一ケ所、小鉄橋破壊、2-30P帰艦。

一連空隊、済州島隊
大攻3、8-0A発、呉江駅ニ停車ノ貨車群ニ250吉2命中、数両粉砕脱線、嘉定SWノ大倉庫ニ60吉12弾、小倉庫ニ60吉2弾命中炎上、3-30P全帰着。
二連空隊
陸戦協力、十二空、攻21、爆17、戦4、3D及9D正面ノ敵陣爆撃、十三空、攻3、爆15、洛陽橋、小南翔、南翔ニ於ケル敵司令部及北新涇、馬陸鎮ノ兵站部ヲ爆撃。
南京、安慶攻撃、十三空、攻3、4-40P南京大校飛行場ノ格納庫、倉庫、兵舎ヲ爆撃。十二空、攻1、十三空、戦3、5-10P安慶飛行場ニテ大型機一ヲ爆撃。
江湾、浦東攻撃、十三空、爆3、浦東ノ、十二空、攻5、江湾ノ敵砲兵陣地ヲ爆撃。
能登呂4機、広東方面
新寧鉄道ノ沿線ノ機関庫、倉庫等爆破。
一連空隊、済州島隊
中攻6、10hA発　無錫及常州停車場爆撃、3-50P帰着、無錫駅ニ250吉2、常州駅ニ60吉36命中機関庫等炎上。
神川丸、呉興線攻撃。
4S
Y8、隴海線、津浦線ノ列車攻撃。

十二年十月二十三日

一航戦、甲基地
爆6、戦3(二回)蘇州、嘉興方面鉄路上ノ列車、倉庫ヲ爆撃。
浦東、攻3、爆2、戦4(四回)敵砲兵陣地捜索攻撃。
陸戦隊ニ協力、攻16(六回)閘北方面ノ敵爆撃。
二航戦、広東方面
広九鉄道、攻12、戦2、11hA発艦、石龍付近ニテ鉄路爆撃、250吉2、240吉3、60吉2弾命中、線路及土台ヲ大破、信号所大破炎上、1hP帰着。
粤漢鉄道、爆12、11hA発艦、琶江口鉄路ヲ爆撃、隧道内ニ停車ノ貨車端末ニ一弾命中、貨車数両爆破シ崖崩壊シ之ヲ埋没ス、其ノ他線路切断三ケ所、埋没二ケ所、1-45P帰着。
攻6、戦4、11hA発艦、英徳站ヲ爆撃、レール大破、貨車及建物炎上。
神川丸、神威
釆石磯ニテ敵巡応瑞ヲ爆撃、直撃2、有効弾3、火災ヲ起サシム（特情ニ依レハ同日沈没ス）。

平望鎮駅ヲ爆撃、レール大破、建物3棟ヲ破壊。

嘉興、蘇州、無錫方面ノ交通線攻撃、線路及列車破壊。

4S

隴海線ヲ爆撃、鉄橋、列車ヲ破壊。

一連空隊、済州島隊（二連空戦6参加）

中攻12機（南京へ6、安慶へ6）8-50A発進、1hP安慶着。安慶ニ敵機ヲ認メズ、18弾ヲ投下シテ中止、常州等爆撃。常州駅南方ノ格納庫ニ8弾、貨車ニ1弾命中シ何レモ猛烈ニ炎上、無錫駅貨車群ニ3弾命中炎上、線路ニ4弾命中。

南京大校場ニ90弾投下、北側格納庫群ニ約8弾、飛行場中央ニ9弾、南側掩体部東半ニ9弾命中、掩体2ヲ大破、5-20P全機帰着。

一連空隊、台北隊

中攻6機、3-15P台北発進、南昌停車場（南潯線）ヲ爆撃、駅及ヒ倉庫群ニ60吉約50命中、一部炎上、敵戦闘機2ト交戦、9-45P全機帰着。

二連空隊

陸軍協力、十二空、攻28、爆32、3D及ヒ9D正面ノ敵爆撃、墻里宅ニテ相当大ナル誘爆アリ、9D正面ノ徐家巷及陶宅ニ対スル爆撃ハ極テ有効ニテ、師団進出ニ大ニ貢献セリ。

十三空、攻5、爆13、北新涇、紀王廟、黄渡鎮ノ軍需品、羅家宅、洛陽橋ノ敵司令部、真茹ノ敗走密集部隊ヲ爆撃。

浦東攻撃、十三空、爆3、龍王廟付近ノ砲兵陣地爆撃。

能登呂、香久丸

新寧鉄道攻撃。

十二年十月二十四日

一連空隊、台北隊

漢口攻撃、3機、二十三日11hP発進、5機、二十四日0-15A発進、5hA前後爆撃、8-45A全機帰着、60吉96弾、格納庫爆破大火災（二棟共炎上）、場内五ケ所ニ火災（飛行機炎上ト認ム）飛行場大破。

（特情）24日4hA敵機漢口飛行場ヲ空襲セリ、空軍第八大隊ノ（408）号達（Douglas）機ニ敵弾命中シ全ク爆破セラレタリ。

南翔攻撃、12機、1-50P発進、5hP頃南翔爆撃。市街全部ニ60吉144弾投下、全面ニ大火災ヲ起ス、8-5P全機帰着。

一連空隊、済州島隊
南京攻撃、中攻9機、9-40A発進、十三空、戦6ノ掩護下ニ0-10P南京飛行場攻撃、3-10P全機帰着。60吉66、50吉30弾掩体部付近ニ命中、敵機3炎上、1機破壊（或ハ偽物ナルヤモ知レズ）。

杭州攻撃、中攻3機、9hA発進、杭州閘口停車場爆撃、50吉25弾、倉庫、車庫、列車等ニ命中、3-0P帰着。

大攻5機損失、0-15P大攻5、中攻4ノ発進ヲ命シ、0-33P大攻1機発動操作中発火、次テ爆発シ（1-40P）更ニ隣接ノ3機爆破焼尽、他ノ一機ハ弾片、爆風ノ為使用不能。兵一名重傷危篤、三名軽傷。

南翔攻撃、中攻4機、1-30P発進、4h-2P南翔東角ニ250吉2、60吉24、50吉12、命中一部炎上、6hP全機帰着。

一航戦司令官　二十四日―０９４０発電

敵ハ退却中ナリ、派遣軍ハ蘇州河ノ線ニ向フ敵ヲ急追中、各隊ハ全力ヲ挙ゲテ左記区分ニ依リ敵主要拠点ニ対シ爆撃スルト共ニ退却中ノ敵部隊ヲ殲滅スヘシ
(イ)一航戦　大場鎮、北新涇ヲ通スル線以東
(ロ)二連空　同右以西

支那方面艦隊電令　二十四日―１００５発

一、敵ハ退却中ナリ、派遣軍ハ蘇州河ノ線ニ向ヒ敵ヲ追撃中
二、上海連合空襲部隊ハ全力ヲ挙ゲテ軍ノ追撃ニ協力スヘシ
三、第三空襲部隊ハ極力集団威力ヲ以テ攻撃スヘシ
　第一目標　南翔鎮
　第二目標　北新涇
情況ニ依リテハ軍ハ本日中ニ蘇州河ニ達スルコトアルヘシト
四、第四空襲部隊ハ南翔鎮、嘉定間ニ於ル敵兵力交通機関ヲ攻撃スヘシ

１００５（１０４０訂正）

二連空隊
南京空襲掩護ノ十三空、戦6中1機ハ敵ノースロップ一機蕪湖方面ヨリ南京ニ入ルヲ撃墜ス。

陸軍協力、大場鎮、北新涇ヲ通スル線以西ニ於テ敵密集部隊追撃、3D、9D正面ノ敵攻撃。攻60、爆51、戦5、江橋鎮、北新涇、楊家橋、南翔、真茹、黄渡等ニ遁入セル敵密集部隊ヲ爆撃、松江ハ大火災。

一航戦

陸軍協力、大場鎮、北新涇ヲ通スル線以東ニ於テ軍ノ追撃戦ニ協力、攻15、爆18、戦16（十九回）。退却中ノ敵密集部隊ニ銃爆撃ヲ加ヘ、楊家橋、真茹、北新涇、江湾南方砲兵陣地等ヲ爆撃、諸巷（真茹ノ南方）ニテ大ナル誘爆アリ。

陸戦隊協力、攻18（六回）閘北方面敵陣地爆撃。

蘇州、嘉興方面偵察後、爆3、戦2、菎(崑)山駅列車攻撃。

浦東側、戦2、金家巷鎮付近ノ陣地爆撃。

二航戦、広東方面

広九鉄道、攻6、戦2、8-45A発進、塘頭廈墟付近ノ鉄路及列車爆撃、線路直撃切断二ケ所、11hA帰着。

連江口駅攻撃、攻6、戦2、8-45A発、連江口駅レールニ60吉4弾命中、12h-0帰着。

粤漢鉄路、爆8、8-45A発艦、横石駅ニ250吉2弾命中、連江口駅ニ一弾レール切断、徐州ニテ一弾線路ヲ切断埋没、12h帰着。

神威

水偵4、南翔、崑山間自動車ヲ銃爆撃、3炎上、2転覆。

水偵20、南翔、嘉定間ノ敵部隊及自動車攻撃。

能登呂、香久丸

新寧鉄道攻撃、機関庫、倉庫、貨車、線路ヲ爆破。

沖島

谷川支隊ノ要求ニ依リ江湾南方ノ敵砲兵陣地ヲ砲撃。

4S⋎6機

津浦線攻撃、貨車数両爆破、敵兵約百名殺傷。

神川丸

⋎4、呉興線ノ線路爆撃。

0h-30Pヨリ6hP迄10機（延）ニテ陸戦ニ協力、南翔南方クリークニテジヤンク数隻撃沈、南翔ノ南方敵陣地爆撃。

臨参命第百三十三号

命令

一、北支那方面軍司令官ハ概ネ太原、石家荘、徳州ノ線以北ノ地域ヲ確保シ其ノ安定ニ任スヘシ

但航空部隊ヲ以テ右線以南要地ノ攻撃ヲ続行スヘシ

二、北部山西省ノ作戦ノ為北支那方面軍司令官ノ指揮下

ニ入リタル関東軍司令官隷下部隊ハ、太原占領後逐次原所属ニ復帰セシムヘシ

昭和十二年十月二十三日

参謀総長　載仁親王

奉勅伝宣

十二年十月二十五日

一連空隊、済州島隊

中攻8機、6-0A発進、楊家橋ニ250吉2、50吉84投下、線路北側ニ火薬庫ラシキモノ2爆発、11hA帰着。

中攻8機、6-30A発進、楊家橋ニ50吉84弾投下、所々炎上、真茹ニ50吉12弾投下、11-45A帰着。

一連空隊、台北隊

中攻9機、6-10A台北発、真茹爆撃（60吉108弾）大火災、12hA帰着。

中攻6機（大杉大尉）9-30A台北発、真茹ヲ爆撃、全面大火災、已基地（呉淞砲台西方一五〇〇米の樹下庄航空基地）ニ進出（60吉72弾）。

一航戦

爆9、戦2（三回）蘇州、嘉興方面ノ鉄路列車攻撃。戦6（三回）浦東側ノ敵陣攻撃。攻24機、八回ニ亘リ反覆陸戦隊及ヒ谷川支隊ニ協力、砲兵陣地、土嚢陣地ヲ破壊シ突撃路ヲ開作ス。

神威

二十四日夜、水偵一敵陣地後方ニ吊光弾ヲ投下シ陸戦ニ協力、水偵10、蘇州、蓖〔崑〕山、嘉定方面攻撃、嘉定南方陣地ニテ火薬ラシキ誘爆アリ。

4S⋎10機

津浦線、隴海線ノ列車、線路ヲ爆撃。

神川丸

7hAヨリ6hP、14機（延）陸戦ニ協力、偵察攻撃（五回）。黄渡、安亭、外跨楼各駅ニテ貨車爆破。黄渡ノ兵営ラシキ建物一棟爆破。

一連空隊、台北隊

中攻6、1-15P発進、南翔市街全面ニ60吉72弾投下、数ケ所火災、7-0P帰着。

二連空隊

陸戦協力、十二空、攻24、爆24、戦6（延）3D、9Dノ走馬塘クリーク渡河ヲ掩護、洛陽橋、金家巷、廠頭等ハ火災ヲ起シ、又敗走ノ敵部隊ヲ攻撃。十三空、攻14、爆18（延）龍王廟ノ敵師司令部ヲ爆撃火災、黄渡等ノ敵部隊及軍需品

爆破。
浦東、攻1、砲兵陣地攻撃
12S沖島、厳島〔敷設艦〕
谷川支隊ノ攻撃ニ協力、江湾方面砲撃シ前進ヲ容易ニス。
陸戦隊
北部支隊(福永中尉)ハ谷川支隊第二大隊第八中隊ヲ併セ指揮シ、江湾商学院ヲ占領。北四川路方面逐次進出中。
香久丸、水偵5、新寧鉄道ヲ攻撃。
一連空隊、済州島隊(60吉144)
中攻6、0-50P発進、中攻6、1-30P発進、南翔市街ニ69弾投下炎上、郊外兵営ニ15弾、付近陣地ニ60弾投下。

十二年十月二十六日

陸軍ノ上海戦線
5-40P大場鎮全部ヲ占領、廟行鎮モ占領。大場鎮南方1.2粁ノ東西線ニ概ネ進出ス。
一航戦
0-30P中攻2発進(中攻1ハ已基地発進直後ニ不時着焼失、1ハ飛行場ニメリ込ム)、蘇州ヲ攻撃シ台北ニ帰ル。
攻6、戦3、2-30P発進、句容、南京ヲ偵察セルモ敵ヲ見ズ、大校飛行場ヲ爆撃。攻2、偵1、戦3、3-0P発進、杭州、広徳、句容ヲ捜索シタルモ敵ヲ見ズ、句容兵舎ヲ爆撃。
後方交通線攻撃、爆12、戦2(二回)ヲ以テ嘉興、滸墅関停車場及列車爆撃。浦東側、戦4(二回)浦東敵陣攻撃。
陸戦隊協力、攻14(五回)陸戦隊正面ノ土嚢陣地、砲兵陣地ヲ反覆攻撃。
一連空隊、台北隊
中攻9機、6hA発進、江橋鎮市街全面及北側敵陣地ニ60吉72弾投下火災、石橋市街全面ニ250吉1、60吉12、投下火災、紀王廟市街北半面ニ250吉1、60吉12投下、火災ヲ起ス、1hP全帰着。中攻5、1-40P発進、馬陸鎮ニ60吉60弾命中、市街黒煙ニ包マル、7hP全帰着。
一連空隊、済州島隊
中攻6機7hA発、中攻6機7-30A発、南翔鎮ノ南端及付近ニ50吉21弾、東端ニ3弾、徐家宅ニ12、新宅ニ6、張家宅ニ8弾命中、南翔鎮東端ノ敵陣地ニ51弾、命中、2hP11機帰着。一機(山内大尉)ハ已基地進出要務ノ為、已基地着陸ノ時南端クリークニ陥リ大破、人員異状ナシ。
二連空隊、甲基地

陸軍協力、十二空、攻21、爆17、戦6、3D及9D正面ノ敵ヲ爆撃シ師団ノ進出ヲ掩護ス。

十三空、爆2、13D正面ノ広福ヲ爆撃(軍ノ要求)。十三空、爆30、北新涇、石橋其ノ他敵後方要点爆撃。十三空、爆3、浦東側ノ敵砲兵ヲ爆撃。

神威、水偵17

陸戦ニ協力、南翔、江橋、真茹方面ノ敵ヲ攻撃。

神川丸、6-30Aヨリ6hP迄≻16(延)南翔南方、楊家橋付近ノ敵攻撃。

一連空隊、済州島隊

中攻3、0-40P発、中攻3、1hP発、真茹鎮全面ニ爆撃、5-25P全帰着、真茹鎮内敵ヲ見ズ。

沖島、11h-15Aヨリ0-15P江湾付近砲撃。

5S≻8、津浦線列車攻撃。

11S、浦東側ノ敵ハ数日来全ク沈黙シテ何等積極的行動ニ出デズ。

十二年十月二十七日

陸戦隊

4-30Aヨリ閘北ニ進撃、7hA北停車場、商務印書館ヲ占領シ、10hA頃ニハ閘北ノ大部ヲ占領夕刻迄ニ掃蕩了ル。

又陸軍ト協力シ江湾鎮全部ヲ占領。

朝来敵ハ中山路及京滬鉄路ニ沿ヒ敗走中。

南市爆撃ニ関スル申進

南市爆撃ノコトハ以前ニ3Fヨリ申来リシ返事ニテ趣旨ニ同意ナルモ、其ノ時機ハ上海戦ノ進展タル時トシ、目標ヲ軍隊、軍事利用施設機関ニ選定スヘキ旨申入アリ。

本日上海戦ノ進展ニ伴ヒ敗走兵ノ遁入等ニ依リ爆撃スルヲ有利ト認メ、目標ノ選定及実施者ノ選定ノ注意ヲ与フ。

陸軍

3D、9D、101Dノ先頭ハ9hA乃至10hAノ間ニ滬寧鉄道ヲ越ヘ、蘇州河ノ線ニ向ケ追撃中(正午報告)。

軍当面敵ノ大部ハ南翔鎮及ヒ蘇州河南岸ニ退却。

神威、水偵12、神川丸、10機敵兵追撃ニ策応爆撃。

陸戦隊ニテ敵戦闘機一機ヲ3-15A撃墜ス。

海軍戦死傷者　二十七日正午判明

	士官	特士、准士	下士官・兵	計
戦死	26	72	650	748
重傷	12	18	499	529
軽傷	10	18	696	724
微傷	0	8	176	184
合計	48	116	2021	2185

軍令部総長（伏見宮博恭王）ヨリ長谷川（清）支那方面艦隊司令長官及ヒ松井（石根）上海派遣軍司令官ニ祝電。4-50P長谷川長官ヨリ礼電アリ、松井司令官ヨリ礼電アリ。

海軍大臣（米内光政）ヨリ長谷川長官、松井司令官ニ祝電。

参謀総長ヨリ長谷川長官ニ祝電。

二連空隊、陸軍ノ追撃ニ策応

十二空、攻4、爆1、戦5、午前中3D、9D前面1.5粁ヲ制圧。

〃、攻17、爆16、北新涇以東、周家橋以西ノ敗兵ヲ爆撃。

十三空、攻9、爆18、北新涇ヨリ紀王廟ニ至ル主要部落ヲ爆撃。

〃、攻4、爆6、蘇州河内ノヂヤンク及南翔、松江間自動車群攻撃。

〃、攻1、浦東側ノ砲兵陣地爆撃。

十二空、爆1、9-40A孟宅敵重機銃弾ニテ発火墜落。

〃、爆1、4-20P、蘇州河南方ニテ神川丸水偵ト衝突墜落。

一連空隊、済州島隊

中攻4機ハ南翔鎮、4機ハ北新涇、攻撃ノ為7hA発、9-30A頃爆撃、0-10P全帰着。南翔北端ノ大建物ニ2弾（250吉）命中炎上、敵兵逃走、東部南側ニ2弾命中粉砕、敵兵逃走、付近ノ陣地ニ2弾命中粉砕。北新涇部落ニ7弾命中。

中攻8機、0-45P発進、5-20P全機帰着、3hP頃黄渡鎮及付近陣地ニ250吉16弾命中。

一連空隊、台北隊

中攻14機、10hA発進、0-50P頃黄渡鎮、紀王廟、白鶴巷鎮ヲ爆撃、黄渡ニ250吉4、60吉108ヲ市街全面及敵陣地ニ命中、三ケ所大火災ヲ起ス。紀王廟ニ80吉4、60吉12、白鶴巷ニ80吉5、60吉12市街ニ命中、4-15P全機帰着。

一航戦

攻9、戦2(三回)陸戦隊ノ進出ニ協力、敵砲兵陣地及閘北ポケット地区ヲ攻撃。攻3、爆8(三回)呉江駅、菎〔崑〕山駅、蘇州駅、青陽港駅ニテ列車群、北新涇ニテ装甲自動車ヲ攻撃。攻3、豊田紡以西ノ蘇州河北岸ニ蝟集セル敵退走部隊ヲ攻撃。戦2、浦東側ノ敵陣地攻撃。大攻1、2-45P黄渡鎮ニ250吉6弾投下。

十二年十月二十八日

陸戦隊

二十八日朝迄ニ閘北ノ残敵掃蕩清掃ヲ終ル。敵遺棄死体約九百、捕虜約三百。陸戦隊被害　重傷3(中隊長1)、軽傷24、微傷10。

閘北ハ敵退却時ノ放火及我砲火ニヨリ、十三ケ所ニ火災起ル。

二連空隊

十月一日派遣軍ニ対スル陸戦協力開始以来二十七日敵総退却迄ノ間、二連空隊ニテ実施シタル陸軍作戦協力ノ統計。

使用延機数　1576機
投下爆弾　5036
同　重量　350 tons（大部分60吉）

主任務 ｛3D、9D正面ニ対スル直接協力
　　　　後方砲兵陣地、兵站、密集部隊等

被害　爆6(敵陣地ニ墜落)｛十三空4
　　　　　　　　　　　　　十二空2
　疋田(外茂)大尉以下戦死12名

陸軍

3D、二十六日ニ敵ニ与ヘシ損害、遺棄死体二千、鹵獲軽機銃46、重機銃14、小銃370。

9D、二十七日洛陽橋南方500ノ野戦集積所ニテ鹵獲小銃十万三千、榴弾二万、信号弾4、綿火薬約十噸、毛布六千。

陸軍

3D、9Dハ范家宅以南ノ蘇州河北岸ノ敵ヲ完全ニ撃破シ、同河南岸ノ敵ト相対ス。

101D、閘北北方地区ニ集結。

11D、13D、南翔東方地区ニ進撃。

一連空隊、台北隊

11機、9-40A発進、5機、蘇州駅ヲ爆撃、貨車ニ30弾命中シ約70両ノ大半ヲ爆破(三両炎上)、倉庫ニ5弾命中大破、6機ハ菎〔崑〕山駅ヲ爆撃、貨車ニ4弾命中数両爆破、倉庫ニ1弾命中大破。

一連空隊
中攻12機、7hA発進、6機ハ常州駅ノ貨車、倉庫爆撃、24弾命中、貨車4大破(1炎上)、倉庫数棟大破。駅ノ東方三千米ノ工場及倉庫ニ7弾命中一部破壊、6機ハ無錫駅西方倉庫群ニ11弾命中。0-50P全機帰着。
大攻1(上海已基地派遣)10hAヨリ3hP迄万大鎮ヲ二回、黄渡鎮ヲ一回爆撃、万大ニハ250吉5、60吉10、命中、黄渡ニハ250吉2、60吉6命中。
一航戦
攻4、爆3ヲ以テ三回鉄路沿線偵察ノ上、嘉興、菎〔崑〕山、及ヒ陸家浜ノ列車、松江ノ兵舎爆撃。攻5、戦2、松江ヲ爆撃。
攻12ヲ以テ四回ニ亘リ紀王廟及華曹鎮ヲ爆撃。華曹鎮ノ南方兵営ニ命中セルモノ極テ有効。戦2、浦東側ノ砲兵陣地攻撃。
二連空隊
十二空、攻24、爆6、敗残ノ敵ヲ爆撃、田多里ノ野砲陣地ハ炎上壊滅、北新涇以東ノ蘇州河南岸ノ敵陣地爆破、松江ヲ爆撃。
十三空、攻3、浦東ノ野砲陣地ヲ攻撃。
衣笠丸〔特設水上機母艦〕、神川丸
常熟ノ兵舎ニ60吉9命中、大破炎上。蘇州方面ノ列車攻撃。
5S
台庄ニテ運炭船一粉砕、二隻擱座。龍河鉄橋ニ5弾命中破壊。
9S
厦門港外ノ金門島及小金門島ノ掃蕩完了。

十二年十月二十九日

陸軍、蘇州河北岸ニアリテ渡河準備中。陸戦隊、閘北戦場整理及籠城ノ敵監視中。

一航戦
攻9(三回)封家浜、楊家村ノ敵陣地攻撃。攻2、松江、嘉興ノ敵機銃陣地爆撃。攻1、爆3、戦6(四回)浦東ノ敵砲兵陣地攻撃。

一連空派遣ノ大攻1、8-50A王浜Y発、9-4A南翔西方ニテ敵高角砲弾タンクニ命中火災ヲ起ス(高度1500m)、消火器ニテ約二分間ニ消火シ王浜ニ帰着、此ノ間ニ250吉3、60吉2ヲ敵陣地ニ投下ス。

一連空隊、台北隊

12機、8-55A発進、松江ヲ爆撃、3hP帰着。50吉144弾主トシテ南半部市街ニ命中、三ケ所火災、軍用自動車十数両爆破。

一連空隊、済州島隊
中攻12機、7hA発進、松江ヲ爆撃（主トシテ北半部）2-50P帰着、東北角ノ塹壕地帯ニ10弾命中、市街北半部ニ百余弾投下。

二連空隊
十二空、攻10、爆7、3D、9D、11D、13Dノ正面敵陣地攻撃。
十三空、攻4、戦3、建徳、杭州ヲ偵察セルモ敵ヲ見ズ。
十二空、爆1、浦東ノ敵陣地ヲ爆撃。

神威、神川丸
南翔、崑山、蘇州方面ヲ偵察攻撃。

H作戦（杭州湾上陸作戦）
丁集団（第十軍）司令部（柳川〔平助〕中将）十月三十日4-40P名取ニ乗艦、5hP佐世保出港、予定ノ行動ニ就ク。
K作戦（白茹口上陸作戦）
十月三十日命令（臨参命第百三十四号）ニテ第十六師団其ノ他ノ部隊（高射砲隊、兵站自動車隊、輸卒隊其ノ他）ヲ北支那方面軍戦闘序列ヨリ除キ上海派遣軍戦闘序列ニ編入。

支那側ノ戦傷者
南京米国大使〔Nelson T. Johnson〕ノ報告（特情1690）
戦傷兵ヲ収容中ノ病院ヨリ報セラル、所ニ依レハ、支那ノ現在迄ノ戦傷者ハ合計15万人、内5万ハ北部戦線ニ在リト、戦死者ノ推定ハ区々ニシテ、戦傷者ノ⅓、½又ハ同数ト云ハル。

十二年十月三十日

軍ハ蘇州河ヲ渡河準備ヲ急ギアリ。海軍航空隊ハ約半数ニテ陸戦協力、半数整備。

一航戦
攻5（二回）蘇州方面ノ列車群、ジヤンク群、敵密集部隊（部落ニ誘爆火災）、青浦西方ノ閣里ノ倉庫群爆撃。戦2、浦東ノ砲兵陣地爆撃。

一連空隊、台北隊
中攻9機、正午発進、蘇州攻撃ニ至リシカ付近一帯天候不良ニシテ爆撃ニ適セズ、断念シ6-50P帰着。

一連空隊、済州島隊

中攻12機、9-30A発進、6機ハ蘇州（細雨ニテ城内ノ目標不明瞭）西南外側ノ兵営及駅ヲ爆撃、6機ハ菎〔崑〕山ノ市内中央ノ工場ニ250吉2命中炎上、南側ノ大建物ニ1命中、菎〔崑〕山駅内ノ貨車群爆撃。一機ハ駅ニテ燃料槽ニ敵弾ヲ蒙リ菎〔崑〕山NNE約五浬ノ水田中ニ不時着炎上、2h-50P11機帰着。

神川丸∨3

4hPヨリ6hP唯亭付近ニテ貨車、黄渡ニテ自動車ヲ攻撃。

神威∨3

南翔、菎〔崑〕山、蘇州方面ニテ列車及自動車ヲ攻撃、機関車一破壊。

二連空隊

攻8、爆36、3D、9D正面ノ蘇州河南岸地区爆撃。攻2、浦東側野砲陣地ヲ爆撃。

衣笠丸∨7（延）、真義西方ノ貨物列車爆撃。

海軍戦死傷者　十月三十日判明

	士官	特、准士官	下士官・兵	計
戦死	26	77	658	761
重傷	12	19	504	535
軽傷	10	18	735	763
微傷	1	10	193	204
合計	49	124	2090	2263

十二年十月三十一日

陸戦隊、閘北

二十七日以来北西蔵路ノ英軍守備租界ヲ楯ニ四行上海貯蓄総公貨桟（四行倉庫）ニ籠城セル残敵ハ陸戦隊ノ降伏勧告ニ応ゼズ、我ハ砲隊ヲ加ヘ包囲攻撃ノ準備ヲ整ヘシニ、三十日夕以来動揺シ英軍方面ニ遁走ノ気配ヲ認メ、尚三十一日1-15Aヨリ数名宛租界内ニ遁走ヲ始メタルニ依リ機銃掃射ヲ行フ、1-45A頃陸続逃走ヲ認メ砲撃開始、3-0A突撃隊突入シ、3-10A完全ニ占領、同所内ニハ英軍守備区域ヨリノ給水蛇管、外字新聞ニテ包メル糧食等多数アリ、敵ノ遺棄死体屋内約50、屋外約30、武器多数ヲ押収ス。英軍ニ武装解除サレタル敵兵339、負傷者24。

一航戦
天候恢復ヲ待チ攻2、七宝鎮ニ散在ノ敵ヲ攻撃。戦4、浦東ノ敵陣地ヲ攻撃。
二連空隊
朝来天候不良ノ為3D、9Dノ渡河作戦ニ協力シ得サリシガ、5hP頃一時ノ晴間ニ戦4、爆7ヲ以テ3D正面ノ敵陣地ヲ爆撃（金家宅ニ大誘爆、英瑞庙ニ大火災ヲ起ス）。爆4、浦東ノ敵野砲陣地ヲ爆撃。
4S丫7、津浦線ニテ機関車3、貨車7、線路爆破。
陸軍3D蘇州河ノ南岸ニ渡河進撃。

十二年十一月一日

陸軍
9D一日正午ヨリ右翼隊ヲ以テ范家巷南側付近ヨリ蘇州河ヲ渡河開始、夕刻迄ニ歩兵三大隊渡河ヲ了ル。

一航戦
菎〔崑〕山以西密雲200米以下ニテ引返シ、七宝鎮ノ敵攻撃。攻3、戦6ヲ以テ四回浦東側ノ敵陣地ヲ攻撃。

二連空隊、陸軍協力
午前中天候不良、午後天候回復ニ乗シ3D、9Dノ渡河作戦ニ協力、十二空、攻9、爆6、戦6ハ3D正面、十三空、攻2、爆6ハ9D正面ノ河ト虹橋路トノ中間地区爆撃、薄暮敵ハ虹橋路ヲ三々五々西ニ退却シアリ。爆5、浦東側ノ野砲陣地ヲ爆撃。

一連空台北隊9機、衡陽ニ向ヒシガ密雲連リ攻撃断念ス。

9S妙高丫6（延）、広九鉄道塘頭厦墟及樟木頭ヲ爆撃、線路三ケ所湾曲。

4S丫、帰徳飛行場ノ格納庫爆撃、津浦線ノ貨車攻撃。高雄〔重巡洋艦〕機一（栗本〔敏樹・高雄飛行長兼分隊長〕少佐、外二名）、敵弾ニヨリ火災墜落。

衣笠丸丫、安亭東方ニテ貨物自動車攻撃。

蘇連ノ飛行機（支那特情2075）、『蘇連飛行機24機西安ニ到着ス、速度500粁』、第四大隊ヲ再編制スルカ如シ。

十二年十一月二日

陸軍山西、川岸〔文三郎・第二〇師団長〕部隊0-30P寿陽ヲ占領。9Dノ右翼方面ニテ六ケ大隊蘇州河南岸ニ進出、3D四ケ大隊蘇州河南岸ニ渡ル。
一航戦
攻6（延）、蘇州以西天候不良ノ為外跨塘駅ノ列車攻撃。攻

9（延）、南翔付近ノ高角砲、野砲、機銃陣地爆破。攻6、戦8（延）、浦東ノ敵陣地攻撃。

一連空、済州島隊

中攻8、9-15A発進、蘇州ニ向ヒシガ雨ノ為発見シ得ズ。指揮小隊ノミ松江ニ250吉2、60吉24、投下、2-50P帰着。

二連空隊午前陸軍協力、午後天候不良ノ為中止。十二空、攻14、爆15、戦5、3Dニ協力、虹橋路北方諸地爆撃。十三空、攻7、爆9、9Dニ協力、屈家橋、狄巷上等爆撃。

4S、隴海線列車、線路ヲ爆撃、海州飛行場兵舎撃破。

9S妙高⋎6（延）、広九鉄道ノ塘頭厦墟及龍頭鉄橋ヲ爆撃、レール湾曲。

衣笠丸⋎6、8-45A発、蘇州駅ニテ貨車6、線路爆破。

十二年十一月三日

陸軍

9Dハ頑強ナル敵抵抗ヲ打破シ西湾里、徐家衖、狄巷上、張巷ノ線ニ進出シ、東南方ヘ攻撃進展ヲ図ル。山西方面、長ラク攻撃中ナリシ忻口鎮方面ノ敵ヲ撃退シ忻県ヲ占領ス、又寿陽方面ニテモ同地西方高地ノ敵ヲ撃破シ西方ニ進撃中。

一連空、台北隊

中攻9機、9-10A進発、衡陽及宜章付近天候不良ノ為中間ノ郴県北方約十浬ニ停車中ノ貨物列車二（約40両）ヲ爆撃、250吉及80吉数弾命中、付近線路ニ約10命中破壊、全機帰着。

二連空隊

本日朝来依然天候不良ニテ陸軍ニ協力不能、正午頃霽間ニ19機発進セルモ9機ノミ爆撃ヲ行フ、3D、9D正面。

能登呂、香久丸

無錫停車場ノ貨車、倉庫等爆撃。

一航戦

浦東側ノ砲兵陣地ヲ爆撃。

9S妙高⋎6（延）、広九鉄道、石辜〔鼓〕、平湖間レール爆破。

衣笠丸⋎5、望亭駅ニテ貨車爆破。

鳥海〔重巡洋艦〕、神通、迅鯨〔潜水母艦〕⋎5、監城駅機関庫ヲ爆破炎上。

十二年十一月四日

大本営設置問題

九月下旬多田〔駿〕参謀次長ヨリ大本営設置ノ希望アリ、海軍トシテモ賛成ナルガ、海軍ハ平時編制トノ差僅少ニシテ大本営ヲ設ケサレハ作戦指導困難ト云フニハアラズ、故ニ先ツ陸軍省ト参謀本部トノ間ニ議ヲ纏メラレタシト話ス。
陸軍省ニテハ大本営設置ニ反対シ来リシガ、十月下旬ニ至リ同省上司ヨリ同問題研究ヲ命セラレタリ、此頃近衛首相ノ言トシテ『陸軍ハ初ハ保定迄モ云ヒナガラ何時シカ何処迄行クノカ分ラナクナリ、サツパリ分ラズ、モツト連絡ヲ良クシタシ』トノ意見伝ヘラル。
十月末ニ至リ新聞紙上ニ大本営設置問題書カレ出シ、且大本営ノ議ニ首相等加ル案ガ見ユ。
十一月三日陸軍省案（参謀本部主務者同意ト称ス）ヲ海軍省ニ申来ル。此案ハ大本営ノ統帥機関ナルヲ無視シタルトテツモナキ案ニテ、寧ロ政治指導ニ利用ノ下心見ユ。
参謀本部ノ下村〔定〕一部長及河辺〔虎四郎〕二課長ハ共ニ陸軍省案ニ不賛成ノ旨申来ル、両官共ニ純統帥機関タルヘキコトニ軍令部ト同意見。
海軍次官〔山本五十六〕、軍務局長〔井上成美〕ハ軍令部ト同意見、現制度ノ侭ニテ統帥機関トシテ設置ニ賛成。
一航戦
攻3、浦東ノ砲兵陣地攻撃（無錫ニ向ヒタルモ天候不良ノ為）。攻6、3D正面ノ敵砲兵陣地ヲ爆撃（周家橋、英瑞廟、北新涇）。戦2、虹橋付近ニテ自動車攻撃。
能登呂、香久丸
無錫付近ニテ貨車等攻撃、崑山付近ノ敵陣地爆撃。香久丸九四式一機、敵弾ニヨリ墜落。
神威
崑《〔崑〕》山西方ノ鉄道線路及自動車攻撃。
9S妙高丫6（延）、広九鉄道樟木頭付近レール爆破。
鳥海、迅鯨、神通丫5、海州駅ノ機関庫、貨車爆撃、海州西方ニテ列車爆撃。
浦東側ノ敵ハ四日以来砲撃ヲ行ハズ（六日報告）。
H作戦ノ護衛隊
第一護衛隊　4Sd、12S（11wg〔欠〕）……陸軍　18Dノ主力
第二　〃　8S、1Sd、11wg　……6D、国崎支隊〔5Dの一部〕、18Dノ一部
H作戦
英駆逐艦H75、6hP頃花鳥山北方6浬付近ニ於テ輸送船団ニ近ツク如ク行動シ来レルヲ以テ、由良、掃16〔第十六号掃海艇〕ハ之ヲ遮蔽スル如ク東方ニ圧迫ス。

十二年十一月五日

杭州湾北岸H作戦

上陸ハ敵ノ虚ニ乗シタルカ如シ、上陸時人員器材ノ損耗殆ト無シ。

3-35A輸送船隊全部投錨完了、NNW風3m、海上極テ平穏、濛気アリ視界3000m（5hAノ情況）。5h-10A上陸開始（左翼支隊、国崎支隊）、6h-15A霧来ル、6h-30A各地区上陸成功。7h-20A第二次舟艇概ネ船団ヲ出発ス、霧深ク視界100m。

8hA2Sf攻18発進（天候不良ニテ第二次取止）。8h-20A霧高100m、次第ニ霽レツ、アリ、視界2000m。9hA衣笠丸⋎5発進、其ノ他航空部隊ハ暗雲ノ為活動不能。10h-50A金山衛城ヲ占領、2h-30P張堰鎮ヲ占領。

上陸ハ極テ順当ニ進捗シ、8hA概ネ第一線部隊ノ上陸完了、引続キ徴発ジヤンクヲモ用ヒ器材揚陸中（2h-30P）。本戦闘ニテ11hA迄ニ判明セル被害ハ軽微ニシテ傷者数名ノミ、死者無キ見込（4Sd司令官〔細萱戊子郎〕2h-30P）。天候不良ノ為艦上機ノ掩護不能ナリシヲ以テ、護衛艦隊ノ艦載機ヲ以テ極力陸戦ニ協力ス。

第一船団（18Dノ主力）及ヒ第二船団（6D、5Dノ国崎支隊、18Dノ一部）計50隻、3-35A投錨。

上陸点
- 18Dノ主力　金山衛城ノ東方
- 6D、国崎支隊　金山衛城ノ西方
- 18Dノ一部　左翼掩護ノ為6Dノ更ニ西方

18D、1hP迄戦死3、傷者11。

加賀、鎮海ニ陽動シ、七里島砲台ヲ砲撃崩壊セシメ、付近砲台ニ大損害ヲ与フ。上陸軍左翼ノ前面敵陣地ヲ猛撃ス。

一連空、済州島隊

中攻9機、4-30A発進（入佐大尉）
5機、5-50A発進（小谷大尉）
全航程天候非常ニ不良、目標発見ニ苦シミ

武田隊ハ乍浦東部砲台発見、250吉3弾砲台至近ニ弾着、建物破壊。入佐隊ハ謝橋鎮付近ニテ貨車及線路爆破（60吉）。岡隊ハ南翔鎮南方ノ敵陣地ヲ爆撃、1-20P全帰着。

二連空隊

十二空、攻6、爆8、黎明発進、煙霧ヲ冒シ目標発見ニ努メタルモ遂ニ攻撃不能、9hA十三機帰着、爆一消息不明。

一航戦
早朝来攻撃準備ヲ整ヘ午前爆一、午後攻2ヲ出シ天候状況ヲ偵察シタルモ、雲高低ク偵察不能。午後戦2、浦東ヲ攻撃。
神川丸、午前二回偵察ニ出シタルモ視界不良ノ為引返ス。0-30P水偵2、濃霧ヲ冒シ金山、乍浦方面ヲ偵察、閔里鎮ノ塹壕ニ拠ル敵ヲ攻撃。
一連空、済州島隊
中攻3機0-45P発（山内大尉）、中攻3機1-20P発（細川大尉）。乍浦付近依然天候不良、山内隊ハ乍浦「ロ」砲台ニ250吉1命中、細川隊ハ「イ」砲台ニ250吉6投下、7-15P全帰着。砲台ノ側ニ人影ヲ認メズ。
3Sf水偵12（延）、蘇州、呉江方面偵察攻撃。

英大使ノ意見具申

英大使ヨリ外務次官ヘノ話ニ、同大使ハ次ノ意見ヲ本国ニ具申セリト。
日支間ノ直接交渉ヲ今直ニ始ル様斡旋スルハ適当ナラズ。
東洋ニ関係深キ少数国ヨリ出ス委員ニテ日、支両国ニ連絡ヲ保チ適時ニ斡旋スルヲ可トス。

駐日ノ米〔Joseph C. Grew〕、仏〔Charles A. Henry〕、白〔Albert de Bassompierre ベルギー〕大使モ同意見ナリ。

十二年十一月六日

太原到着、5Dノ機械化部隊本朝太原ニ到着。
H作戦
勝家浜ニテ黄浦江ヲ渡河、平湖浜（松江南2粁）ヲ6hP頃北進中ノモノアリ（18Dラシ）、金山（洙涇）ヨリ西進楓涇鎮ニ向フ。
一連空、済州島隊
中攻2機9hA、3機11hA、3機1hP、発進、天候不良ノ為辛フシテ雲ノ切目ヨリ嘉興駅及ヒ付近駅倉庫、運河ノジヤンク爆撃。6機ハ7-40P帰着、2機ハ王浜ニ着陸。
一航戦
攻8、爆6、虹橋西方ノ密集部隊、自動車群、橋梁爆破。
攻8、爆3、鉄橋及蘇州河橋梁ヲ爆撃（破壊ニ至ラズ）。戦4、浦東ヲ偵察攻撃。
二航戦
攻12、爆6、8-15（A）発進、軍正面松江ノ市街、鉄橋、付近塹壕及ヒ闕里鎮（拓林城ノ西）ヲ爆撃、11hA帰着。攻

12、10-30A発進、戦場一帯雲深シ、南橋鎮兵舎ヲ爆破、奉賢城内及塹壕、楓涇鎮駅及市内、乍浦鎮ヲ爆撃。攻12、2h-15P発進、乍浦鎮、同砲台、平湖鎮ヲ爆撃。

神威、神川丸、蘇州、呉江方面ヲ偵察。

3Sf⋎10機(延)、蘇州、呉江方面ノ橋梁、線路爆撃。

衣笠丸⋎18機(延)、浦東方面ノ偵察攻撃、奉賢ノ兵舎爆炎。

妙高⋎6(延)、広九鉄道レール爆破。

12S(沖島、第一掃海隊、十一駆逐隊)

拓林城付近沿岸ヲ砲撃。

8S、1Sd、十一掃海隊(第二護衛隊)

7-30A以後丙地区左側ノ敵陣地及敗走兵ヲ砲撃、海岸トーチカ式陣地ヲ粉砕ス、陸軍左側支隊ヲ推進ス。十一掃海隊ハ五日、六日共ニ乍浦ニテ軍需品運搬車ヲ砲撃。

二連空隊

攻6、爆6、戦5、早朝松江以南一帯ヲ偵察、敵ヲ見ズ、友軍ノ配備ヲ報告、爾後薄暮迄一部兵力ヲ以テ常時戦場一帯ヲ偵察シ、丁集団ノ作戦指導ニ資ス。十二空、攻9、戦2、夕刻平湖付近ノ敵部隊ヲ爆撃。十三空、攻6、戦1、楓涇鎮ノ敵部隊ヲ爆撃。

神川丸0-30A呉淞発、8hA杭州湾着。⋎12機(延)、乍浦、平湖、嘉善、嘉興、崇徳等偵察攻撃、嘉興ニテ貨車爆破、自動車銃爆撃。

H作戦、陸軍

六日夕刻主力ハ馬家橋(松江ノ南六粁)、松隠鎮、金山ニ達シ、先頭部隊ハ黄浦江ヲ渡リ平湖鎮ニ進出ス。

衣笠丸⋎9(延)

3-55Pヨリ4-35P嘉興付近攻撃、機関車、貨車、橋梁ヲ爆破、自動車銃撃。

十二年十一月七日

中支那方面軍編成

七日左ノ部隊ヲ以テ中支那方面軍ヲ編成セラル

中支那方面軍司令部

上海派遣軍

第十軍

中支那方面軍司令官(松井石根)ノ任務ハ海軍ト協力シ敵ノ戦意ヲ挫折セシメ、戦局終結ノ動機ヲ獲得スル目的ヲ以テ上海付近ノ敵ヲ掃滅スルニ在リ。

上海方面H作戦、終日風雨強ク視界不良。陸上作戦ハ順当

ニ進捗。第二次輸送船団40隻、H方面ニ入泊、揚陸効程ハ前日ノ¼程度ナリ。

一連空、済州島隊

中攻3機（山内大尉）6hA発進、天候不良密雲中ニ9h-20A青浦ヲ発見シ60吉36弾投下、待機中ノ他ノ6機10-30A及11-30Aニ発進セシガ悪天候ニテ目標ヲ発見シ得ズ、5-20P全機帰着。

妙高丫3、広九鉄道石鼓南方峡地ノレール爆破。

一連空、台北隊

6機11-15A発進、台州列島付近ニテ異常ノ悪天候ニ遭ヒ各機分離ニ至リシヲ以テ帰還ヲ命シ、4-30P全帰着。

CSF長官〔長谷川清〕ノ一航戦司令官〔高須四郎〕ヘノ電令、自今左記南市ノ軍事施設ヲ攻撃スヘシ。

龍華鉄路交叉点、警備司令部、東清鉄道碼頭対岸倉庫、兵工廠、江南船渠。

福留〔繁〕一課長ノ上海ヨリノ電

一、H上陸作戦見事ニ成功シ其後ノ戦況亦有利ニ進展シツ、アリテ、丁集団司令官〔柳川平助〕ハ此勢ニ乗シ同軍主力ヲ以テ一気ニ太湖ヲ迂回シ、敵ノ最後陣地ト恃ム江陰、常州線ノ背後ヲ衝クヘシトノ当初ヨリノ企図ヲ一層強ク主張シアルモ、方面軍司令部ハ今ノ所中央ノ意ヲ体シ依然トシテ福山、常熟、蘇州、嘉興線ノ占拠ヲ以テ当面作戦ノ一段落トシ、南京進撃ノ態勢ヲ整ヘテ爾後ノ計ヲ樹ツヘシトノ方針ヲ持シアリ、今後ノ戦況如何ニ依リテハ太湖外側ニ対シ一部ノ機動戦等ヲ行フコトアルヘシト予想ス。

二、停戦ニ関シ方面軍司令部ニ於テハ、作戦指揮官之カ当事者タルヘキモノトスル以外未タ具体的ニ考慮シアラサルモ、前項福常蘇嘉線占拠案外早ク十一月一杯ニモ可能ナルヘシトノ見込ヲ強メ居ルニ鑑ミ、差向キ該線占拠ノ時機ヲ以テ停戦協定ヲ開始スルモノトシテ至急対策ヲ決定シ置カル、要アリト認ム。

尤モ之カ実行時機、従テ事前工作着手時機ハ今後ノK作戦並ニ北支特ニ山東作戦等トノ関係モアリ、今暫ク戦局ノ推移ヲ見ルニアラサレハ之ヲ予定シ難キモノト思考ス。

右丁集団司令部及武藤〔中支那〕方面軍参謀副長トノ会談ニ依ル所見取敢ス報告ス。

六日―二十三時

十二年十一月八日

陸軍
太原城ノ東角ヲ占領（9h-13A）、九日8-30A太原城ヲ完全ニ占領。
上海方面
浦東ノ敵ハ6日夜ヨリ動揺ノ兆アリシガ、7日強雨ニテ我丫ノ活動自由ナラサルニ乗シ、0-30P頃ヨリ黄浦江ヲ渡リ南市龍華ニ総退却ヲ開始シ、8日10hA頃ニハ大部隊退却ヲ了シ、白蓮涇クリーク下流ニハ敵無ク上流地域ニ若干ヲ見ル。我第十軍ハ八日正午頃松江及楓涇鎮ノ地区ニテ滬杭鉄路ノ北方ニ進出シ敵ノ交通線ヲ遮断ス、司令官名取ヨリ上陸ス。
久シ振ノ快晴ニ各航空隊全力ヲ挙ケ活躍ス。
一航戦
攻12ヲ以テ四回ニ亘リ安亭鎮、白鶴港鎮ノ敵部隊ヲ爆撃。
攻14、爆11、戦9(延)、青浦、松江、方面ノ敵爆撃。
二航戦
8hAヨリ嘉善、嘉興、平望鎮ヲ爆撃、5h-45P全帰艦。
三航戦
8hAヨリ5-30P丫10機ニテ蘇州、呉江方面爆撃。
一連空、済州島隊
中攻5機10hA発進、4機11hA発進、嘉善及ヒ蓖〔崑〕山ヲ爆撃、4-45P全帰着。
神川丸丫15(延)、乍浦、平湖、嘉興、崇徳方面偵察攻撃。
神威丫10、蘇州、呉江間ノ交通線攻撃。
二連空隊
攻27、爆37、戦12、丁集団ノ作戦ニ協力、敵ノ部隊及ヒ楓涇鎮、青浦、嘉善等爆撃、戦1墜落。
鳥海、神通丫4、宿県南方ニテ爆薬貨車ヲ大爆破、徐州、海州駅爆撃。杭州湾6hA入泊中ノ輸送船148隻、NWノ風稍強ク揚陸効程ハ平水ノ概ネ3/4ナリ。

丁集団長ノ電

方面軍作命甲第一号ニ基ク集団ノ企図並ニ部署、大要左ノ如シ。
一、集団ハ一部ヲ以テ松江及平望鎮、嘉興ノ線ヲ占領シ、主力ヲ金山付近ニ集結シテ爾後ノ行動ヲ準備セントス。
二、6D主力ハ所命ノ線（南庫浜―史家村ノ線）ニ進出後速ニ松江東北側地区ニ進出ス、同師団ハ一部ヲ以テ神速ニ平望鎮ヲ占領ス。

三、18Dハ旧左側支隊ヲ併セ、楓涇鎮ヲ経テ嘉興方向ニ前進シ同地ヲ占領ス。
四、114D及同軍直轄諸隊ハ金山付近ニ集結ス。
五、集団司令官ハ本八日金山衛城ニ至リ、九日金山ニ向ヒ前進ノ予定。

八日―三時

十二年十一月九日

CSF電令
一、蘇州河南方ノ敵ハ全面的ニ西方ニ退却シツヽアリ。
二、2Cfgヲ護衛艦隊ヨリ除キCSF第五空襲部隊トス。
三、第五空襲部隊ハ大部ヲ以テ、概ネ上海、青海〔浦〕ヲ連ヌル線以南敗走中ノ敵ヲ、一部ヲ以テ丁集団正面ノ敵ヲ攻撃スヘシ。

九日　一〇三〇

四、第一空襲部隊ハ全力ヲ挙ケ第五空襲部隊ト連繋ヲ密ニシ、概ネ上海、青浦間以北ノ敗敵ヲ攻撃スヘシ。
五、第二空襲部隊本日午後ノ攻撃目標ヲ蘇州、崑山、青浦付近ノ敵兵力トス。

1Sf司令官ノ電
上海方面ノ敵ハ総退却ヲ開始シ、虹橋、紀王廟鎮方面ヨリ青浦、菎〔崑〕山方面ニ通スル大小道路ハ敗走スル敵兵ニテ充満ス、第一空襲部隊ハ全力ヲ挙ケテ之ヲ追撃セントス　0900時。

上海方面
正午3D、9Dノ先頭ハ虹橋飛行場、七宝鎮ノ線ニ達ス。3Dハ龍華鎮ヲ1-30P占領シ南市ヲ封鎖ス、南市ハ一部火災、虹橋飛行場ニテ丫7鹵獲ス。敵ハ西方ニ遁走、青浦方面ノ敵ハ北方ニ敗走。
本日天気晴朗ニテ早朝ヨリ我航空部隊ハ全力ヲ挙ケ敗敵ヲ追撃ス、昨日来ノ空爆ニテ道路橋梁ノ破壊箇所ニ軍用自動車、密集部隊滞溜シ我攻撃ニ脅ヘ小径、田ノ中等ニ所選バズ潰走ス、航空隊ハ一部ニテ京滬線其ノ他交通要所ヲ爆破。
一航戦
早朝敵密集部隊ノ高家湾、青浦間道路ヲ退却中ヲ発見シ痛撃ヲ加ヘ、爾後潰走中ノ敵ヲ全力ヲ挙テ銃爆撃シ且道路橋梁ヲ破壊シ紀王廟、黄渡、白鶴港、観音堂、青浦等ニ停滞遁入セル敵ヲ攻撃ス（攻26、爆12、戦12（延））。攻6、爆6、江南兵工廠爆破。

二航戦

攻12、爆6、戦4、7-45A発艦、蘇州、無錫、望亭停車場ノ倉庫、建物、レールヲ爆破。攻10、爆6、戦4、10-30A発艦、青浦、白鶴港及付近ニ敗走スル敵ヲ銃爆撃、海上荒トナレルニ付甲基地帰着。

一連空、台北隊

中攻16機、蘇州駅ノ列車群及倉庫群爆撃、列車約40両爆破、倉庫大破炎上、嘉興駅、琵琶口駅ニテ機関車3及列車、倉庫ヲ爆破。

一連空、上海派遣隊10機

黄渡、白鶴港、崑〔崑〕山市街爆撃、軍用自動車、列車、爆撃。

一連空、済州島隊

中攻6機宛三回崑山、白鶴港、青浦、蘇州ノ敵攻撃。

二連空隊

攻35、爆36、戦25(延)。3D、9D正面ヨリ青浦、安亭方面へ敗走スル敵ヲ追撃シ連続銃爆撃ヲ加フ、松江、青浦間ノ敗走兵ヲ攻撃。丁集団ノ作戦ニ協力シ楓涇鎮方面ノ敵兵、蘇州、嘉興間ノ列車群等爆撃、青浦、崑〔崑〕山ノ敵爆撃。

3Sf(能登呂、香久丸)

蘇州、呉江方面ノ列車等爆撃。

神威

蘇州、松江方面ノ敵ヲ偵察攻撃。

衣笠丸

嘉興、平望鎮、松江ノ兵舎、倉庫、自動車ヲ攻撃。

鳥海、迅鯨、神通⋎5、兗州駅ヲ爆撃。

8S⋎2、乍浦、平湖、楓涇鎮攻撃。

神川丸、嘉定、崇徳、海寧方面ヲ偵察攻撃、松江ヲ攻撃。

英国ノ上海ニ於ル態度十一月初旬ヨリ著シク改善シ、上海駐屯英陸軍司令官ノ杉山参謀長ニ無礼ヲ謝スル挨拶来訪アリ。

十日ノ香港英字新聞ニ初テ支那ノ敗戦ヲ嘲笑スル記事現ハル。

十二年十一月十日

上海、陸軍

南市ニハ警察隊約1000、保安隊約600、敗残兵約400、計約二千投降ヲ肯ゼズ日暉路クリーク付近ニ頑強ニ抵抗ス、3Dハ之ヲ攻撃準備中。第十軍ハ敵ヲ追撃シ青浦及ヒ嘉善ニ達ス。

海軍航空隊ハ潰走スル敵ヲ追撃シ又後方ヲ攻撃ス。

一航戦

紀王廟、安亭、観音堂、崑《〔崑〕》山、白鶴港付近退却中ノ敵密集部隊ヲ痛撃ス、攻21、爆9、戦8(延)。攻6、爆3ヲ以テ南市江岸ノ倉庫(東清鉄道碼頭ノ対岸)ニ250吉6弾、60吉24弾命中、大損害ヲ与フ。中攻3、攻2、戦9、滁州及南京ヲ攻撃、滁州丫敵ヲ見ズ、南京大校場格納庫、兵舎ヲ爆破。

二航戦

攻6、爆6、戦2、蘇州ノ南郊ノ兵舎及工場ニ250吉各一命中炎上、西丫兵舎、厩舎ニ60吉8命中大破、列車ヲ爆破ス、無錫駅ヲ爆破。攻8、蘇州ノ市街、倉庫、兵営、橋梁ヲ爆破。攻9、崑《〔崑〕》山城ニ沿フ敵陣地及城外部落ヲ爆破。攻8、爆6、戦4、常州駅ノ機関庫、常州蘇州間ノ列車、車庫等ヲ爆破、常熟西方ニテ敵兵ニ大損害ヲ与フ(60吉20)。

一連空、台北隊18機

蘇州駅ノ列車、城外山塘街ノ工場、火薬局(城内ＳＷ部)、城内ノ倉庫群、無錫城山恵山鎮(三ケ所火災)、無錫駅西方倉庫群、北方大倉庫群ヲ爆破。

一連空、済州島隊12機

崑山ノ工場、倉庫、無錫及付近ノ大工場四(二ケ所炎上)、無錫駅南側ノ敵密集部隊、無錫駅北側ノ大工場ヲ爆破。

二連空隊

十二空、攻6、十三空、攻2、爆6、呉江、嘉興間及ヒ嘉興、杭州、海塩間ノ線路、列車、建物ヲ爆破。

十三空、攻8、爆10、丁集団ノ作戦ニ協力シ進出掩護。6Ｄ正面青浦方面ノ敵敗兵ヲ追撃、18Ｄ正面嘉善東方ノ敵爆撃。

十二空、攻9、爆14、戦16、3Ｄ、9Ｄ、6Ｄ正面、安亭、青浦、泗涇鎮、白鶴港鎮間道路上ノ敗走兵、部落、ジヤンク銃爆撃。

3Ｓｆ

夜間吊光投弾、銃爆撃ニテ敵ノ移動ニ多大ノ脅威ヲ与フ、昼間崑山、蘇州駅、黄渡鎮ヲ爆撃、列車、線路、道路ヲ爆破。

神威

夜間蘇州、崑《〔崑〕》山方面ノ自動車群ヲ銃爆撃。崑《〔崑〕》山、白鶴港方面ノ敵兵、ジヤンク、自動車ヲ爆破。

神川丸

18Ｄニ協力シ敵情偵察及追撃ヲ行フ。

衣笠丸

嘉善、嘉興方面ノ敵兵ヲ攻撃及兵舎、建物、ジャンク爆破。
5S
津浦線ノ列車攻撃

十二年十一月十一日

上海ノ陸軍及陸戦隊、114師団上陸概ネ完了（杭州湾）。11D南翔ニ迫ル（十一日5-30A占領）。3D南市攻撃ヲ開始（十二日早暁城内迄占拠）。101D（三大隊及砲兵）ト陸戦隊（二大隊ト砲兵）協力（輸送ハ11S砲艦及室戸（給炭艦）之ニ任ス）、浦東ヲ掃蕩、抵抗ヲ受ケズタ刻迄ニ洋涇鎮、龍王廟鎮ノ線以西清掃。
黄浦江ノ水路啓開作業ヲ開始。
花鳥山島ノ東方15′ニテ加賀ノ付近ニ敵ノースロップ3機来襲シ、戦闘機ニテ2機撃墜（火災ヲ起シ海中ニ突入）。
一航戦
攻15、爆6、南翔、崑《昆》山、蘇州間ニ敗兵ヲ攻撃、退却部隊ハ漸次減少ス。
二航戦
戚墅堰駅及列車敵兵ヲ攻撃、崑《昆》山駅、無錫市、無錫ノ工場、望亭駅、常州駅、敵兵ヲ爆撃。
二連空
攻31、爆32、戦10、陸軍ニ協力、3Dノ南市掃蕩ニ協力、蘇州河以南ノ敗走兵ヲ追撃、18Dニ協力シ嘉善東方陣地攻撃、硤石鎮駅爆撃、戦9ハ一連空ノ南市攻撃ニ参加ス。
一連空
派遣隊大攻3、中攻9（延）、南翔、崑《昆》山、蘇州方面攻撃。
3Sf
蘇州、崑山、嘉興方面攻撃、神威、衣笠丸、神川丸陸戦ニ協力追撃。
一連空、台北隊
中攻9機、南京攻撃、大校場ノ南側掩壕ノ中型5機ニ約30弾命中、四ケ所炎上、東側掩壕ノ小型5機ニ十数弾命中、尚飛行場ニ30弾投下、一機（田沢（留吉）空曹長）壮烈ナル攻撃中墜落。
5S
津浦線ノ列車攻撃。
無錫ノ工場ハ殆ト全部爆破サレアリ（二航戦報告）。
十一日6Dハ上海派遣軍ニ転属セラル。

陸軍上海方面ノ死傷者　（十一月八日迄）

	（死）	（傷）
重藤支隊	327（内将校12）	944（内将校22）
13D	1010（84）	4140（131）
11D	2293（84）	6084（185）
9D	1599（62）	7710（177）
3D	3013（94）	8578（212）
101D	873（40）	3801（161）
計	9115（376）	31257（989〔888〕）

海軍戦死傷者　（十一月十一日判明）

	士官	特、准士官	下士官、兵	計
戦死	28	80	678	786
重傷	12	19	511	542
軽傷	10	18	752	780
微傷	1	13	204	218
合計	51	130	2145	2326

十二年十一月十二日

上海方面ノ陸軍

十二日午後6D安亭鎮、石崗門ノ線ニ達シ、崑山、大〔太〕倉ニ向ヒ進撃。

黄浦江水路、5-35P中和号ヲ撤去シ水路ヲ開キタリ。

〔欄外〕航門付近ニテ機雷2ヲ処分ス

航空部隊、悪天候ヲ冒シ午前中全力ヲ挙ケ陸軍ノ追撃戦ニ協力シ、敗走兵ノ攻撃及無錫方面ノ工場及ヒ嘉定ノ敵陣ヲ猛撃ス、午後天候不良ノ為一部ノ飛行中止。

一連空台北隊

中攻12機、無錫ニ向ヒシモ天候不良ノ為寧波爆撃。

一連空派遣隊

大攻3、中攻8（延）8-30Aヨリ2-30P嘉定ニ60吉150、敵兵散ヲ乱シテ遁走ス。

一航戦

嘉定ヲ爆撃及6D正面ノ敵攻撃。

二航戦

無錫ノ工場及ヂヤンク群（三工場ニ250吉2、60吉10）、蘇州北方ノ橋梁、道路ヲ爆破、萞〔崑〕山、海塩、嘉興ヲ爆撃。

3Sf（能登呂、香久丸）

夜間敵移動ヲ脅威、自動車爆破、昼間無錫ノ工場（60吉4命中）、菎〔崑〕山、大〔太〕倉ノ敵及ヒジャンク群爆破。

神川丸丫13（延）、6D、18D前面ノ敵ヲ攻撃及敵情通告。

衣笠丸丫12（延）、6D、18Dニ協力安亭、嘉善方面ノ敵攻撃。

神威、菎〔崑〕山・蘇州間ノ橋梁爆破切断、敵攻撃。

13Dハ劉河鎮方面ニ進出攻撃、101Dハ嘉定ニ向ヒ、3Dハ南翔ノ北方ニ進撃、11Dハ南翔ヲ攻略後滬寧鉄道ニ沿ヒ進撃中。

2F、4S、5S丫20機、陸軍ノ要求ニ基キ山東、済陽、斉河方面空襲、敵ノ人馬及ジャンク群、列車、鉄橋爆破。


上海支那紙ニ兪〔鴻鈞・上海特別〕市長及軍事委員会ヨリ上海同胞ニ別レヲ告ルノ書公表サレ、支那側ハ上海放棄ヲ明カニセリ。

十二年十一月十三日

K作戦
重藤支隊（11Dノ一連隊ヲ加フ）及16D。6-25A左翼支隊第一回上陸部隊着岸、上陸開始、抵抗小。6-54A右翼隊着岸上陸開始、海軍航空、艦船ノ協力猛撃、右翼方面ハ相当大ナル抵抗アリシガ、掩護射撃ニ依リ9hA徐六涇口占領成功。8-30A後続部隊ノ上陸順調ニ行ハレツ、アリ。11-0A重藤支隊上陸完了。2h-30P第二次抵抗線ヲ越ヘ前進中、6hP周経口鎮通過。1-0P、16Dノ先頭隊（歩33連、砲16）上陸開始。

　英国ノ対日態度（在英武官〔矢野英雄〕ノ電　十二日）
上海ノ戦勝ニ依リ数日来英国ノ新聞論調漸次好転シ、市場ニ於ル我国ノ公債亦騰貴シツ、ツアリテ、英国ノ対日態度転向ノ兆ナリト認ム。

K作戦ニ対シ航空部隊ハ悪天候ヲ冒シ極力協力ス
一航戦
攻24、爆15、戦10（延）、K作戦ニ協力シ前線ヲ制圧シ敵陣地、敗兵ヲ攻撃、梅李鎮、支塘鎮ハ共ニ火災ヲ起シ、直塘鎮ニテハ密集部隊ヲ殲滅ス、古里村、謝家橋鎮、白茆新市。
一連空派遣隊
10h-42Aヨリ5h-30P、大攻6、中攻8（延）、K作戦協力、梅李鎮、支塘鎮、白茆新市、古里村、謝家橋鎮ヲ爆撃、各所火災起ル。

二航戦
正午ヨリ攻6、常熟、無錫ヲ爆撃。攻5、爆4、戦2、蘇州、無錫間ノジャンク群、蘇州、常州間ノ鉄道、常熟、崑〔崑〕山方面敗兵等攻撃。

三航戦
蘇州、崑〔崑〕山間ノ敗走兵ヲ4弾命中、ヂャンク数十隻爆沈、唯亭爆撃。

神威
常熟、直塘ノ橋梁各一爆破、敗走兵、自動車群ヲ攻撃。

神川丸⋎15(延)、18D、114Dニ協力シ敵偵察攻撃、嘉善ノ敗兵攻撃。

二連空隊
10-30A天候恢復、陸軍ニ協力開始、18D、114D、9Dノ前面敵ヲ攻撃、崑〔崑〕山方面ノ敵退却ヲ19機ニテ追撃。

一連空台北隊
中攻12機、梅李鎮、支塘鎮ヲ爆撃。

黄浦江ノ上流、閔行上流ニ砲艦三ヲ遡江シ、敵砲艦4ヲ捕獲。

多摩、胡里社砲台ヲ反覆爆撃、30吉8砲台ニ命中。

5S⋎、黄河付近ノ偵察爆撃(60吉20弾)ジャンク十隻、済南西方ノ兵舎一棟等爆破。

蘇州河ノ「ブーム」ヲ英国除去シ我ニ通告シ来ル、十三日朝ヨリ軍需品運搬。

101D嘉定ヲ占領、18D嘉善ヲ占領。

K方面、梅李鎮、支塘鎮ノ線ヲ占メ、大〔太〕倉、常熟迄ヲ遮断ス。

軍ノ主力ハ陸渡橋、新豊鎮、王家村(崑山ノSE)ノ線ニ達ス。

4S、5S⋎20機、黄河(済陽、済河方面)ノ陸軍作戦ニ協力。

十二年十一月十四日

陸軍
11D5-30A太倉ヲ占領。敵ノ大部隊嘉善ノ西方ヲ嘉興ニ向ヒ崩雪ヲ打テ退却中(3hP)。
10hA頃6D第23連隊ハ平望鎮ニ上陸、一部ハ呉江付近北上中。
敵ノ大部隊蘇州ヨリ北方及西方道路クリークニ沿ヒ続々退却中(0-45P)。重藤支隊ハ陳家橋(常熟ノ東方6吉)、丈塘鎮ノ線ニテ追撃中。
16Dハ十四日朝ヨリ前進開始(一ケ連隊)常熟ニ向フ。
6D、9Dハ崑山ノ東方攻撃前進、11Dハ太倉西方4吉ノ地点、3Dハ太倉、101Dハ太倉東方地区ニ集結中。13Dハ沙渓鎮(支塘鎮ノSE10吉)。
第十軍、嘉善、嘉興ノ中間地区。
航空部隊、大部ヲ以テ菎〔崑〕山、蘇州、無錫、常熟ノ地区ヲ敗走スル敵部隊、交通機関等攻撃、一部ハ第十軍ノ作戦ニ協力爆撃。
一連空、台北隊12機
常熟(三機ハ更ニ王浜ニテ爆弾ヲ積ミ二回)、蘇州ヲ攻撃、常熟ハ250吉18、蘇州ハ60吉144弾投下。
一連空、派遣隊
中攻6、大攻5(延)常熟ヲ爆撃(250吉14、60吉100)。
二連空
46機6Dニ協力、菎〔崑〕山、蘇州、嘉興ヲ爆撃、32機18D、114Dノ作戦協力、独山、嘉善付近ヲ爆撃。
一航戦
40機(延)重藤支隊ノ作戦ニ協力、常熟及敗兵攻撃。
二航戦
27機蘇州、常熟、無錫方面ニテ敵兵、ジヤンク、自動車等攻撃。
三航戦
20機崑山、蘇州、常熟、無錫方面ノ敵兵、列車等攻撃。
神川丸18機(延)、18D正面敵偵察攻撃。
衣笠丸18機(延)
8S丫7機(延)
｝114D正面ノ敵偵察攻撃、平湖等爆撃。
神威
夜間崑山、蘇州間吊光投弾投下、蘇州爆撃、昼間崑山、蘇州方面ノ偵察、敗走兵攻撃、常熟爆撃。
H作戦
第十軍作戦進捗ニヨリH作戦護衛艦隊ノ編制解ク、南支部隊ノ一部ト神川丸ニテH方面ノ作戦ニ直接協力。保津〔砲艦〕、比良〔砲艦〕ハ松江ノSW方迄黄浦江ヲ遡江シ第十軍ト連絡。
黄浦江ノ閉塞清掃中、更ニ機雷3ヲ拘束シ2ヲ処分ス。
足柄、8S、1Sd乍浦、独山方面ヲ砲撃。
4S、5S、丫黄河方面ノ陸軍作戦ニ協力(済陽、長清間)。
多摩丫大盤角砲台ヲ爆撃。
春風

厦門島ＮＥ岸ニ構築中ノ敵陣地ヲ砲撃。

十日ヨリ十四日迄ノ上海方面ノ捕虜
松江付近　3200名 ｝3000名ハ上海へ、他ハ金山ニ
上海県（上海ノ南四里）700名 ｝送リ人夫ニ使用。

上海方面十一月十六日迄ニ敵ニ与ヘシ損害（派遣軍ノ報告）。

敵ノ遺棄屍体八万一千（十一月七日以降ニテ一万）、俘虜約一千。敵ノ死傷其ノ他、合計三十万ヲ越ユ。

七日ヨリ十五日ニ至ル崑山付近ノ会戦ニテ目下判明ノモノ。

敵ノ遺棄屍体一万五千、捕虜四千六百。

十二年十一月十五日

陸軍
菎〔崑〕山（7ｈＡ）ヲ占領［6Ｄ］、滸浦鎮ヲ占領［16Ｄノ歩三八］
（8ｈＡ）
航空部隊ハ無錫、蘇州、常熟西方ノ敵及嘉興ノ敵ヲ攻撃。
一航戦
攻15、爆18、戦14（延）、重藤支隊ニ協力、常熟ノ北方福山、楊尖鎮ノ敵ヲ攻撃、舟艇ニテ敗走ノ敵攻撃。
二航戦
望亭、無錫間ノ鉄道、ヂヤンク群、常州ニテヂヤンク群、常熟、無錫間ノ鉄道、道路、自動車群ヲ攻撃、攻12、爆9、戦6。
三航戦
⋎12、蘇州及付近ヲ攻撃。
一連空台北隊
12機、蘇州（250吉6、60吉144）市及高角砲陣地ヲ爆撃、三ケ所火災ヲ起ス。
一連空派遣隊
中攻3
一航戦
攻3、二連空、攻3、戦9、楊〔揚〕州空襲ニ向ヒシガ敵ヲ見ズ無錫ヲ爆撃。
二連空、攻14、爆14、戦2、偵1、6Ｄノ戦闘ニ協力、蘇州市及付近、師団正面ノ敵爆撃、一部ハ平望鎮付近ノ味方ニ協力攻撃。攻8、爆8、18Ｄニ協力シ嘉興及付近ノ敵ヲ攻撃。爆10、114Ｄニ協力、前面ノ敵及ヒ平湖鎮ヲ爆撃。戦1敵陣（蘇州、崑山間）ニ突入、爆1、崑山西方ニ不時着。
Ｋ方面、福山ヨリ許浦口ノ間ニ第一、第二十一、第十一水雷隊中7隻ヲ配シ敵ヲ砲撃。
4Ｓ、5Ｓ⋎黄河方面陸軍ニ協力爆撃、及ヒ津浦線ノ列車

攻撃。

衣笠丸、神威、夜間及昼間蘇州、無錫及ヒ敵兵ヂヤンク群等爆撃。

神川丸∀18機、114Dニ協力、前面ノ敵ヲ偵察攻撃、平湖ヲ爆撃。

黄浦江ニテ機雷2処分（今日迄ニ合計6）、捕獲艦海州、建安ヲ上海ニ回航。

十一月十七日軍令第一号大本営令制定セラル（十八日ノ官報）

十二年十一月十六日

大本営設置

戦時大本営条例ヲ軍令トシ、且単ニ大本営令トシ戦時又事変ニ際シ必要ニ応シ置クコトヲ得トセラル（旧条例廃止ハ本日閣議）。

大本営設置ニハ初メ参謀本部ノ申出ニ対シ陸軍次官（梅津美治郎）等反対シ来リシガ、十月下旬以来設置ノ気運トナリ具体的ニ研究、現在ノ大本営編制ニ拠ルコトニ海、陸一致ス。

設置時機ニ就キ海軍大臣ハ上海ノ戦局一段落シテ尚ホ支那抗日ヲ唱ヘ長期抵抗ノ気勢ナル場合ヲ可トスヘシトノコトナリシガ、十五日陸軍省軍務局長（町尻量基）ノ来訪説明ニ、
1、北支方面軍司令官等ノ意見多ク、統帥事項ニ関シテモ時ニ統制困難ノコトアリ。
2、陸軍省各局長ノ意見ヲ纏メ易カラシムル為、大本営ニ軍務局長ノミ入リ他局ヨリハ課長以下ヲ入レテ統制ス（海軍省ノ軍務局長ト此点相違アリ）。
3、時局収拾ノ問題等ニ大本営ニテ大本ヲ海陸軍間ニテ取纏メ政府ニ移ス（此点政府ガ主務ナリトノコトニハ文句ナシ）。
以上ノ如キ為ニ此際速ニ大本営設置ヲ希望ス。1ノ統帥関係ノ理由ニ依リ大臣設置ニ同意ス。

南洋興発松江（春次）社長ノ談

ニューギニアニ棉作ニ100万町歩ヲ拓キ日蘭合弁ニスルコトニ研究中。資本ハ興発関係三千万円、其ノ他糖業連合、紡績関係（津田等）。レシデントタリシ蘭人3ヲ用ヒ合弁トス、パルプ材ヲモ作ル。

雨天ノ為飛行殆ト不能、1Sf13機(延)、常熟方面ノ敵攻撃、黄浦江ニテ機雷2ヲ処分(計8)。

2Sfヲ佐世保ニ回航(補給ノ上広東方面へ進出)、十七日着、泗礁山、花鳥山、大戢山島ノ派遣隊ヲ撤収。

11水雷隊福山鎮ノSW二粁ノ敵陣地砲撃、陸軍ニ協力。

十二年十一月十七日

航空部隊ハ悪天候ヲ冒シテ攻撃ニ努メタルモ成果充分ナラズ、黄浦江ニテ機雷1処分(計9)。

済州島ニ在リシ第一連合航空隊ノ17機南苑ニ向ケ8-45A発、南苑方面天候不良ノ為3hP大連着（16機十九日南苑着、2機二十日南苑着)。

足柄(4F旗艦)ハ2Fヨリ北支ノ任務継承ノ為大連着。

次長ヨリ支那方面艦隊長官へ電

大海機密第四十三号

一、参謀本部ハ支那方面軍ノ作戦ニ関シ其ノ主作戦ヲ概ネ常熟、蘇州、嘉興ノ線ニ止メ、爾後ハ専ラ南京方面進撃ノ気勢ヲ示スヘキ当初ヨリノ指導方針ヲ変更セズ

二、方面艦隊ハ空陸作戦ニ呼応シ為シ得ル限リ揚子江水上作戦ヲ上流ニ進メ、南京方面ニ対スル脅威ヲ大ナラシメ江上戦果ノ拡充ニ努メラレ度

十二年十一月十八日

天候不良ノ為飛行殆ト不能。

16Dノ戦列部隊ハK方面ニ上陸完了。6Dハ第十軍ニ復帰シ崑山発、松江ヲ経テ嘉興ニ向フ。

9S妙高丫3、広九鉄道爆撃。

十二年十一月十九日

第十軍ハ嘉興ヲ占領（18D)、9Dハ蘇州ヲ占領ス（9-30A)。

重藤支隊ハ常熟西側高地ノ一角ヲ占領。

天候不良ニテ飛行不適。

妙高丫2、広九鉄道ヲ爆撃。

十二年十一月十七日・二十日

大本営令御裁可アラセラル。

軍令部総長、参謀総長御同列参内。大本営設置ノ必要並ニ近ク設置奏請ノコトヲ奏上。十八日陸軍ハ大本営関係ノ動

員下令、二十日完了。

二十日海軍ハ戦時編制実施ノ御裁可ヲ得テ大本営ヲ編制セラル（11hA総長参内）。

二十日8S及1Sdニ対スルCSF長官ノ指揮ヲ解カレ処（所）属軍港ニ帰投令セラル。

十二年十一月二十日

上海方面艦隊司令長官、連合艦隊司令長官及ヒ上海方面軍司令官ニ勅語ヲ賜フ（2h-30P軍令部総長、参謀総長拝受）。

連合艦隊ノ北支那方面ノ任務ヲ解カレ、支那方面艦隊ニ同任務ヲ命セラル、2Fハ北支那方面ノ任務ヲ6hP、4Fニ引継ヲ了ス。

常熟ニ重藤支隊進入（十九日）。黄浦江ノ閉塞線付近ノ掃海終了、機雷凡テ11個処分。

1Sf攻12、爆3（延）ハ常熟以西無錫ニ至ル道路上及付近ヲ退却中ノ敵部隊ヲ雨中ニ有効ノ攻撃ヲ加フ。

湖東会戦ニ於テ、敵ノ遺棄屍体五万、俘虜一万ヲ下ラズ、損害少クモ十五万。

二連空隊
不良ノ天候ヲ冒シ攻4、爆4、無錫方面ノ敵追撃。
神威水偵12機、蘇州、常州、宜興方面ノ敵ヲ追撃。
上海特陸ノ重砲隊ハ本日蘇州以西地区ニ転進。
3Sf水偵11機、蘇州ヨリ無錫へ敗走中ノ敵ヲ攻撃。香久丸1機墜落。

十二年十一月二十一日

K〔白茹口上陸作戦〕護衛隊ノ編制ヲ解ク（1hP）。

一連空、南苑隊
中攻10機（入佐大尉）、10h-15A南苑発、0-45P頃周家口飛行場ヲ奇襲（敵約20機集中シ、連日雨天ノ為飛行場使用不能ノ情報アリ）、4h-5P全機帰着。

（特情）『飛行機4機焼失、6機破損、司令「高」焼死、其他教官兵相当負傷ス』。

上海方面天候不良ニテ丫活動不能。

二十一水雷隊ノ陸戦隊60名（鈴木大尉）二十日福山鎮ヲ占領、付近ニ敵無シ。

十二年十一月二十二日
一航戦
攻12、爆6、戦10(延)、無錫、常州間道路及ジャンクニテ敗走スル敵密集部隊ニ殲滅的銃爆撃ヲ加フ、常州付近ノ工場ヲ爆破。
神威水偵14、常州、丹陽方面、宜興溧陽方面ノ敵攻撃。
一連空、南苑隊
中攻11機、9hA南苑発、11h-50A周家口飛行場ヲ強襲、3h-20P10機帰着。250吉8弾、60吉45弾ニテ敵機大一、小八ヲ爆破、数ケ所炎上、敵戦闘機5ト交戦シ我一機墜落。
二連空隊
攻25、爆22、戦5、陸軍ニ協力、敵兵ヲ爆銃撃。
神川丸丫10(延)、陸軍ニ協力攻撃。
二連空隊
戦6、攻2、南京及同上流敵艦艇偵察、南京上空ニテ敵戦6ト交戦シ、3機(2ハ確実)ヲ撃墜、我1不明。

十二年十一月二十三日
第十軍ハ乍浦鎮ヲ占領、初雪〔駆逐艦〕之ニ協力ス。

一航戦、攻3、常州付近ヲ攻撃。

一連空派遣隊、大攻1、中攻6(延)、宜興ヲ攻撃、処々炎上ス。

二連空隊
終日雲低ク支障大ナリシモ攻13、爆15、偵1、陸軍協力、常州、無錫、湖州方面及ヒ宜興ヲ攻撃。

神川丸、常州、丹陽間ヲ攻撃。

3Sf、常州、江陰方面ヲ攻撃。

十二年十一月二十四日
第十軍湖州ヲ占領(4h-30P)。
一航戦
常州及江陰付近ヲ攻撃、甲基地ヨリ飛行機ヲ収容。
二連空隊
十三空、爆6、戦9、一連空派遣ノ中攻2、2h-20P南京ヲ爆撃、4hP全機帰着。大校飛行場ニ在リシ中型機2ヲ爆破、上空ニテ戦闘機6ヲ認メ3機ヲ撃墜、中攻ハ電話局付近ヲ爆撃、大攻2、攻19、爆20、戦5、陸軍作戦ニ協力。無錫、常州、湖州、長興ヲ爆撃。
神川丸
無錫、丹陽付近ヲ攻撃。衣笠丸、臨沂、准〔淮〕陰、碭山、徐州方面ヲ偵察攻撃。
二航戦
攻6、戦3、虎門飛行場ノ格納庫爆破。攻5、戦3、天河飛行場及ヒ広東市ノ東郊外防空砲台ヲ攻撃。攻5、戦4、韶関ノ飛行場及工場ヲ爆撃。爆8、粤漢鉄路英徳、韶関ノ間ニテ線路及貨物列車爆破。
3Sf
江陰ヲ写真偵察及爆撃、無錫、丹陽間ノ敵兵攻撃。
一連空隊（南苑）
中攻11、陸軍戦闘機4（彰徳上空ニテ合同）、2-40P洛陽飛行場爆撃、6機爆破（内2炎上）、2機ニ相当ノ損害ヲ与フ、兵舎一部ニ250吉2、60吉11命中炎上。
一連空、台中隊
中攻4機10-25A発進、3-55P長沙機関庫及倉庫、線路ヲ爆撃。

十二年十一月二十五日

11hA無錫ヲ占領（11D、9D）。

第一航空戦隊及大井〔軽巡洋艦〕ニ対スル支那方面艦隊長官ノ指揮ヲ解カル。


上海方面支那軍ニ関スル観察（松井集団特務部長〔原田熊吉少将〕）

開戦以来今日迄逐次上海方面ニ現ハレタル支那軍ノ総兵力ハ83ケ師、既ニ殲滅的打撃ヲ受ケシモノ十数ケ師、今日迄ノ損害少クモ三十数万、現在活躍シ得ル兵数四十万内外ト判断ス。

斯ク兵力ノ約半分ヲ消耗シタルノミナラズ武器、弾薬、糧食ノ欠乏甚シク、殊ニ敗退ニ伴フ士気阻喪其ノ極ニ達シ殆ト戦意ヲ喪失シアルカ如シ。他方反蒋派ノ策動相当ニ積極的トナリ内部抗争激化ス、数ケ月ハ持続シ得ヘシト豪語セシ呉福ノ堅陣カ、我追撃隊ニヨリ重砲兵ノ支援ナクシテ短時日ニ突破セラレタル事実ハ、明ニ此間ノ消息ヲ明証ス。

従テ支那軍カ今後南京ニ至ル間ニ尚二、三ノ陣地線ニ拠ルコトアリトモ抵抗力ハ推シテ知ルヘク、南京政府モ既ニ此情勢ヲ察シテ南京ノ抛棄ヲ覚悟シ、政府機関ヲ漢口方面ニ移転シ列国大使モ漢口ニ移転シアリ。

今後我軍カ迅速ナル作戦ヲ以テ南京ニ進撃セハ、比較的短時日ヲ以テ敵軍主力ヲ崩壊セシメ得ヘシト観察ス。

韓復榘〔山東省主席〕ノ心境（甲集団〔北支那方面軍〕参謀長〔岡部直三郎〕）

韓ノ心境及態度ハ黄河以北ノ山東軍掃蕩以来更ニ悪化セルヤニ観察セラル、情勢ニ大ナル変化ナキ限リ彼ヲ懐柔シテ我方ニ追随セシムルコト不可能ト判断ス。

従来当方ト韓トノ間ヲ往復シアリシ連絡者ハ、最近情勢ヲ悲観シ韓ノ下ニ赴クコトヲ躊躇スルニ至ル。

一連空、台中隊

中攻6機宜興ヲ爆撃、250吉10弾市街ニ命中。

一連空、派遣隊

大攻1(二回)、中攻2(三回)常州及宜興ヲ爆撃、処々火災。

二連空隊

十三空、爆5、戦9、2h-40P南京ヲ爆撃、上空ニ敵来ラズ。攻21、爆16、戦2、陸軍ノ作戦ニ協力、常州、無錫、江陰及長興ノ市街、敵部隊ヲ攻撃。

3Sf、常州方面ヲ攻撃。

神川丸、無錫、丹陽方面攻撃。

衣笠丸、津浦線ノ列車攻撃。

一連空、南苑隊

中攻12機（三和〔義勇・木更津航空隊飛行長〕少佐）0-15P発進、彰徳上空ニテ陸軍戦闘機3機ト合同、3-40P洛陽飛行場ヲ強襲、4-45P全機帰着。大格納庫三棟（四ノ内）ヲ爆破、倉庫爆破、大型機1、小型機4、爆破。

二航戦

攻8、爆8、戦4、0-45P発艦、広九鉄道、粤漢鉄道、琶江口南方ノ山峡部其ノ他ヲ爆破、3-30P全帰着。

十二年十一月二十六日

第十軍ハ長興ヲ占領ス。

一連空、派遣隊

寧国ノ市街及列車、自動車ノ敵部隊ヲ爆撃。

一連空、台中隊

中攻6機2hA台中発、雲中飛行ニテ分散、3hA帰還ヲ命シ4機帰着、2機山腹ニ衝突、全員戦死。

二連空隊

攻20、爆15、戦15、偵1(大攻2、中攻4)陸軍ニ協力、広徳、寧国方面ノ敵部隊及市街ヲ攻撃。

神川丸、無錫、金壇、丹陽、常州地区ノ偵察攻撃。

二航戦

攻12、爆8、戦8、広九鉄道、横岡駅付近、粤漢鉄道、横石駅付近ヲ爆破、従化付近ニテ大型ジャンク約50隻ヲ爆撃、大半ヲ炎上撃沈。

衣笠丸、済寧及宿県方面ヲ偵察攻撃、山東半島偵察。

海軍重砲隊（横川（市平・上海特別陸戦隊付兼第三艦隊司令部付）中佐）橋梁ノ竣工ヲ待チ無錫方面ニ進出ノ予定ニテ崑山、上海ニテ待機中。

上海方面軍司令官ニ対シ蘇州、嘉興ノ線ニ作戦ヲ制限シアリシ参謀総長指示ヲ解除セリ。

十二年十一月二十七日

上海陸軍、101Dヲ上海警備部隊トス。
航空部隊、陸軍ノ追撃ニ協力、寧国、丹陽、鎮江等。
二連空
攻1、地上砲火ニヨリ空中ニテ大爆発、戦死。
一連空
中攻12機、西安ヲ爆撃、格納庫、兵舎、建物群。
二航戦
広九鉄道、粤漢鉄道爆破。

十二年十一月二十八日

一連空、南苑隊
鞏県兵工廠ヲ中攻12機ニテ爆撃、250吉24弾西辺一部ノ建物ヲ除キ全施設ニ命中、所々炎上。
航空部隊、鎮江、丹陽、広徳、寧国、常州等攻撃。
二航戦
広九鉄道、石井兵工廠、白雲飛行場、天河飛行場、粤漢鉄道ヲ爆破。

十二年十一月二十九日

陸軍ハ常州、江陰及宜興ヲ占領ス。
上海特別陸戦隊ハ重砲隊ヲ除クノ外、上海方面軍司令官ノ指揮ヲ解カル。
二航戦、攻8、爆6、戦6、粤漢鉄道ヲ爆破。
航空隊漂水ヲ爆撃、陸軍ノ追撃ニ協力。
一連空、南苑隊
中攻12機、洛陽飛行場、格納庫、兵舎、小型機2及飛行場ヲ爆破。
江陰付近ノ水路啓開作業ヲ開始。

補　2F　司令長官〔嶋田繁太郎〕　十二年十二月一日
　2Fニ着任　十二年十二月二日

十二年十二月九日　宮内省御用掛を免せらる。拝謁、勿体なき御言葉を賜う。

十二年十二月一日

方面艦隊長官〔長谷川清〕へ奉勅命令、陸軍ト協力シ南京ヲ攻略スヘシ。

中支那方面軍司令官〔松井石根〕へ奉勅命令、海軍ト協力シ南京ヲ攻略スヘシ。

備忘録　第四

第二艦隊、呉鎮守府、
支那方面艦隊　　　司令長官

自　昭和十二年十二月
至　　　十六年　四月

"More Merry go round" Adams and his admirals

〔年月日なし〕

石炭液化法

油一噸ニ要スル石炭　四噸

即チ　原料炭　1.6t
　　　水素製造用　1.4
　　　動力用　1.0

大華村〔旧徳山市・現周南市野球場付近一帯〕油槽約100万噸、大迫田〔旧徳山市大島半島〕十八万坪〔京大農事試験所ハ含マズ〕。5万噸ノ土中槽15個、差当リ3個着手（一個85万円）。

十二年四月一日調　4、178、749tons

五月一日調　4、266、138

蒼龍〔航空母艦〕

△19000tons　公試全力　overload
　34・9k〔ノット〕　35・22k

熊野〔軽巡洋艦〕

△13000tons　公試全力　overload
　35・36k　35・88k

鈴谷〔軽巡洋艦〕　公試全力　overload
　35・1k　35・4k

十二年十二月二十七日

横須賀

箱崎

重油　50万噸

土中式　三万トン入　7個
　　　　二万トン入　5個

露出タンク　28個

揮発油　土中式（横穴）

7600トン（200トン入、38個）

900トン

石炭　25万噸

小柴（〔横浜市〕金沢町北方ニテ15万坪）

50万噸ノ予定（全部土中式ノ予定）

100オクタン揮発油　木造倉庫ニ格納

三万トン　土中式　2個着手

五万トン　〃　2個十三年着手

久里浜方面　50万噸ノ予定ニテ敷地物色中

軍艦加賀〔航空母艦〕ノ燃料
重油庫８２００tons ノ容量ナルモ、前後部ノ２０００tons ハ船体強度ノ関係上搭載禁止、中央部ノ１０００tons（機械室下）ハ海水補塡ヲ規定セラレアルモ、補塡設備ナキ為事実上使用不能ナリ。之ニ依リ実際ノ燃料搭載量５２００tons ノミ

運転種別ト其ノ最大速力（単艦）

	鳥海	熊野	蒼龍	特型駆
二軸巡航	18k	21k		
二軸	26k	27k	26k	
四軸巡航	26k		19k	
四軸	35k	35k	35k	
巡航及単式タルビン				20k
単式タルビン				22k
単式及高低圧				34k

（備考）
鳥海〔重巡洋艦〕ノ四軸巡航ハ20k以上ハ余リ価値ナシ。
蒼龍ノ四軸巡航ハ固有ノ巡航運転ナリ。
熊野モ略同様ノ四軸巡航ヲナシ得ヘキモ、此運転種別ヲ制定シ居ラズ。

十三年二月一日

二月一日第五艦隊新ニ編成セラレ、支那方面艦隊ニ編入セラル。

十三年二月二十一日

軍艦鈴谷ノ発射管事故

昭和十三年二月二十一日、第七戦隊（1、熊野、2、三隈〔軽巡洋艦〕、3、鈴谷）編隊ニテ有明湾外ニ於テ教練運転施行中（将ニ教練射撃ヲ行ハントスル前）魚雷戦教練ヲ行ヒ各連管ヲ正横付近ニ旋回シアリ、右30°ノ単梯陣ヨリ単縦陣ニ戻サント左30°斉動ヲ行ヒシニ、１４２５時三番艦鈴谷ハ前続艦ノ造波ト自艦ノ艦首波トノ合成大波浪ヲ右舷ニ受ケ、一、三連管室ニ波浪浸入ト共ニ三番連管ハ波ノ猛打ヲ受ケ旋回、輪軸打損シテ急旋回シ極度旋回止ヲモ毀損シ、艦内舷側ニ連管後尾ヲ打チツケ方位盤ニ位置シタル二曹増山貢ハ左肺ヲ打チ破ラル、約十分間ニテ連管ヲ動カシ病室ニ運ヒシガ、１４４５頃意識ヲ恢復シ先ツ第一ノ問ハ『三番連管ハ大丈夫カ』ナリ、大丈夫ナリトノ答ヲ聴キ、次ニ『俺一人カ』ト問ヒ他ニハ怪我人ナシト聴キ安心シタル様子ニ

テ、『済マナカツタ』ト謂ヒ再ヒ悪化シ、遂ニ１５２０頃殉職ス。

同日連管長（一曹）病気ニテ同人代理シタルナリ、其ノ最後ノ立派ナルニ戦友一同感激ニ堪ヘズ。

小官〔嶋田繁太郎・第二艦隊司令長官〕ヨリ軍令部次長〔古賀峯一〕ニ手紙シ、総長殿下〔伏見宮博恭王〕ニ言上ヲ乞フ。

広島県豊田郡高坂村山中野一四六三

大正二年五月八日生

戸主兄（目下出征中）、母、姉アリ

九三式魚雷一型

（雷速）	駛走距離
48ｋ	２００００ｍ
40ｋ	３００００ｍ

〔「ハリマン桂覚書」貼付、次の書き込みあり〕

日露戦争末期、米国ノ策動ニ乗セラレ満州ノ実利ヲ彼ニ与ヘントシタル取極。小村〔寿太郎〕外相ポーツマスヨリ帰リテ桂〔太郎〕首相ニ進言シ、電報ニテ取消ス。

〔軍機〕　殆貫距離ヨリ見タル巡洋艦搭載各種砲ノ砲戦威力
但シ下記ノ如キ対勢ノ場合トス

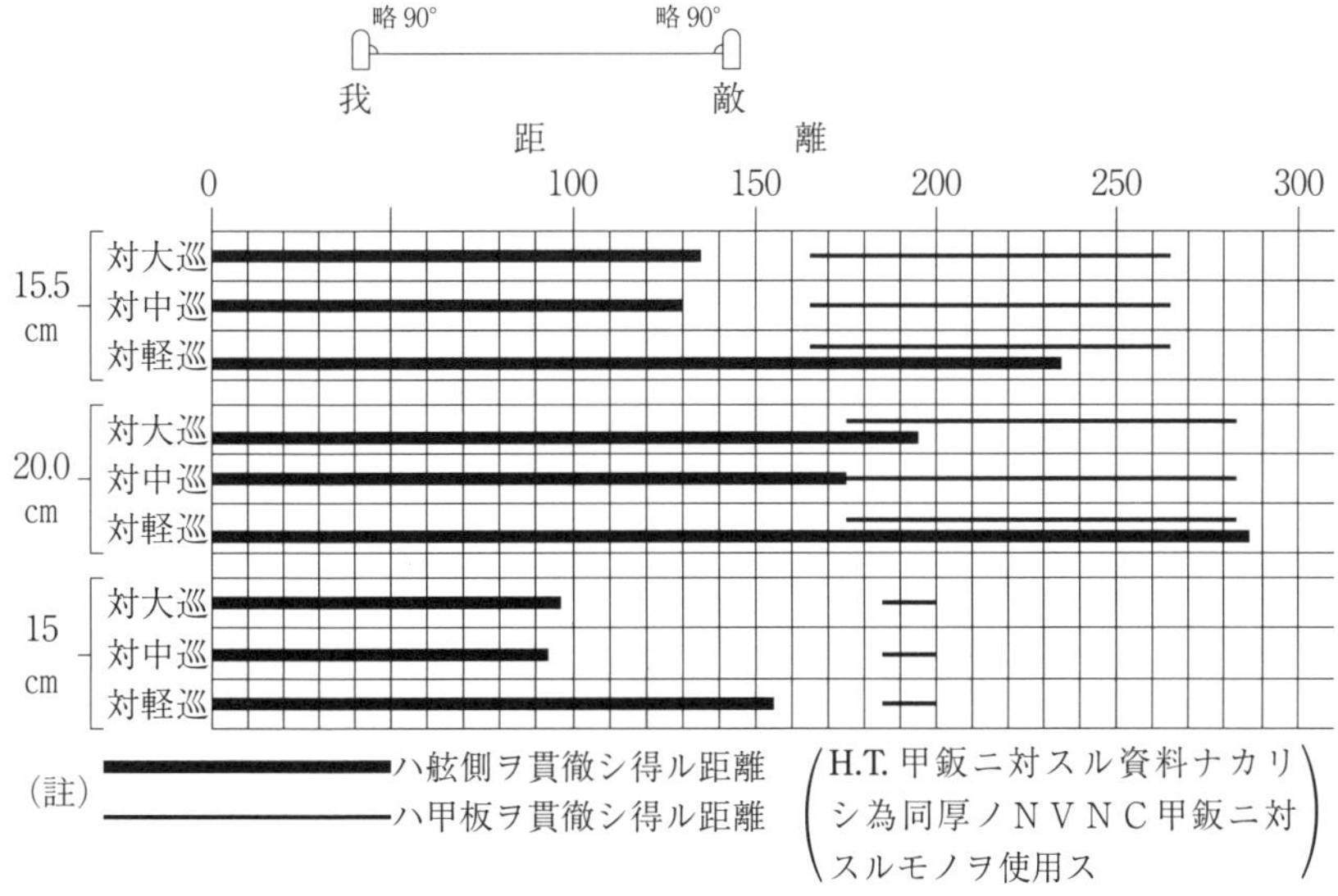

十三年三月二十二日

上海派遣航空隊ノ編制、左ノ通改メラル。

第十二航空隊

艦戦　二隊

艦攻　一隊

第十三航空隊

艦戦　一隊

中攻　二隊

第一連合航空隊

木更津航空隊　中攻二隊

鹿屋航空隊　中攻一隊

艦爆一隊半

艦攻一隊(5機欠)

第十五航空隊　(十三年六月二十五日編成)

艦戦　一隊

艦爆　一隊

艦攻　一/二隊

十三年三月三十一日

龍驤〔航空母艦〕及第三十駆逐隊ヲ第一航空戦隊ヨリ除キ第二航空戦隊ニ編入セラル。29dgヲ2Sfヨリ1Sfニ編入セラル。

龍驤ハ十二月下旬以来三ケ月間南支ニ作戦セリ、同時ニ第一連合航空隊ニ対スル支那方面艦隊長官〔長谷川清〕ノ指揮ヲ解カレGFニ帰サル。

十三年四月一日

大海令第一〇六号　昭和十三年四月一日

軍令部総長、吉田〔善吾〕連合艦隊司令長官ニ指示

連合艦隊司令長官ハ今次支那沿岸及台湾方面行動中自衛ノ為所要ノ対敵行動ヲ執ルノ外、支那方面艦隊司令長官ノ協議ニ応シ、行動海面付近ニ於テ機宜支那方面艦隊ノ作戦ニ協力スヘシ

(終)

事変処理ニ関スル海軍ノ処理方針

官房機密第2293号　十三年五月二日

次官〔山本五十六〕、次長通牒

昭和十三年四月二十五日決定

(要旨)

一、一般方針

事変処理ニ関スル帝国海軍ノ処理方針ハ、帝国政府ノ策定セル『事変対処要綱』並ニ御前会議決定ニ基ク事変処理根本方針ニ遵〔準〕拠シ、諸施策ヲ適切ニシ事変ノ戦果ヲ完カラシメ、以テ帝国カ東亜ノ指導勢力タルノ地歩ヲ愈々鞏固ニシ、東亜永遠ノ平和ヲ確保スヘキ帝国ノ国策ヲシテ益々光輝アラシムヘキ大業ヲ扶翼セントスルニ在リ。

二、政策処理

(一)新興各政権ノ指導

差当リ三月二十四日閣議了解ニ基ク北支及中支政権関係調整要領ニ依リ措置。

上海特別市ノ処理

上海特別市ノ建設ハ中支ニ於ル非武装区域ノ設置ト共ニ帝国海軍ニ於テ特ニ重視スル所、其ノ区域ハ事変前支那側計画ノ大上海市域ヲ標準トシ適宜加除ス。市政ニ関シ、日本人ノ市政参与、日本ノ実質的指導下ニ組織セラルヘキ警察制度ノ確立、所要ノ権益設定（土地ノ所有、居住ノ自由等）、新都市建設。

青島特別市ノ処理

北支政権下ノ一特別市トス、市域ハ旧独逸租界ヲ標準トシ適宜加除ス、日本色濃厚ナル市政機構トス。将来情勢ノ変化アル場合青島ヲ再租借シ、或ハ専管居留地トナス等ノ企図ヲ蔵スルモノトス。

現ニ占拠中ノ諸要地並ニ諸島嶼ノ処理

揚子江沿岸ニ於テ占拠中ナル諸要地並ニ封鎖作戦ノ必要上占拠シタル各島嶼ニ対シテハ、当分作戦上必要ナル治安維持工作ヲ行フニ止メ、一般政策的施策ハ之ヲ行ハズ。

三、経済並ニ諸施策ニ対スル処理

経済指導ニ関スル一般方針ハ『事変対処要綱』中経済開発方針ニ準拠シ、北支開発会社、中支振興会社両法ニ基ク会社機能ノ発揮ヲ中枢トシテ、爾他ノ自由企業ヲ調整スヘキモノトス。

大海令第一一二号　昭和十三年五月三日

支那方面艦隊司令長官（及川古志郎）ハ第五艦隊司令長官（塩沢幸一）ヲシテ厦門島ヲ占領セシムヘシ

十日ニ占領ス

大海令第一一三号　　五月三日

広徳丸〔特設運送船〕、べるふはすと丸〔特設運送船〕、大興丸〔特設運送船〕及生田丸〔特設運送船〕ヲ作戦ニ関シ支那方面艦隊司令長官ノ指揮下ニ入ル

大海令第一一四号　　昭和十三年五月六日

蒼龍及第三十駆逐隊ノ二艦弥生〔駆逐艦〕、如月〔駆逐艦〕ヲ作戦ニ関シ支那方面艦隊司令長官ノ指揮下ニ入ル

蒼龍、弥生、如月ハ、五日有明湾発、六日佐世保ニ至リ準備ヲ整ヘ、八日佐世保発馬鞍群島ニ向フ

大海令第一一六号　　十三年五月二十五日

第二十二駆逐隊（一隻欠）、燕〔敷設艇〕及鴎〔敷設艇〕ヲ作戦ニ関シ支那方面艦隊司令長官ノ指揮下ニ入ル（佐世保部隊）

雉〔水雷艇〕及鳩〔水雷艇〕ヲ作戦ニ関シＣＳＦ長官ノ指揮下ニ入ル（呉部隊）

陸軍ノ配備（十三年四月）

蒙古→蓮沼〔蕃・駐蒙〕兵団、26Ｄ（後宮〔淳〕師団長）

北京、天津→山下〔奉文・支那駐屯混成旅団〕兵団

山東→５Ｄ、10Ｄ、河南→14Ｄ、16Ｄ

山西→20Ｄ、108Ｄ、109Ｄ

上海→101Ｄ、南京→６Ｄ、安徽→13Ｄ

杭州、蕪湖→３Ｄ、９Ｄ、18Ｄ、台湾軍

11Ｄハ内地帰還

〔乃木希典「軍人の信仰」貼付〕

陸軍配備（十三年五月徐州作戦後）

蒙古方面→26Ｄ、２Ｂｓ〔独立混成旅団〕

北京、天津→山下兵団

北方ヨリ徐州方面ニ作戦→

５Ｄ、10Ｄ、14Ｄ、16Ｄ、114Ｄ

20Ｄ、108Ｄ、109Ｄ

３Ｂｓ、４Ｂｓ、５Ｂｓ

南方ヨリ北上シテ作戦→６Ｄ、波田〔重一〕部隊（台湾軍〔台湾混成旅団〕）

３Ｄ、９Ｄ、18Ｄ、13Ｄ

上海方面ニ内地ヨリ到着→106Ｄ、116Ｄ

六月ニ編成ノモノ→103Ｄ、110Ｄ、104Ｄ

七月ニハ外ニ五ケ師団新タニ編成

中支方面ノ海軍飛行機（十三年六月）

中攻	32	常備数
戦	80	
攻	30	
爆	24	

大本営御前会議（第三回）　十三年六月十五日

（第二回ハ十三年二月御開催）

対支作戦ノ積極作戦ヲ御裁断遊ハサル。

漢口及広東ノ攻略ヲ決定

着々準備ヲ進メ本年初秋ニ漢口ヲ攻略シ（約十ケ師団）、次テ其ノ四、五ケ師団ヲ直ニ広東攻略ニ転用ス、兵力ニ余祐〔裕〕ヲ生セハ漢口、広東ヲ同時ニ攻略

御下問、前回ノ会議ニテハ用兵消極ナリシニ本日ノ案ハ著シク積極トナリタリ、理由如何。

（参謀総長〔閑院宮載仁親王〕奉答）南京、徐州ト作戦ヲ進メ参リシガ未ダ敵ヲ屈服セシムルニ至ラサル為、積極的ニ一層大打撃ヲ与ルノ必要有之。

御下問、近ク新ニ編成スヘキ五ケ師団トモ関係アルヤ。

（参謀総長奉答）兵力増加ニヨリ余祐〔裕〕ヲ生スヘキ点モ、積極作戦ヲ可能ト致セリ。

（終）

大海令第一一九号　昭和十三年六月三日

奉勅　軍令部総長　博恭王

及川〔古志郎〕支那方面艦隊司令長官ニ命令

一、支那方面艦隊司令長官ハ下揚子江水路ノ大部ヲ制圧シ、其ノ交通ヲ安全ナラシムヘシ

二、細項ニ関シテハ軍令部総長ヲシテ指示セシム

大海令第一二〇号　昭和十三年六月三日

及川支那方面艦隊司令長官ニ指示

一、中支派遣軍ハ一部ヲ以テ安慶付近ヲ占拠セントス

二、支那方面艦隊司令長官ハ陸軍ト協同シテ安慶付近ヲ占拠スヘシ

三、支那方面艦隊司令長官ハ安慶付近占拠後情況之ヲ許サハ適宜陸軍ノ進撃ニ策応シテ九江付近ニ至リ水路ヲ啓開スヘシ

（終）

大海機密第九一四号　十三年六月一日

八重山〔敷設艦〕ヲ作戦ニ関シＣＳＦ司令長官ノ指揮下ニ入ル

大海令第一二一号　十三年六月十七日

第二十四駆逐隊ヲ作戦ニ関シ支那方面艦隊司令長官ノ指揮下ニ入ル

24ｄｇハＧＦ１Ｓｄニアリ

大海令第一二二号　昭和十三年六月十八日

奉勅　軍令部総長　博恭王

及川支那方面艦隊司令長官ニ命令

一、大本営ハ初秋ノ候ヲ期シ漢口ヲ攻略スルノ企図ヲ有ス

二、支那方面艦隊司令長官ハ揚子江ニ沿ヒ逐次上流ニ地歩ヲ占メ、前号ノ作戦ヲ準備スヘシ

三、細項ニ関シテハ軍令部総長ヲシテ之ヲ指示セシム

（終）

大海令第一二三号　十三年六月十八日

及川ＣＳＦ司令長官ニ指示

一、支那方面艦隊司令長官ハ陸軍ト協同シ、機ヲ見テ九江ヲ占領スヘシ

二、支那方面艦隊司令長官ハ九江占領後適宜其ノ上流ヲ制圧スヘシ

（終）

海軍航空隊

鈴鹿　十三年十月一日開隊
大分　〃　十二月一日〃
宇佐　十四年十月一日　〃
友部・安中｝　十三年十二月一日独立航空隊トス
谷田部ハ霞ケ浦ノ分遣隊、百里原ハ友部ノ分遣隊トス
父島（水偵一／二隊）　十四年四月一日開隊
美幌（中攻一隊）　十四年十月一日〃
高雄ニ中艇一隊増加ハ十五年十月
豊橋ハ実験航空隊
十五年十月　計56隊

大海令第一二八号　十三年七月十一日

蒼龍ニ対スルCSF司令長官ノ作戦ニ関スル指揮ヲ解ク

第三十駆逐隊ノ二艦ニ対スル指揮ヲ解ク　七月五日

（第十五航空隊十日安慶基地ニ進出セルニヨリ、蒼龍機（九五戦8、艦爆22、艦攻11）ハ交代ス）

蒼龍ノ修理ハ七月二十六日完成

陸軍飛行学校　十三年六月三十日改定

（校長ハ陸軍航空本部長（東条英機）ニ隷ス）

水戸陸軍飛行学校

学生ニ航空関係ノ通信及火器ニ関スル学術ヲ修得セシメ、通信、戦技其ノ他ニ従事スル航空兵科下士官トナスヘキ生徒及下士官候補者ヲ教育シ且通信、対空火器ノ調査、研究

下志津陸軍飛行学校

学生ニ偵察飛行隊ニ必要ナル学術ヲ修得セシメ、之ヲ各隊ニ普及シ、是等学術ニ関スル調査研究

尚航空ニ関スル写真ノ研究

明野陸軍飛行学校

学生ニ戦闘飛行隊ニ必要ナル学術ヲ修得セシメ、之ヲ各隊ニ普及シ、是等学術ニ関スル調査研究

尚空中射撃及飛行機用火器ニ関スル研究

浜松陸軍飛行学校

学生ニ爆撃飛行隊ニ必要ナル学術ヲ修得セシメ、之ヲ各隊ニ普及シ、是等学術ニ関スル調査研究

尚爆撃ニ関スル研究並ニ航空部隊ノ運用ニ関スル教育及研究

熊谷陸軍飛行学校　（改正ナシ）

陸軍航空整備学校　航空兵器ノ整備ニ関スル教育

陸軍航空技術学校　航空技術ニ必要ナル学術教育

航空兵器ノ整備、補給等ニ関スル調査研究試験

（終）

大海令第百二十九号　十三年七月二十一日

奉勅　軍令部総長　博恭王

第一水雷戦隊ヲ作戦ニ関シ支那方面艦隊司令長官ノ指揮下ニ入ル

（1Sdハ七月十八日宿毛発、十九日佐世保着
出征準備ヲ整フ）

八月一日

第一水雷戦隊ヲ1Fヨリ除キ、3Fニ加ヘラル。

（南以角尾田）

南支部隊（漁山群島以南）

- 主隊
  - 妙高〔重巡洋艦〕、多摩〔軽巡洋艦〕
  - 横浜空高雄派遣隊
- 北方部隊　10S司令官〔藤森清一朗〕
  - ▷龍田〔軽巡洋艦〕
  - 1Gg、天龍〔軽巡洋艦〕
  - 金門島守備隊、江ノ島〔敷設艇〕
  - 3dg、第八南進丸〔海軍徴用船〕
- 南方部隊　5Sd司令官〔後藤英次〕
  - 長良〔軽巡洋艦〕
  - 23dg、16dg、第十一、第十三、〔第〕三十一南進丸〔海軍徴用船〕
  - 2bg、東沙島通信隊

第一航空部隊　3Sf（▷神威〔水上機母艦〕、神川〔丸〕〔特設水上機母艦〕、香久〔丸〕〔特設水上機母艦〕）

第二航空部隊　1Sf

戦艦ト飛行機トノ比較

（十三年七月二十日、米国軍事彙報第69号）

一九三八年 Vinson 海軍拡張案審議ニ対スル下院海軍委員会ノ報告ノ一節

艦船ト爆撃機トノ攻撃力比較ノ概念ヲ与ヘンニ、新式戦艦ガ2100lbs〔ポンド〕爆弾ヲ発射スル16吋砲9門ヲ搭載シ一分間ニ一発々射シ弾丸各砲100発搭載トセハ戦艦ハ一時間四十分ニ900発ノ発射可能ナリ、爆撃機ヲ以テ同数ノ2000lbs爆弾ヲ投下スルニハ爆撃機900機ヲ要ス、米国海軍ニハ戦艦15隻アルヲ以テ上記ノ時間ニ13500発ヲ発射シ得ヘク、同時間ニテ同数ノ爆弾ヲ発射センニハ飛行機13500機ヲ必要トス。

戦艦ノ生命ハ26年、飛行機ハ約6年ナルヲ以テ飛行機ニテ同勢力ヲ26年以上保有セントセハ、13500機ノ4½倍即チ58500機ヲ要ス。

最近ノ爆撃機ハ約25万弗ナレハ26年間ニ飛行機代14、625、000、000弗ヲ要シ、一方戦艦ハ一隻五千万弗トシ15隻ニテ750、000、000弗ナリ。

爆撃精度ハ大砲ノ四倍ナリトスルモ、尚ホ戦艦15隻ノ砲火

ニ等シカラシメンニハ全飛行機ヲ一ケ所ニ集中シ３３７５機ヲ要シ、其ノ代価ハ戦艦ノ７５０、０００、０００弗ニ対シ格納庫等ノ経費ヲ除キテ３、５００、０００、０００弗ナリ。

更ニ此ヲ母艦ニ搭載スルトセハ航空母艦45隻（各艦75機）ヲ要シ、一隻三千万弗計１、３５０、０００、０００弗ヲ追加ス。

張鼓峯事件ノ結着〔決〕

八月十日モスコーニテ重光〔葵・駐ソ〕大使トリトヴイノフ〔Maxim M. Litvinov〕外相トノ協定

一、ソ側沿海州時間十一日正午双方戦闘行為ヲ停止スルコト

一、日ソ両軍ハソ側沿海州時間十一日午前零時現在ノ線ヲ維持スルコト

右実行方法ハ現地ニ於ル双方軍隊代表者間ニ協議スルコトトス

十一日午後八時頃朝鮮軍ノ長〔勇・歩兵第七十四連隊長〕大佐ハ極東方面軍参謀長シユテルン〔Grigori M. Shtern〕（軍団大将）ト左ノ要旨ノ協定ヲナセリ。

一、日ソ両軍ハ現在線ニ於テ厳ニ戦闘行為ヲ停止スルコト

二、両軍間ニアル死体ハ両軍ニテ夫々収容スルコト

三、両軍ノ現在線ハ十二日正午張鼓峯東方白壁ノ家ニ於テ更ニ確認協定スルコト

四、右ノ三項ハ其ノ時文書ヲ以テ交換スルコト

大海令第一三四号　昭和十三年八月十七日

奉勅　軍令部総長　博恭王

及川ＣＳＦ長官ニ命令

吉田ＧＦ　〃

第一連合航空隊ヲ作戦ニ関シ支那方面艦隊司令長官ノ指揮下ニ入ル

八月二十三日第一連合航空隊ヲＧＦ付属ヨリ除キ支那方面艦隊付属トセラル。

南支部隊兵力部署　（昭和十三年八月一日）

第五艦隊

主隊　妙高、神川丸、龍華航空部隊高雄派遣隊…直率

北方部隊（10S司令官）
- 主隊　天龍
- A隊　1Gg（首里山〔ママ〕丸、華山丸、長寿山丸、でりい丸〔共に特設砲艦〕）
- B隊　龍田、3dg、艇隊（円島〔敷設艇〕、一曳、二曳）
- 南澳島守備隊　1bg、二連特陸派遣隊、隼丸〔海軍徴用船〕、第八南進丸、第三十一南進丸

南方部隊（5Sd司令官）
- 主隊　長良
- 甲隊　23dg
- 乙隊　16dg、第十一南進丸、第十三南進丸
- 丙隊　多摩

東沙島通信隊

厦門島守備部隊　第二連合特別陸戦隊（横鎮〔横須賀鎮守府〕第二、呉鎮〔呉鎮守府〕第三、佐鎮〔佐世保鎮守府〕第七）

南支第一航空部隊　3Sfアリシガ中支ニ転入セラル

南支第二航空部隊　1Sf（加賀、29dg）

南支第三航空部隊　高雄海軍航空隊

第六航空基地部隊　第十四航空隊、2bg（第十長運丸、第十一長運丸、丸神丸〔共に特設砲艦〕）

（14fgハX方面ノ攻撃ニ関シ1Sfノ区処ヲ受ク）

大海令第一三五号　昭和十三年八月二十二日

奉勅　軍令部総長　博恭王

及川支那方面艦隊司令長官ニ命令

一、支那方面艦隊司令長官ハ陸軍ト協同シテ漢口ヲ攻略スヘシ

二、細項ニ関シテハ軍令部総長ヲシテ之ヲ指示セシム

（終）

大海令第一三六号　十三年八月二十二日

軍令部総長　博恭王

及川CSF長官ニ指示

漢口攻略ノ為ノ海陸軍協定ハ直接関係部隊間ニ於テ実施スヘシ

（終）

〔大阪毎日新聞の日付不明記事「最近の蒙疆を見る①　三つの重要資源、本社特派員上沼健吉」貼付。龍煙鉄鉱に関する部分に、以下の書き込みあり〕

張家口付近ノ宣化、龍関、涿鹿ノ三県下ニ埋蔵サレ主要鉱区ハ煙筒山及龍関ニ在リ。地上約一億トン、五十三、四％ノ鉄鉱（地下ハ良質ト云ハル）。

〔書き込みここまで〕

北支ノ五大資源

鉄　（察哈爾〔チャハル〕省ハ支那第一、外ニ山西省陽泉、山東省金嶺鎮等）

石炭　（全支埋蔵２４６０億トン中山西省ニ１２７０億トン、山西省ノ大同地方、平定地方、臨汾地方、此ノ外ニ河北省ノ開灤炭鉱、井陘炭鉱、山東省ノ博山炭田、淄川炭田、嶧県炭田、等）

棉花　（北米、印度ニ次キ世界第三位、世界産額ノ一割、千三、四百万ピクル、北支ノミニテ三千万ピクルノ生産ハ可能）

塩　（長蘆塩、山東塩、海州塩。長蘆塩ハ塘沽ヨリ北方ノ海岸ニテ生産、曾テ65万トン生産アリシガ、目下30万トン、増産準備中、生産費低ク朝鮮ノ1/3）

羊毛　（張家口ノ奥地、年産二千万ポンド）

十三年八月二十三日

支那方面艦隊軍隊区分

3F　11S、1Sd

付属：出雲〔海防艦〕、二連空、神川丸、上海特陸、呉第四特陸、呉第五特陸、第一根拠地隊、第一港務部、第二砲艦隊、第十一砲艇隊、第十二砲艇隊、第十三砲艇隊、日本海丸〔特設掃海母艦〕

4F　12S、13S

付属：第一連合陸戦隊、第二港務部

5F　9S、10S、5Sd、1Sf、3Sf

付属：4Sf

第二連合陸戦隊、第一砲艦隊、第一防備隊、第二防備隊

CSF付属：

一連空

駒橋〔潜水母艦〕、勝力〔敷設艦〕、白沙〔特設測量艦〔旧中華民国税関船「福星」〕〕、朝日丸〔特設病院船〕、橘丸〔特設病院船〕、牟婁丸〔特設運送船。病院船として使用〕

十三年九月十日

7dgヲ2Sdヨリ除キ13Sニ加フ〔連雲港ニ進出〕。

漢口作戦ノ陸軍

揚子江南岸　9D、27D、101D、106D
　波田支隊（台湾軍）
同　北岸　6D
｝第十一軍（岡村〔寧次〕司令官）

大別山北方　10D、16D、13D
　3D（一大隊淮河作戦　其ノ他占領地守備）
｝第二軍（東久邇宮〔稔彦王〕殿下）

上海方面　18D〔追テ広東作戦〕
　22D

南京　？

第四回大本営御前会議

昭和十三年九月七日

広東作戦ヲ行フコトヲ議了ス

十三年度

（甲）A、C、（乙）R、C、

（丙）C

（丁）E、C、（戊）A、E、R、C、

十三年九月

Z〔号〕作戦〔広東攻略作戦〕

海軍　5F　8S、2Sd、2Sf

陸軍　21軍（台湾軍司令官〔児玉友雄〕）
　5D、18D、104D

妙高九月十四日、佐世保着、九月十六日、5F参謀長〔田結穣〕上京打合セ。

九月二十二日、馬鞍群島ニテ陸海軍主脳部打合セ。

十月五日、馬公ニ陸海軍集合、台湾本土ト交通遮断。

十三年九月十四日

南支部隊兵力部署（5F）

主隊　妙高　直率

北方部隊
- 主隊　天龍、龍田、汐風〔駆逐艦〕　10S司令官
- A隊　第一砲艦隊（首里山丸〔ママ〕、華山丸、長寿山丸、でりい丸）、第八、十七、三十一南進丸、第九済州丸〔共に海軍徴用船〕、ランチ一　1Gg司令
- B隊　3dg（島風〔駆逐艦〕、灘風〔駆逐艦〕）、隼丸、第十六南進丸、次高丸、第三旭丸〔共に海軍徴用船〕、円島、一曳、二曳　3dg司令〔藤田俊造〕
- C隊　第一防備隊、二連特陸派遣隊（大発二）（南澳島守備隊）　1bg司令

10S司令官

南方部隊
- 主隊　長良（第七旭丸〔海軍徴用船〕）　5Sd司令官
- 甲隊　23dg（菊月〔駆逐艦〕、夕月〔駆逐艦〕、三日月〔駆逐艦〕）、能高丸〔海軍徴用船〕　23dg司令〔高橋一松〕
- 乙隊　16dg（芙蓉〔駆逐艦〕、刈萱〔駆逐艦〕、朝顔〔駆逐艦〕）、第十二十三南進丸、高速艇一ランチ一　16dg司令〔島崎利雄〕
- 丙隊　多摩、望月〔駆逐艦〕東沙島通信隊　多摩艦長〔金子繁治〕

5Sd司令官

厦門島守備部隊　第二連特陸（横二、呉三、佐七特陸）大発四、ランチ四、二連陸司令官〔宮田義一〕

南支第一航空部隊　神川丸
〃第二　〃　1Sf（加賀、29dg）
〃第三　〃　高雄海軍航空隊
第六航空基地部隊　14fg、2bg（第八、十一、十、長運丸〔海軍徴用船〕、外五隻）ランチ四大発十六）十四fg司令〔阿部弘毅〕
龍華航空部隊高雄派遣隊　龍華航空部隊高雄派遣隊

（備考）

一、14fgハ1SfX方面行動中、X方面ノ攻撃ニ関シ其区処ヲ受ク

一、南方部隊指揮官ハ三灶島方面海上警戒並ニ輸送ニ関シ第六〔三灶島〕航空基地部隊指揮官ヲ援助ス

十三年九月十七日

3F軍隊区分、分担区域、任務

㈠主隊（直率）
出雲（Ⓨ隊欠）、沖島〔敷設艦〕、分担区域、任務ハ特令ス

㈡揚子江部隊（11S司令官〔近藤英次郎〕）
11S、十一砲艇隊、十二砲艇隊、呉四特陸、呉五特陸

（湖口陸戦隊欠）、日本海丸、翡〔雑役船〈旧中華民国水雷艇「湖鴞」〉〕

九江ヨリ上流ノ揚子江

敵兵力撃破、水路啓開掃海、陸軍作戦協力、江上警戒、支那船舶ノ交通遮断

㈢根拠地部隊（第一根司令官〔園田滋〕）

第一根拠地隊（第二、三掃海隊欠）、第二砲艇隊、十三砲艇隊（一、二駆潜欠）、［華星〔拿捕船〕、海晏〔拿捕船〕、住吉丸〔特設雑役船〕］、湖口陸戦隊（呉五特陸1）、基地特別陸戦隊、湖口防空隊

九江ヨリ下流、安慶ニ至ル揚子江、鄱陽湖付近小河

敵兵力撃破、水路啓開掃海、陸軍作戦協力、江上警戒、支那船舶ノ交通遮断、測量及航路維持（揚子江及黄浦江）、工作

㈣警備部隊（1Sd司令官〔吉田庸光〕）

1Sd、第二、第三掃海隊、能登呂〔水上機母艦〕一、能登呂二、江岸特別陸戦隊（第一砲艇隊）、出雲飛行機隊（運星〔拿捕船〕、十六揚収艇）

安慶ヨリ下流揚子江、黄浦江、太湖付近小河

敵兵力撃破、陸軍作戦協力、江上警戒、支那船舶ノ交通遮断（上海港内警戒ニ関シテハ港務部ニ協力、飛行機隊ヲ以テ根拠地部隊ノ作戦ニ協力）

㈤揚子江空襲部隊（3Sf司令官〔寺田幸吉〕）

3Sf

揚子江流域

揚子江部隊及陸軍作戦ニ協力

㈥陸戦部隊（上海特陸司令官〔宍戸好信〕）

上海特別陸戦隊（江岸特陸及基地特陸欠）

租界、閘北、浦東ノ一部、江南造船所、上海付近ノ航空基地

警備防空、陸軍作戦協力

㈦第一港務部（第一港務部長〔原顕三郎〕）

第一港務部、波島〔雑役船〕［金星〔拿捕船〕］

上海港

上海港内警戒（警備部隊ノ協力ヲ受ク）

港務（上海、南京、蕪湖、安慶、湖口、九江、漢口）

救難

大海令第一三九号　十三年九月十九日

奉勅　軍令部総長　博恭王

及川ＣＳＦ司令長官ニ命令

一、支那方面艦隊司令長官ハ陸軍ト協同シテ広東及其ノ付近ノ要地ヲ攻略、以テ敵ノ主要補給路ヲ遮断スヘシ

二、細項ニ関シテハ軍令部総長ヲシテ之ヲ指示セシム

（終）

大海令第一四〇号　十三年九月十九日

軍令部総長　博恭王

及川ＣＳＦ司令長官ニ指示

大海令第一三九号ノ作戦ニ関シ

一、支那方面艦隊司令長官ハ第五艦隊司令長官ヲシテ本作戦ヲ実施セシムヘシ

二、陸軍トノ協同作戦ニ関シテハ別冊『広東作戦海陸軍中央協定』ニ準拠スルノ外、其ノ細部ニ関シテハ更ニ第五艦隊司令長官、第二十一軍司令官〔古荘幹郎〕間ニ於テ之ヲ協定スヘシ

三、第三国ノ領域並ニ権益ヲ尊重シ、紛争ノ惹起ヲ防止スルヲ要ス

（終）

〔新聞記事　元田永孚「聖喩記」、徳富蘇峰「双宜荘偶言」(40)（昭和十三年九月二日）貼付〕

大海令第一四一号　昭和十三年九月二十六日

奉勅　軍令部総長　博恭王

及川ＣＳＦ司令長官ニ命令

吉田ＧＦ司令長官ニ命令

第八戦隊、第二水雷戦隊、及第二航空戦隊ヲ作戦ニ関シ支那方面艦隊司令長官ノ指揮下ニ入ル

（終）

連合艦隊機密第三六一番電　九月二十六日二一〇〇

連合艦隊司令長官発

電令作第七三号

第八戦隊、第二水雷戦隊、第二航空戦隊ハ作戦ニ関シ支那方面艦隊司令長官ノ指揮ヲ受クヘシ

（終）

ＣＳＦ機密第九六四番電　九月二十六日二三〇〇

方面艦隊電令作第四二七号

大海令第百四十一号ノ兵力ヲ南支部隊ニ編入ス

（終）

十三年十月二日

昭和十三年度　第二艦隊所感

一、GF及2F司令部ノ同心協力

2F司令部ハGF司令部ニ対シ常ニ隷属関係ヲ忘レズ、苟クモ対抗意識ヲ持ツカ如キコトアルヘカラズ。GFモ亦2Fノ希望ヲ聴取シ艦隊司令部タルノ敬意ヲ忘レズ、成ルヘク打合スコトヲ心掛ルヲ可トス。

昨年拝命前ニ軍令部総長殿下ニハ山本（五十六）次官ヲ召サレ、『同級同停年ノ吉田（善吾）ト嶋田トニテGF、2F長官トナリ円満ニ行クヘキヤ』トノ御下問アリ、山本ヨリ此両人ナレハ必ス円満ニ行クヘキ旨奉答セリ。吉田長官トシテハ常ニ2Fニ意ヲ用ヒ、小官ノ陸奥（戦艦）ニ赴ク時ニハ必ス出迎見送ヲ怠ラズ、小官亦隷属関係ニ注意シ、一年ヲ通シ極テ円満愉快ニ訓練ニ従事スルヲ得、此両長官ノ関係ハ不言不語ノ間ニ両司令部幕僚ニ徹底シタリ。

二、司令部員ノ指導

長官ハ重要事項ニ関シテハ方針ヲ示ス、指導匡正ヲ要スルコトアラハ遠慮ナク教示ス、但シ細事ハ避ク。艦橋ニ於ル艦隊指揮ノ号令ハ参謀長（伊藤整一）ヲシテ行ハシメ創意ノ全能ヲ発揮セシム、長官ハ意ニ充タサルコトアラハ随時指示ス、此点初ヨリ話シ置ケリ。

先任参謀（黒島亀人）ハ参謀長ノ耳目ノ及ハサル方面ニ注意シ随時進言セシム、但シ進言ハ成ルヘク低声ヲ可トスルコトニ注意セシム（判断ヲ妨ゲズ、艦橋静粛）。

三、訓練

㈠戦策ニ対スル演練ヲ主トスヘシ

初ハ1Fト2Fノ対抗ニヨリ戦闘一般ヲ演練（展開、各隊ノ協同、飛行機ノ敵方誘導、対勢観測等）、次ニハGF全兵力ノ戦闘展開（仮想兵力ニ対シ）、又前進部隊ノ戦闘及ヒ主力ヘノ誘致戦等戦策上必要ノ演練ヲ行フ。

㈡夜戦

夜戦能力向上ノ為年度初頭ヨリ成ルヘク夜間作業ヲ励行シ、慣熟セシメ夜の眼ヲ養ハシム。

GF夜戦部隊ノ全兵力ヲ以テスル夜戦ノ指揮統制ハ回一回ト上達スルモノニシテ、各隊間ノ意志疎通、通信連絡ニモ演練ノ要アリ、本年度ハ回数不充分ノ感アリ、最後ノ乙種発射ニテ漸ク完全ニ行ハレタル程度ナリ。GF司令部ハ此ノ夜戦部隊ノ向上ニ意ヲ用ヒ、前期ヨリ勉テ之ヲ行ヒ、全部隊ノ協同ニ些カノ遺憾ナカラシムヘシ。

前期中ハ各艦隊内ニテ夜戦ノ基礎訓練ヲ充分ニ行フ、此際4Sハ目標隊トナル以外ニ時々攻撃隊トシテノ演練ヲナスノ要アリ。

㈢見張

見張ハ人モ物モ近年著シク進歩シ、夜戦ニ於テ保安ノ心配殆ト無クナリシハ指揮官トシテ至幸ナルノ感深シ、距離目測モ相当程度ニ正確トナリ、概ネ標準トシテ実用ニ適ス。之カ能力向上ニハ昼夜不断ノ演練ヲ要ス。探照灯管制器員ニハ見張員同様ノ訓練ヲ行フコト必要ナリ。

㈣魚雷命中

九三式魚雷ハ高、低雷速共ニ実用ニ適シ有力ナル兵器ナリ。魚雷ハ駆逐艦、潜水艦ニテモ取扱慣熟シ、故障失踪ハ至テ少シ。

魚雷ノ命中ハ的針、的速ノ測定難、敵ノ回避等ニ依リ思フニ任セズ、襲撃運動適切ナルモ命中セサルコト中々アリ、勉テ実射ヲ行ヒ、命中ヲ奨励スルノ要アリ。

㈤潜水艦

潜水戦隊ノ指導ハ特ニ積極的ニ行ヒ、連日ニ亘ル追躡触接、湾口監視等ニテ実戦的ノ演練ニ体力ヲ慣熟セシムルヲ可トス。

潜水艦ノ水上事故年々絶ヘサルニ鑑ミ、年度初ニ厳シク注意ヲ与ヘ又夜間ノ眼ヲ養ハシムヘシ。

潜水艦月夜ノ襲撃ハ有効ニ行ハル、モ、暗夜ハ先ツ発見セラル、コト無シ、夜襲ヲ演練スヘシ。

㈥水上飛行機

対勢観測ハ相当程度ニ向上シ、実用ニ適スルヲ以テ年度初ヨリ演練ノ要アリ。

遠距離飛行ヲ励行シ、敵情、位置ヲ正確ニ報告スルノ訓練、及ヒ夜間ノ触接飛行ハ年度初ヨリ屢々行フノ要アリ。

千歳〔水上機母艦〕ニ荒天揚収装置ヲ設ルコト是非必要ナリ。

㈦航空母艦

本年度ハ途中ニテ戦地ニ出動シ訓練中絶ス。

蒼龍ハ前期末迄ニ基礎的訓練ヲ順調ニ終リ、夜間着艦訓練ヲ概ネ終リ、夜間攻撃訓練ニ入ラントスル時ニ出征シ、内地帰還後ニ於テ夜間攻撃ヲ演練シ、陸上基地発着ニテ直進目標ニ対スル攻撃法ヲ研究シ得タル程度ナリ（戦技ハ行ハズ）。

龍驤ハ年度初期ヨリ出征シ、帰還後五月ヨリ訓練ヲ開始シ、基礎的訓練ヲ組織的ニ行フノ余祐〔裕〕ナク無理押ノ訓練ヲ実施シ、昨年度ノ研究成果ト横空〔横須賀航空隊〕ノ研究ニ基キ夜間攻撃法ヲ定メテ演練シ、晴天ノ暗夜ニ海上平穏ノ時艦上発着ニ依ル攻撃可能ノ程度ニ達シ戦技ヲ行ヒタリ。

艦隊ニテハ年度初頭ニ基礎的飛行ヲ終レルモノヲ要望スルモ、茲数年ハ未熟者ノ配乗多ク、艦隊ニテ陸上教育ノ延長ヲ行フノ已ムナキ実情ニアリ。

艦隊前期ハ先ツ基礎的飛行訓練ヲ励行スルヲ要シ、充分ノ燃料ト時日トヲ与ル要アリ。

夜間攻撃能力ヲ完成センカ為前期ノ末期ニ於テ昼間諸訓練及ヒ夜間発着艦ノ技能ヲ練成シ且夜間攻撃ノ基礎的訓練ヲ行フノ要アリ、之カ為ＧＦハ此点ヲ考慮シ三、四、五、六月ノ月齢5-6付近ヨリ基地訓練ヲ始ル如ク行動ノ案配ヲ必要トス。

夜間爆撃（本年度ノ実跡〔績〕）

天候雲量5-6程度ノ晴天ノ暗夜ヲ限度トス。雲高1500米以上ニアラサレハ有効ナル照明及攻撃困難。

(八)機関

高温度下ノ全力発揮ヲ成ルヘク長時間行フノ要アリ。

潜水艦ノ無煙起動ヲ演練。

四、航空

(一)各機種毎ニ建制ヲ定ルヲ可トス

戦闘機第一中隊ヨリ第五中隊迄ハ某航空隊又ハ某空母ト云フカ如クニ建制ヲ定ム。之ニヨリ各基本隊ノ名誉良慣ヲ助長シ、之ヲ艦隊ニ付属セシムルニ当リテハ、各基本隊ヲ付属セシメ某航空隊全部ヲ付属セシムルカ如キ必要ナキノ利アリ。

曾テ小官軍令部在職中屢々之カ研究ヲ命シタリシカ成案ヲ提出シ来ラズ、同時ニ法規改正ノ要アランモ断行スルヲ可トス。

(二)射撃観測員ヲ専門トスルヲ要ス

観測ノ有効ナルコトハ既ニ万人ノ認ル所ニシテ、其ノ良否ハ一艦ノ射撃成績ヲ左右スルコト大ナリ、此ノ如キ重要職務ニハ専門ノ者ヲ定メテ任シ、射撃艦以外ニ配スル時ハ横須賀航空隊ニ置キ砲術学校ノ射撃ヲ観測セシメ、技量向上ヲ計ルヲ要ス。

(三)着艦技量、対勢観測ノ基礎教育

此ノ両技能ハ艦隊配乗前学校又ハ教育隊ニ於テ基礎教育ヲ行ヒ、配乗時一ト通リノ技量ヲ有シアルノ要アリ。

五、砲術

(一)水上機搭載艦ニテ⋎ニ損傷ヲ与ヘスシテ用ヒ得ル砲ヲ公式ニ示スコト(公試)

(二)散布界縮小ニ関シ独逸ノ造砲技術ヲ採用スルコト

金剛〔戦艦〕、榛名〔戦艦〕ノ調査ヲ徹底的ニ行フコト。

(三)洋上ノ照準稽古ハ近年等閑ニ付セラレアリ、要否如何、必要ナレハ悪洋上ヲ航行ノコト、出動モ可。

(四)間接射撃ハ尚ホ実戦ニ適スルヤ疑ハシ。

艦隊訓練ノ主目標ハ実戦ニ適スルモノヲ選フノ要アリ

(機構進歩セハ間接モ加フ)。

各種情況ニ於ル⋎利用射撃(同不利用ヲ加フ)。

成ルヘク実戦的ノ対勢ニテ射撃ヲ行フ、即チ、主、副、高砲同時射撃、1S、3S同時、3S、4S同時等。

(五)実艦的、摂津〔標的艦〕ニ打込、大標的

大海令第百四十三号　十三年十月十五日

軍令部総長　博恭王

吉田ＧＦ長官ニ指示

連合艦隊司令長官ハ今次厦門及台湾方面行動中、特別ナル事態生起シ支那方面艦隊司令長官ノ協議アル場合、行動海面付近ニ於テ機宜支那方面艦隊ノ作戦ニ協力スヘシ

(終)

漢口攻略作戦ニ於ル海軍航空隊

(及川長官ノ報告　十月二十七日)

八月二十二日漢口攻略戦開始以来

参加飛行機延機数　約６８００機

使用爆弾　約２２００噸

使用機銃弾　約40万発

大海令第百四十五号　昭和十三年十月二十九日

奉勅　軍令部総長　博恭王

及川ＣＳＦ長官ニ命令

一、支那方面艦隊司令長官ハ岳州付近ヨリ下流ノ揚子江ヲ

制圧シ、其交通ヲ安全ナラシムヘシ
二、細項ニ関シテハ軍令部総長ヲシテ之ヲ指示セシム
（終）

大海令第百四十六号　十三年十月二十九日
軍令部総長　博恭王
及川CSF長官ニ指示
一、陸軍ハ武漢地方攻略作戦ノ終末ノ限界ヲ概ネ信陽、岳州、徳安付近トス
二、CSF長官ハ陸軍ト協同シ岳州付近ニ至ル揚子江水路ヲ啓開シ、大海令第百四十五号ノ任務ヲ遂行スヘシ
（終）

大海令第一五六号　十三年十二月一日
第十四航空隊ノ艦上攻撃機隊及艦上爆撃機隊ヲ大村ニ帰還セシムル指示

大海令第一五七号　十三年十二月十日
奉勅　軍令部総長　博恭王
支那方面艦隊司令長官ハ第一水雷戦隊（第二駆逐隊欠）、第十戦隊及第一航空戦隊ヲ内地ニ帰還セシムヘシ

大海令第一五八号　十三年十二月十日
軍令部総長　博恭王
及川CSF長官ニ指示
中村〔亀三郎〕佐鎮長官ニ指示
名取〔軽巡洋艦〕及第二十八駆逐隊ヲ作戦ニ関シ支那方面艦隊司令長官ノ指揮下ニ入ル（十二月十五日ヨリ5Fニ入ルモノナリ）

大海令第一五九号　総長指示
第二駆逐隊ヲ作戦ニ関シCSF長官ノ指揮下ニ入ル（一月下旬帰還）

大海令第一六〇号　十三年十二月十五日
高雄海軍航空隊ニ対スル支那方面艦隊司令長官ノ作戦ニ関スル指揮ヲ解ク
十三年十二月十五日
第二駆逐隊ハ作戦ニ関シ支那方面艦隊司令長官ノ指揮ヲ受

クヘシ　ＧＦ長官

観音崎船渠

十三年十月二十二日　官房機密第５７３４号決裁

大阪府泉南郡観音崎付近

海軍　約１００、０００平米

大戦艦用入渠船渠ヲ建造シ、船渠完成後海軍ニテ使用スル場合以外ハ川崎造船所ノ願出ニヨリ同造船所ニ使用ヲ許可ス、十六年度末完成予定。

川崎造船所ハ右ニ隣接シテ造機能力及潜水艦建造能力ニ必要ナル施設ヲ整備ス。

潜水艦船台　３

商船船台　２若ハ３

一万噸級商船用船渠　１

之ニ要スル地域ハ観音崎付近及ヒ小田平ニ山林及田畑ヲ含ミ約６００、０００平米（観音崎付近４００、０００、小田平２００、０００）。

海岸線ハ800米以上ヲ取ルコト困難ト推定セラレ、海軍ハ船渠並ニ付帯施設ニ少クモ200米、残リ600米ヲ川崎用ノ見込。

工事ノ実施ハ呉鎮守府ニ訓令シ、其ノ完成年度ヲ昭和十六年度末ト予定ス、尚入渠ニ必要ナル水路ノ浚渫ハ海軍之ヲ行フ。

防波堤ハ川崎ノ負担トス、但シ船渠ノ築造及土地造成ノ為海軍用地ヨリ生スル土砂ハ築堤ニ利用セシム。

大海令第一六三号　昭和十四年一月十五日

軍令部総長

及川ＣＳＦ長官ニ指示

嶋田〔繁太郎〕呉鎮長官ニ指示

那沙美〔敷設艇〕ヲ揚子江ニ派遣シ、作戦ニ関シ支那方面艦隊司令長官ノ指揮下ニ入ル

右指揮転移ノ時機ヲ揚子江口到着ノ時トス

（終）

大海令第一六二号 ｝同上
第七駆潜艇ヲ…
大海令第一六四号 ｝同上
鴎ヲ…

十二月十日　ＣＳＦノ指揮ヲ解カル、那沙美ヲ南京基地隊ニ配属セラル。

生産力拡充計画要綱

昭和十四年一月十七日閣議決定

目標	（十四年度）	（十六年度）
鉄鋼		
鋼材		
普通鋼	5,630,000瓲	7,260,000瓲
特殊鋼及鍛鋳鋼	670,000	1,000,000
鋼塊	7,753,000	9,950,000
銑鉄	4,000,000	6,362,000
鉄鉱石	3,200,000	5,700,000
石炭	65,803,000	78,182,000
石油及其ノ代用品		
航空揮発油	74,000	240,000
自動車揮発油（天然）	1,228,000	1,250,000
同上　（人造）	26,000	290,000
重油　（天然）	756,000	850,000
重油　（人造）	48,000	246,000
航空潤滑油	5,000	20,000
無水アルコール	90,000	270,000
アルミニウム	29,200	126,400
銅	128,183	179,000
金	76.025	106.534
船舶	550,000	650,000
自動車	45,000（台）	80,000（台）

大海令第一七三号　昭和十四年二月十九日

奉勅　軍令部総長　博恭王

及川ＣＳＦ長官ニ命令

吉田ＧＦ長官ニ命令

第一航空戦隊ニ対スル支那方面艦隊司令長官ノ作戦ニ関スル指揮ヲ解ク

（終）

大海令第一七四号　昭和十四年二月十九日

軍令部総長　博恭王

及川ＣＳＦ長官ニ指示

吉田ＧＦ長官ニ指示

千代田〔水上機母艦〕ニ対スル支那方面艦隊司令長官ノ作戦ニ関スル指揮ヲ解ク

（終）

地質時代

一、太古代（始原）

(1)片麻岩紀

(2)雲母片岩紀

(3)千枚岩紀

二、古生代

(1) Precambrian Period（前寒武利亜紀）
(2) Cambrian Period（寒武利亜紀）
(3) Silurian Period（志留里亜紀）
(4) Devonian Period（泥盆紀）
(5) 石炭紀 ｛a.山灰世 b.硬砂世 c.夾炭世｝
(6) 二畳紀

（以上）外国ノ石炭ハ此ノ紀ニ属スルモノ多シ

三、中世代〔生〕
(1) 三畳紀
(2) 侏羅紀
(3) 白亜紀

四、近世代〔生〕
(1) 第三紀　我国ノ石炭（有煙炭）ハ此ノ紀ニ属スルモノ多シ
(2) 第四紀

十四年度軍備充実計画

一、艦船

戦　2
空母　1　28500t
巡乙　4　6600t
巡丙（潜水部隊旗艦用）　2　8200t
駆甲　18
駆乙（直衛用）　6　2650t〔十糎高角連4基、発射管四連1〕
潜甲（旗艦施設ヲ有ス）　1　潜乙　15
潜海大型　10　練習艦　1
飛行艇母艦　1　敷設艇　10
掃艇　6　駆潜艇　4　440t
急設網艦　1　運（油）　1

二、飛行機

実用航空隊　34・5隊
練習　〃　40・5隊

H火薬

独逸ノ爆薬タル

H甲 ｛hexyl 40%, T.N.T. 60%｝（俗ニ桃色火薬）

T.N.T〔二〕ハ日本陸軍ニテ既ニ採用シ国産少キニヨリ此ノ代リニ我国ニテ得易キT.N.A.（トリニトロアニゾー

ル）ヲ用ヒテ

H乙 {hexyl 40％ / T.N.A. 60％}（九七式爆薬ト称ス）

H. N. D. A.

hexyl

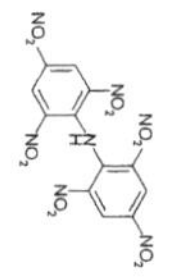

之ヲ作ルニハ

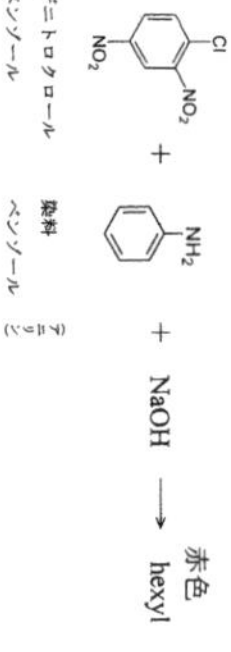

T. N. A.（トリニトロ、アニゾール）

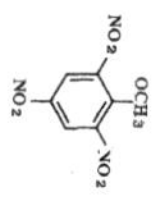

H火薬ハ下瀬火薬ニ比シ誘爆距離5倍

T. N. T.（トロチール）　陸軍名茶褐薬

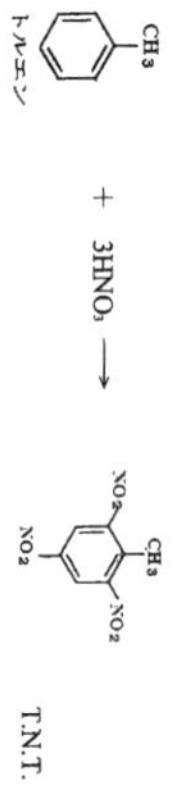

陸戦兵器（手榴弾、九一式榴弾、一四年式重迫撃砲榴弾改一）、四十粍機銃普通弾炸薬トシテ用フ

T. N. A.

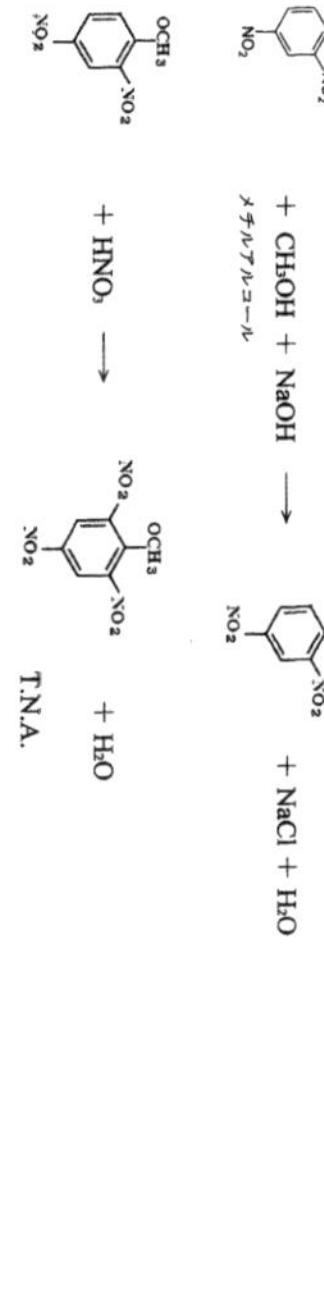

ベンゾールハ年産20000tonsアルモ、toluol〔トルエン〕ハ年産極テ尠シ、故ニ国内資源ノ上ヨリH乙ガH甲ヨリ有利ナリ。

H甲及ヒH乙爆薬ハ下瀬及九四式爆薬（T. N. A. 60％、Hexogen 40％）ト威力ハ略々同等ニシテ、誘爆ハ困難ナリ、海軍ハ資源上ヨリH乙ヲ使用ニ決ス。

H乙ハ有毒ナレドモ適当ノ設備ヲ行ヘバ鋳塡作業ノ続行容易ナリ。

一号艦（大和〔戦艦〕）（十四年五月）

搭載重量　16000tons（鋑鋲二百六十五万本）

進捗歩合　22％、実施工数　六十万工

積込済ノ缶及補機

缶12個ノ内6缶、残6缶ハ六月中ニ搭載

水圧機、空気圧搾喞筒ハ全部搭載

冷却機2、発電機2搭載
水圧試験終了ノ区画数360（約半数）
現在造船部ノ工員毎日約1300名
進水　十五年八月、進水重量約42000t（内造船34000t）
竣工　十七年六月

砲身　67％進捗
第一門99％、第二門99％、第三門94％、第四門80％、第五門71％（腔中仕上中）、第六門61％、第七門56％、第八門30％（3A打込前内部仕上済）、第九門20％
砲架　24％進捗
一番30％、二番16％、三番22％
組立工事及諸試験完了予定、十五年七月
砲塔　11％（一番16％、二番8％、三番9％）
完成予定　十五年十二月

九四式試製砲

昭和十年六月　砲身一門着手
十一年五月　砲架、砲塔一基着手
十三年三月　砲身、砲架完成
十四年一月　二百回空装塡連続発射試験（右砲）
仰角°35ヨリ装塡角度ニ復ヘシ、装塡ヲ終リ再ヒ仰角°35ニ復スル迄30・74秒
十四年三月　砲身、砲架ヲ右砲ヨリ中砲ニ移シテ二百回連続ノ試験
最大仰角°35ヨリ装塡角度ニ復シ装塡ヲ終リ再ヒ仰角°35ニ復スル迄36・8秒
中砲ハ右、左砲ト異リ砲尾ノ場所狭キ為、右、左砲トハ配置、操作ノ研究及装塡装置ヲ異リタル設計トシ優劣ノ比較ヲ行フ
以上ノ秒時ハ訓練ヲ行ハズニ施行セリ、訓練ヲ重ネ操砲ヲ研究シ且装薬装塡機、同換装機、運薬盤ノ改計画ニヨリ30秒以内ニ短縮ノ見込
十五年中ニ一号艦用9門完成
十六年中ニ二号艦用9門完成

石炭液化（十四年七月）

撫順ニ於ル満鉄ノ石炭液化事業ハ昭和十一年八月開始シ、十四年二月試運転ヲ開始シ綜合運転ヲ好調ニ行ヒ得タリ、

即チ

運転開始	七月十一日	一箇月間
四・六ペースト装入	〃　十三日	四・六ペースト長期運転
	八月十三日	
一・九又ハ二・八ペースト装入	八月十三日	三日間
	〃　十六日	発熱及応熱計算
温度降下	八月十七日	
運転中止	八月二十日	

石炭　4
タール6　｝ノ割合ノペーストヲ用フ（此以上ノ石炭ハ無理）

タールハ石炭ノ約一割取レル（低温乾溜）

直接液化ニ依リ石炭1tヨリ油0.7t取レル、則チ油1tヲ取ルニ石炭1.6t

尚、液化ニ要スル水素約1000m³ヲ得ルニハ石炭約1tヲ要ス

此外ニ動力用其ノ他トシテ石炭約1tヲ要シ、之ヲ合計シ油1tヲ得ルニ石炭3.6t、約4t必要

水素　1000m³
石炭　1t　｝paste
混和油　1t
反応→　液化油　0.7t
　　　　混和油　1t（→混和油へ戻ル）

人造石油ノ生産力拡充及利用ニ関スル陸海軍軍需工業動員協定

十四年八月二十六日

二、陸海軍ハ速ニ人造石油製造事業振興計画（二百万竏計画）ノ実現ヲ図ル為、統一セル態度ヲ以テ積極的ニ本事業ノ生産力拡充ヲ指導シ且関係庁ニ連絡ス。

五、差当リ昭和十八年度末迄ニ少クモ左ノ生産能力ニ到達セシムルコトトシ、其ノ会社及生産品ヲ別表ノ通定ム。

航空用揮発油	287、200（竏）
自動車用〃	764、600
軽油	8500
重油	863、000
潤滑油其ノ他	26600

前項以上ノ設備ヲ新設又ハ増設セシムル場合ハ陸海軍ハ更ニ協議ス。

七、陸海軍ハ日満ヲ通シ航空用揮発油ニ付テハ略同額ヲ、自動車用揮発油ニ付テハ陸軍カ大部ヲ、重油ニ付テハ海軍カ大部ヲ取得スルコトトシ、其ノ利用区分ヲ別表ノ通定ム。

295　十四年八月

(別表)人造石油生産力拡充及之ニ伴フ陸海軍利用区分

会社名	場所	品目	昭和十八年末生産能力(竏/年)	生産力利用率(%)	
				陸軍	海軍
樺太人造石油	内渕	航空用	90,800	45	55
		自動車用	143,700	80	20
三菱石炭油化	内幌	自動車用	2,000	100	0
		軽油	2,200	50	50
		重油	14,150	0	100
日本製鉄	輪西	自動車用	770	100	0
		重油	1,840	0	100
日本油化	川崎	自動車用	3,280	100	0
		重油	5,880	0	100
北海道人造石油	北海道	航空用	22,800	40	60
		自動車用	70,000	80	20
		重油	8,200	0	100
		潤滑油	26,600	50	50
東京瓦斯化学	鶴見	自動車〔用〕	2,000	100	0
		軽油	6,300	50	50
		重油	7,000	0	100
東邦化学工業	名古屋	航空用	7,800	0	100
		自動車用	5,200	50	50
宇部油化工業	宇部	航空用	28,900	50	50
		自動車用	12,200	80	20
日産液体燃料	若松	航空用	3,900	50	50
		自動車用	7,800	100	0
三井鉱山	三池	航空用	8,968	50	50
		自動車用	30,680	80	20
		重油	1,888	0	100
朝鮮窒素肥料	永安	低温タール	14,000	0	100
朝鮮石炭工業	灰岩	航空用	140,000	50	50
		自動車用		70	30
		重油	60,000	0	100
満州合成燃料	錦県	自動車用	100,000	80	20
		重油		60	40
吉林人造石油	吉林	航空用	100,000	60	40
		自動車用	100,000	100	0
		重油	100,000	30	70
満州油化工業	四平街	航空用	18,000	60	40
		自動車用	32,000	100	0
満鉄 人造石油	撫順	航空用	6,000	50	50
		自動車用	14,000	100	0
		重油		0	100
満鉄 頁岩油	撫順	自動車用	101,000	85	15
		重油	650,000	15	85

大海令第一八八号　　昭和十四年九月五日

奉勅　軍令部総長　博恭王

及川ＣＳＦ長官
山本ＧＦ長官　ニ命令

第一連合航空隊ヲ作戦ニ関シ支那方面艦隊司令長官ノ指揮下ニ入ル

官房機密第71番電

十四年九月四日午後九時
海軍次官（住山徳太郎）

欧州戦争勃発ニ際シ帝国ノ執ルヘキ態度並ニ在支交戦国軍隊艦艇ニ対スル措置ニ関シ九月四日左ノ通閣議決定、次テ内奏ヲ経タルニ付本決定ニ基キ官房機密第63番電ノ要領ニ準拠シ、関係各部連絡ノ上然ルヘク処理相成度

追テ政府声明発表ノ時機並ニ諸般ノ措置発動時機ハ別電ニ依リ指示セルラ、《〔セラル、〕》ニ付念ノ為

第一、政府方針

欧州戦争勃発ニ際シ帝国ハ実質上中立ヲ維持スルモノトス

第二、政府ノ措置

政府ハ英仏両国ノ対独宣戦布告ノ公電ニ接シ次第公式ニ中立ノ宣言ヲ行ハサルモ、左ノ要旨ノ声明ヲ発表ス

『今次欧州戦争勃発ニ際シテハ帝国ハ之ニ介入セズ、専ラ支那事変ノ解決ニ邁進セントス』

第三、外交上ノ措置

一、交戦国大使ヲ招致シ右政府ノ声明内容ヲ通告スルト共ニ、支那ニ於ル帝国ノ勢力範囲内交戦国軍隊艦艇ノ撤退ヲ勧告ス、交戦国在留人民及財産ノ保護ニ就テハ我方ニ於テ責ニ任スルコトヲ付言ス

二、交戦国ニ対シ援蔣中止若ハ事変ニ関シ厳正中立ヲ為スヘキ旨厳重申入ル

第四、在支各機関ノ措置

一、現地外交領事機関ハ中央ノ外交措置ニ対応シ現地交戦国外交領事機関ニ対シ夫々警備軍ノ撤退又ハ武装解除ヲ自発的ニ実行セシムル如ク勧告ス

右措置ニ応シ現地作戦軍指揮官ハ交戦国警備軍指揮官ニ対シ夫々右ト同趣旨ノ申入ヲ為スモノトス、其ノ時機ハ別ニ中央ヨリ指示ス

二、交戦国艦艇ニ対シテハ前項ニ準シ措置スルモノトス

三、米国側ニ対シテハ前二項ノ次第ヲ通報スルモノトス

伊国ガ参戦セサル場合ニ対シ亦同シ
四、維新〔梁鴻志行政院長兼交通部長〕、臨時政府〔王克敏行政委員会委員長〕ヲシテ中立宣言ヲ行ハシム
五、本件勧告ニ応セサル場合ノ武装解除、抑留等ノ時機及方法ハ別ニ定ム

（終）

軍務機密262電　五日　5-50P
軍務局長〔井上成美〕発

官房機密第71番電ニ関シ
本五日在京交戦国大使ニ対シ撤退勧告ヲ行フト共ニ現地各機関ニ対シテモ諸般ノ措置発動方訓令セラレタルニ付了知アリ度

（終）

大海令第一九三号　昭和十四年十一月一日
奉勅　軍令部総長　博恭王
及川ＣＳＦ
山本ＧＦ　長官ニ命令
第二航空戦隊（龍驤及第十二駆逐隊欠）及ヒ第十一駆逐隊（初雪〔駆逐艦〕欠）ヲ作戦ニ関シ支那方面艦隊司令長官ノ指揮下ニ入ル

（終）

十四年十二月三日　上記ヲ解カル

一人一艦主義（呉鎮）

昭和十四年度初ニ当リ人事部長〔丸茂邦則〕及人事部員ヲ集メテ一人一艦主義ノ切要ヲ述ヘ、極力之カ実施ヲ命ス。此時述シ要旨次ノ如シ。
英米ハ艦船ノ大部ヲ在役トシ、我ハ艦船ノ半数未満ヲ在役トシ有事ニ臨ミ急速補充ス、在役艦ニ於ル乗員ノ交代モ我ハ頻繁ナリ、精神力ハ彼ニモ長所アリ、現在ノ我海軍ハ艦隊或ハ在役艦カ年度ヲ通シテ早朝ヨリ夜暗ニ至ル熱烈ナル猛訓練ニヨリ練成スル戦闘術力ハ補充交代時乗員ノ大交迭ニヨリテ急激ニ低下ス、此点人事当事者ノ責務ヤ実ニ至大ナリ。
昭和四年度比叡〔戦艦〕ノ優秀抜群ナリシ射撃成績ハ艦隊連続七年間ノ成果ニシテ、当時一等兵以上ニテ比叡以外ニ乗リタルコトナキモノ百十名程度、愛艦心自カラ盛ニシテ労

セスシテ躾教育モ行ハレ、乗員ハ退艦ヲ最大ノ苦痛トシタリ。
一人一艦主義ハ左ノ範囲トス。
　特修兵及之ニ準スル重要配置ノモノ
　下士官
止ムヲ得サレハ一人一艦種主義トス。
極力一人一艦主義ノ実行ニ務メヨ、差当リ各艦ニテ重要配置ノ員数ヲ調査セヨ。

第一三六号艦〔軽巡洋艦大淀〕

排水量　（公試）9980t　（満載）10990t
速力　35k　軸馬力　110、000HP
航続距離　8700浬（18kニテ）
兵装
　15・5糎　三連装砲塔　2基（前部）
　10糎連装高角砲（九八式）　4基（中部）
　25粍二連装機銃（九六式）　6基
八米二重測距儀（砲塔用）　1
六米　〃　（前檣トップ用）　1
飛行機　高速水偵　6機
射出機　1
起工　十五年四月下旬
進水　十六年十月上旬
竣工　十七年十一月三十日

大海令第二〇六号　昭和十五年一月二十四日
奉勅　軍令部総長　博恭王
長谷川〔清〕横鎮長官ニ命令
山本GF　〃
一、帝国ハ第三国艦船ノ我近海ニ於ル帝国船舶ニ対スル適法ナラサル行為ヲ阻止スル為、兵力ヲ以テ所要ノ帝国船舶ヲ護衛スルニ決ス
二、横須賀鎮守府司令長官及連合艦隊司令長官ハ前号護衛ニ任スヘシ
三、細項ニ関シテハ軍令部総長ヲシテ指示セシム　（終）

大海令第二〇七号　十五年一月二十四日
軍令部総長　博恭王
長谷川　…　ニ指示

山本　　…　〃

一、ＧＦ長官ハ第四戦隊ヲ基幹トスル部隊ヲ以テ現ニ北米ヨリ横浜ニ向ケ航行中ノ楽洋丸（日本郵船）及らぷらた丸（大阪商船）ヲ護衛スヘシ、護衛ノ為行動ヲ開始スヘキ時機ハ別ニ指示ス

㈠楽洋丸及らぷらた丸ノ行動ニ関シテハ別ニ指示スル外、要スレハ護衛部隊臨機之ヲ指定スヘシ

㈡護衛中英国艦船ト出会セル場合執ルヘキ処置ニ関シ準拠スヘキ事項ハ大海幕機密第三三八号ノ通リ

㈢護衛ノ細目ニ関シテハ所要ニ応シ直接護衛部隊指揮官ニ指示ス

二、横鎮長官ハ一月二十四日以後機宜房総半島東方及南方海面ヲ捜索シ、英国艦艇ノ所在ヲ確認シテＧＦノ前号任務ニ協力スヘシ

（終）

（昭和十五年二月十一日付紀元二千六百年記念の詔書を貼付）

大海機密第二三一号　一月二十五日二〇〇〇

軍令部次長（近藤信竹）

呉鎮長官、佐鎮長官（平田昇）

呉鎮及佐鎮ハ二十六日以後無線諜報其ノ他ニ依リ英艦ノ概位ヲ推定シ得タル場合ハ飛行捜索等ニヨリ其ノ所在ヲ確認サレ度

（終）

昭和十五年度　燃料廠製油計画

缶用重油	約３１０、０００tons
一号　〃	３５００
二号　〃	４００００
航空二号揮発油	１００竏
〃　一号　〃	１５００
航空九二揮発油 〃　原料　〃	４７０００
航空八七揮発油 〃　八七原料揮発油 〃　八五揮発油	１８０００
一号普通揮発油 二号　〃	２３０００

一号
二号 ｝石油　14000
三号

呉鎮ノ飛行捜索

一月二十五日
呉空水偵3、紀伊水道ノ沖合洋上方面。
佐伯空艦爆8、飛行艇2、土佐沖洋上方面。英艦ヲ発見セズ。
一月二十六日
呉空水偵5、10h-30mA発進、爾後ハ小松島ヲ基地トシテ行動スル如ク、二十五日曳船ニテ燃料等ヲ運搬シ二十六日午後基地着、指揮官タル副長以下ノ基地員モ二十六日着。
1-5P、水偵1、国籍不明ノ仮装巡洋艦（五、六千噸、砲7門ヲ有ス）ヲ発見、潮岬ノ140°115°、50浬、針路60°、8k、針路40°、10k。
一月二十七日
呉空水偵、9-40A、潮岬ヨリノ方位115°、距離80浬ニ仮装巡洋艦見ユ、針路240°、速力10節。

支那事変処理ニ関スル意見

大本営海軍参謀部（十五年二月十九日）

第一、一般情勢
第二、作戦指導
一、武力戦
近キ将来実行性アル作戦
(1)陸上進攻作戦ハ是以上進ルコトナク、沿岸封鎖ヲ続行シ占領地域ノ保安ヲ確保シツヽ、専ラ航空機ヲ以テスル敵航空兵力ノ攻撃、敵輸送路ノ攻撃遮断、奥地ノ要地攻撃等ヲ実施ス。
(2)第一案ノ作戦ト併行シテ陸上作戦ヲ積極的ニ推進セントスルモノニシテ、計画シ得ル進攻作戦ハ宜昌作戦、寧波作戦、福建作戦、西安作戦、百色（南寧の北西約二百五十km）作戦、及粤漢線作戦等ナルモ、右ノ内最効果アリ且実行性アルハ宜昌、寧波、福建作戦ニシテ、此三作戦ヲ同時ニ実施スルコトハ特ニ情勢ノ変化ナキ限リ至難ナルヲ以テ差当リ最有効ト認ル宜昌作戦ヲ行ヒ、宜昌占領ト同時ニ航空作戦ヲ愈積極化シ且敵ニ精神的打撃ヲ与ル為、南寧、広東、岳州、南昌方面ニ於テモ一斉ニ進撃ノ気勢ヲ示ス、但シ陸軍兵力ニ余祐（裕）アラハ寧波作戦ヲモ実施ス。

(3)第一案又ハ第二案ニ加ルニ宣戦ヲ布告スルカ又ハ戦争状態ヲ布告シ、戦時封鎖ヲ実施シテ蔣政権ニ対スル軍需品ノ流入ヲ徹底的ニ阻止スルト共ニ我国民ノ人心ヲ一新シ改テ戦時体制ヲ強化ス。

以上三案ヲ比較考量スルニ…

故ニ差当リ第一案ヲ最効果的ニ続行シツ、情況許ス限リ好機ニ投シ第二案ノ一部又ハ全部ヲ実行ニ移スヲ可ト認ム。

而シテ米国カ対日禁輸ノ措置ヲ執リ同国ヨリノ輸入不可能トナラバ、重大ナル決心ノ下ニ第三案ヲ実行ニ移スヲ可トスルコトアルヘシ。

二、謀略

最効果アリ且実行性ニ富ム謀略ハ既定方針通汪〔兆銘〕政府ノ樹立育成並ニ同政府ノ行フ対重慶工作ナリ。

其ノ成否ハ左記諸項ニ依リ左右セラル。

(イ)今後ニ於ル汪政権発育ノ状況
(ロ)我占領地域内治安確保及作戦進捗ノ状況
(ハ)第三国トノ外交ノ成否(汪政権ノ行フ外交ヲ含ム)
(ニ)長期持久ニ対スル我国力
(ホ)第三国ヲ中〔仲〕介スル対重慶工作ノ成否

第三、外交対策

第四、国内対策

第五、結論

事変ヲ速ニ解決シ国運発展ノ基礎ヲ確立センカ為緊急ヲ要スル諸方策左ノ如シ。

一、速ニ占領地域ノ治安ヲ確保スルト共ニ封鎖戦、航空戦等ノ各作戦ヲ続行シ、不断ノ迫力ヲ加ヘツ、情況許ス限リ適時積極作戦ヲ実施シ、以テ敵ノ戦力ヲ破摧スルノミナラス帝国ノ戦力ハ一層強大ナルコトヲ如実ニ顕示ス。

二、本事変ハ将来尚持久性アルニ鑑ミ速ニ国民精神ノ作興、経済力ノ充実、生産力ノ拡充等ヲ具現シ、物心両面ニ亘リ国内体制ヲ強化スルト共ニ、東亜ヲ基底トスル物資自給態勢ヲ確立シ以テ諸般ノ長期持久態勢ヲ整頓ス。

三、我国力進展ノ方向ト国際情勢トヲ基礎トスル適正ナル軍備ヲ充実シ、国際情勢ノ発展ニ備ヘ以テ事変目的ノ貫徹ヲ期ス、特ニ米国ノ対日態度ニ鑑ミ海軍戦備ノ充実ニ重点ヲ置ク。

四、事変処理ヲ核心トシ欧州情勢ヲ外廓トスル自主的外交ヲ展開シ、特ニ蘇及英、仏トノ国交調整ヲ期ス。
米国トノ国交調整ニ努力スヘキハ勿論ナルモ之カ成功ノ算大ナラサルニ鑑ミ、先ツ対米戦備ノ強化整頓及対米依存経済体制ノ改変ヲ緊要トス。
五、新中央政権ノ健全ナル発達ヲ促進スルト共ニ、統一アル施策ヲ以テスル対重慶謀略ヲ活発ナラシメ且有効適切ニシテ統制アル宣伝ヲ強化ス。
六、欧州戦争ニ対シテハ差当リ不介入方針ヲ持続スルモ、為シ得ル限リ之ヲ伸延拡大シ且戦局ヲシテ独逸側ニ有利ナラシムル如ク誘導ス、但シ不測ノ情勢ニ即応スルノ覚悟ヲ怠ラサルヲ要ス。
以上ノ諸方策ハ之ヲ綜合統一シ、同一時機ニ各其ノ全効果ヲ発揮スル如ク施策シ、以テ軍民一体其ノ総力ヲ挙ケテ聖戦目的ノ達成ニ邁進スルヲ要ス。

（終）

昭和十五年五月一日

補　支那方面艦隊司令長官

海軍中将　嶋田繁太郎

午後二時宮中ニ於テ親補式ヲ行ハセラル。

五月三日午前十時拝謁、勅語ヲ賜フ。

大海令第二一八号　昭和十五年五月一日

奉勅　軍令部総長　博恭王

及川ＣＳＦ司令長官ニ命令

山本ＧＦ司令長官ニ命令

第一連合航空隊ヲ作戦ニ関シ支那方面艦隊司令長官ノ指揮下ニ入ル

（終）

十五年五月

Ｈ作戦〔贛江水道機雷掃掃作戦〕ノ戦果

我兵力　海軍　一遣支長官〔第一遣支艦隊司令長官・谷本馬太郎〕以下艦艇及水上機隊

陸軍　第百十六師団ノ主力

交戦セシ敵　一四八師ノ約三千名

五月二十日作戦行動開始、二十三日撃破、二十四日我陣地ヲ前進シ構築シ、揚子江本流ヲ安全ニス。

敵ノ遺棄屍255（内連長1）、捕虜55（内将校1）、機雷55、軽迫撃砲1、チエッコ機銃4、小銃82、其ノ他。

我陸（戦死11、傷15）、海軍水上機一自爆（22日）戦死1、傷2。二十五日第百十六師団長（篠原誠一郎中将）湖口ヲ発シ安慶ニ帰還。

百一号作戦〔重慶政権屈服のための大航空作戦〕

支那方面艦隊電令作第六二号（昭和十五年五月十日）

一、連合空襲部隊ハ五月中旬以降陸軍航空部隊ト協力シ四川省方面ノ敵空軍ヲ撃滅シ、同方面ニ於ル敵ノ主要軍事施設政治機関ヲ撃破スヘシ

二、海陸軍航空部隊ハ協同要領ニ関シテハ連合空襲部隊指揮官〔山口多聞・第一連合航空隊司令官〕ト第三飛行集団司令官〔木下敏〕間ノ協定ニ依ル

三、本作戦ヲ百一号作戦ト呼称ス

（終）

十五年五月

航空戦ノ海陸軍協定

北支

海軍　青島部隊（艦攻6、水偵2）

陸軍　第一飛行団（偵18、戦12、軽爆18）

飛行第六十戦隊（重爆36）

飛行第十五戦隊第三中隊（偵9）

中支

海軍　第二連合航空隊

第十二航空隊（戦27、艦攻9、艦爆9）

第十三　〃　（中攻27、陸偵6）

江上飛行機隊（水偵6）

陸軍　第三飛行集団司令部

第三飛行団（偵27、戦24、軽爆18）

飛行第十一戦隊（戦27）

南支

海軍　第三連合航空隊

第十四航空隊（戦27、艦爆9）

第十五　〃　（中攻27、陸偵6）

神川丸（水偵9）、鳥海（水偵4）

海南島根拠地隊（水偵3）

陸軍　第二十一独立飛行隊（偵9、戦12）

第六十四戦隊ノ一中隊（戦12）

第三十一戦隊ノ一中隊（軽爆9）

十五年五月
　百一号作戦　五月中旬ヨリ約三ケ月
陸軍
　第三飛行集団司令部
　飛行第六十戦隊（重爆常36）　本格的参加ハ六月五日ヨリ
　独立飛行第十六中隊（司偵常6）
　飛行第四十四戦隊第一中隊（司偵常5）
　独立飛行第十中隊（戦常9）
海軍
　第一連合航空隊
　　鹿屋航空隊（中攻常18）｝六月下旬以後ハ除カル、予定（九月五日ニ延期）
　　高雄　〃　（中攻常18）｝
　第二連合航空隊
　　第十三航空隊（中攻常27、陸偵4）
　　第十五　〃　（中攻常27、陸偵2）
　　第十二　〃　（戦常27、艦攻、艦爆ノ一部又ハ全部）
　　第十四　〃　（戦常9）

十五年六月一日
　百一号作戦
　五月十八日ヨリ三十日ノ間、攻撃日数十日ニシテ既ニ昨十四年ノ約四ケ月間ノ攻撃ニ劣ラサル効果ヲ挙グ。之ヲ比較スルニ

	百一号作戦（第一期）	十四年度　四川方面作戦
攻撃期間	自五月十八日　至五月三十日　13日間	自五月三日　至八月三十日　約四ケ月間
攻撃実施日数	10日	19日
攻撃延機数	594	545
機材	大部ハ高々度飛行（6500 7000米）可能	最高飛行高度5000米
戦法	（一）敵機地上捕捉法（機動戦） （二）夜間照明法　（三）高々度飛行	特ニナシ
作戦方針	先ツ敵戦闘機ヲ撃滅シ爾後軍事施設ヲ攻撃ス	最初ヨリ軍事施設ヲ攻撃シ途中敵飛行場ヲ攻撃ス
作戦経過	作戦頭初数日間ニ敵ノ精鋭戦闘機ノ大部ヲ撃破シ爾後敵地上ヲ悠々制圧シツ、攻撃ヲ反覆ス	敵戦闘機ノ挑戦、地上砲火ヨリノ被害等ニヨリ概ネ終始難戦ヲ反覆ス
戦果	確実甚大 時間効果特ニ大	誤爆ヲ屢々生起ス 時間効果小
備考	中攻ハ毎回0.6～0.8噸ノ爆弾ヲ搭載ス	

基地｛一連空、二連空ハ漢口飛行場
　　｛三連空ハ孝感飛行場

〔紙名不明の昭和十五年六月一日付新聞記事「海鷲の奥地爆撃偉功に伏見総長宮から御祝電」貼付〕

五月三十一日天候不良トナリ攻撃不能、飛行機ノ手入必要ノ時機トナリ且休養ヲ兼ネ上海、南京ニ後退シ整備休養ス。

六月四日上海、南京ヨリ漢口、孝感ニ前進ス。

天候不良続キ、六月六日海軍中攻ハ梁山及ヒ遂寧ヲ攻撃シ、陸軍爆撃機ハ重慶白市駅ヲ攻撃ス〔陸軍ハ最初□□、基地運城〕。

爾後悪天候連続シ攻撃ヲ行ヒ得サルコト三日ニ及ブ。

大海令第二二〇号　昭和十五年六月二十四日

奉勅　軍令部総長　博恭王

嶋田ＣＳＦ司令長官ニ命令

一、仏国政府ハ帝国ノ要求ニ応シ仏領印度支那ヨリ支那ヘノ陸上運輸ヲ差当リ禁止シ、爾後特定物資ノ輸送ヲ停止スルコト、ナレリ
二、帝国ハ所要ノ人員ヲ仏領印度支那ニ派遣シ、右ノ実行ヲ監視セントス
三、ＣＳＦ司令長官ハ２ＣＦ司令長官〔高須四郎〕ヲシテ艦艇ヲ海防〔ハイフォン〕ニ派遣シ、我監視員作業開始迄監視ニ任セシムヘシ
四、細項ニ関シテハ軍令部総長ヲシテ指示セシム

（終）

大海令第二二一号　昭和十五年六月二十四日

軍令部総長　博恭王

嶋田ＣＳＦ司令長官ニ指示

大海令第二二〇号ニ依ル任務遂行ニ当リテハ在河内〔ハノイ〕帝国総領事〔鈴木六郎〕及帝国陸軍派遣将校ト緊密ニ連絡シツツ、左記ニ依リ監視ニ従事スヘシ
㈠支那向兵器、軍需品（ガソリン、自動車、通信器材ヲ含ム）ノ積卸シ、輸送並ニ滞貨ノ移動逸散ヲ調査監視ス
㈡監視並ニ帝国所在官憲トノ連絡ノ為所要ノ人員ヲ上陸セシム
㈢差当リ監視区域ヲ概ネ海防及同付近トス
㈣援蔣物資ノ停止ニ関スル犯行ヲ発見セハ之ヲ報告スルト共ニ仏印当局ニ抗議ス、武力行使ハ自衛上必要ナル場合ニ限ル

（終）

CSF電令作第六三三号

2CF司令長官へ

CSF司令長官

2CF司令長官ハ大海令第二二〇号、第二二一号、及ヒ大海機密四七七番電ニ基キ部下艦艇ヲ海防ニ派遣シ、我カ監視員作業ニ任セシムヘシ

（終）

十八号掃海艇、25日11hA海防港着。

子ノ日（駆逐艦）、欽州湾ニ進出（25日10hA発令）。

鳥海、26日バイアス湾発、欽州湾ニ行動。

中支戎克（ジャンク）協会　十五年六月三十日現在

現総隻数	噸数	一隻平均屯数
9072隻	136、278屯	15屯

本部（呉淞支部、漁市場租界出張所）、滸浦出張所、江北支部、岱山出張所

百一号作戦（五月中）経過概要　其ノ一

回次	実施期日	目標	兵力	戦果 撃墜	戦果 炎上	戦果 爆破	戦果 其ノ他	被害
一	五月十八日（夜）	成都（温江大平寺双流[Y]）	$\frac{27}{13fg}$		四		一ケ所炎上	
二	五月十九日（夜）	成都（鳳凰山大平寺温江[Y]）	$\frac{18}{1Cfg}$（高）		一			43
〃	〃	宜賓[Y]	$\frac{18}{1Cfg}$（鹿）		二			
〃	〃	梁山[Y]	$\frac{18}{13fg}$			五		
三	五月二十日（昼）	梁山[Y]	$\frac{24}{13fg}$ $f^{Y}\times 3$	一			施設大破	自爆一 大破一
〃	〃（夜）	重慶（広陽壩[Y]）	$\frac{9}{鹿}$					
四	五月二十一日（昼）	梁山[Y]	$\frac{27}{15fg}$ $f^{Y}\times 1$					

〃	〃（夜）	重慶（白市駅、広陽壩[Y]）	18/高 9/鹿	一			
五	五月二十二日（昼）	重慶（白市駅）	28/13fg 26/15fg f^{Y}×3	三	七	五	
六	五月二十六日（昼）	重慶（白市駅）	27/15fg 32/13fg f^{Y}×4			六？	三ケ所炎上
〃	〃	〃（小龍坎軍事施設）	36/1Cfg				中央電話局、中該放送局、鉄工場、弾薬庫、被服庫等大破
七	五月二十七日（昼）	重慶（北碚新村）	31/13fg f^{Y}×3				軍事施設大破（二ケ所火災）
	〃	〃（磁器口）	26/15fg				同右（一ケ所火災）
	〃	〃（浮図関）	36/1Cfg				同右
八	五月二十八日（昼）	重慶（川東師範地区）	32/13fg f^{Y}×5	一？			同右（四ケ所炎上）
	〃	〃（江北金陵兵工廠）	26/15fg				同右（一ケ所炎上）
	〃	重慶（広陽壩[Y]）	36/1Cfg	一			施設破壊
九	五月二十九日（昼）	重慶（磁器口）	27/13fg f^{Y}×2				同右
	〃	〃（浮図関）	36/1Cfg	一			前回ト併セ浮図関潰滅
一〇	五月三十日（昼）	重慶（広陽壩）	27/15fg f^{Y}×3		一	二	
小計			(545)　594	41（？7）：8（内？1）	15	18（内？6）	

（　）内ハ昨年度五月―八月四川省ノ攻撃延数〔f^{Y}：偵察機、[Y]：飛行場〕

百一号作戦(六月中)経過概要　其ノ二

回次	実施期日	目標	兵力	戦果 撃墜	戦果 炎上	戦果 爆破	戦果 其ノ他	被害
一一	六月六日昼	梁山Ⓨ	33/1Cfg					
〃	〃	遂寧Ⓨ	26/13fg		四	一		
〃	〃	〃	27/13fg	三				自爆一
一二	六月十日昼	重慶(浮図関地区)	26/15fg	一〇			敵機ト交戦 効果甚大	自爆一
〃		〃(川東師範)	27/13fg	六			敵f^c×12ト交戦	自爆一
一三	六月十一日昼	〃(浮図関)	27/13fg	三			効果甚大	
〃	〃	〃(化竜橋)	25/15fg				効果甚大	
〃	〃	〃(川東師範)	27/1Cfg	四			〃	自爆一
一四	六月十二日昼	〃(城内)	27/13fg					
〃	〃	〃(川東師範)	23/15fg	三				
〃	〃	〃(城内東部)	25/1Cfg					
計				29	4	1		
一五	六月十六日昼	重慶(川東師範)	27/13fg				電力廠 自来小廠	
	〃	〃(城内)	24/15fg				市政府	自爆一
	〃	〃(川東師範)	27/1Cfg				国民政府 行政院	

一六	六月十七日薄暮	白市駅	22/15fg	一			炎上二	
	〃	広陽壩	26/13fg				〃一	
	〃	〃	25/1Cfg				〃四	
一七	六月二十四日(昼)	重慶(城内)	36/1Cfg				委員長	
	〃	〃	27/13fg	一			電気廠	
	〃	石馬洲〔河〕丫場	26/15fg			二	炎上四	
一八	六月二十五日(昼)	重慶(化竜橋)	36/1Cfg				炎上四	
	〃	〃(銅元局付近)	27/13fg	一、二?			炎上六ケ所	
	〃	〃石馬洲〔河〕丫場	26/15fg		二	六	炎上三ケ所	
				5	2	8		
累計				42	21	26		
一九	六月二十六日(昼)	重慶(銅元局兵工廠)	27/13fg			二	炎上五 格納庫二爆破	
	〃	〃(国民党機関)	25/15fg				炎上四	
	〃	〃(城内中央)	36/1Cfg				炎上一	
二〇	六月二十七日(昼)	〃(小竜坎)	27/15fg				炎上二	
	〃	〃(〃)	27/13fg					
	〃	〃(浮図関)	36/1Cfg				炎上二	

二一	六月二十八日（昼）	〃（城内南西側）	36/1Cfg	二			炎上一	
	〃	〃（珊瑚壩Y、同兵工廠）	25/15fg				炎上二	
	〃	〃（川東師範地区、監寧院）	26/13fg				炎上二	
二二	六月二十九日（昼）	〃（白市駅Y）	26/15fg			五		
	〃	〃（城内西部）	27/13fg				炎上五	
	〃	〃（江北工場地帯）	35/1Cfg	二			炎上三	
計			九七四	四六	二一	三三		

100（四六・二一・三三）

大海令第二二二号　昭和十五年七月八日

奉勅　軍令部総長　博恭王

山本GF司令長官ニ命令

嶋田CSF司令長官ニ命令

第三水雷戦隊ヲ作戦ニ関シ支那方面艦隊司令長官ノ指揮下ニ入ル

（終）

大海令第二二三号　昭和十五年七月八日

奉勅　軍令部総長　博恭王

嶋田CSF司令長官ニ命令

一、CSF長官ハ2CF長官ヲシテ駆逐艦又ハ掃海艇一隻ヲ海防ニ派遣シ、監視員ノ通信連絡ニ任セシムヘシ

二、細項ニ関シテハ軍令部総長ヲシテ指示セシム

（終）

大海令第二二四号　十五年七月八日

奉勅　軍令部総長　博恭王

嶋田CSF司令長官ニ命令

一、仏国ハ帝国ノ要求ニ応シ広州湾ヨリ支那ヘノ武器軍需品其ノ他戦争資材ノ輸送ヲ禁絶スルコトトセリ

二、帝国ハ所要ノ人員ヲ広州湾ニ派遣シ前号ノ実行ヲ監視セントス

三、CSF司令長官ハ2CF司令長官ヲシテ艦艇ヲ広州湾ニ派遣シ我監視員作業開始迄監視ニ任セシメ、又所要ニ応シ駆逐艦又ハ掃海艇一隻ヲ同湾ニ派遣シ監視員トノ連絡ニ任セシムヘシ

四、細項ニ関シテハ軍令部総長ヲシテ指示セシム

（終）

大海令第二二五号　十五年七月八日

軍令部総長　博恭王

嶋田CSF長官ニ指示

一、大海令第二二四号ニ依ル広州湾派遣艦ノ監視任務ノ要領ハ大海令第二二一号ニ準拠スヘシ

二、大海令第二二三号及第二二四号ニ依リ所要ニ応シ海防又ハ広州湾ニ派遣シ連絡任務ニ任スヘキ艦艇ハ、其ノ出入港又ハ交代等ニ関シ所在帝国官憲ヲ通シ予シメ仏国側当局ノ了解ヲ得ルモノトス

（終）

軍務機密第851番電　七月九日1320

軍務局長〔阿部勝雄〕、〔軍令部〕一部長〔宇垣纏〕

仏印総督〔Georges A. J. Gatroux〕ヨリ我監視員長〔西原一策〕ニ対シ、対支防守同盟ノ提議アリ、右ハ当方トシテモ異存ナキ所ナルモ仏印側ノ希望スル内容手続問題等ニ関シ不詳ノ点多キヲ以テ外務官憲ト特ニ連絡スルコトトナシ、取敢ヘズ監視員長ニ対シ更ニ非公式ニ交渉ヲ続行スヘキ旨内訓セラレタリ、本件将来ノ発展性ニ関シテハ未タ予断シ難キモ、最近急激ニ対仏印関係好転ノ気運動キツ、アルハ事実ナルヲ以テ含ミ置カレ度

（終）

大海機密第506番電　十五年七月九日1430

大〔本営〕海〔軍部〕一部長

一連空ノ連合艦隊復帰ハ八月下旬ト予定セラル

（終）

連空襲指揮官ノ電　十五年七月十日

情況判断（七月十日）

一、重慶市街爆撃ノ効果ニ関シ写真偵察ニ依リ判断スルニB区四分ノ一、D区大半潰滅、之ニ要シタル延機数565、爆弾噸数430

二、重慶及同周辺諸施設ヲ潰滅スル為今後更ニ必要トスル延機数爆弾噸数ヲ右ニ依リ類推スルニ約1500機、1200噸ニシテ、天候之ヲ許セハ概ネ八月下旬頃所期ノ目的ヲ達シ得ルモノト認ム

三、作戦ノ進捗ニ伴ヒ益々戦果ヲ拡大シ敵ヲシテ応接ニ遑ナカラシムル為目下新タニ企図シアル方策次ノ如シ

㈠七月中旬昼夜ニ亘リ連続攻撃

㈡宜昌基地ヲ利用スル戦、爆、攻各種機ニ依ル集中攻撃

（以下略）

〔日付、紙名不明新聞記事「海軍・作戦を開始す」貼付〕

C作戦〔浙江省沿岸封鎖作戦〕

昭和十五年七月十六日開始

封鎖強化ノ宣言。

七月十五日在来ノ支那船舶ニ対スル航行禁止ノ外ニ、第三国船舶ニ対シテモ、

杭州湾、象山浦海面（主トシテ寧波）
温州港付近
三都澳付近
福州港付近
ニ出入スルヲ禁止スルコトヲ宣言ス。

同時ニ上海海関ニ対シテ、軍事行動ヲ行フコトアルヘキニヨリ同日以後寧波（鎮海）、温州、福州、三都澳、涵江ニ対シ出港証明書ヲ発行セサルコトニ申込ム。

七月十六日早暁C作戦開始。

0000　作戦行動開始

0420　七里礁及ヒ黄蟒山ニ上陸完了、5hA全島ノ掃蕩ヲ終ル、抵抗ナシ

0535　砲台ニ対シ砲撃開始（射距離6000）応射ナシ

11hA頃ニ至リ敵宏遠、長跳嘴、白鶏山砲台ヨリ反撃アリ、5hP頃迄ニ計約20発ナリシモ弾着不良

十七日天明第二段作戦ニ移ル。4hAヨリ6h-20mA陸戦隊算山頭海岸ニ上陸。

十七日　10hA　白鶏山砲台ヲ占領
　10h-50A 長跳嘴砲台ヲ占領
　5hP　宏遠砲台ヲ占領
　5h-30P 金鶏山砲台ヲ占領
十七日中ニ爆破完了。

戦死下士官兵四名、戦傷下士官兵十名。

十八日11h-15A威遠砲台ヲ占領、12hA全砲台ヲ占領破壊、鎮海市街ノ掃蕩ハ11h-50A開始、3hP第一回掃蕩終了。

十九日威遠砲台群ヲ完全ニ爆破ス、之ニテ爆破全部完了ス。

二十日鎮海ノ上流約2000米ニ敵汽船ヲ沈没閉塞。

二十一日鎮海対岸ノ高地ニ拠ル敵ヲ攻撃々攘ス。戦死14、戦傷40、行衞（方）不明5。陸戦隊ヲ撤収。

二十二日0133陸戦隊ヲ収容了ル。

鎮海市ヲ占領シタル十八日、陸軍ニテ之ヲ保持スルノ意ナキヤヲ交渉セシメシガ、第十三軍ハ目下尚宜昌作戦ニ増援シタル兵力帰還セズシテ余力ナク陸兵ヲ出シ得ズトノコトニ依リ、鎮海ハ予定ノ通撤去ス。

南支部隊ノ沿岸奇襲作戦（K作戦）

七月十六日開始

七月十六日泉州方面。

深滬　尸鳥海、20dg、旗風（駆逐艦）、警備船2、大発1。早朝爆撃、砲撃下ニ陸戦隊400名上陸、永寧南方海岸ヨリ沙堤、山尾頭、岑兜ヲ掃蕩シ載貨用戎克（ジャンク）約100隻、兵舎及永寧市政府、倉庫等ヲ焼却、トーチカ数箇破壊シ、夕刻陸戦隊ヲ収容ス。

崇武　三水戦（20dg欠）、五駆（旗風欠）、警備船2、大発2。神川丸ノ協力下ニ陸戦隊約350名上陸、港墘、大岞、崇武、獺窟島ヲ制圧、載荷用戎克約250、司令部、兵舎ヲ焼却処分ス。

七月十七日、十八日興化湾　石積戎克二隻ヲ沈置（尚ホ商船通航可能）。

七月二十一日三都澳奇襲。

3Sd（20dg欠）、第七掃、神川丸、陸戦隊（3Sd）ヲ以テ三都澳急襲、白馬港ヨリ三都（澳）ニ上陸シ敵ヲ掃蕩、兵舎密輸機関本部ヲ焼却、戎克約60隻ヲ焼却。

七月二十七日汕尾作戦。3Sd司令官（藤田類太郎）指揮

汕尾　政府諸機関及戎克70焼却、敵約100
媽宮　保安隊宿舎、戎克25焼却、敵約15

七月二十日次長、次官ヨリ電、ＣＳＦ長官、２ＣＦ長官へ

浙贛輸送路ノ関門タル鎮海要塞ヲ強襲シ神速ニ之ヲ攻略スルト共ニ、福建沿岸ノ諸要地ヲ急襲シ封鎖作戦上多大ノ戦果ヲ挙ケラレタルヲ慶祝セラル

七月二十四日陸軍ノ編制換

南支派遣軍ハ支那派遣軍ノ戦闘序列ヨリ除カレ大本営直属トナル、七月二十五日午前0時実施。

仏印へ要求〔昭和十五年八月一日〕

八月一日外相〔松岡洋右〕ハ在京仏大使〔Charles A. Henry〕ヲ招致シ別記ノ帝国政府要望受諾方交渉セル所、仏大使ハ種々反駁セルモ結局本国政府ニ請訓スルコト、ナレリ。

別記

大臣ヨリ在京仏大使へ手交シタル覚書

一、帝国政府ハ仏印カ東亜新秩序建設並ニ支那事変処理ニ就キ帝国ト協力、特ニ差当リ対支作戦ノ為派遣セラルヘキ日本軍隊ノ仏印通過及仏印内飛行場ノ使用（之ニ伴フ警備兵力ノ駐屯ヲ含ム）ヲ認メ、且右日本軍隊用武器弾薬其ノ他物資輸送ニ必要ナル各種便宜ヲ供与セラレンコトヲ要望ス。

尚本件ハ重要政治問題ナルニ依リ主トシテ当地ニ於テ貴大使トノ間ニ之カ交渉ヲ進メタキ所、事ノ緊急性ニ鑑ミ我方申入レノ次第ヲ至急貴国政府へ御伝達ノ上了解回答ヲ得ラル、様御取計アリ度。

二、日本ト仏印トノ経済的協力ノ内容トシテ我方ヨリ要望スル所ハ、要スルニ仏印政府ガ通商並ニ邦人ノ入国及企業等ニ関スル事項ニ付仏国、仏国人又ハ仏国物資ニ対スル待遇ト同一ノ待遇ヲ我方ニ許与セラレンコトニアル所、経済交渉ハ仏印現地ニ於テ在河内〔ハノイ〕帝国総領事ヲシテ仏印当局トノ間ニ之ヲ行ハシメタキ所存ナリ。

（終）

百一号作戦（七月中）経過概要　其ノ三

回次	実施期日	目標	兵力	戦果 撃墜	炎上	爆破	其ノ他
二三	七月四日（昼）	重慶（大学付近）	26/15fg				五個所炎上
		〃（同）	26/13fg				五個所炎上
		遂寧🅈	35/1Cfg				一個所炎上
二四	七月五日（昼）	自流井	26/13fg				三個所炎上
		綦江	23/15fg				四個所炎上
		同	36/1Cfg				
二五	七月八日（昼）	重慶（放送局、川東師範）	36/1Cfg				一個所炎上
		〃（行政院、電力廠国民政府）	27/13fg				六個所炎上
		〃（李家花園）	25/15fg				三個所炎上
二六	七月九日（昼）	〃（江北民生公廠〔司〕）	35/1Cfg	1			
		〃（城内）	27/15fg				
二六	七月九日（昼）	重慶（江南工場地帯）	27/13fg	1			
二七	七月十六日（昼）	〃（大渓溝）	27/13fg	1			
		〃（城内南西部）	26/15fg	5			
二八	七月二十二日（昼）	合川	24/15fg				数個所炎上
		〃	27/13fg				
		綦江	27/1Cfg				

二九	七月二十八日(昼)	万県	36/1Cfg				数個所炎上
		南川	25/13fg				
		万県	27/15fg				一個所大火災
三〇	七月三十一日(昼)	重慶(官山坡工場)	27/13fg	2			
		〃(大渓溝)	27/15fg	4			
		〃(考試院)	18/1Cfg	1			
		培川	18/1Cfg				
	月計		六五八	一五	○	○	
	累計		二、二二六	六一	二一	三三	

〔日付、紙名不明新聞記事「浙贛輸血路へ鉄槌」貼付〕

宜昌作戦ニ対スル第十二航空隊ノ協力

一、参加兵力

艦爆9機、艦攻9機

期間

四月十二日ヨリ七月十日ニ至ル

総攻撃兵力

使用延機数　735機

〃延時間　1805時〔間〕25分

攻撃回数　193回

一、本作戦ハ酷熱ノ候約三ケ月第十一軍ハ敵第五戦区及陳誠〔第六戦区司令長官〕直率ノ精鋭合計六十余万ノ大軍ヲ襄東、次テ襄西ノ野ニ強行軍ヲ以テ駆逐シ其ノ大半ニ致命的大損害ヲ与ヘ、且宜昌、当陽ニ亘ル一帯ヲ確保シ赫々タル戦果ヲ収メタリ。

第十二航空隊ハ漢口又ハ安陸ヲ基地トシ全機ヲ挙ケテ本作戦ニ協力シ、爆撃、銃撃ニヨリ敵ニ多大ノ損害ヲ与ヘテ友軍ノ推進掩護ニ任シ、或ハ敵ノ動静ヲ偵知シ、或ハ味方ノ側背ニ近接スル敵ヲ発見シテ之ニ殲滅的打撃ヲ与ル等多大ノ戦果ヲ収メタリ。

航空戦ノ教訓

独国空軍武官グローナウ〔Wolfgang von Gronau〕大佐談

（十五年七月二十三日、東京水交社ニ於テ）

一、艦船爆撃ノ効果（250瓩、500瓩）

(1)戦艦及巡戦ニ対シ、大型爆弾ヲ用ルモ之ヲ撃沈シ得ルハ偶然ナリ、即チ煙突、火薬庫等ニ命中スルニアラサレハ沈没スルコトナシ。

(2)重巡ニ対シ、命中個所ニヨリ500瓩大型爆弾1～3弾ニテ沈没ス。

(3)軽巡及駆逐艦ニ対シ、250瓩一弾ニテ沈没ス。

(4)輸送船ニ対シ、積荷ニヨリ異ルモ概ネ50瓩二弾ニテ沈没ス、引火スルコト多シ。

二、爆撃法

(1)水平爆撃

高度、５０００米（４０００米以下ニテハ敵高角砲火ニ危険）。

精度、敵艦カ碇泊中ナルカ又ハ多数Yヲ使用スルニアラサレハ命中ハ困難ナリ。

普通25機ノ編隊爆撃ヲ行フモ命中弾ハ稀ナリ、一目標ニ25機ノ三隊ヲ用ヒシコトアリ。

(2)急降下爆撃

小目標、特ニ艦船ニハ急降下爆撃カ有効ナリ。

本爆撃ニ対シテハ対空射撃モ効果少ク撃墜サレタルコト少シ。

9機編隊、各機500瓩一又ハ250瓩二弾。

英国艦隊ヲ沈メ又「マヂノ」線ヲ突破セシメタルハ急降下爆撃ナリ。

(3)艦船ニ50瓩一弾命中スレハ高角砲火概ネ停止ス。故ニ先ツ多数50瓩爆弾ヲ投下シタル後大型爆弾ヲ以テ攻撃ス。

三、輸送機ノ活用一例

「オスロー」及「トロントハイム」方面作戦ニテ約200機ノ輸送機（Ｊｕ-52型）ヲ用ヒ一週間ニ三箇師団（４５０００名）ヲ本国ヨリ諾威〔ノルウェー〕ヘ空輸シタリ。

四、落下傘部隊

白耳義〔ベルギー〕「リエージ」要塞ノ一角「エーベンエ

マール」堡塁ノ占領ニ急降下爆撃機ヲ以テ堡塁入口（入口ハ一）ヲ抑ヘ、落下傘部隊ヲシテ同堡塁上ニ降下セシメ爆薬（小型焼夷弾ヲ用ユ）ヲ各砲身下ニ装備シ爆破セシメ、防禦部内ヘ爆薬及火焔ヲ放出セシメタリ。

守備兵１２００名、落下傘部隊90名、堡塁破壊後爆撃機400機ニテ周囲ヲ攻撃シテ救援ヲ断チ、工兵ニヨリ占領ヲ確保セリ。

五、独空軍兵力100万以上（高角砲隊、落下傘隊、通信隊共）、地上通信隊ノミニテ20万ヲ超ユ。

六、独国ノ丫生産力　一ケ月約２５００機。

英国ハ月約800機、独ハＪｕ－88型爆撃機ノミニテ月600機。

十五年八月三十一日

〔日付、紙名不明新聞記事「両総長宮殿下荒鷲に御祝電」貼付、次の通り書き込みあり〕

御祝電奉受

海軍大臣〔吉田善吾〕ヨリモ祝電ヲ受ク

〔書き込みここまで〕

大海令第二三〇号　昭和十五年九月五日

奉勅　軍令部総長　博恭王

山本ＧＦ司令長官ニ命令

嶋田ＣＳＦ司令長官ニ命令

第一連合航空隊ニ対スル支那方面艦隊司令長官ノ作戦ニ関スル指揮ヲ解ク

（終）

十五年九月五日

連合空襲部隊指揮官ノ電

一〇一号作戦綜合戦果並ニ作戦終了時ニ於ル情況判断左ノ如シ

一、綜合戦果

攻撃日数　50日

使用延機数　約３６００

投下爆弾総噸数　２６００

撃破機数　約130

一、我方ノ被害

自爆機数　8

戦死者　54名

行衛〔方〕不明　16名

一、情況判断

依然敵首都ニ対スル攻撃ヲ続行スルト共ニ適宜成都其ノ他重要都市ニ対スル攻撃ヲ実施シ、以テ敵ノ継戦意志ヲ破摧セントスル初志ノ貫徹ニ邁進スルヲ要スト認ム、之カ為、

(一)2Cfgヲ以テ依然四川攻撃ニ充当

(二)速ニ陸軍航空部隊ノ攻撃再興ヲ促進（第六十戦隊ハ十月初旬ニ整備トノコト）

百一号作戦ニ於ル陸軍機戦闘経過概要

一、攻撃（括弧内ハ攻撃日数、使用延機数）

(イ)重慶市内外軍事施設　（8日、286機）

(ロ)航空基地　（3日、107〃）

(ハ)成都　（1日、36〃）

(ニ)重慶付近都市　（3日、107〃）

(ホ)其ノ他都市　（8日、191〃）

計21《ママ》日、727機

一、被害

自爆機　8機（爆5、偵3）

戦死者　35名

行衛《方》不明　6名

戦傷者　20名

一、空中戦闘ニテ撃墜　46機（内不確実2）

地上爆破　2機

百一号作戦（八月以降）経過概要　其ノ四

回次	実施期日	目標	兵力	戦果 撃墜	炎上	爆破	其ノ他	被害
三一	八月二日（昼）	隆昌	36/1Cfg				五ケ所炎上	負傷一
	〃	瀘県	27/13fg					
	〃	北碚新村	26/15fg					
三二	八月九日（昼）	重慶（城内）	27/15fg					

	〃	重慶郊外	35/1Cfg				三ケ所炎上	
	〃	重慶（海棠渓）	27/13fg				弾薬製造廠、汽油廠大火災	
三三	八月十一日（昼）	重慶（西南郊外）	36/1Cfg					
	〃	重慶（南岸）	26/13fg					
	〃	〃（北岸）	25/15fg					自爆一
三四	八月十二日	自流井	27/15fg					
	〃	〃	36/1Cfg					
三四	八月十二日	自流井工場地帯	26/13fg					
三五	八月十六日（昼）	合江	26/13fg					
	〃	濾県	27/15fg				一ケ所炎上	
三六	八月十七日（昼）	永川	26/15fg				二ケ所炎上	
		富順	27/13fg				二ケ所炎上	
	〃（夜）	重慶並万県	18/1Cfg				五ケ所炎上	
三七	八月十九日（夜）	重慶（西部郊外）	9/1Cfg				六ケ所炎上	
	〃（昼）	重慶（西部新市街）	26/15fg				一ケ所炎上	
		重慶（城内）	27/1Cfg				一ケ所炎上	
		重慶（石馬州〔河〕）	27/13fg					
三八	八月二十日（昼）	重慶（弾子石）	36/1Cfg				一ケ所炎上	

		〃（海棠渓）	27/15fg					
		〃（白市駅）	26/13fg			三		
三九	八月二十三日（昼）	重慶（弾子石）	27/1Cfg				三ケ所大火災	
〃	〃	〃	27/13fg				〃	
〃		〃（海棠渓）	26/15fg				〃	
四〇	九月三日（昼）	順慶	27/13fg				一ケ所炎上	
	〃	〃	36/1Cfg					
	〃	広安	26/15fg					
		月計	八二五			三		一
		累計	三、〇五一	六一	二一	三六		八

大海令第二三一号　　昭和十五年九月五日

奉勅　軍令部総長　博恭王

嶋田CSF長官ニ命令

一、CSF司令長官ハ現任務遂行ノ為所要ニ応シ一部ノ兵力ヲ北部仏領印度支那ニ進駐セシムヘシ

二、細項ニ関シテハ軍令部総長ヲシテ指示セシム

（終）

大海令第二三二号　　十五年九月五日

軍令部総長　博恭王

嶋田CSF長官ニ指示

大海令第二三一号ニ依ル北部仏領印度支那進駐ニ関シテハ別冊『仏印進駐ニ関スル中央協定』ニ準拠スヘシ

（別冊）

仏印進駐ニ関スル中央協定　　十五年九月五日

大本営海軍部、大本営陸軍部

一、仏印進駐日次ハ２ＣＦ長官、南支那方面軍司令官〔安藤利吉〕ト協議決定ス

二、帝国海陸軍ハ仏印総督〔Jean Decoux〕及仏印軍司令官〔Maurice-Pierre A. Martin〕トノ交渉ハ凡テ従前通在河内大本営直轄機関ヲ通シテ之ヲ行フモノトス

三、帝国軍ニ提供セラレタル仏印内飛行場ハ海陸軍共用トシ、其ノ対地上警備ハ陸軍之ヲ担任ス

四、進駐部隊ノ通信、宿営、給養、補給等ニ関シテハ２ＣＦ、南支方面軍間ニ於テ協定ス

五、仏印進駐ニ伴フ報道ハ当分之ヲ禁ス

（終）

「テロ」行為取締ニ関スル各関係警察機関代表者会議処理要綱

（昭和十五年九月九日、租界幹事会決定）

方針

本会議ハ両租界ノ敵性排除ヲ以テ根本ノ目的トスヘキモ、差当リハ我憲兵、領事館警察、市政府警察、共同租界工部局警察、及仏租界警察間ノ連絡ヲ一層緊密ニシ、以テ逐次可能ノ限度ニ於テ我方警察機関ト共同租界工部局及仏租界警察トノ協力方法ノ強化ヲ計リ、併テ上海ノ現実ノ事態ニ即シタル「テロ」行為及其関係事項ノ取締方法ヲ強化スルニ努ルモノトス

（所感）

以下記スル所ノ具体的事項ハ既ニ御実行シ居ラルヘキ事ノミナリ、欧州戦争ノ影響ニヨリ漸ク容易ニナリシモノニシテ不自然至極ナリ、合理的ニ積極的施策ニ努ルヲ要ス。

十五年九月十三日

本日重慶第三五回攻撃ニ於テ我戦闘機隊（零戦13機）ハ敵戦闘機隊（27機）ヲ敵首都上空ニ捕捉シ其ノ全機ヲ確実ニ撃墜セリ、我全機無事帰還ス

中支航空部隊指揮官

重慶上空ニ戦闘機27撃墜ノ詳報　十五年九月十三日

昨十二日敵戦闘機32機重慶上空ニ飛来、其ノ行動ヲ確認シタル当隊ハ勇躍之カ捕捉撃滅ヲ期シ本十三日全力ヲ以テ重慶第三五回攻撃ヲ実施シ、敵戦闘機隊ノ主力二十七機ヲ敵首都上空ニ捕捉殲滅スルト共ニ、敵軍事施設ニ甚大ナル損

害ヲ与ヘ所期ノ戦果ヲ収メ１９００迄ニ全機帰着セリ…
（略）
戦闘機隊
㈠敵機捕捉撃滅ノ為我カ企図セシ戦法
昨日陸偵ノ偵察ニヨリ敵戦闘機ノ行動ハ我攻撃後重慶上空ニ飛来「デモンストレーション」ノ行動ヲナスノ虞大ナリト判断シ、戦闘機隊ハ攻撃隊ト合同重慶上空ニ進撃シ敵ヲ見サレハ一時反転シテ行動ヲ韜晦シ再度突撃ニ転シ敵ヲ捕捉撃墜ス。
㈡零式艦戦13機（進藤〔三郎・第十二航空隊分隊長〕大尉）ハ陸偵一機（千早〔猛彦・第十三航空隊附〕大尉）誘導ノ下ニ１２００宜昌発進、涪州上空ニテ攻撃隊ト合同シタル後北方ヨリ重慶上空ニ進撃セシモ、敵戦闘機隊ヲ認メサリシヲ以テ企図セシ戦法ニ基キ蘭市付近迄反転、１３５５再度重慶上空ニ進撃（此ノ間誘導陸偵ヨリ敵戦出現ノ電話通報ニ接ス）、１４００白市駅上空付近ニ約三十機ノ戦闘機隊ヲ発見スルヤ全機敵戦闘機群ニ突撃ヲ敢行セリ。
㈢空戦情況
最初ノ一撃乃至二撃ニ依リ敵機約十機ヲ撃墜シ、爾余ノ敵機ハ潰乱シ右往左往シテ一団トナリシヲ我戦闘機隊ハ包囲態勢ヲ執リ、単機又ハ協同攻撃ニ依リ撃墜スルト共ニ低空ニ至ル迄徹底的ニ追撃ヲ続行シテ地上ニ激突セシメ、敵戦闘機隊ヲ殲滅セリ。
㈣帰途白市駅飛行場ニＥ十六型〔ソ連製戦闘機〕一機（大破）、Ｅ十五型〔ソ連製戦闘機〕二機ヲ認メタルヲ以テＥ十五〔型〕二機ニ有効ナル掃射ヲ加ヘタリ。
㈤撃墜機数　確実27機
㈥我損害　被弾機4、火傷下士官一名

大海令第二三三号　昭〔和〕十五年九月十四日
奉勅　軍令部総長　博恭王
嶋田ＣＳＦ長官ニ命令
一、大海令第二三一号ニ依ル北部仏領印度支那進駐日時ヲ九月二十三日零時（東京時間）以降トス
二、前項ノ進駐実施ニ当リ仏領印度支那軍抵抗セハ２ＣＦ長官ヲシテ武力ヲ行使セシムルコトヲ得
三、細項ニ関シテハ軍令部総長ヲシテ指示セシム
（終）

大海令第二三四号　十五年九月十四日

軍令部総長　博恭王

嶋田ＣＳＦ司令長官ニ指示

大海令第二三二号ニ依ル北部仏領印度支那進駐ニ関スル中央協定ヲ別冊ノ通改ム

（終）

陸海軍中央協定　十五年九月十三日

大本営　陸軍部
　　　　海軍部

一、目的

平和裡ニ東京〔トンキン〕州内ニ進駐シ対支作戦基地ヲ設定スルト共ニ支那側補給連絡路遮断作戦ヲ強化スルニ在リ

但シ仏領印度支那（仏印ト略称ス）軍抵抗セハ武力ヲ行使ス

〔欄外〕仏印自身ニ対スル侵略ノ意図ハ無シ

二、進駐日時ノ細部ハ南支那方面軍司令官〔安藤利吉〕、第二遣支艦隊司令長官〔高須四郎〕協議決定ス

三、進駐ハ先ツ主力ヲ以テ陸路鎮南関方面ヨリ開始シ、次テ一部ヲ海防方面ヨリ上陸進駐セシム

尚武力行使ノ已ムヲ得サル場合ハ、右ノ外一部ヲ以テ「タンホア」Thanh Hoa 付近ニ急襲上陸ス

四、平和裡ニ進駐ヲ完了シタル場合ハ左記ニ拠ル

(イ)帝国陸海軍ト仏印総督及仏印軍司令官トノ交渉ハ凡テ従前通在河内大本営直轄機関ヲ通シテ行フモノトス

(ロ)帝国軍ニ提供セラレタル仏印内飛行場ハ陸海軍共用トシ、其ノ対地上警備ハ陸軍之ヲ担任ス

(ハ)進駐部隊ノ通信、宿営、給養、補給等ニ関シテハ南支那方面軍、第二遣支艦隊間ニ於テ協定ス

五、武力行使ノ已ムヲ得サル場合ハ左記ニ拠ル

(イ)仏印軍我ニ抵抗セハ即時陸軍側ヨリ海軍側最高指揮官ニ通報スルモノトス

(ロ)使用兵力左ノ如シ

陸軍　第二十二軍ノ主力、南支方面軍直轄部隊ノ一部及在南支航空部隊ノ主力

海軍　第二遣支艦隊ノ主力、第八戦隊、第二航空戦隊（蒼龍、吹雪〔駆逐艦〕欠）、第一水雷戦隊（２ｄｇ欠）

(ハ)地上作戦ノ地域ハ概ネ東京州（「アンホア」付近ヲ含ム）トス、但シ中南部仏印方面ヨリ攻撃ヲ受ケタル場合ニ於テハ此ノ限ニアラス

㈡航空関係事項ハ別紙

（終）

大海機密636番電　次長〔近藤信竹〕、次官〔豊田貞次郎〕

十五年九月十四日１８００

対仏印交渉ハ進駐日時其ノ他細目事項ヲ除キ九月四日現地協定成立ヲ見タル処、同七日ニ至リ仏印側ハ我軍ノ越境ヲ理由トシ交渉継続中止ヲ申出、交渉ハ停頓スルニ至リシガ、之カ打開ノ為帝国トシテハ左記方針ニ基キ措置スルコトニ決定セリ

一、九月六日ノ日本軍隊越境ノ事実ニ関シテハ遺憾ノ意ヲ表スルト共ニ責任者ニ対シテハ自発的ニ必要ノ処置ヲ執ル旨ヲ表明ス、然レトモ本件ハ其ノ根本ハ仏印側ノ遷延策ニ原因スルモノナルコトヲ強ク抗議シ、日本軍ハ八月三十日ノ東京ニ於ル取極及同二十五日ノ東京ニ於ル大橋〔忠一・外務次官〕「アンリー」〔駐日フランス大使〕ノ約言ニ基キ九月二十三日午前零時（東京時間）以降随時進駐ヲ実施スル旨ヲ駐日仏国大使及仏印総督ニ通告スルト共ニ前述ノ取極、約言及九月四日ノ現地取極ニ基キ現地ニ於テ速ニ其ノ細部協定ノ締結ヲ促進センコトヲ要求ス

二、帝国軍隊ハ九月二十三日零時以降平和的ニ進駐ヲ実施ス

本進駐ハ細目協定ノ成否又ハ交渉実施中ト否トニ拘ラサルモノトス

在仏印居留民ハ進駐日時前ニ之ヲ海防〔ハイフォン〕及柴棍〔サイゴン〕付近ニ集結、随時引揚得ル如ク準備スルモノトス

三、前項ノ場合万一仏印軍抵抗セハ武力ヲ行使ス

（終）

大海機密639番電　十五年九月十四日１９３０　次長

８Ｓ及１Ｓｄ（２ｄｇ欠）ハ二十一日迄ニ、２Ｓｆ〔蒼龍及吹雪欠〕ハ二十二日頃迄ニ夫々海南島方面ニ遣支長官ノ定ル地点ニ到着スル如ク機宜内地ヲ発進セシメラレ度

（終）

ＧＦ長官ヨリ十四日２３００同内容発電。

８Ｓ、二十一日午前三亜着。

８Ｓ、１Ｓｄ、２Ｓｆ任務終了、九月二十九日発内地ニ帰還ス。

８Ｓ、１Ｓｄ（２ｄｇ欠）、２Ｓｆ（蒼龍、吹雪欠）ニ対スル２ＣＦ司令長官ノ作戦ニ関スル指揮ヲ解カル（十月一日）。

西原少将ノ電

十五年九月二十二日１８２０

協定中重要ナルモノ左ノ如シ

一、西村部隊（印度支那派遣軍・軍司令官西村琢磨少将）ハ二十三日零時（日本時間）以後海防ヨリ友好的進駐ス

二、飛行場ハ三個（ジヤラム「ハノイ」郊外→Gialam、フランチヨン Phulang 又ハハ〔ママ〕ラオカイ Laokay 老海、フートー PhuTho）

三、河内及海防付近ニ永駐スヘキ兵力ハ六千トス

但シ通過軍隊ハ此限ニアラズ

四、中村（明人）兵団（第五師団）ノ仏印通過ノ実行細目ハ速ニ協議ス

五、進駐ノ際ニ於ル揚陸、宿営及輸送等ニ関スル細部ノ事項詳細ハ仏印軍当局現地ニ於テ協議決定ス

仏印側ハ九月二十二日朝以来急ニ妥協的トナリ、同日午後協定成立ス（十五年九月二十二日、１６３０）

ＩＣ部隊指揮官（高須四郎）ヨリＣＳＦ長官、総長宛

十五年九月二十六日０８２０

西村兵団今暁ノ上陸企図ハ中央方針ニ背馳スルヲ以テ昨夜来百方之カ断念方慫慂セルモ、同兵団ハ之ニ応スルコトナク一方的行動ニ出テ００１０遂ニ上陸ヲ開始セリ、斯テ当隊モ亦護衛隊ヲシテ協力ヲ中止セシムルノ已ムナキニ至レリ

（終）

大海令第二三七号　十五年九月二十五日

軍令部総長　博恭王

嶋田ＣＳＦ司令長官ニ指示

大海令第二三三号ニ依ル北部仏印進駐ニ関シ陸軍部隊トノ間ニ別紙ノ通協定セリ

「別紙」

北部仏印ニ対スル進駐ハ友好的ニ実施スルモノトシ、爾今左記ニ依ル

一、鎮南関方面ニ於テハ概ネ「タツケ」「ランソン」「ログビン」線以北ニ於テ速ニ戦闘ヲ終結ス

二、海防方面ヨリスル進駐ハ左ニ拠ル
(イ)九月二十六日一二〇〇(日本時間)迄ニ友好的進駐ニ関スル仏印側トノ協定成立セハ遅クモ九月二十八日〇八〇〇迄ニ海防ニ上陸ヲ開始シ、速ニ之ヲ完了スルモノトス
(ロ)九月二十六日一二〇〇(日本時間)迄ニ前項(イ)ノ仏印側トノ協定成立セサル場合ニ於テハ、「ドーソン」付近ニ戦闘ヲ予期シ速ニ上陸ス
其ノ時機及方法ハ現地海陸軍指揮官ニ於テ協議決定スルモノトス
(ハ)上陸セハ概ネ上陸地点付近ニ兵力ヲ集結シ、爾後ノ行動ヲ準備ス
(ニ)上陸ニ際シ戦闘惹起スルモ為シ得ル限リ速ニ局地的ニ之ヲ終熄セシムルモノトス

(終)

中村兵団ハ九月二十五日1740仏軍ト停戦ニ関シ調印ヲ了ス、和集団〔第二十二軍・軍司令官久納誠一中将〕ハ「ドンダン」、諒山、「ロックビン」ノ線ニ集結、二十六日0900ヨリ和集団司令部ハ国境付近へ移動ス。

西村兵団、二十六日0920「ドーソン」南西方河口付近ニ上陸シ、海防ニ向ケ行進、仏ノ抵抗無シ。
有村部隊〔第十八師団の歩兵第三十五旅団長有村恒道少将の指揮する歩兵三個大隊〕ハ広東ニ復帰。

仏印ニ於ル陸軍ノ行動ニ関シCSF参謀長〔井上成美〕ヨリ中央へ意見具申(九月二十五日)
2CF長官ノ処置適切ヲ多トスル電ヲ発ス(二十六日)

十五年九月二十六日1430
次長、次官ノ電
CSF、2CF長官宛
機密第696電
今次仏印問題ニ関シ陸軍ノ執リタル処置、特ニ西村兵団ノ一方的上陸ニ関シテハ差当リ大海令第二三八号ヲ発令セラレタル所、本件ハ将来ノ作戦遂行上有耶無耶ニ葬ルヘキ性質ノモノニアラス、海軍トシテハ之カ実情ヲ究明シ陸軍側ヲシテ今後斯ノ如キコトヲ再発セシメサル為所要ノ措置ヲ執ルコトニ決セラレタリ
現地各指揮官並ニ関係各官ノ本日迄中央ノ方針ニ則リ百方手段ヲ尽シテ陸軍側ヲシテ誤ナカラシメンカ為執ラレタル

処置ニ対シテハ其ノ適切ヲ認メ且其ノ労ヲ多トセラル

（終）

大海令第二三八号　十五年九月二十六日１３１０発

軍令部総長　博恭王

嶋田ＣＳＦ司令長官ニ指示

大海令第二三三号第二項ニ依ル武力行使ノ発動ハ何分ノ令アル迄之ヲ中止シ、対仏印作戦部隊ハ２ＣＦ司令長官ノ定ル地点ニ於テ待機スヘシ

（終）

機密第702番電　大海〔大本営海軍部〕一部長ヨリ

十五年九月二十七日１７００

日仏印軍事協定（九月二十二日一六三〇現地海陸軍代表西原少将ノ調印セルモノ）取扱ニ関スル件ニ関シ海陸軍部間ニ於テ左ノ通協定セリ

一、仏印ニ対スル進駐ハ本協定ニ基キ実施スルモノトス、但シ九月二十六日迄ニ実施既成事実トナリタルモノハ此ノ限リニアラサルモノトス、別途処理

二、本協定ニ於テ不備又ハ不満ノ点ハ中央ノ指示ニ依リ逐次修正ス

三、海陸軍ノ進駐部隊ト仏印側トノ今後ノ交渉ハ在仏印大本営直轄機関ヲ通シテ行ハシム

（備考）

本協定及今後仏印側ト協定スル事項ニ関シテハ、之ヲ海陸軍進駐部隊ヲシテ厳重履行セシムルモノトス

（終）

各艦隊、各鎮〔守府〕、各要〔港部〕参謀長宛

軍務局長
軍令一部長　発

十五年九月二十八日１２００

機密第281番電

一、日仏仏印間ノ現地協定成立以後第五師団（広西国境方面ニ在リシ部隊）ハ仏軍ノ抵抗ヲ排除シツヽ、仏領内ニ進入、二十五日１７４０「ランソン」ヲ占領、爾後概ネ同地ヲ通スル国境平行線以北ニ在リテ停戦中ナリ

近衛師団ノ一部（海防ヨリ進駐部隊）ハ仏領印度支那側トノ了解ヲ待ツコトナク二十六日０６２５「ドーソン」（海防ノ南西方約二十粁）付近海岸ニ上陸ヲ強行、同日１

500無抵抗裡ニ海防ニ進入セリ

二、陸軍今次ノ陸海軍中央協定ヲ無視セル行動ハ仏印当局ノ遷延的態度ニモ起因スト雖、陸軍一部ノ策謀ニ基キ専恣越権ノ所為ニ依ルモノニシテ、海軍トシテハ差当リ仏印進駐ニ対シ武力行使ヲ中止シ、仏印作戦部隊ハ之ヲ待機セシメテ事態ノ推移ニ即応スル姿勢ヲ持シツ、飽ク迄大局的見地ニ立脚シ協定ニ則リ前後〔ママ〕策ヲ講セラル、意向ニ付含ミ置カレ度

（終）

大海令第二三九号　十五年九月二十八日1800

軍令部総長　博恭王

嶋田CSF司令長官ニ指示

大海令第二三八号ニ依ル武力行使発動ノ中止及作戦部隊ノ待機ヲ解ク

（終）

大本営陸軍部ヨリ仏印派遣軍へ発電

（十五年九月二十八日　大海一部長ヨリ通報）

一、大陸指（九月二十六日）

㈠北部仏印ニ進駐スル兵力ハ差当リ印度支那派遣軍ノ大部（概ネ西村兵団ト同シ）、第二十一独立飛行隊ノ大部及船舶機関ノ一部トシ、現集結位置ヨリノ行動開始ニ関シテハ追テ指示ス

現在北部仏印ニアル前項以外ノ部隊ハ追テ指示スル所ニ依リ仏印ヨリ撤去スルモノトス

㈡北部仏印ニ対スル進駐ハ自今別紙ニ基キ友好的ニ之ヲ実施スルモノトス

但シ九月二十六日迄ニ実施既定事実トナリアルモノハ此限ニアラズ、又別紙中進駐実施ニ当リ適当ナラサル条項ハ逐次修正シ之ヲ指示ス（別紙ハ西原少将ノ調印セル日仏印軍事協定ナリ）

二、大陸命（九月二十七日）

南支方面軍司令官ハ北部仏印進駐実施ニ当リ爾今別命アル迄航空部隊ヲ以テスル爆撃ヲ行ハサルモノトス

（終）

西原少将ハ二十九日午後子ノ日ニテ海防ニ上陸（海南島ヨリ）。

三十日澄田〔睞四郎〕少将ハ西原少将ニ代リ委員長トナル。

大海一部長ヨリ

十五年九月三十日１８３０

陸軍ニ於テハ十月十日ヨリ十一月十五日ノ間ニ完了スルカ如ク和集団ヲ其ノ駐軍地区全部ヨリ撤退スルコトニ決セリ、尚未タ確定セサルモ第五師団ハ揚子江下流地区ニ、近衛師団ハ広東地区ニ、台湾混成旅団ハ海南島ニ移駐ノ予定ナリ

（終）

十月三日

閑院宮載仁親王殿下ニハ参謀総長ヲ御退職。

杉山元大将参謀総長ニ補セラル。

租界処理方針（三国条約締結後）　軍務局長ヨリ

十五年十月三日

租界（特ニ上海租界）ハ当面ノ支那及第三国物資ノ我方入手ニ利用スルヲ第一義トシ、過早ニ英米勢力ノ駆逐ヲ企図シテ却テ我方戦時経済力ノ低下ヲ招来シ、又第三国トノ間ニ事端ヲ激発スルカ如キハ厳ニ之ヲ戒心スルヲ要ス

（陸軍及興亜院ヨリモ各現地当局ニ同様指令）

南支航空部隊ジエラム Gialam（河内郊外）進駐

十五年十月五日　14ｆｇ　零戦隊及艦爆2機
　　　　　　　　15ｆｇ　陸偵隊
六日　14ｆｇ　艦爆半隊（一機欠）
　　　　　　　艦戦半隊
八日　14ｆｇ　艦戦半隊
　　　15ｆｇ　中攻一隊半

指揮官ハ十月八日河内進出、八日１３００進駐完了ス。

ジエラム　201基地

フートー　203基地

十五年十月四日

成都第三回攻撃

二連空、中攻27機、成都市街北東部ヲ爆撃、二ケ所炎上。

零戦8機（横山（保・第十二航空隊分隊長）大尉）ハ陸偵一（千早大尉）ノ誘導下ニ宜昌発、成都ニ敵機ナカリシガ温江飛行場付近ニテ敵E16（型）一機、H75型二機ヲ撃墜、更ニ大（太）平寺飛行場付近ニテE15（型）二機、SB（ソ連製爆撃機）一機ヲ撃墜、同飛行場周辺掩体内引込線道路上ノ大型、小型機

ヲ猛銃撃シ19機ヲ炎上、6機ヲ大破セシメ（計31機）、尚燃料庫及指揮所ヲ炎上セシメ、零戦四機ハ更ニ戦果ヲ徹底的ナラシメン為同飛行場ニ着陸ヲ敢行シ地上敵機ノ焼打ニ向ヒタルモ、熾烈ナル守兵ノ射撃ヲ受ケシ為敏速ニ離陸シ銃撃ス、4h-50P全機宜昌着、被弾機2機。

収容隊、艦攻8機、万県ヲ攻撃、艦爆5機、万県ヲ攻撃、二ケ所炎上。

大海機密第731番電　十五年十月四日1010

CSF、2CF司令長官へ　軍令部総長

今次北部仏印進駐ニ当リ海陸両軍ノ協同上円滑ヲ欠キタル点ニ関シテハ中央ハ所要ノ措置ヲ執リ今後再ヒ斯ノ如キコトナキヲ期シアリ、時局愈々重大ヲ加ルノ秋海陸両軍宜シク和衷協同協心戮力以テ聖旨ニ応ヘ奉ンコトヲ望ム

（同文　参謀総長ヨリ波集団長（南支那方面軍司令官・安藤利吉）へ発電）

（終）

陸軍ノ謝罪スヘキ問題ナリ。

十五年十月五日

成都第四回攻撃

二連空、中攻27機、成都市街北西隅施設ヲ爆撃、造兵廠東半部、軍官学校、兵営、県政府、高等法院地区ニ着弾、二ケ所炎上（内一大炎上）。

零戦（飯田（房太・第十二航空隊分隊長）大尉）ハ陸偵（千早大尉）誘導ノ下ニ宜昌発、成都上空ニ敵機ヲ見サル為鳳凰山丫場ノ周辺ニ在リシ丫ヲ銃撃、大型6、小型4機ヲ炎上セシメ外ニ2機ヲ大破セシム（計12機）。

艦攻6機、巴東市街ヲ爆撃。

陸軍南寧撤退

波集団ハ十月四日ヨリ南寧方面ノ撤退ヲ開始。

南寧ハ十月二十日頃、欽県ハ十一月上旬頃撤退完了（海軍南寧航空基地ハ十月十日徹（撤）収ス）。

雲南（昆明）攻撃

第一回　十五年九月三十日　中攻27機、雲南城内ノ東部爆撃。

第二回　十五年十月七日　山本（親雄・第十五航空隊司令兼第

二航空技術廠長〕大佐指揮。中攻25機（三原〔元一・第十五航空隊飛行長〕少佐）１０３５第七基地発、１４５５昆明城外南端兵工廠爆撃、二ケ所大火災（内一大火焔）。

零戦7機（小福田〔租〕大尉）第七基地ヨリ早朝二〇一基地ニ進出補給ノ上１２５５発進、陸偵一機ノ誘導ニテ雲上飛行、１４４０昆明上空ニ達シ、哨戒中ノ敵戦闘機15機ニ奇襲ヲ加ヘ第一撃ニテ6機ヲ撃墜シタル上、単機空戦ニ転シ地上数百米迄徹底的圧迫、或ハ撃墜或ハ山腹田圃飛行場ニ激突炎上セシムル等約三十分交戦シ14機（複座一、不確実一）ヲ撃墜セリ、零戦隊ハ更ニ雲南第一、第二飛行場ニ隠匿中ノ小型機四ヲ銃撃大破スルト共ニ第一飛行場ノ兵舎格納庫ヲ掃射セリ（計18機）。


南支島嶼ニ於ル国防資源（昭十五年九月調）

一、南朋島　タングステン　経営三菱鉱業
平均品位2％以上ノ優秀鉱、現地ニテ65～70％ニ選鉱、埋蔵量二十万噸（尚新鉱脈アル見込）、十四年四月発見。
開発計画　第一次　精鉱　月産60噸（十一月上旬ヨリ操業ノ予定）
第二次　同　60噸（準備中）

一、牛角山島　タングステン、三菱鉱業
品質南朋島ト同シ、現地ニテ65～70％ニ選鉱、埋蔵量十三万噸（新鉱脈アル見込）、十五年五月発見。

南朋島ノ企業ニ付帯セシメ経営ノコトニ計画中、差当リ南朋島ヨリ人員器材ヲ融通シ、月産五噸ヲ目途ニ着手中。

一、海南島田独鉄山　赤鉄鉱、経営石原産業
平均品位65％、全山均一品位（低燐、低銅ノ最優秀鉱）、埋蔵量推定五百万噸（十六年一月調一千万噸）（新鉱脈出現ノ徴アリ）、十四年四月発見。

楡林ヲ去ル僅ニ十一粁、鉱石搬出ニ理想的ノ地ナリ。

第一次計画、年産三十万噸、七月ヨリ九月中旬迄ニ二万七千噸ヲ八幡ニ供給セリ（十六年四月中旬迄ニ１６８、０００噸）。

第二次計画、第一次ヲ合シ年産六十万噸（研究中）。

一、海南島石碌山　赤鉄鉱、経営日本窒素肥料
平均品位65％、田独ノ鉱石ト同様ノ最優秀鉱ニテ更ニ優秀ナリトノ意見多シ。

埋蔵量二千万噸以上※（著シク増大ノ見込）（十六年一月調一億噸）、十五年四月発見。

応急的開発計画トシテ年産二十万噸ヲ目途ニ計画中。

大規模計画ハ右ノ実施並ニ探鉱ノ進捗ニ伴ヒ研究。

一、海南島

那大付近ノ錫（三菱鉱業）及砂金層（三菱調査）

北黎付近ノ砂金及金銀鉱（石原及日窒）

十六年二月中旬ヨリ約二十日間石井〔清彦〕商工省〔地質調査所〕技師ノ石碌鉄山ヲ実地調査ノ報告

本鉱山ハ硅岩片毛砂岩等ヲ母岩トスル細長キ鉱床。鉱量約二億六千万噸、可採鉱量約一億九千万噸。開発ハ資材之ヲ許サハ十七年三月ニハ年百万噸、十八年ニハ年三百万噸ノ採鉱施設完成可能ナリ。

労働者ハ前者ノ場合三千名、後者ノ場合八千五百名ヲ必要ト認ム。

石碌ハ鉱量及品位ニ於テ東洋一ノ鉄山ト認ム。

※昭和十六年四月二十四日　海南特務部長〔井上保雄〕電

石碌鉱山ノ埋蔵量ハ日窒竹内技師ノ最近完了セル精細調査ニ依リ、埋蔵量四億二千五百万噸、確認鉱量三億三千百万噸、可採鉱量二億三千三百万噸（計算基礎ハ南鉱床標高300米以上、北鉱床標高100米以上）ナルヲ確認セリ

日満支経済建設要綱

昭和十五年十月三日　閣議決定

東亜ノ新秩序ヲ建設シ世界永遠ノ平和ヲ確保スヘキ皇国ノ使命ヲ具体的ニ達成スル為ニハ我国内体制革新ノ過程ト生活圏ノ拡大編成ノ過程トヲ綜合一体的ニ前進セシメ以テ国防国家ヲ速ニ完成スルヲ要ス、従テ皇国ノ基本的経済政策ハ次ノ三大過程ノ綜合計画性ノ上ニ確立セラル、コトヲ要ス。

一、国民経済ノ再編成ノ完成

二、自存圏ノ編成強化

三、東亜共栄圏ノ拡大編成

蓋シ生活圏拡大編成ノ為ニハ皇国ノ国防並ニ地政学的地位ニ基キ日、満、北支、蒙彊〔疆〕ノ地域及其ノ前進拠点トシテ南支沿岸特定島嶼ヲ有機的一体タル自存圏トシテ政治、文化、経済ノ綜合的結合ヲ強化編成スルト共ニ国防経済ノ完成ヲ促進補完スル為中南支、東南「アジア」及南方諸地域ヲ包含スル東亜共栄圏ヲ確立スルコトヲ要ス。

而シテ経済政策適用ノ方式ハ皇国ト生活圏内ニ於ケル国家又ハ地域及民族トノ結合ニ関スル根本政策ト調整シツ、夫々民族ノ生活段階ニ適応セシムル様特段ノ工夫創造ヲ要

ス。

第一　基本方針

一、日満支経済建設ノ目標ハ概ネ皇紀二千六百十年〔迄〕ニ日満支ヲ一環トスル自給自足的経済態勢ヲ確立スルト共ニ東亜共栄圏ノ建設ヲ促進シ以テ世界経済ニ於ル地位ヲ強化確立スルニ在リ(以下略)

大海令第二四二号　昭和十五年十月二十四日
軍令部総長　博恭王

嶋田ＣＳＦ司令長官ニ指示

支那軍仏領印度支那ニ侵入シタル場合之ニ対シ作戦スルハ支那方面艦隊ノ任務ニ基キ必要トスル場合ニ限ルモノトシ、仏印防衛ノ為ノ作戦ハ之ヲ行ハサルモノトス

(終)

大海機密第七七一番電　十五年十月二十四日１４０

北部仏領印度支那侵入支那軍処理要綱

昭和十五年十月十九日　大本営海軍部
〃　陸軍部

方針

帝国軍隊ノ北部仏印侵入支那軍ニ対スル武力行使ハ独自ノ立場ニ於テ之ヲ実施シ、仏印ノ防衛ノ為之ヲ行フコトナシ。

要領

一、北部仏印侵入支那軍ニ対シ仏印駐屯帝国軍隊ノ武力行使ハ現任務遂行ノ為必要トスル場合ニ限ル

二、支那軍仏印軍ヲ圧迫ニ際シ河内平地ニ侵入スル場合ハ支那軍ヲ撃滅シ、方面所要ノ兵力ヲ仏印ニ増加ス

三、支那軍仏印侵入ニ関シ仏印軍支那軍ト通謀セルノ事実発生スル場合、仏印トノ友好関係ヲ放棄スルヤ否ヤ及之ニ伴フ対策ハ中央ニ於テ決定シ、之ヲ現地軍(機関)ニ指示ス

(終)

(註)略

滇緬路恵通橋爆砕　昭〔和〕十五年十月二十八、二十九日

二十八日　中攻35機
吊橋ニ対シ　250吉(陸用)三弾、60吉(陸用)九弾
橋脚ニ対シ　〃　四弾、〃　五弾

合計致命部ニ二十一弾直撃シ、吊橋南側ノ懸吊索ヲ切断、吊橋各所ニ大破孔ヲ生セシム、又崖崩ニヨリ道路ヲ閉塞、使用不可能ニ陥ラシメタリ。

二十九日　中攻35機

吊橋ニ対シ　250吉、80吉各一弾、60吉四弾

西端橋脚ニ対シ　250吉、80吉各一弾

東端　〃　250吉三弾、80吉、60吉各二弾

合計致命部ニ対シ十五弾直撃、其ノ他多数ノ有効弾ヲ与ヘ吊橋東寄約20米ニ亘リ完全ニ切断。

大海令第二四四号　昭和十五年十一月一日

3Sdニ対スルCSF司令長官ノ作戦ニ関スル指揮ヲ解ク

陸軍(近衛師団及台湾混成旅団)南寧ヲ撤退、十一月十八日ニ欽州ヲ撤退乗船。2CF(足柄(重巡洋艦)、神川丸、22dg等)之ヲ掩護ス、能登呂ヲモ中支ヨリ派遣。

昭和十五年十一月以降対支作戦ニ於ル海陸軍航空作戦ニ関スル協定(五月ノ協定ヲ改定)

十五年十一月六日　大本営海、陸軍部

第一　作戦方針

一、海陸軍航空部隊協同シテ敗残敵航空兵力ノ蠢動ヲ破摧シツ、敵ノ戦略及政略目標ヲ攻撃撃破スルト共ニ地上水上作戦ト密接ニ協同シ以テ敵ノ抗戦力ヲ衰頽セシム

二、要時要点ニ対シテハ所要ノ海陸軍航空兵力ヲ集中使用ス

第二　使用兵力

兵力ノ使用区分ヲ左ノ如ク概定スルモ、作戦ノ情況ニ依リ彼此転用シ又ハ兵力ヲ増減スルコトアリ

一、北支方面

海軍　三遣支付属　水偵2機

陸軍　第一飛行団　偵18、戦12、軽爆18機

飛行第六十戦隊　重爆36機

飛行第十五戦隊第三中隊　偵9機

飛行第三十一戦隊ノ一中隊　軽爆9機

二、中支方面

海軍　十二空　戦9、攻9、水偵4、陸偵2機

能登呂　水偵8機

陸軍　第三飛行集団司令部

第三飛行団　偵27、戦24、軽爆18機

飛行第十一戦隊　戦27機

三、南支方面

海軍　十四空　戦9、爆9、陸偵2機

神川丸　水偵9機

足柄　〃　3機

陸軍　飛行第六十四戦隊ノ一中隊　戦12機

独立第二十一飛行隊　偵9、戦12機

第三　作戦要領

一、一般航空作戦

㈠海軍航空部隊ハ主トシテ南、中支、陸軍航空部隊ハ主トシテ中、北支ノ要域ニ対スル航空作戦ニ任ス

㈡必要ニ応シ前記区分ニ拘ラス海陸軍航空兵力ヲ彼此増援スルコトアリ

（註）北支　山東、河南、陝西、甘粛各省以北

南支　福建、広東、広西、雲南各省（北部仏印ヲ含ム）

中支　右中間ニ於ル諸省

（以下略）

昭和十五年十一月十五日

海軍大臣〔及川古志郎〕

出師準備実施セシメラル

兵員
- 横鎮　約7万人
- 呉鎮　約6万人
- 佐鎮　約6万人
- 舞〔鶴〕鎮

現役　約45000人
応召　約15000人

大海令第二四六号　十五年十一月十五日

奉勅　軍令部総長　博恭王

山本ＧＦ

嶋田ＣＳＦ　長官ニ命令

第六航空戦隊ヲ作戦ニ関シＣＳＦ長官ノ指揮下ニ入ル

（十一月十九日指揮ヲ解カル）

（終）

大海令第二四八号　昭和十五年十一月二十八日

軍令部総長　博恭王

山本ＧＦ司令長官ニ指示

嶋田ＣＳＦ司令長官ニ指示

GF司令長官ハ1Cfgノ中攻半隊ヲ十一月下旬ヨリ昭和十六年一月下旬ニ至ル期間仏印方面ニ派遣シ、作戦ニ関シCSF長官ノ指揮ヲ受ケシムヘシ

（終）

高雄空ノ半隊ヲ河内ニ派遣。

大海令第二四九号　昭和十五年十二月十日

軍令部総長　博恭王

山本GF長官ニ指示

嶋田CSF長官ニ指示

瑞穂〔水上機母艦〕ヲ作戦ニ関シCSF長官ノ指揮下ニ入レ、能登呂ニ対スル同司令長官ノ作戦ニ関スル指揮ヲ解ク

（終）

大海令第二五〇号　昭和十五年十二月十七日

軍令部総長　博恭王

嶋田CSF司令長官ニ指示

小林〔宗之助〕舞鎮司令長官ニ指示

舞鶴鎮守府第二特別陸戦隊ヲ作戦ニ関シ支那方面艦隊司令長官ノ指揮下ニ入ル

舟山島ノ掃討ニ従事セシム

（終）

〔日付、紙名不明新聞記事「中南支沿岸封鎖強化」貼付〕

〔昭和十五年十二月二十四日付、紙名不明新聞記事「蒋最後の輸血路を遮断　南支沿岸の五港湾船舶航行を封鎖」貼付〕

〔地図「航行を遮断した南支沿岸の五港湾」貼付〕

法幣

法定相場（又ハ公定相場）Official rate

一九三五年布告ニ依リ中央銀行公示ス、同年以降引続キ対英一志〔シリング〕二片〔ペンス〕½、対米三十弗、対仏1080法〔フラン〕、対独75馬克〔マルク〕、対香港95弗

商業相場　Commercial rate or Merchant rate

一九三九年七月対英7片トシ公表、一九四〇年八月4½片

市場相場　Market rate　上海自由市場ノ相場

十二月九日　米人レイトン・スチユアート〔John Leighton Stuart　燕京大学校長〕博士ノ外務省東亜局第

一〔二〕課長山田〔久就〕ニ手交シタル質問書

一、日本政府ノ対支戦争継続目的ノ真相如何。

二、対支戦争ノ継続ハ支那政府ヲシテ和平交渉ニ同意セシムルヲ以テ目的トスルヤ。

三、然リトセハ和平交渉ハ支那国家ノ独立カ日支間ノ恒久且有効的ナル和平ニトリ唯一ノ基礎タルヘシト仮定シテ之ヲ行フモノナリヤ。

四、若シ支那政府ニシテ日本軍ノ撤退ニ対シ友誼的ニ経済、国防方面ニ協力スヘキ旨及反日的性質ノ煽動ヲ一掃シ且共栄関係増進ノ為両国間ニ於ル積極的措置ヲ確約セバ、日本ハ支那ノ独立ヲ承認スル証左トシテ同国領土及海域ヨリ一切ノ兵力ヲ撤退スル意向アリヤ。

五、若シ支那政府カ日本軍ニ対スル「ゲリラ」戦ヲ中止シ且在支日本人ノ合法的権益ヲ保護スルコトニ同意セハ、日本ハ故意ニ延引ヲ避ケテ全面的撤退ヲ実行スル用意アリヤ。

六、日支両国ハ在支日本財産及経済的権益並ニ戦争ニ依ル両国ノ損害ニ関スル懸案問題解決ノ為、共同ノ上専問〔門〕家ヲ任命シ単一乃至数個ノ委員会ヲ設置スル意向アリヤ。

七、当面ノ緊急問題ヲ友好的ニ解決シ得タリトセハ満州ノ現状ヲ外交的ニ解決スル為、前記ノ如キ共同委員会ニ之ヲ懸ル意向アリヤ。

八、日本政府ハ此種問題ノ全部乃至一部ノ解決ニ当リ重慶政府トノ直接交渉ヲ望ムヤ乃至第三国ノ斡旋ヲ可トスルヤ。

九、日本ハ太平洋問題ニ関心ヲ有スル列国ト会議ヲ開催シ、一切ノ未解決問題ノ適当ナル再建及修正方ヲ希望スルヤ。

十、最近締結ヲ見タル日独伊同盟ハ該同盟ナカリセハ前記問題ノ何レカニ関シ決定ヲ見タルヘキ事項ヲ変更セリヤ。

（終）

要旨

1、支那国家ノ独立（三）

2、支那ハ反日的性質ノ煽動ヲ一掃シ且共栄関係増進ノ為積極的措置ヲ確約（四）

3、在支日本人ノ合法的権益ヲ保護（五）

4、懸案解決ノ共同委員会（六）

5、満州ノ現状ヲ外交的ニ解決スル委員会（七）

6、日本ハ支那領土及海域ヨリ一切ノ兵力撤退（四）

〔日付、紙名不明英字記事 "And finally there is the admirably brief statement of his policy:" 貼付。以下の書き込みあり〕

ルーズベルト〔Franklin D. Roosevelt アメリカ大統領〕教書

十六年一月七日

〔書き込みここまで〕

軍務局長〔岡敬純〕電　十六年一月十九日１７３０発

一、泰国仏印問題経過概要

帝国ハ従来泰ノ失地恢復問題ニ関シ好意的斡旋ノ態度ニ出タル所、仏側ハ之ニ応ゼスシテ今日ニ至レリ。

一方国境方面空陸ノ衝突ハ漸次拡大シ、海上ニ於テハ泰国砲艦「ドンブリ」ハ仏国軍艦ノ為撃沈セラル、如キ切迫セル情況トナレリ、他方英米ハ日本ノ南方進出ヲ阻止セントスル企図ノ下ニ極秘裡ニ共同シテ調停ニ乗リ出サント策動シツ、アリシガ、十七日ニ至リ駐泰国英公使〔Josiah Crosby〕ハ泰国政府ニ対シ仏領印度支那側ノ依頼ニ基キト称シテ正式ニ調停ヲ慫慂スルニ至レリ。

二、右ノ情勢ニ対シ帝国ハ泰ヲシテ英国ノ居中調停ヲ拒絶セシムルト共ニ、両国ニ対シ所要ノ威圧ヲ加ヘ紛争ノ即時解決ヲ期スル為、居中調停ニ立ツ方針ノ下ニ諸般ノ施策ヲ進ムルコトトナレリ。

（終）

次官、次長ノ電　十六年一月二十日１６００発

一月十九日大本営政府連絡会議ニ於テ左ノ通泰国仏印紛争調停ニ関スル緊急処理要綱ヲ決定セラレタリ

一、方針

泰国ヲシテ英国ノ居中調停ヲ拒絶セシムルト共ニ、帝国ハ両国ニ対シ所要ノ威圧ヲ加ヘ紛争ノ即時解決ヲ図ル

二、泰国ニ対スル措置

㈠失地問題ニ関連シ日本ガ従来採リ来リタル居中調停ノ立場ニ鑑ミ英国側ノ申出ヲ拒絶セシム

㈡日本ハ仏印ヲ圧迫即時〔停戦〕セシムルコトヲ保証ス

㈢好機ヲ捉ヘ日泰間新協定、特ニ軍事協定取極メニ関スル原則的了解ヲ取付ク

三、仏印ニ対スル措置

㈠直ニ仏本国及仏印当局ニ対シ即時停戦方申入ル

㈡前項居中調停ニ対スル帝国ノ態度トシテハ英国等ヘノ調停依頼ハ松岡「アンリー」協定ノ趣旨ニ違反スルノミナラズ極東ノ安定大東亜新秩序ノ建設並ニ支那事変

処理ニ重大ナル関係モアリ帝国ノ断シテ黙視シ得ザル趣旨ニ拠ルコト
㈢右ニ伴ヒ仏印ニ対シ所要ノ威圧行動ヲ開始ス
威圧行動及武力行使ニ関シテハ別ニ定ム
（終）

大海〔大本営海軍部〕仏印派遣委員長〔中堂観恵〕及泰国大使館付武官〔鳥越新一〕ヨリ任国ノ当局者ニ申入要旨（中央ヨリ二十日2100発電）
一、仏印及泰近海ニ多数ノ帝国海軍艦艇行動中ナルニ付誤爆等不測ノ事態ヲ惹起セサル様注意ノコト
二、紛争解決スル迄泰及仏印政府ハ日本ヲ除ク第三国軍艦ノ利用シタキ領域内港湾入泊ヲ禁止スルコト
右実行セラレサル場合ニハ帝国ハ独自ノ行動ヲ執ルヘキコト
尚帝国ハ通信連絡上必要ナル場合帝国軍艦ヲ事前通告ノ上入泊セシムルコトアリ

大海令第二五三号　昭和十六年一月二十一日
奉勅　軍令部総長　博恭王
嶋田支那方面艦隊司令長官ニ命令
一、帝国ハ仏領印度支那及泰国間ノ紛争ヲ至急調停スルニ決シ、外交々渉ト相俟ツテ海陸軍兵力ヲ所要ノ地点ニ派遣、右両国ニ威圧ヲ加ヘントス
二、支那方面艦隊司令長官ハ第二遣支艦隊ノ一部ヲ急速仏領印度支那及泰国沿岸ニ派遣シ兵力ヲ顕示スヘシ
三、細項ニ関シテハ軍令部総長ヲシテ指示セシム
（終）

大海令第二五四号　昭和十六年一月二十一日
軍令部総長　博恭王
嶋田CSF司令長官ニ指示
大海令二五三号ニ依ル兵力顕示ニ関シテハ、左記ニ準拠スヘシ
一、第二遣支艦隊司令長官〔沢本頼雄〕ハ足柄、第五水雷戦隊（第五駆逐隊欠）及瑞穂ヲ率ヒ南下、概ネ一月二十五日迄ニ仏印南部沿岸ニ進出、次テシヤム湾東北部ニ行動シ其ノ威容ヲ顕示ス
二、占守〔海防艦〕及掃海艇又ハ水雷艇一隻ヲ海防ニ派遣シ、陸軍河内〔ハノイ〕増勢部隊ノ海防入港ヲ間接ニ援護スル

ト共ニ通信連絡ニ任ス

三、高雄航空隊ハ海南島方面進出後、海南島又ハ河内ヲ根拠トシ仏印ニ対シ機宜其ノ威容ヲ示スト共ニ兼テ対支作戦ニ従事ス

四、右行動中仏印側ヨリ挑戦セラレタル場合及自衛上特ニ必要ナル場合ノ外武力ヲ行使セサルモノトス

（終）

大海令第二五五号　昭和十六年一月二十一日

軍令部総長　博恭王

山本ＧＦ長官　ニ指示
嶋田ＣＳＦ長官　〃
沢本２ＣＦ長官　〃

高雄航空隊（仏印派遣隊ヲ含ム）ヲ本隊台湾出発ノ日ヲ以テ作戦ニ関シ第二遣支艦隊司令長官ノ指揮下ニ入ル

（終）

大海一部長電　十六年一月二十三日１３３０発

呉鎮〔参謀長・宇垣莞爾〕、佐鎮参謀長〔堀内茂礼〕宛
大海機密第三八番電ニ依ル特別陸戦隊ハ準備完了次第最近便ニ依リ支那方面艦隊司令長官ノ指揮スル地点ニ向ケ出発セシメラレ度

（終）

呉鎮一特陸　一月二十八日呉発、海南島へ直行（海口）
佐鎮特陸　一月三十一日佐世保発、　〃　（三亜、清欄）
七航戦、一水戦　二十三日呉発、二十九日三亜着
陸軍170連隊　一月二十五日１５３０海防ニ上陸完了（交代ノ名目ニテ北部仏印ニ派遣ノモノ）

軍務局長ヨリ電　一月二十五日２２００発

泰国、仏印両軍ハ現対勢ノ侭一月二十八日一二〇〇（日本時間）以降作戦行動ヲ中止スルト共ニ停戦協定締結ノ為、停戦ニ関シ全権ヲ委任セラレタル委員ヲ一月二十九日一二〇〇時迄ニ西貢〔サイゴン〕港内帝国軍艦（名取）ニ集合セシメラレ度

帝国ハ仏印側ヨリ澄田少将、中堂大佐、林〔安・在ハノイ〕総領事、泰側ヨリ鳥越大佐、田村〔浩・駐タイ陸軍武官〕大佐、浅田〔俊介・在バンコク〕総領事ヲ停戦調停委員（所要ノ輔佐

官随行）ニ任命シ、澄田少将ヲ代表トシ右会議ニ参加セシム
停戦後直ニ東京ニ於テ紛争解決交渉ヲ開始スルヲ以テ、停戦ニ関スル細目其ノ他ハ別電ス

日本提案ノ停戦条件要旨

両国陸軍ハ現位置ヨリ十粁後退スルヲ原則トス
両国海軍艦艇ハ海岸国境ヲ通スル南北線ヨリ出ルコトナシ
両国軍用機ハ互ニ相手国ノ領空ヲ侵サズ
後退完了ヲ一月三十一日正午迄トス
両軍ハ紛争再発ノ虞アル一切ノ軍事行動ヲ停止ス
停戦期間ハ停戦第一日（一月二十八日）ヨリ二週間以内トシ右期間中ニ於テ和平条件ヲ取極ルモノトス

足柄、5Sd（5dg、皐月〔駆逐艦〕欠）、瑞穂二十六日1510シャム湾 Goh'Gut 島着、同日1930足柄、5Sd（22dg一小隊、5dg欠）西貢沖ニ向フ。
22dg司令駆（文月〔駆逐艦〕）ハ盤谷〔バンコク〕ニ向フ。

大海令第二五六号　昭和十六年一月二十七日

奉勅　軍令部総長　博恭王
山本GF長官ニ命令
嶋田CSF長官　〃
沢本2CF長官　〃
第七戦隊、第一水雷戦隊、第二航空戦隊及第七航空戦隊ヲ作戦（二月十七日ニ解カル）ニ関シ第二遣支艦隊司令長官ノ指揮下ニ入ル

（終）

大海令第二五八号　十六年一月二十七日
軍令部総長　博恭王
嶋田CSF司令長官ニ指示
大海令第二五三号及第二五四号ニ依ル兵力顕示ノ部隊ハ、左記ニ依リ行動セシムヘシ
一、第五水雷戦隊司令官〔原顕三郎〕ハ名取及駆逐艦一隻ヲ率ヒテ一月二十八日中ニ西貢ニ入港シ其ノ威容ヲ示スト共ニ仏印及泰国停戦会議ニ関シ所要ノ援助ヲ為ス
二、第二十二駆逐隊司令〔泊満義〕ハ駆逐艦一隻ヲ率ヒ一月二十八日中ニ盤谷港内又ハ盤谷沖ニ至リ所要帝国官憲トノ通信連絡ニ任ス

三、第二遣支艦隊司令長官ハ足柄、瑞穂及第二十二駆逐隊中前号以外ノ駆逐艦ヲ率ヒ仏印南部及中部沿岸ニ対シ兵力ヲ顕示シツヽ、二月二日迄ニ海南島方面ニ復帰ス
四、占守及第十七号掃海艇ノ海防ニ於ル任務ヲ解ク
（終）

大海仏印派遣委員長　十六年一月二十七日０８００発
仏印側ハ本二十七日〇七〇〇（日本時間）原則トシテ日本ノ提案ヲ承認、二十八日一〇〇〇敵対行為ヲ停止、二十九日一〇〇〇西貢在泊日本軍艦上ノ停戦委員会議ニ五人ノ代表ヲ参加セシムル旨回答シ来レリ
（終）

名取、水無月（駆逐艦）二十八日１６００西貢着、足柄、瑞穂、長月（駆逐艦）二十八日１３１０西貢沖着。文月（22ｄｇ司令）二十八日２１３０パクナム（盤谷下流）着。

一月三十一日泰、仏印ノ停戦協定調印ヲ了ル。
日本代表モ本協定ニ署名調印ス、且停戦ノ実行ヲ監督スルノ権利ヲ取得シ、監督上軍用機艦艇ノ行動ニ便宜ヲ与ヘシム。

大海令第二五九号　十六年二月一日
呉鎮第一特別陸戦隊及佐鎮第一特別陸戦隊ヲ作戦ニ関シ支那方面艦隊司令長官ノ指揮下ニ入ル
（終）

大海令第二六〇号　十六年二月四日
軍令部総長　博恭王
嶋田ＣＳＦ長官ニ指示
一、大海令第二五八号ニ依リ西貢及盤谷入泊中ノ艦艇ノ任ヲ解ク
５Ｓｄハ機宜固有任務ニ復帰セシムヘシ
二、２ＣＦ司令長官ヲシテ15Ｓ、７Ｓ、１Ｓｄ及７Ｓｆノ中一部兵力ヲ適宜西貢、盤谷並ニ南部仏印及泰国沿岸ニ派遣シ兵力顕示ヲ兼ネ仏印、泰国間停戦ノ実行監視並ニ通信連絡ニ任セシムヘシ
（終）

ＧＦ　二月二十八日ヨリ三月二日航空協力
第十一航空艦隊（二十四航戦、高雄空欠）
　第一目標　韶関、贛州、建昌、長汀、江山以西貴溪ニ至ル浙贛
　第二目標　同安、連江
一航戦（二航戦）　福州方面、海口方面、厦門方面
三航戦　海門方面
　温州方面　崎頭山、沙頭山、瑞安ト温州間ノ運河
　戎克

新嘉坡〔シンガポール〕方面ノ英軍備　十六年二月六日発電　英国支那艦隊長〔Geoffrey Layton〕ヨリ駐日英大使〔Robert L. Craigie〕ヘ

（要旨）
一、一九四〇年八月戦時内閣〔チャーチル内閣〕ハ極東防備重大方針トシテ『日本艦隊ヲ引受ケ得ル様極東ニ大艦隊ヲ分割スルコトハ英国トシテ不可能ナリ』トノ主張ヲ採択セリ。
其後ノ努力ハ馬来〔マレー〕ノ空、陸部隊ノ補強策ニ向ケラレ、香港ハ現駐兵力ニテ成ヘク長ク守備セントス。

一、印度ヨリ二箇…到着、豪州ヨリ精鋭ナル旅団派遣今月到着、三月ヨリ五月迄ニ一箇師団ノ派遣ヲ印度ニ希望シアリ、更ニ豪州ノ一ケ旅団ヲ一ケ師団タラシムヘク協議セントス。
一、馬来ノ現有航空兵力ハ第一線ニ立チ得ルモノ88機、今月航空関係員多数補充サレ、飛行機ハ主トシテ米国ヨリ多数提供サル、筈ニテ年末迄ニ第一線機ヲ336機ニナサンコトヲ望ム。
此等飛行機ハ印度洋東北部ノ通商保護、緬甸〔ビルマ〕、ボルネオ、馬来ノ防衛ニ当ツ。
一、日本ノ攻撃ニ対シ重要根拠地ヲ無価値ナラシムヘク泰国南部ノ Kra Isthmus〔クラ地峡〕ヲ占領スルコトヲ考ヘアリ。
一、蘭印当局ハ最近数週間日本ノ侵略ニ抗セントノ決意ト協力ノ熱意ヲ加ヘ来レリ。
米国ハ海軍大佐 Arch Allen ヲ派シ会議ニオブザバートシテ参加。

　Ｃ二作戦〔広東省雷州方面遮断作戦〕
三月三日波集団ハ広東省沿岸諸港ヲ急襲シ、敵ノ輸送路ヲ

破壊ノ上一週間以内ニ撤退。

第一護衛隊　5Sd司令官指揮
　広海　駆一、掃一
　陽江　同上
　電白、水東　駆一、水雷艇一
第二護衛隊　第一水雷隊司令指揮
　雷州　水雷艇二
第三護衛隊　占守艦長(有村不二)指揮
　北海　占守、駆一

海軍兵力
15S(長良欠)、5Sd(5dg欠)、1tg(一隻欠)、占守、十七掃、十八掃

三月三日　広海ニハ0850、陽江ニハ1115、電白ニハ0530、水東ニハ0515、北海ニハ0730、雷州ニハ1120、上陸ニ成功ス、北東ノ風稍強ク海上波浪アリシモ上陸ハ順当ニ行ハル、敵ノ大ナル抵抗ナシ。
三月九日　C二部隊ノ編制ヲ解ク、撤去完了。(終)

大海令第二六五号　昭和十六年三月一日
軍令部総長　博恭王
嶋田CSF司令長官ニ指示
支那沿岸封鎖作戦ニ関スル海陸軍中央協定別冊ノ通定ム (終)

大海令第二六六号　十六年三月十日
第二十七駆逐隊(1Sdノ隊ナリ)及高雄航空隊ニ対スル第二遣支艦隊司令長官ノ作戦ニ関スル指揮ヲ解ク (終)

敵機撃墜　昭和十六年三月十四日
第十二航空隊艦上戦闘機12機(横山大尉指揮)本日成都ヲ急襲、空中戦闘ニ依リ敵機21機撃墜(内不確実3)、地上攻撃ニ依リ4機炎上、1機大破セシメ全機帰還、被弾機四、人員異状ナシ。爾後精査ノ結果敵機損害数34。

大川内(伝七・支那方面艦隊)参謀長上京ニ際シ質問及要望　昭和十六年二月末
二月下旬参謀長上京ニ際シ(質問)(嶋田ノ腹)
一、対米ノ腹、成ヘク穏便
　彼ヨリ無理無体ノ申入ニハ断然拒排。
一、対蘭印ノ腹、武力ハ使用ス可ラズ
一、日独ノ関係

米国英側ニ参戦ノ場合、極力日本ノ参戦ハ避ル（差当リ）。
一、日支事変処理、日支事変ヲ忘レサルコト
急速解決方針ナレハ適当ノ兵力必要。
一、対蘇交渉ノ腹

希望

一、日支事変ヲ本年中ニ処理ノ方針ナレハ、少クモ左ノ兵力必要。
奥地攻撃ノ為ニ中攻隊多数、多々益々可、四月ヨリ封鎖強化ノ為ニ揚子江口及沿岸ニ水上機、三月ヨリ海南島、舟山島ニ陸戦隊協力ハ成ヘク長ク。
一、主要人事ハ不適者ノ外成ヘク動カサヌコト、作戦中ナルニ留意。
一、軍事参議官ノ視察、慰問。
一、三長ヲ会議ニ入ルコト。

中央当局ノ答（大臣、次官列席ニテ軍務一課長（高田利種）ヨリ）　十六年二月二十八日

一、対米ノ腹
米国ト戦争シテ我ニハ何等ノ利ナシ、故ニ独ノ希望アルモ我ヨリ進テ開戦ノ意無シ。

米国カ独、伊ニ対シテ参戦ノ場合ニハ混合委員ニテ何レカ戦ヲ始メタルヤヲ充分研究シ、尚彼ヨリ手出シタル場合ニモ大局ヨリ情勢ヲ篤ト研究シタル上ニテ去就ヲ決ス。
一、対蘭印ノ腹
仏印ト泰トノ調停ハ何処迄モ積極的ニ行フ、之カ為米国立ツノ名目ナク立タズト判断ス。

蘭印等南方ニ武力ヲ用ヒ進出スルコトハ行ハズ、此際ハ自重シ英米トノ衝突ヲ避ク。
一、対蘇交渉
帝国現有ノ利権等ヲ犠牲ニシテ交渉ヲ成立セシメントスルカ如キ意毛頭ナシ。

北樺太ハ寧ロ買収シタシ。

此等ノ方針ハ海陸軍外務ノ一致スル所ナリ。

支那方面艦隊（戦死傷者）

昭和十五年度　戦死81名（准士官以上内5）、戦傷196（内17）、死亡認定8。
戦死傷者ハ十四年度ニ比シ536名ヲ減ス。

〔日付、紙名不明新聞記事「中南支沿岸封鎖線第四次追加を宣言」貼付〕

大海令第二七〇号　十六年三月三十一日

　軍令部総長　博恭王

嶋田CSF長官ニ指示

沢本2CF長官　〃

F一〔甲号〕〔浙東作戦〕C四作戦〔福州作戦〕海陸軍中央協定別冊ノ通定ム

（終）

大海令第二七一号　昭和十六年四月一日

　軍令部総長　博恭王

嶋田CSF長官ニ指示

塩沢〔幸一〕横鎮　〃

横一特ヲ作戦ニ関シCSF長官ノ指揮下ニ入ル

（終）

〔六月一日指揮ヲ解カル〕

海南島Y3作戦　三月三十一日終了。

戦果　射刺殺1979名、捕虜234名

我　戦死戦傷死11名、重傷10名、軽傷24名

佐鎮八特、舞鎮一特及十五防ノ進撃ニ依リ北方地域ニ蟠踞セル敵ニ与ヘタル有形無形ノ戦果多大、又南方地域ノ敵ニ対スル撤〔徹〕底的討伐ニ依リ敵ハ集団行動ノ気力ヲ失ヒ漸次匪賊化。

軍令部機密第一八八号　昭和十六年四月四日

　軍令部総長

　支那方面艦隊司令長官殿

艦船部隊派遣ノ件伝達

支那方面艦隊司令長官ハ必要ニ応シ部下艦船部隊ノ一部ヲ仏領印度支那及泰国沿海ニ派遣シ、同地域ノ警備ニ任セシメラル

（終）

〔三月四日付デリー・ニュース英字記事「Thai to Get Rich Indo-China Areas」貼付〕

備忘録　第五

支那方面艦隊司令長官
海軍大臣
自　昭和十六年四月
至　　　十九年五月

追て九八〔式〕分解水添〔石油を高温・高圧下で水素添加し高オクタン航空揮発油を得る法〕工場引続試運転中之処、本月（十五年十一月）上中旬ニ至る第七次試運転ニ於て収率七三％加鉛九二なる驚異的好成績を収め一同愁眉を開くと共ニ将来への確信を得たるを喜ひ居候、尚一層の改善を加へ本装置の確立を期し度く一同張り切り居候。御安意被成下度候。

（燃料廠〔精製油部長〕種子田栄君来信）

大海令第二七二号　昭和十六年四月十日

奉勅　軍令部総長　永野修身

山本〔五十六〕ＧＦ長官ニ命令

嶋田〔繁太郎〕ＣＳＦ長官ニ命令

第五水雷戦隊、第二十二航空戦隊、第十二航空戦隊ヲ作戦ニ関シ支那方面艦隊司令長官ノ指揮下ニ入ル

（終）

大海令第二七四号　十六年四月十五日

軍令部総長　永野修身

嶋田ＣＳＦ長官ニ指示

山本〔弘毅〕馬公要港部司令官ニ指示

一、馬公要港部司令官ハ概ネ一個中隊ヲ基幹トスル陸戦隊ヲ福州方面ニ派遣シ、作戦ニ関シ支那方面艦隊司令長官ノ指揮ヲ受ケシムヘシ

二、支那方面艦隊司令長官ハ第二遣支艦隊司令長官〔新見政一〕ヲシテ前項ノ派遣陸戦隊ヲ指揮セシムヘシ

（終）

（大海令第二七六号ニテ五月十日、本指揮ヲ解カル）

近来上海ヨリ香港ニ入ル物資カジヤンク曳船等ニテ香港付近ノ海岸ヨリ支那内陸ニ入ルモノ月約十五万噸トノ推測アリ、茲ニ第三国ヘノ封鎖区域ヲ拡大ス。

〔日付、紙名不明新聞記事貼付、地図あり〕

十六年四月十九日

Ｆ一〔浙江作戦〕、Ｃ四〔福州〕作戦

各地共ニ十九日早朝陸軍ノ上陸ニ成功ス。鎮海、石浦、海門、半浦（温州）、福州。

福州方面―十九日１６００艦隊陸戦隊尉斗島〔現粗蘆島〕占領。十九日１５００金牌砲台ヲ、１８００長門砲台ヲ占領。

鎮海方面─十九日9h-30A（8-30A）陸戦隊ハ鎮海県城ニ入城シ１２３０（０９３０）市内ノ掃蕩ヲ完了、水路啓開隊ハ蘆林迄ノ清掃ヲ終リ、二十日１３１５寧波ニ達ス。陸軍ハ十九日夜蘆林ノ線ニ達シ、二十日３ｈＰ寧波ヲ占領。温州ハ二十日占領、福州ハ二十一日１０３０占領。

第22航空戦隊ノ漢口進出

四月十日ＣＳＦ司令長官ノ指揮下ニ入リ（大演習ノ為ニ上海戊基地ニ在リシ）、引続キ同基地ニテ訓練及ヒ浙贛線各地、支那沿海各地ヲ攻撃シタルガ、四川方面ノ攻撃ヲ開始スヘク漢口ニ進出。

司令部　　四月十九日
元山、美幌航空隊　四月二十日
両航空隊共ニ中攻常用27、補用６ヅ、
中攻計66
戦闘機（九六艦戦）｛元山２隊 美幌１隊

馬尾ノ占領　四月二十一日

陸戦隊（馬公要港部ヨリ派遣）ハ水路啓開隊ト並進、二十一日１５５０馬尾ノ下流五粁ニ上陸シ敗敵ヲ掃蕩シツ、陸軍ニ先ダチ１７１７馬尾ニ突入、夕刻迄ニ海軍要地全部ヲ占領ス。

水路啓開隊ハ多数機雷ヲ処分シツ、二十一日中ニ馬尾ニ至リ小型艦艇通航水路ノ啓開ヲ完了、二十二日馬尾ノ上流水路ヲ啓開前進ス。二十三日１１１５福州迄ノ掃海ヲ一ト通終ル（一部ハ未了）。

馬尾迄ノ海上トラック水路二十四日完全ニ啓開ス。

海軍ノ松門占領、穿山、柴橋攻撃　四月二十三日

横鎮（横須賀鎮守府）一特ヲ以テ奇襲部隊二ヲ作リ、第一奇襲部隊ハ穿山東方霞浦張ニ上陸シ柴橋（舟山島ニ来襲スル匪敵ノ本拠）ヲ焼打シタル上鎮海迄沿岸ヲ掃蕩ス。第二奇襲部隊ハ松門ヲ占領、援蔣物資密輸ノ本拠ヲ掃討ス。四月二十二日ノ予定ナリシガ前夜来風波強キ為延期シ、二十三日早朝行フ。

第一奇襲隊ハ０６０５、第二奇襲隊ハ０５３０（監視兵ノ射撃ヲ受ケシモ損害ナシ）ニ上陸前進、3-35P柴橋占領、5-30P穿山占領。

出雲（海防艦）ノ陸戦隊ハ第二奇襲隊ニ呼応シ松門島ノ南岸ニ上陸シ、松門ノ対岸ニ進出シ夕刻帰艦。

第二奇襲隊ハ１３１０松門城ヲ占領。
第一奇襲隊二十四日崑亭ヲ占領、二十五日霩霱城ヲ占領シ、大榭山島ヲ掃蕩シ、付近ノ戎克〔ジャンク〕150ヲ処分。二十七日穿山、柴橋方面ノ押収品ヲ処理シ、二十八日陸路鎮海ニ向フ。押収物資、鉛、真鍮約370噸、綿100貫等。焼却戎克900隻。
第二奇襲部隊ハ松門市内外ノ敵軍事施設及建物ヲ爆破シ、二十五日夕撤収ヲ了ル。押収物件、小銃15、同弾薬包600、米336瓩、砂糖１５００瓩、緒麻三万瓩等。
穿山ニ於テ第一、第二奇襲隊合同ス。
鎮海派遣陸戦隊ノ鹵獲品（蓮〔駆逐艦〕、栂〔駆逐艦〕ノ分共）。
　小銃23、銃剣20、チエツコ機銃1等
大砲13門、砲弾１２７７、レール150本、機雷缶108、八糎砲身2、十二糎砲弾39、海底電線（径25・4粍）約３１０
　００米
温州（杉浦〔英吉・歩兵第二十一旅団長〕支隊）及ヒ海門（安藤〔忠雄・歩兵第四十二連隊長〕支隊）ノ陸軍ハ五月三日撤収ヲ完了。

四月二十七日大海令第二七五号ニテ、第十二航空戦隊ニ対スルＣＳＦ長官ノ作戦ニ関スル指揮ヲ解カル。
福州方面ノ海軍作戦（五月一日護衛艦隊ヲ解ク）
　綜合戦果
鹵獲｛野砲2、機銃5、小銃170、同弾薬三万発
　　　機雷333、小汽船4、汽艇4
処分機雷57
捕虜5、敵遺棄屍371
我損害　戦死　下士官兵8、重傷　兵1
　　　　軽傷　特務士官4
　　　　　砲艇1、滑走艇2　沈没
福州作戦ニ就キ中川〔広・第四十八〕師団長ヨリ特ニ海軍ニ感謝シタル二点（五月二十六日福州ニ於テ）
一、作戦中海軍水上飛行機ノ有効適切ニシテ勇敢ナル陸戦援助
二、閩江々口ヲ迅速ニ啓開シ陸軍ノ糧食ヲ適時ニ輸送可能ナラシム（糧食欠乏シ減食中ニ到達シ追撃ヲ可能ナラシメタリト）。

九月上旬福州撤去。

重慶爆撃

昭和十六年度第一回攻撃　　五月三日

陸攻
- 美幌隊26（川口〔益・美幌航空隊飛行長〕少佐）
- 元山隊27（中西〔二一・元山航空隊飛行隊長〕少佐）

1045W〔漢口基地〕発、1415重慶上空ニ突入、重慶西郊ノ政治軍事機関ニ二十五番104発、六番208発

艦攻、十二空9（駒形〔進也〕大尉）

1105W発、1400合川ニテ陸攻隊ニ合同シ突入、重慶市街ヲ爆撃、六番陸用36、七番18発

十二空、零戦3、陸偵1機、1140W発、攻撃隊ノ重慶突入二十分前ヨリ攻撃終了迄重慶ノ上空制圧。

第二回　五月九日　浅田〔昌彦・元山航空隊飛行長〕中佐指揮

陸攻
- 美幌隊25（森〔冨士雄・美幌航空隊飛行隊長〕少佐）
- 元山隊25（中西少佐）

1125W発、1500重慶ニ突入、重慶西部ノ政治軍事諸機関ヲ爆撃、大火災、二五番100、六番200

艦攻、十二空9（駒形大尉）

1135W発、1520重慶市街ヲ爆撃炎上セシム、六番36、六号七番18

十六年五月九日

海軍大臣〔及川古志郎〕ヨリ軍務一課長高田〔利種〕大佐ヲ派遣シ機関科一系問題ノ説明アリ、之ニ所見ヲ求メラレタル答

一、本問題ハ中央当局ト慎重ニ攻究決定サルヘキコトナレハ、根本ノ可否ハ中央ニ成算アレハ同意ス

一、一系ヲ行フトシテ気付ノ点

㈠機関専問〔門〕将校ノ進路及之ニ伴フ制度

此点ヲ確定シ置カサレハ機関術ニ関スル低下ト共ニ不平ヲ再ヒ繰返ス

艦隊機関長等ハ必要ナラスヤ、機関科ハ准士官以下ニハ必要ナラン、機関科分隊長、分隊士ノ配置ヲ艦長ニ任スコトハ困ラズヤ

㈡現機関将校ハ将来モ機関科専問〔門〕トスルコトヲ基準要綱ニ明記ス、然ラサレハ同要綱第七ノ七ニ依リ機関ハ放擲サル、惧アリ、此点ハ彼等ノ堂々唱ヘヲルコトニモ合致ス

㈢現兵科青年将校ニ対シ事理明快ニ懇切ニ説明ヲ中央ヨ

リ示ス
一般要綱説明ハ衷心感服シ得ズ、血気ノ者ノ感情緩和ヲ所轄長ノ指導ニ待ツハ無理ナリ、所轄長ニテ遺憾ナク指導シ得ル問題ニアラズ
㈣具体的ノコトヲ大体内定シ具体案カ練レタ上ニテ公表セサレハ混乱ノ惧アリ
一、特務士官、予備士官ニ関スルコトハ同意、選修学生ハ独立ノ学校トシ多数採用ノ要アリ
一、軍令承行令ハ艦船職員服務令等ニ含ミ得サルヤ
一、殿下〔伏見宮博恭王〕ヘ御説明
〔質問〕歯科医ノ武官制、技術部将校、兵科青年将校ノ実感

重慶爆撃

第三回　五月十日　川口少佐指揮
陸攻 ｛美幌隊24（川口少佐）　二十五番48発、六番96発
　　　 元山隊24（中西少佐）　〃　〃
０９３０Ｗ発、１３００重慶突入、美幌隊ハ西郊ヲ爆撃、元山隊ハ浮図関8機及江北市街16機
艦攻、十二空8機（駒形大尉）六番32、六号七番16発、陸攻隊ト同時ニ突入、重慶市街ヲ爆撃

第四回　五月十六日　浅田中佐指揮
陸攻 ｛元山空27（中西少佐）　一機ハ忠州ヲ攻撃
　　　 美幌空26（森少佐）　一機ハ恩施　〃
０８４０Ｗ発、１２００重慶突入、元山空ハ浮図関政府施設ヲ爆撃（八〇番9発混用）、二ケ所爆発炎上、美幌空ハ同時ニ突入シ重慶西部ヲ爆撃
艦攻、十二空9（駒形大尉）、同時ニ突入シ重慶市街ヲ爆撃シ、数ケ所炎上、使用爆弾、八〇番9、二五番88、六番211、六号七番18
敵高角砲ニ依ル被弾、元山空三機、美幌空一機

零戦ノ急襲

五月二十二日
零戦28機（佐藤、向井〔一郎〕大尉、蓮尾〔隆市〕中尉）、成都ノ邛崍上空ニ於テＳＢ〔ソ連製爆撃機〕２機ヲ撃墜、同丫場ニ在リシ中型機１、Ｅ15型〔ソ連製戦闘機〕９機ヲ悉ク炎上セシム。

五月二十六日　中支航空部隊北方隊

零戦11機（鈴木大尉）、陸偵2機、1110第十五基地（運城）発進、1230天水上空着、敵機ヲ認メズ。内零戦3機（中瀬一空曹）命ニ依リ低空ニ降下シ地上ヲ捜索セルモ敵機ヲ見ズ、此間一機ハ分離シ本隊ニ合同シ、二機ハ本隊ニ合同セントシツ、アル時、1235空中ニ敵戦闘機9機ヲ発見シ、二機ニテ之ニ突入シ空中戦闘開始、其ノ直後更ニ9機来リ、18対2機ノ戦闘二十分間ニテ敵5機ヲ撃墜シ離脱ス。

本隊零戦9機、陸偵1ハ天水ニ敵機ヲ見ズ、成県付近視界不良ニテ飛行場ヲ発見セズ、1330再ヒ天水ニ至レルニ地上ニSB一機、E一五改型17機ヲ認メ、三十分間ニ亘リ銃撃ヲ行ヒ完全ニ炎上セシム。

美幌空ノ陸攻6、元山空ノ陸攻4機1140第十五基地発進、西安市街ヲ爆撃（二十五番20、六番20）、後ニ戦闘機隊ノ収容配備ニ就ケリ。

重慶攻撃

第五回　　六月一日

元山空、陸攻26機（中西少佐指揮）、1010発進、1318重慶市街ヲ爆撃、城内ニ全弾命中、西半部ハ広範囲ノ火災トナリ、一ケ所猛火ニ包マル、被弾機2、使用爆弾六番208発、七番104発

第六回　　六月二日

元山空、陸攻27機（伊沢〔石之介・元山航空隊司令〕大佐、中西少佐）、0855W発、1208重慶ニ突入市内ヲ爆撃、城内及江北市街ニ命中、数ケ所炎上、被弾機1、使用爆弾六番216、七番108

第七回　　六月五日（夜間爆撃）

元山空、陸攻ヲ三隊ニ分チ、四川省内霧深ク視認極テ困難ナリシモ照明弾ヲ使用シ所期ノ攻撃ヲ行フ。八機（中西少佐）1805W発、2120重慶城内ヲ爆撃、数ケ所炎上ス。

八機（石原〔薫〕大尉）1935W発、2245重慶西郊軍政諸機関ヲ爆撃、数ケ所火災（前続隊ノ爆撃個所盛ニ炎上シツ、アルヲ認ム）。

八機（石橋大尉）2045W発、0040重慶城内西部（内二機浮図関）ヲ爆撃。

防空砲火小、被害ナシ、爆弾二五番18、六番72、六号七番36、

南支航空部隊ノ攻撃

六月一日

一、艦戦9機、陸偵1誘導（浅井〔正雄〕大尉指揮）、0805発進、高々度ニテ隠密ニ進撃、1025昭通上空ニ達シ飛行場周辺ヲ隅〔限〕ナク低空捜索シ、場外至近ニ草木蓆ヲ以テ巧ニ迷彩陰蔽シタル飛行機大型4、小型4、トラック10台ヲ発見、反覆銃撃、大型3、小型1機ヲ炎上、其ノ他ヲ完全ニ撃破、炎上セサリシモノハ燃料不搭載ト認ム、1300帰着、被害ナシ。

二、艦爆10機、1050発進、艦戦隊収容準備中艦戦全機合同ノ報ニヨリ直ニ帰投シ攻撃準備ヲ整ヘ、9機（林中尉）1310発進、北盤江ニ至リ1530吊橋ヲ爆撃、至近弾約六発（爆煙ニ依リ弾着不明）ヲ以テ右岸橋脚ヲ挟叉、命中弾ナシ、道路其ノ他ニ大損害ヲ与ヘ1730帰着、二十五番陸用9発。

六月二日　艦爆9機、北盤江吊橋ヲ爆撃、左岸橋脚ニ有効弾4、右岸橋脚ニ命中1、甚大ノ損害ヲ与ヘタルモ未タ橋梁ニ異状ヲ認メズ。

中支鉄鉱石増産開発計画　（十六年四月）

		十六年三月生産	拡充後ノ生産	完成年月
馬鞍山（開源碼頭）	南山	400,000 屯	650,000 屯	十七年三月
	大凹山	150,000	250,000	
	梅子山、黄梅山等	30,000	100,000	
鐘山（陳家圩）	鐘山	150,000	250,000	同上
	小姑山、釣魚山等	50,000	150,000	
桃冲（荻港）	桃冲	160,000	160,000	復旧
鳳凰山（鳳翔碼頭）	鳳凰山	450,000	640,000	十七年七月
	龍旗山、静龍山等	0	200,000	
銅官山	銅官山	0	100,000	同上

螢石鉱山開発（華中鉱業）

浙江省象山県　五獅山（250、000t）、破後山（9000t）、鉱量260、000屯。集積基地石浦。山元ヨリ積出地迄道路ヲ補修シ「トラック」ニ依ル。

第一期（五月～九月）　採拡〔鉱〕予定　日産85%以上10屯

第二期（十月～十二月）　日産30屯ヨリ70屯ヲ目標トス

十六年度末採鉱能力　年30000屯程度

重慶攻撃

第八回　六月七日

六日1915敵戦闘機7珊瑚壩ニ降着セリトノW班情報

元山空、陸攻27機（中西少佐）、1205W発、1540重慶市街ヲ爆撃、城内及隣接ノ地ニ数ケ所炎上、敵高射砲ノ被弾2アリ、二十五番54、六番108発。

十二空、零戦4機（佐藤大尉）、陸偵1機、1305W発、1515広陽壩上空ニテ零戦1機ハ敵E15及E19型各一機ヲ認メ友機ニ通報シタルモ通ゼズ、単機空戦シE15一機ヲ撃墜ス、他機ハ重慶ニ1520突入、陸攻隊ノ攻撃終了迄上空制圧ニ任ジタル上、重慶各飛行場ヲ偵察セシガ敵ヲ見ズ。

第九回　六月十一日

第一攻撃機隊　美幌空、陸攻26（森少佐）、十二空、艦攻9（駒形大尉）、1135発、1500重慶着、雲低キ為1505磁器口倉庫工場地帯ヲ爆撃、一ケ所炎上。

第二攻撃機隊　元山空、陸攻25機（中西少佐）、1315発、石馬州〔河〕飛行場ニ中型3、小型3アリトノ偵察機ノ通報ニ依リ目標ヲ石馬州〔河〕ニ変更、1645同飛行場内飛行機ヲ爆撃、弾幕ニテ捕捉、効果未詳。

北盤江吊橋撃墜　六月八日

南支航空隊（十四空）、艦爆9機（島崎〔重和・第十四航空隊飛行隊長兼分隊長〕少佐）、0900発進、1100北盤江吊橋上空ニ至リ、銃砲火ヲ冒シツ、爆撃、二十五番陸用9発、1300帰着。橋脚ニ命中3、至近1、橋梁中央ニ命中1、橋脚ヲ完全ニ爆破シ、橋梁ハ殆ト全部河中ニ没入、滇黔公路ノ交通ヲ遮断ス。尚弾着時付近燃料アリシ如ク大火焰ヲ昇騰炎上セリ。

大海令第二七八号　昭和十六年六月十日

奉勅　軍令部総長　永野修身

山本GF司令長官ニ命令

嶋田CSF司令長官ニ命令

第三艦隊ヲ作戦ニ関シ支那方面艦隊司令長官ノ指揮下ニ入ル

（終）

八月二十五日第二根拠地隊ニ対スル指揮ヲ解カル
九月六日第三艦隊ニ対スル指揮ヲ解カル

十六年六月十四日　9hA～9h-35A

汪精衛（南京国民政府）主席渡日ノ途上、海ニテ出雲ニ来訪。
本年中ニハ是非全面和平ニ導キタシトノ熱意ヲ有セラル、閣下ニ最近ノ和平問題ヲ報告シタシ。
第五戦区司令官（長）李宗仁ノ秘書長李超民南京ニ来リ汪主席ト和平問題ヲ話シ、汪主席ヨリ畑（俊六・支那派遣）軍司令官及板垣（征四郎・総）参謀長ト連絡シ、次ノ三点ニ合意ス。
一、和平区域ニハ日本軍進入セサルコト
一、軍事代表来リテ正式ニ停戦交渉ヲ行フコト
一、和平軍ノ要求アル場合ニハ日本軍之ヲ援助ノコト
此三点ヲ認メタル六月十二日ノ板垣参謀長ノ手紙（汪主席ヘノ）ニ汪主席ノ手紙ヲ添ヘ李氏ハ六月十三日南京発、十四日上海発香港ニ向フ、桂林ニテ李済（深・桂林行営主任）、重慶ニテ白崇禧（国民政府軍事委員会軍訓部部長）、老河口ニテ李宗仁、安徽ニテ李品仙（安徽省主席）ト連絡スヘク30乃至40日ヲ要ス。次回ハ軍事代表トシテ李宗仁ノ参謀長張任民ヲ同伴スルコトヲ予期ス。
桂林ノ爆撃ヲ止メラレタシトノ要求ハ、協定成立セサル今日応シ難シト断リタリト。

重慶攻撃

第十回　六月十四日
美幌空、陸攻25機（川口少佐）、１３００W発、１６３０重慶爆撃（二十五番25、六番104、七番52発）殆ト全弾城内ニ命中。
十二空、零戦9、陸偵1（蓮尾中尉）、１４１６発進、１６２０広陽壩上空着、各飛行場ヲ偵察セシモ敵ヲ見ズ、一旦重慶ヲ引上ゲ、１７００再ヒ重慶ニ至レルモ敵ヲ見ズ。

第十一回　六月十五日

美幌空、陸攻27機（森少佐）、１１３０発、１５０７重慶市街ヲ爆撃、二十五番27、六番108、六号七番54、不規弾二十五番1、小型弾6発ハ揚子江東岸観音閣付近ノ江岸ニ弾着炎上セリ。

第十二回　六月二十八日

陸攻隊（美幌、元山各25機）、重慶攻撃ヲ企図セシモ天候急変シ目的地付近密雲ノ為進入極テ困難。
元山空（中西少佐）、積乱雲ノ端ニ辛クモ重慶南温泉ヲ発見、極テ困難ナル状況下ニ有効爆撃ヲ行ヒ全弾温泉地帯並ニ工場ト覚シキ建物ニ命中、三箇所爆発炎上（25番46、6号七番48、6番47）。
美幌空ハ１４００万県ヲ爆撃、数ケ所炎上。

独蘇開戦　十六年六月二十二日２３００

〔海軍省〕軍務局長〔岡敬純〕
〔軍令部〕一部長〔福留繁〕

極密182番電

一、独蘇両国二十二日遂ニ開戦セリ
二、今次開戦ハ独ノ一方的決意ニ依リ導カレタルモノニシテ、独蘇間外交々渉ノ行詰ニ起因スルモノニアラズ
独蘇戦ニ関スル独ノ情勢判断概ネ左ノ通
(イ)蘇ノ対独不信ハ最早忍ビ得ズ、大陸ニ於テ不敗ノ地位ヲ確保スルニハ蘇ヲ制スルヲ要ス
(ロ)独蘇ハ並ビ立タズ、好機アラバ宿敵蘇連ヲ破砕スルヲ要ス
(ハ)英本土上陸作戦ハ対英逆封鎖一層ノ奏功ヲ成シ得レハ「止メ」ノ一戦トシテ本年中ニ実施ス
米ノ援英ハ本年中ハ大ナル効果ナシ
(ニ)独ノ戦力ハ今ヤ頂点ニ達シ、対英現作戦ヲ続行シツ、数ケ月間ニ一挙ニ蘇連ヲ粉砕スル確信ヲ有ス
(ホ)大陸ニ於ル不敗ノ地位確立セハ米ノ参戦ヲ阻止シ得ル望アリ
三、帝国ハ独ノ新事態ニ対シテハ自主的態度ヲ以テ臨ミ概ネ現対勢〔態〕ヲ持続シツ、暫ク事態ヲ静観スル方針ニシテ、蘇連崩壊ノ場合ニ備ル若干ノ準備ハ進メラル、モ、之カ為支那及南方ニ対スル現配備ニ影響ナキノミナラズ寧ロ強化スル方針ニテ進マル、予定ナリ
右貴方限リノ含ミ迄

（終）

重慶攻撃

第十三回　　六月二十九日

元山空、21機（浅田中佐、中西少佐）、１３２０十四機重慶城内西部ヲ爆撃、殆ト全弾命中（二五番42、六番42、六号七番42）。

美幌空、26機（森少佐）、１５２５重慶城内西部ヲ爆撃、殆ト全弾命中、効果甚大（二五番26、六号七番52発、六番156）。

第十四回　　六月三十日

美幌空、陸攻24（川口少佐）、０９２５発、１３１０重慶市街城内西部ヲ爆撃、効果甚大、被弾機1（二五番24、六番144、六ノ七48）。

元山空、陸攻23機（中西少佐）、１０３０発、１３４０重慶江北ノ市街ヲ爆撃、効果甚大（二五番46、六番46、六号七番46）。

第十五回　　七月四日

美幌空、陸攻23機（近藤〔勝治・美幌航空隊司令〕大佐、森少佐）、０８００Ｗ発進、１１５０重慶市街及江北市街ヲ爆撃、効果大、被弾機6（高角砲ノ精度良好）使用爆弾二五番23、六番138、六号七番46。

元山空、陸攻16機（中西少佐）、１８００Ｗ発進、２０４５梁山飛行場施設ヲ爆撃、滑走路全面ニ弾着破壊、滑走路至近ニ四ケ所黒煙ヲ上ゲ炎上（正体不明）。偵察中ニ中型双発四機離陸逃走ス。

第十六回　　七月五日

元山空、陸攻21機（中西少佐）、１６３０Ｗ発進、１９５０重慶城内、西郊及浮図関高角砲陣地ノ至近家屋ヲ爆撃、数ケ所火災。残弾二十五番弾1発ニテ広陽壩飛行場ヲ爆撃シ、「ガソリン」貯蔵所ニ命中シ大火災。一機ハ故障ノ為南沱（宜昌西方）ヲ爆撃、使用弾二五番、六番、六号七番各42。被弾機一機（高角砲）。

美幌空ノ夜間攻撃ハ天候不良ノ為取止ム。

第十七回　　七月六日（夜）

美幌空、陸攻23機（森少佐ノ7機ハ２２００、武田〔八郎〕大尉ノ9機ハ２２０８、高橋〔勝作〕大尉ノ7機ハ２０２

5）、重慶城内及西郊ヲ爆撃、数ケ所炎上、空中ニ敵機4ヲ認メタルモ空中戦闘ニ至ラズ、高角砲ノ被弾一機、使用爆弾二十五番25、六番138、六号七番46。

第十八回　七月七日

元山空、陸攻17機（中西少佐）、０８５０Ｗ発進、１１１０重慶ニ突入、西郊軍政諸機関所在地ヲ爆撃、猛烈ノ火炎ヲ上ゲテ炎上、被弾機2、使用弾二五番、六番、七番六号各34（二五番3発ハ帰途梅州ヲ爆撃）。

十二空、零戦6、陸偵1、１０２５重慶ニ至リ１１３０迄上空制圧、敵機ヲ見ズ。

重慶攻撃

第十九回　七月七日（夜）

元山空、陸攻9機（二五番、六番、六号七番各18）、3機（石橋大尉）、２１４５重慶西郊ヨリ浮図関ニ亘リ爆撃、五ケ所炎上、3機（鈴木中尉）、２２２０重慶西郊ヨリ南岸ニ亘リ爆撃、数ケ所炎上、3機（石原大尉）、０１００重慶城内及西郊ヲ爆撃、数ケ所炎上。各隊共前続隊ノ爆撃ニ依ル大火災ヲ視認、効果極テ大ナリシト認ム。

第二十回　七月八日

美幌空、陸攻25機（森少佐）、０７５５発進、１１４５重慶西郊及城内西部ヲ爆撃、一ケ所炎上（二五番、六番、六号七番各50）。浮図関ノ工場ラシキ建物猛炎ヲ上ケ炎上シツ、アルヲ認メタリ（前夜ノ攻撃ニ依ルモノト推定）。

第二十一回　七月十日（指揮官浅田中佐）１１４０発 １５３０攻撃

元空、陸攻26機三隊ニ分離（二階堂（麓夫）、石原、石橋大尉）、重慶周辺高角砲陣地ヲ爆撃、弾幕ヲ以テ覆ヘル陣地（五門）一、至近弾ヲ得タルモノ二、其ノ他火災数ケ所、二五番52、六番52、六号七番52。

美幌空、陸攻25機（森少佐）、六番200、六号七番100発、浮図関ヲ爆撃、全弾命中、火災数ケ所。

十二空、艦攻7機（美座（坐）（正巳）中尉）、六番28、六号七番14発、城内東岸地区ヲ爆撃、約半数命中。被弾機、陸攻5。

第二十二回　七月十八日

久方振ニ奥地天候回復。

美幌空、陸攻27機（森少佐）、１１３５発進、１５０５重慶西郊軍政諸機関ヲ爆撃、一ケ所炎上、一部銅元局ニ命中。二五番、六番、六号七番各54発。

大海令第二七九号　　昭和十六年七月十日

奉勅　軍令部総長　永野修身

山本ＧＦ長官ニ命令

嶋田ＣＳＦ長官ニ命令

第二航空戦隊、第二十三航空戦隊（高雄空、小牧丸〔特設航空機運搬艦〕欠）ヲ作戦ニ関シＣＳＦ長官ノ指揮下ニ入ル

（終）

大海令第二八〇号　　十六年七月十日

軍令部総長　永野修身

山本ＧＦ司令長官ニ指示

嶋田ＣＳＦ　〃

山本〔弘毅〕馬公要港部司令官ニ指示

一、ＣＳＦ司令長官ハ２ＣＦ司令長官ヲシテ概ネ左ノ兵力ヲ以テ七月十六日迄ニ仏印進駐ニ対スル作戦準備ヲナサシムヘシ

15Ｓ、５Ｓｄ（一部欠）、二根〔第二根拠地隊〕（一部欠）、
２Ｓｆ、12Ｓｆ、23Ｓｆ（高雄空、小牧丸欠）、14Ｓｆ
其ノ他２ＣＦ司令長官ノ定ル２ＣＦノ兵力

二、ＧＦ司令長官ハ高雄通信隊ヲ、馬公要港部司令官ハ馬公通信隊ヲシテ第一項ニ依ル仏印進駐部隊ニ協力セシムヘシ

（終）

7Ｓ至急呉ニ回航、作戦準備ヲ行ヒ、七月二十二日迄ニ三亜ニ到達スル如ク行動（七月十一日次長ヨリＧＦ長官ヘ）。是ハ最近英国カ我仏印進駐ニ関スル企図ヲ察知シ、新嘉坡〔シンガポール〕ニ巡洋艦二隻集中シタルニ応スル措置ナリ。

大海令第二八四号　　十六年七月十五日

奉勅　軍令部総長　永野修身

山本ＧＦ司令長官ニ命令

嶋田ＣＳＦ　〃

第七戦隊ヲ作戦ニ関シ支那方面艦隊司令長官ノ指揮下ニ入ル

（終）

同日付、明石〔工作艦〕モCSF長官ノ指揮ニ入ラシメラル。7S及明石二十二日0800三亜着。陸軍輸送船ノ集中遅延シアルモ七月二十四日中ニハ万般ノ準備完了シ、二十五日以降進発可能ノ見込(三亜2CFヨリ、十六年七月二十一日)。

七月三十一日

7S、2Sf、明石ニ対スルCSF長官ノ作戦指揮ヲ解カル。高雄通信隊、馬公通信隊ノ仏印進駐部隊ニ対スル協力任務ヲ解カル。

対支積極航空作戦(一〇二号作戦)

陸軍航空兵力ノ参加(七月十一日大海機密562番電)

一、陸軍部隊ノ作戦開始時機　八月上旬

重爆一戦隊(27機)
司偵二中隊　}　〃

新双軽(18機)　八月中旬

新双軽一戦隊
新戦闘一戦隊(24機)　}　八月下旬

右ノ外新重爆二戦隊ハ情況ニ依リ八月下旬以後参加ス

二、攻撃目標

㈠敵航空兵力(速ニ撃滅ヲ期ス)

其ノ他ノ兵力

㈡軍事政治輸送補給其ノ他抗戦力培養ノ重要機関

㈢敵戦意挫折ヲ目的トシテ攻撃スヘキ都市村落

(終)

七月下旬ヨリ予定シアリタルモ陸軍ノ準備遅レテ八月トナル。中央協定ハ行ハズ、現地軍間ニ協定。

大海令第二八三号　十六年七月十五日

奉勅　軍令部総長　永野修身

山本GF司令長官ニ命令

嶋田CSF　〃

第十一航空艦隊(第二十四航空戦隊、東港航空隊、小牧丸、葛城丸〔特設航空機運搬艦〕及りおん丸〔特設航空機運搬艦〕欠)ヲ作戦ニ関シCSF司令長官ノ指揮下ニ入ル

(終)

11ＡＦ司令部、七月二十一日鹿屋発、上海経由、二十二日Ｗニ進出。
鹿屋空、　　ハ七月二十三日
　　1ｆｇ　　　　　　　　｝鹿屋発、Ｗニ進出。
高雄空、　　ハ七月二十五日
22Ｓｆハ七月二十二日迄ニ第十四基地〔孝威〕ニ移動。
23Ｓｆ〔高雄空欠〕ハ七月十六日迄ニ第九基地〔三亜〕ニ進出。

陸軍ノ輸送

帝国陸軍ハ七月二十日ヨリ約一ケ月間、毎日約五十隻ノ船舶ヲ以テ対馬海峡ノ兵力輸送ヲ行フ。

大海令第二八一号、第二八二号〔十六年七月十四日〕ヲ以テ鎮海要港部司令官〔塚原二四三〕ニ『蘇国ガ企図スルコトアルヘキ奇襲ニ対シ交通線ノ警戒』ヲ命セラレ、横鎮〔横須賀鎮守府〕長官〔塩沢幸一〕ハ父島航空隊ヲ鎮海ニ派遣、呉鎮〔呉鎮守府司令長官・日比野正治〕及佐鎮〔佐世保鎮守府〕長官〔住山徳太郎〕ハ対馬海峡ノ担任区域ノ警戒ヲ命令、指示セラル。

輸送船ハ間接護衛ニ準シテ護衛シ、七月十九日ヨリ警戒ヲ開始シ極力蘇国ヲ刺激セサルニ努メ、輸送船ニ危害ヲ及ハントスル場合及自衛上特ニ必要アル場合ヲ除ク外攻撃ヲ行ハサルコト指示ニアリ。

本対馬海峡ノ警戒ハ八月末日迄行ヒ、爾後ハ各担任ニ従ヒ対馬海峡及長崎港外方海面ノ哨戒ヲ行フ。
八月三十一日父島空ニ対スル鎮海要司令官ノ指揮ヲ解カル。
八月三十一日横鎮、呉鎮、佐鎮長官、鎮海要司令官ノ対馬海峡警戒ノ任ヲ解カル。

ふ号〔南部仏印進駐〕作戦関係　十六年七月二十一日

軍務局長

ふ号作戦ニ関スル外交交渉経過左ノ通ニシテ、遅クモ二十二日中ニハ全面的受諾ノ模様ナリ。

一、七月十四日仏本国政府ニ対シ帝国ハ目下ノ緊迫セル国際情勢ニ鑑ミ自存自衛上ノ緊切ナル要求ニ基キ仏領印度支那ノ日仏共同防衛及所要ノ帝国軍隊ノ仏領印度支那南部駐屯ノ承諾方提議十九日中ニ諾否ノ回答ヲ求メ、十七日重テ本件ニ対シ帝国ノ決意ハ堅ク仏側ノ回答如何ニ拘ラズ予定計画ニ従ヒ進駐ヲ決行スルヲ告ケ督促セリ

二、十九日仏側ハ独仏伊休戦協定ノ関係上単独ニテ決定スル能ハズ目下独ト打合中ニシテ数日間待タレ度旨申越タルヲ以テ、二十日午前加藤〔外松・駐仏〕大使ハ帝国軍隊

ノ進駐切迫セルニ付仏印ニ対シ武力衝突ヲ回避方即刻命令アリ度、仏政府ガ二十二日一八〇〇迄ニ帝国要求ヲ無条件受諾セハ平和的ニ解決ノ望アリトテ速ナル回答ヲ求メタリ

三、二十日午後仏〔外務〕大臣〔Francois J. Darlan〕カ加藤大使ニ語レル所左ノ通

『二十日朝協議ノ結果左ノ四項目ヲ決定セリ

(イ)仏ハ日本ノ要求ヲ受諾ス

(ロ)日本ハ仏領印度支那ノ領土主権尊重ヲ公式ニ声明ス

(ハ)仏印軍ハ第三国ノ侵略アル場合ハ日本軍ト防禦的協力ヲナスモ日本軍ノ第三国ニ対スル攻撃的企図ニハ協力セズ

(ニ)正式回答ハ今明日中ノ予定』

(終)

大海令第二八七号　昭和十六年七月二十三日

奉勅　軍令部総長　永野修身

嶋田ＣＳＦ司令長官ニ命令

一、帝国ハ南部仏印ニ於ル兵力ノ進駐並ニ軍事基地使用等ニ関シ仏国政府ノ同意ヲ得タルヲ以テ所要ノ兵力ヲ南部仏印ニ進駐セシムルニ決ス

二、ＣＳＦ司令長官ハ２ＣＦ司令長官ノ指揮スル所定ノ部隊ヲシテ七月二十四日以降三亜出港陸軍ト協同シテ南部仏印ニ進駐セシムヘシ

三、進駐ハ友好的ニ実施スヘシ

但シ仏印進軍ノ抵抗アル場合ハ自衛ノ為武力ヲ行使スルコトヲ得

四、細項ニ関シテハ軍令部総長ヲシテ指示セシム

(終)

〔八月十二日大海令第二九八号ヲ以テ本任務ヲ解カル〕

大海令第二八八号　十六年七月二十三日

軍令部総長　永野修身

嶋田ＣＳＦ司令長官ニ指示

新見２ＣＦ　〃

大海令第二八七号ニ依ル南部仏領印度支那進駐ニ関シテハ別冊『対仏印平和進駐ニ関スル海陸軍中央協定』ニ準拠スヘシ

(終)

ふ号作戦

七月二十五日　１７００　輸送船隊三亜進発
　二十八日　１０００　ナトラン先遣隊上陸開始
　二十九日　１２３０　ケープ・サン・ジャヤック先遣隊上陸開始

仏印現地ニ於ル交渉成立

七月二十三日午後十時細目交渉ノ妥結署名了ル。

ナトラン上陸隊　七月二十八日

０９３０ナトラン着、１０００陸軍部隊上陸開始、極テ平穏円滑ニ進捗、陸海軍部隊長ハ仏印側ト儀礼交換、２２３０上陸完了ス、カムラン湾内砲艦二隻碇泊。

サン・ジャヤック岬上陸隊

主隊、護衛隊、輸送船隊等チオアン沖ニ七月二十九日１０００着、陸軍部隊ハ極テ平和裡ニ１２３０チオアン岬東方海岸ニ上陸開始、１８１０其ノ大部ノ上陸完了、市民ノ歓迎裡ニバリア市街ニ入リ一部ハトラックニテ「サンジャヤック」要塞ニ入ル、西貢〔サイゴン〕上陸部隊ハ１７００「サンジャヤック」岬沖ニ転錨、三十日０７３０先頭艦西貢ニ入泊（１２４０第三四駆逐隊入泊）、陸軍部隊１３３０平穏ニ上陸開始。

カムラン湾

八月一日１５００護衛隊カムラン湾ニ進入、１７００、２ＣＦ長官15Ｓヲ率ヒ同湾着。

一〇二〔号〕作戦〔重慶方面徹底的航空攻撃〕

第一回　七月二十七日

陸攻107、戦10、陸偵3、艦攻8機、成都市街、四川中部主要都市ヲ攻撃、新津ニ於テＣＢ〔ソ連製爆撃機〕一機ヲ銃撃炎上セシム、成都付近飛行場ニ大中型21、小型65機ヲ認メシモ攻撃前ニ逃避セリ（蘭州ニ28機）。

（情報、成都爆死者一万一千名、高等教育班ノ死者六百名）。

第二回（重慶第二十三回）　七月二十八日

陸攻105、陸偵2機ヲ五群ニ分チ、１０００ヨリ１６２５ノ間自流井及重慶ヲ爆撃ト共ニ重慶付近主要都市ヲ爆撃、効果甚大。

元山空（陸攻18機）、重慶上空ニ於テ１４３０敵Ｅ15型改

12機ト交戦、撃墜2（確実）、不確実1機、我被弾機8（負傷4名）、成都付近空地ニ敵機ヲ認メズ（鳳凰山ニ大型一ノ外）。

第三回（重慶第二十四回）　七月二十九日
陸攻93、零戦11、陸偵4機、六時間ニ亘リ重慶、自流井及四川省内多数都市ヲ爆撃、効果甚大。
元山空、陸攻隊、小型機3ヲ爆撃炎上セシム。

第四回（重慶第二十五回）　七月三十日
陸攻121機、零戦3、陸偵2、1030ヨリ1700ノ間重慶ヲ爆撃、又四川省都市数ケ所ヲ爆撃。
米艦Tutuila〔米国砲艦〕艦尾ヲ去ル8碼〔ヤード〕ニ一弾又右舷艦尾二十碼ニ他ノ一弾落達シ、江上ノ艦載艇二隻大破、同艦及人員ニハ被害ナシト、11AF長官〔片桐英吉〕ノ報告ニ依レハ1055鹿空中攻26機重慶城内ヲ爆撃ノ際雲ノ為視認充分ナラズ、進入針路稍東偏セルト高角砲熾烈ノ為一部引遅レノ爆弾江上ニ弾着、尚約四弾対岸龍門浩ニ弾着、更ニ弾着写真ヲ詳細調査セルニTutuilaニ至近弾着ヲ認メズ、距離少クモ350米アリ、陸上ノ弾着ハ龍門浩ノ山中ニテ人家ナキ処ナリト。

一部長、軍務局長

十六年七月三十一日

2000
機密664番電
ツツイラ〔艦〕事件ニ関シ外交折衝上大海機密第659番電ノ趣旨ニ依リ、一時重慶市街ノ爆撃ハ差控ル旨在米国大使〔野村吉三郎〕ニ通知スルコトトセラレタルニ付含ミ置カレ度

（終）

七月三十一日ヨリ三日間休養。

大海令第二九〇号　昭和十六年七月三十一日
奉勅　軍令部総長　永野修身
平田〔昇〕南遣艦隊司令長官ニ命令
一、南遣艦隊司令長官ハ仏領印度支那方面ニ於ル作戦基地ノ準備並ニ治安ノ維持ニ任スルト共ニ支那方面艦隊ノ作戦ニ協力スへシ
二、細項ニ関シテハ軍令部総長ヲシテ指示セシム

（終）

平田長官八月四日1600香椎〔練習巡洋艦〕ヲ率ヒ佐世保発、十一日午前サンジヤツク沖ニ進出、2CFトノ引継ヲ了ス。

大海令第二九七号　十六年八月十一日

軍令部総長　永野修身

嶋田CSF長官ニ指示

平田KF　〃

CSF司令長官ハ第二十三航空戦隊(高雄航空隊欠)及第十四航空隊中一部ノ兵力ヲ西貢方面ニ派遣シ、作戦資料蒐集基地整備連絡警備等ニ関シ南遣艦隊司令長官ノ区処ヲ受ケシムヘシ

(終)

一〇二号作戦

第五回　八月三日

重慶方面天候不良。

陸攻71機、衡陽、長沙、衡山、醴陵、淥口、株州〔ママ〕、湘潭、芷江、辰谿ノ軍需品貯蔵所ヲ爆撃、数ケ所火災ヲ起シ、衡陽ニテハ燃料性大火災ヲ生ス。

第六回　八月四日

22Sf陸攻51機、桂林、冷水灘、祁陽、衡陽、永興、来陽、郴県、株州〔ママ〕、大陂市ヲ爆撃、桂林ニテハ爆発的火災ヲ生ジ、祁陽、衡陽ニテモ火災ヲ起サシム。

第七回　八月六日

奥地天候不良ノ為、陸攻、鹿屋空27、第一空21機、高雄空17機計65、長沙、湘潭、株州〔ママ〕、萍郷、瀏陽、湘郷、寧郷ノ軍事施設ヲ攻撃、特ニ湘潭ニテ数ケ所大火災ヲ生シタリ。

第八回　八月七日

奥地天候不良ノ為22Sf陸攻50機、衡陽、長沙、湘潭、吉安ノ市街及倉庫群ヲ攻撃、衡陽ニテハ大火災ヲ生セシメタル外十一ケ所炎上セシム。

第九回(重慶第26回)　八月八日

陸攻112機、零戦3、陸偵1、重慶高角砲陣地ヲ攻撃、重慶ヲ制空、敵機ナシ。

鹿屋空　18機、M区陣地ニ命中、二ケ所爆発アリ
第一空　26機、PA区一部陣地ニ命中
高雄空　17機、I区陣地ニ命中、二ケ所火災ヲ生ス
元山空　25機、M区陣地付近ニ命中
美幌空　26機、C区市街一部E区ヲ攻撃

第十回(重慶第27回)　八月九日

月明ヲ利用シ重慶連続爆撃ヲ行ヒ効果甚大。
鹿屋空　3機、０３４０　D区
高雄空　9機、１０３５　E区
第一空　27機、１４３５　D区、電力廠
元山空　23機、１６５０　E区(大爆発ヲ生ス)

第十一回(重慶第28回)　八月十日

山嶽地帯及同以東ノ悪天候ヲ突破シ重慶連続攻撃、効果甚大、敵機ヲ見ズ。
美幌空　18機、１０００　D区、E区　三ケ所火災
高雄空　15機、１２２５　A区、C区　六ケ所火災
(一部B区北岸ニ弾着)
鹿屋空　26機、１７２５　H区、E区　一ケ所大火災
元山空　12機、２０４２　E区、数ケ所大火災ヲ生ス

第十二回(重慶第29回)　八月十一日

前日ニ引続キ００１５ヨリ１７２５迄重慶ヲ反覆攻撃シ物心両面ノ甚大ナル打撃ヲ加ルト共ニ、成都奇襲ノ企図秘匿ヲ計レリ、重慶付近敵機ナシ。
元山空　4機、００１５　D区二ケ所炎上(一ケ所ハ０２３０ニ至ルモ延焼)
〃　3機、０２３０　D区一ケ所炎上
高雄空　12機、１０３８　培州(重慶雲ニ蔽ハレ目標変換)
美幌空　24機、１５００　Q区、二ケ所炎上
鹿屋空　18機、１７２５　大興場工場地帯(重慶NE四浬)一ケ所炎上
成都攻撃零戦隊ノ収容隊(美幌空陸攻6、十二空艦攻3)ノ陸攻隊ハ１０２５奉節ヲ爆撃、二ケ所炎上。

零戦隊ノ成都攻撃

予テ計画準備中ノ零戦隊ノ成都黎明奇襲ヲ一式陸攻誘導ニテ行フ。
零戦20機、一式陸攻9機、０４５５二十三基地(荊門)発

０７２０零戦16機（一機故障、三機信号錯誤ニテ引返）。
成都各飛行場ニ突撃、約55分間敵機ヲ掃蕩ス、此間陸攻隊ハ敵Ｅ19四機ト交戦ス。

戦闘機ニ依ル戦果（我被弾機８）

Ｅ一九〔型、ソ連製爆撃機〕３機撃墜、ＳＢ３機、Ｅ一九〔型〕４機、銃撃炎上

Ｅ一九〔型〕２機、Ｅ一六〔型、ソ連製爆撃機〕５機、小型機２機銃撃々破

陸攻ニ依ル戦果（我被弾機２）

Ｅ一九〔型〕２機撃墜（内一不確実）

以上ノ奇襲ニ策応シ敵逃避機捕捉ノ為南鄭、広元及西昌ニ零戦４、陸攻30ヲ向ハシメシカ南鄭、広元敵ヲ見ズ、西昌ハ天候不良ノ為宜賓ヲ攻撃。

第十三回（重慶第30回）　八月十二日

山嶽地帯ノ悪天候ヲ克復〔服〕、重慶連続攻撃ヲ行ヒ効果甚大ナリ。

鹿屋空　陸攻１機、０４１０　Ｄ区
　　　　２機、０６４０　襄陽
　　　　３機、０５２５　Ｄ区
　　　　３機、０６２５　Ｄ区（戦闘機２機、遠距離ヨリ追躡セリ）
元山空　25機、１０１４　Ｋ区（17機）数ケ所炎上
　　　　　　　　　　　　Ｈ区（９機）
高雄空　26機、１４２５　Ｆ区ノ上流三浬新工場地帯、一ケ所火災ヲ生ス
第一空　26機、１７５０　Ｇ区対岸兵工廠ニ一大爆発ヲ生ス、一部ハ１８１０培州ヲ攻撃

第十四回（重慶第31回）　八月十三日

重慶ニ対シ昼夜連続攻撃、効果甚大、敵機ヲ見ズ。

美幌空　３機、Ｈ区北岸　０５００
〃　23機、Ｄ区　０８００　二ケ所炎上
高雄空　18機、Ｆ区兵工廠　１０２０
鹿屋空　18機、Ｄ区東部　１２００　火薬庫ニ命中セルモノ、如ク大爆発長時間炎上、外二ケ所火災
元山空　18機、Ａ区工場　１３２５　三ケ所大火災
第一空　18機、Ｄ区電力廠・水道廠　１５５０

外ニ培州、纂江、恩施、来鳳ヲ爆撃。
重慶ニ於ル高角砲射撃ハ二、三日来極テ緩慢トナレリ、
被弾機一。

大海令第二九九号　　十六年八月十二日
軍令部総長　永野修身
嶋田CSF司令長官ニ指示
一、仏領印度支那進駐後ノ国際情勢進展ニ応スル為八月下旬福州方面所在兵力ヲ撤収スルニ決ス
二、CSF司令長官ハ一部ノ兵力ヲ以テ陸軍ト協同シテ福州馬尾所在兵力ヲ撤収スルト共ニ陸軍部隊ノ撤退ヲ援護スヘシ
（終）

第四十八師団ハ八月下旬ヨリ福州撤去、一部ハ海南島ニ位置シテ第二十三軍司令官〔今村均〕ノ指揮下ニ、主力ハ台湾軍司令官〔本間雅晴〕ノ隷下ニ入ラシメ台湾ニ位置ス。
3Fヲシテ本撤退ヲ援護セシム。
八月二十四日　開始
九月二日　　主力撤退
九月四日　　完了

一〇二号作戦
第十五回（重慶第32回）　八月十四日
1355及1430重慶ヲ攻撃、効果甚大
第一空　陸攻26機、D区南部、火災数ケ所
鹿屋空　26機、A区西部兵工廠
美幌空　23機、D区電力廠　火災一ケ所
元山空　22機、M区高角砲陣地　濃密弾幕ヲ集中
十二空　艦攻9機、E区
此ノ外ニ、南川市街付近工場、合川、長寿、恩施ヲ爆撃、戦闘機9機、陸偵3機、攻撃ニ協同、敵機ヲ見ズ。

綜合戦果
八月八日ヨリ十四日ニ至ル重慶昼夜連続攻撃ノ綜合成果。
使用延機数　陸攻622、戦18、陸偵11、艦攻9
攻撃回数　40回
戦果　B、J、L区ヲ除ク全地域ノ市街、工場、高角砲陣地其ノ他重要諸機関ニ爆撃集中
爆発、大炎上等屢々起リ物心両面ノ成果甚大
敵ノ高角砲射撃ハ漸次緩慢トナリ、敵戦闘機ノ挑戦シ来

レルモノ僅ニ２機、高角砲ニヨル被弾機12

　米国海軍武官（在重慶）〔James M. McHugh〕ノ電

最近ノ重慶爆撃ニヨリ防空砲台ノ七割破壊、長距離電信線ノ大部破損通信杜絶、支那人官吏ノ死者多数、重慶市内食糧品極度ニ不足ヲ告グ

　昆明爆撃　23Ｓｆ（南支空部隊）

八月十四日　陸攻27機１２２５昆明爆撃

陸攻18機、翠湖西方及北西方ノ軍事施設及倉庫群ヲ爆撃、一ケ所火災。

陸攻９機、昆明市街東側自動車溜ヲ爆撃、ガソリンニ命中、二ケ所大火災（45浬ヲ距テ雲ニ入ル迄大黒煙望見）、昆明ノ高角砲射撃緩慢、敵機ヲ見ズ。

八月十七日　陸攻27機１２２５昆明ノ省政府爆撃、省政府南半面及市街ニ弾着。

　米国領事ノ報告

五日間ニ亘ル昆明爆撃ハ銅製錬〔精〕所、中央機械工場ニ命中、又ガソリン貯蔵所二ケ所ハ直撃弾ニテ焼失、市内爆撃ハ二回行ハレセイナン（西南）大学ニモ命中四分一ハ破壊

　海南島Ｙ四作戦　八月九日開始

海南島北東部掃討

第一期（八月十五日終了）ノ戦果

敵遺棄死体１１０３、捕虜79

敵拠点潰滅　家屋６１９０

鹵獲品　小銃（拳銃）60（５）、同弾薬包１８２０（63）

　手榴弾76

我損害｛戦死　兵２
　　　　重傷　下士官１、兵２

第二期（八月二十一日ヨリ三十日迄）ノ戦果

敵遺棄死体590、捕虜34

潰滅家屋１０８６３

鹵獲兵器　小銃103、同弾薬包２３５１

　拳銃11、同　〃　103

　手榴弾22

我損害｛戦死　兵5、警察員1
　　　　重傷　兵曹長1、下士官兵10
　　　　軽傷　兵曹長1、下士官兵13

第一期作戦ニヨリ共匪ノ、第二期作戦ニヨリ保安団ノ策源
地ヲ撤〔徹〕底的ニ掃蕩ス。

北支Ｓ三作戦〔山東方面掃討・海上封鎖〕

八月八日ヨリ十四日迄封鎖ヲ撤〔徹〕底的ニ実施ト同時ニ連合陸
戦隊ヲ靖〔威〕海衛北方五粁ノ張濛ニ上陸シ塩場ノ治安確保ニ任
シ、貯塩四万噸ノ搬出援護。

臨検戎克（違反）数

北１３４５（36）、南316（０）、青島付近１０１８（３）

北支Ｓ二作戦

戦果（七月十七日ヨリ二十三日迄）

敵死傷31、捕虜11

臨検戎克３１１１、違反戎克39

十六年八月二十一日

軍務局長ヨリ電

支那方面艦隊司令長官内地帰還ニ際シテハ九月十五日一〇
〇〇天皇陛下ニ拝謁、軍状奏上（正午御陪食被仰付）ノコト
ニ定メラル、参内ノ際特ニ儀仗隊トシテ中隊長ノ指揮スル
近衛騎兵一小隊ヲ差遣ノコトニ取計ハルル予定

一〇二号作戦

第十六回（重慶第33回）　八月二十二日
奥地天候稍回復セルヲ以テ陸攻全力ヲ以テ重慶、合川、
内江ヲ攻撃、効果甚大。

高雄空　26機、１４２０重慶上流八浬ノ大渡口ニ在ル
大製鉄所ヲ大半破壊

鹿屋空　９機、１４４５内江市街中央三ケ所火災（内
一大火災）、18機１５３０乃至１６１５合川
市街一ケ所大火災

第一空　27機、１６００合川市街ノ対岸倉庫群二ケ所
炎上（内一大火災）

元山空　25機、１４３６重慶Ｄ区火災数ケ所

美幌空　24機、１６４０重慶Ｈ区火災十数ケ所

第十七回（重慶第34回）　八月二十三日
奥地ノ悪天候ヲ冒シ陸攻全力ヲ以テ重慶、嘉定ヲ攻撃シ
効果甚大。

高雄空　27機、１３３５重慶Ｔ区、全弾工場地帯ニ命

中、一ケ所大火災
鹿屋空　27機、１３２０中隊毎ニ鄷都、涪州、忠州ヲ爆撃、炎上
第一空　27機、１５１５重慶Ｈ区中央工場地帯ニ命中シ大破セシム
美幌空、元山空52機、嘉定ニ向ヒタルモ、天候不良ノ為美幌空８機ノミ嘉定ヲ１５４５爆撃、一ケ所炎上、其ノ他ハ美幌空ハ７機１６００嘉定ノ北十浬ノ部落、８機１７００忠州火災二ケ所、１機ヅ、巴東、鄷都、帰州、元山空ハ11機１６３２合川、数ケ所火災、９機梁山数ケ所火災、６機奉節

第十八回　八月二十四日

奥地天候不良ノ為陸攻全力ニテ湖南、広西方面攻撃、効果甚大。
鹿屋空、第一空計56機、１３０５長沙東部ノ第九戦区戦闘司令部(薛岳居所)ヲ爆撃シ、弾幕ニテ蔽ヘリ一ケ所炎上、一部長沙市街二ケ所炎上
高雄空　９機、１３００衡陽対岸倉庫群、四ケ所炎上
　９機、１３３０湘潭、９機１３２７株州〔洲〕
元山空　27機、１５４０霊川、同市壊滅、一部全県
美幌空　26機、１５２０冷水灘、弥陽、各数ケ所炎上

一〇二号作戦

第十九回(重慶第35回)

数日来ノ悪天候漸ク恢復シ陸攻全力(22Ｓｆ欠)ヲ挙ケ重慶攻撃、効果甚大。
鹿屋空　25機、１３４０Ｎ区(蔣介石居所ト情報)主要施設ヲ破壊、80番陸用爆弾９混用
第一空　27機、１４３０海洞渓東方二粁ノ老君洞(砲兵総指揮所ト情報)及其南方二粁ノ倉庫群ノ大部ヲ破壊、80番陸用12混用
高雄空　26機、１６００行政院付近ノ施設ヲ破壊、一機故障ニヨリ万県ヲ爆撃

第二十回(重慶第36回)

好天気ニ恵マレ連合航空部隊ノ全力(22Ｓｆ欠)ヲ以テ成都ヲ中心トスル広範囲ノ航空撃滅戦ヲ行ヒシガ、敵機ノ逃避迅速ニシテＥ16型２機ヲ撃破セルノミ。

第十二空零戦22機、誘導偵察機３機、重慶方面ニ偽航路

ヲトリタル上1330成都ニ突入、小型機4ヲ遠望追撃シタルモ逸シタル外敵ヲ見ズ（囮機18アリ）。

之ニ策応シ逃避機捕捉ノ為戦闘機隊北方分遣隊二隊（零戦9、偵2）ヲ以テ1445松藩、成県、天水方面ヲ、W隊（零戦4、偵1）ヲ以テ広元、南鄭、保寧方面ヲ索敵セルモ、保寧ニテE16型2機ヲ銃撃々破セル外敵ヲ見ズ。

第一空陸攻18機、鹿屋空18機計36ヲ以テ1515西昌ヲ、1555昭通ヲ攻撃セルモ、敵ヲ見ズ。

第一空10機、鹿屋空11機計21ヲ以テ1435鳳凰山飛行場ヲ爆撃、場内西北隅ノ施設ニ五ケ所火災、一部ハ飛行場南方一粁ニアル工場地帯ヲ爆撃、二ケ所炎上。

高雄空陸攻25機、1355重慶C区、D区ノ中央部ヲ爆撃、一ケ所炎上。

北方分遣隊艦攻8機、咸陽ヲ爆撃。

一〇二号綜合戦果

敵機ニ与ヘシ戦果

空戦ニ依ル撃墜8機
地上銃撃ニ依ル炎上又ハ撃破18機　計29機
爆撃ニ依ル炎上　3機

我使用延機数（上空哨戒ヲ除ク）

陸攻2050機、艦攻艦爆201機
艦戦99機、陸偵39機
計2389機

消耗爆弾　八〇番94、二五番（陸用）2906
其ノ他11148、計15036〔14148〕

九月以降ノCSF航空作戦

軍令部機密第960番電　十六年八月二十九日
軍令部次長〔近藤信竹〕

九月以降ノCSFノ航空作戦ハ大海令第二四五号『対支作戦ニ於ル海陸軍航空作戦ニ関スル協定』ニ拘ラズ当分ノ間左ノ通改メラル

一、主トシテ中支方面ノ航空作戦
二、沿岸封鎖作戦ニ対スル協力

（終）

大海令第三〇三号　昭和十六年九月一日
奉勅　軍令部総長　永野修身
山本GF長官ニ命令

嶋田CSF長官ニ命令

第十一航空艦隊（第二十四航空戦隊…欠）ニ対スルCSF長官ノ作戦ニ関スル指揮ヲ解ク

（終）

大海令第三〇四号　　昭和十六年九月六日

奉勅　軍令部総長　永野修身

山本GF長官ニ命令

嶋田CSF長官職務執行者ニ命令

第三艦隊（第二根拠地隊欠）ニ対スルCSF長官ノ作戦ニ関スル指揮ヲ解ク

（終）

十六年九月一日

横須賀鎮守府司令長官ニ補セラル。

九月十一日支那方面艦隊司令長官ノ任務ヲ古賀峯一新長官ニ引継キ退隊。軍艦出雲ニ便乗シ、十三日門司着。

九月十五日帰京、凱旋ノ礼ヲ賜フ。皇恩優渥真ニ恐懼感激ノ至ニ堪ヘズ。

九月十八日ヨリ二十七日迄各海軍病院ニ傷病将兵ヲ見舞ヒ、最寄ノ戦死者遺族ヲ吊《（弔）》問ス。

十月一日横須賀鎮守府ニ赴任ス。

十月十八日海軍大臣ニ任セラル。

昭和十七年一月以降華北中央税暫行処理ニ関スル件

（昭和十六年二月十七日興亜院会議決定）

国民政府ハ昭和十七年一月以降華北ニ於ル中央税中関税収入剰余金ノ五割及塩税収入剰余金ノ三割ヲ取得スルモノトス、但シ右国民政府取得ノ関税収入剰余金中其ノ十分ノ一（華北全関税収入剰余金ノ二十分一ニ相当ス）ハ華北ノ財政状況等ニ鑑ミ、当分ノ間華北政務委員会ニ交付スル如ク国民政府ヲシテ措置セシムルモノトス。

諒解事項

華北政務委員会ノ取得スヘキ関税収入剰余金中ヨリ、差当リ華北全関税収入剰余金ノ十分ノ一相当額ハ之ヲ蒙古連合自治政府ニ移付スルモノトス。

北支ニ於ル国民政府取得額	
㈠関税剰余金	28,800,000 円
（関税剰余金 72,000,000 円ノ四割）	
㈡塩税剰余金	11,182,552 円
（塩税剰余金 37,275,175 円ノ三割）	
合計	39,982,552 円
華北ニ於ル中央経費……	13,695,512 (–
	26,287,040 円
中央政府対北支要返却金其ノ他……	7,800,000 (–
	18,487,040

十六年十月二十一日

閣議

一、臨時議会開催ノ要否
開クトセハ十一月如何

一、参議
制度ハ其ノ侭トシ、現参議ノ辞表ハ受理シ後任ノコトハ今後ノ情勢ニテ定ム

一、総選挙ヲ行フカ、再ヒ年期延長カ

一、政務官
不必要ノ意見多シ

極東ノ蘇軍
30師団、76万人ナリシガ独軍ニ大打撃ヲ蒙リシ為11～12師団ヲ西方ニ送ル、但シ動員シテ人員ハ86万人ニ増シタレトモ質ハ低下ス。
⋎２８００機アリシガ現在ハ１４００～１５００機、戦車１７００台アリシガ半減ス。
米国ヨリ輸入ノ油ハ約9万竏、「ハバロクス《ハバロフスク》」ニ貯蔵ス。

スエズ運河、独国ノ近東作戦ニハ、「スエズ」運河ヲ重視、輸送上及回教徒ノ向背ニ大影響アリ。

南方施策促進ニ関スル件

十六年六月二十五日連絡会議決定

一、帝国ハ現下諸般ノ情勢ニ鑑ミ既定方針ニ準拠シテ対仏印泰施策ヲ促進ス、特ニ蘭印派遣代表ノ帰朝ニ関連シ速ニ仏印ニ対シ東亜安定防衛ヲ目的トスル日仏印軍事的結

合関係ヲ設定ス

仏印トノ軍事的結合関係設定ニ依リ帝国ノ把握スヘキ要件左ノ如シ

(イ)仏印特定地域ニ於ル航空基地及港湾施設ノ設定又ハ使用並ニ南部仏印ニ於ル所要軍隊ノ駐屯

(ロ)帝国軍隊ノ駐屯ニ関スル便宜供与

二、前号ノ為外交交渉ヲ開始ス

三、仏国政府又ハ仏印当局者ニシテ我カ要求ニ応セサル場合ニハ武力ヲ以テ我目的ヲ貫徹ス

四、前号ノ場合ニ処スル為予メ軍隊派遣準備ニ着手ス

昭和十六年七月二日御前会議ニ御決定

情勢ノ推移ニ伴フ帝国国策要綱

（十六年六月二十八日連絡会議決定）

第一　方針

一、帝国ハ世界情勢変転ノ如何ニ拘ラス大東亜共栄圏ヲ建設シ以テ世界平和ノ確立ニ寄与セントスル方針ヲ堅持ス

二、帝国ハ依然支那事変処理ニ邁進シ且自存自衛ノ基礎ヲ確立スル為南方進出ノ歩ヲ進メ又情勢ノ推移ニ応シ北方問題ヲ解決ス

三、帝国ハ右目的達成ノ為如何ナル障害ヲモ之ヲ排除ス

第二　要領

一、蔣政権屈服促進ノ為更ニ南方諸域ヨリノ圧力ヲ強化ス

情勢ノ推移ニ応シ適時重慶政権ニ対スル交戦権ヲ行使シ且支那ニ於ル敵性租界ヲ接収ス

二、帝国ハ其ノ自存自衛上南方要域ニ対スル必要ナル外交交渉ヲ続行シ其他各般ノ施策ヲ促進ス

之カ為対英米戦準備ヲ整ヘ先ツ『対仏印泰施策要綱』及『南方施策促進ニ関スル件』ニ拠リ仏印及泰ニ対スル諸方策ヲ完遂シ以テ南方進出ノ態勢ヲ強化ス

帝国ハ本号目的達成ノ為対英米戦ヲ辞セズ

三、独「ソ」戦ニ対シテハ三国枢軸ノ精神ヲ基調トスルモ暫ク之ニ介入スルコトナク密カニ対「ソ」武力的準備ヲ整ヘ自主的ニ対処ス、此間固ヨリ周密ナル用意ヲ以テ外交交渉ヲ行フ

独「ソ」戦争ノ推移帝国ノ為有利ニ進展セハ武力ヲ行使シテ北方問題ヲ解決シ北辺ノ安定ヲ確保ス

四、前号遂行ニ方リ各種ノ施策（就中武力行使ノ決定）ニ際シテハ対英米戦争ノ基本態勢ノ保持ニ大ナル支障ナカラシム

（以下略）

七月十七日　近衛〔文麿〕第二次内閣総辞職
大命更ニ近衛公ニ降下シ、近衛第三次内閣成立。

昭和十六年九月六日御前会議御決定

帝国国策遂行要領

帝国ハ現下ノ急迫セル情勢特ニ米、英、蘭等各国ノ執レル対日攻勢、「ソ」連ノ情勢及帝国国力ノ弾撥性等ニ鑑ミ『情勢ノ推移ニ伴フ帝国国策要綱』中南方ニ対スル施策ヲ左記ニ拠リ遂行ス

一、帝国ハ自存自衛ヲ全ウスル為対米、（英、蘭）戦争ヲ辞セサル決意ノ下ニ概ネ十月初旬ヲ目途トシ戦争準備ヲ完整ス

二、帝国ハ右ニ並行シテ米、英ニ対シ外交ノ手段ヲ尽シテ帝国ノ要求貫徹ニ努ム
対米（英）交渉ニ於テ帝国ノ達成スヘキ最少〔小〕限度ノ要求事項並ニ之ニ関連シ帝国ノ約諾シ得ル限度ハ別紙ノ如シ

三、前号外交交渉ニ依リ十月上旬頃ニ至ルモ尚我要求ヲ貫徹シ得ル目途ナキ場合ニ於テハ直チニ対米（英、蘭）開戦ヲ決意ス
対南方以外ノ施策ハ既定国策ニ基キ之ヲ行ヒ特ニ米「ソ」ノ対日連合戦線ヲ結成セシメサルニ努〔勉〕ム

別紙

対米（英）交渉ニ於テ帝国ノ達成スヘキ最少〔小〕限度ノ要求事項並ニ之ニ関連シ帝国ノ約諾シ得ル限度

第一　対米（英）交渉ニ於テ帝国ノ達成スヘキ最少〔小〕限度ノ要求事項

一、米英ハ帝国ノ支那事変処理ニ容喙シ又ハ之ヲ妨害セサルコト
(イ)帝国ノ日支基本条約及日満支三国共同宣言ニ準拠シ事変ヲ解決セントスル企図ヲ妨害セサルコト
(ロ)「ビルマ」公路ヲ閉鎖シ且蔣政権ニ対シ軍事的政治的並ニ経済的援助ヲナサヽルコト
(註)右ハN工作〔日米交渉〕ニ於ル支那事変処理ニ関スル帝国従来ノ主張ヲ妨クルモノニアラズ而シテ特ニ日支間新取極ニ依ル帝国軍隊ノ駐屯ニ関シテハ之ヲ固守スルモノトス
但シ事変解決ニ伴ヒ支那事変遂行ノ為支那ニ派遣セ

ル右以外ノ軍隊ハ原則トシテ撤退スルノ用意アルコトヲ確言スルコト支障ナシ

支那ニ於ル米英ノ経済活動ハ公正ナル基礎ニ於テ行ハル、限リ制限セラル、モノニアラサル旨確言シ〔スルコト〕支障ナシ

二、米英ハ極東ニ於テ帝国ノ国防ヲ脅威スルカ如キ行為ニ出テサルコト

(イ)泰、蘭印、支那及極東「ソ」領内ニ軍事的権益ヲ設定セサルコト

(ロ)極東ニ於ル兵備ヲ現状以上ニ増強セサルコト

(註)日仏間ノ約定ニ基ク日仏印間特殊関係ノ解消ヲ要求セラル、場合ハ之ヲ容認セサルコト

三、〔米英〕英米ハ帝国ノ所要物資獲得ニ協力スルコト

(イ)帝国トノ通商ヲ恢復シ且南西太平洋ニ於ル両国領土ヨリ帝国ノ自存上緊要ナル物資ヲ帝国ニ供給スルコト

(ロ)帝国ト泰及仏印トノ間ノ経済提携ニ付友好的ニ協力スルコト

第二　帝国ノ約諾シ得ル限度

第一ニ示ス帝国ノ要求カ応諾セラル、ニ於テハ

一、帝国ハ仏印ヲ基地トシテ支那ヲ除ク其ノ近接地域ニ武力進出ヲナサザルコト

(註)「ソ」連ニ対スル帝国ノ態度ニ関シ質疑シ来ル場合「ソ」側ニ於テ日「ソ」中立条約ヲ遵守シ且日満ニ対シ脅威ヲ与ル等同条約ノ精神ニ反スルカ如キ行動無キ限リ我ヨリ進ンテ武力行動ニ出ルコトナキ旨応酬ス

二、帝国ハ公正ナル極東平和確立後仏領印度支那ヨリ撤兵スル用意アルコト

三、帝国ハ比島ノ中立ヲ保障スル用意アルコト

(付)

日米ノ対欧州戦争態度ハ防護ト自衛ノ観念ニ依リ律セラルヘク又米ノ欧州戦参入ノ場合ニ於ル三国条約ニ対スル日本ノ解釈及之ニ伴フ行動ハ専ラ自主的ニ行ハルヘキモノナルコト

(註)右ハ三国条約ニ基ク帝国ノ義務ヲ変更スルモノニアラス

十月十二日近衛邸ニテノ近衛首相ト東条〔英機〕陸相、及川〔古志郎〕海相トノ会談ニ於テ、陸相ハ速ニ開戦ノ決意決定ヲ促シ、首相ハ外交ニヨリ大ナル確信アリテ戦争決定ニハ責任ハ執レズト物分レトナル。

十月十七日第三次近衛内閣総辞職。

十月十八日東条内閣御親任。

東条内閣組閣ニ当リ御思召（内大臣（木戸幸一）伝達）ノ次第モアリテ、九月六日ノ御前会議決定ヲ全然白紙ニ返シ再研《〔検〕》討ノコト、シ、十月二十三日ヨリ同三十日迄連日真剣ニ検討論議シ連絡会議ニテ決定ス。


九月六日御前会議決定ノ『帝国国策遂行要領』ノ具体的研究決《〔結〕》論

（自十六年十月二十三日至同年同月三十日連絡会議決定）

一、欧州戦局ノ見透如何

現情勢ニ於テハ独英、独ソ講和ノ算少ク持久戦トナル算大ナリ、然レトモ独ハ早期講和ヲ希望シアルヲ以テ戦局ノ推移、英ソノ態度ニ依リテハ案外講和ノ実現ヲ見ルコトナキヲ保セス

二、対米英蘭戦争ニ於ル初期及数年ニ亘ル作戦的見透シ如何

右ノ場合支那非占領地区ヲ利用スル米英ノ軍事的措置判断如何

一、陸軍作戦

南方ニ対スル初期陸軍作戦ハ相当ノ困難アルモ必成ノ確算アリ、爾後ハ海軍ノ海上交通確保ト相俟チ所要地域ヲ確保シ得ヘシ

二、海軍作戦

初期作戦ノ遂行及現兵力関係ヲ以テスル邀撃作戦ニハ勝算アリ、初期作戦ニシテ適当ニ実施セラル、ニ於テハ我ハ南西太平洋ニ於ル戦略要点ヲ確保シ長期作戦ニ対応スル態勢ヲ確立スルコト可能ナリ

而シテ対米作戦ハ武力的屈敵手段ナク長期戦トナル覚悟ヲ要シ、長期戦ハ米ノ軍備拡張ニ対応シ我海軍戦力ヲ適当ニ維持シ得ルヤ否ニ懸リ戦局ハ有形無形ノ各種要素ヲ含ム国家総力ノ如何及世界情勢ノ推移ノ如何ニヨリ決セラル、所大ナリ

三、米英ノ支那ニ於ル非占領地区ノ軍事的利用ハ主トシテ飛行基地ナルモ現在ノ状況及将来ノ帝国ノ南方作戦ニ依ル交通遮断ニ鑑ミ大ナル顧慮ヲ要セサルモノトス、尚支那沿岸ノ軍事的利用ハ帝国海軍ノ南方海洋制覇ニ依リ不可能ナラシメ得ヘシ

三、今秋開戦スルモノトシテ北方ニ如何ナル関連的現象生スルヤ

「ソ」連ハ開戦当初対日積極行動ニ出ル算少キモ米ハ極東「ソ」領ヲ軍事的基地ニ強用スル算多ク、「ソ」連亦我ニ対シ各種ノ策動ヲナスノ覚悟アルヲ要ス
尚爾後ノ情況ニヨリテハ日「ソ」開戦ヲ誘発スルノ可能性アリ
四、対米英蘭戦争ニ於ル開戦後三年ニ亘ル船舶徴傭量及消耗見込如何
五、右ニ関連シ国内民需用船舶輸送力並ニ主要物資ノ需給見込如何
六、対米英蘭戦争ニ伴フ帝国ノ財政金融的持久力判断
軍事行動ヲ遂行シ且国民生活ヲ維持スルニ必要ナル物的方面充足セラル、限リ財政金融ハ持久可能ナリ
七、対米英蘭開戦ニ関シ独伊ニ如何ナル程度ノ協力ヲ約諾セシメ得ルヤ
帝国カ対米英蘭作戦ヲナス場合帝国トシテ要望シ得ル事項ハ大ナル期待ヲカケ得サルヘキモ、我決意ヲ知ラシメ作戦協定ヲ提議スル場合ハ差当リ概ネ左ノ程度ヲ約諾セシメ得ヘシ
㈠対米宣戦
㈡日独伊三国ハ米英ヲ相手トスル単独講和ヲ、又右三国ハ英一国ノミヲ相手トスル講和ヲナサズ
㈢近東作戦積極化ニ依ル対日呼応
㈣通商破壊戦ニ対スル協力
八、戦争相手ヲ蘭ノミ又ハ英蘭ノミニ限定シ得ルヤ
米英ハ不可分ニシテ戦争相手ヲ蘭ノミ又ハ英蘭ノミニ限定スルコト不可能ナリ
九、戦争発起ヲ明年三月頃トセル場合
対外関係ノ利害
主要物資ノ需給見込
作戦上ノ利害如何
右ヲ考慮シ開戦時期ヲ何時ニ定ムヘキヤ
対外関係
帝国ノ国際環境ヨリスレハ明年三月頃トスルヲ有利トス
作戦上ノ利害
作戦上ヨリスレハ明年三月頃トスル場合ハ極テ不利ニシテ積極的作戦ハ不可能トナルヘシ
説明
㈠日米軍備比ハ時日ノ経過ト共ニ不利トナル特ニ航空軍備ノ懸隔ハ急激ニ増大スヘシ
㈡時日経過セハ米ノ比島防備及其ノ他ノ戦備ハ急速ニ

進捗スヘシ

㈢米英蘭支ノ共同防備関係ハ更ニ進展シ南方諸域ノ防備力ハ急速ニ強化スヘシ

㈣明春以降トナレハ北方ニ於ル作戦実施容易ナル季節トナリ南北同時戦トナル算増大ス

以上ヲ考量シ開戦時期ハ遅クモ十二月初頭トナスヲ要ス

十、ノ㈠対米交渉ヲ続行シテ九月六日御前会議決定ノ我最少(小)限度要求ヲ至短期間内ニ貫徹ノ見込アリヤ

至短期内ニ我要求ヲ貫徹シ得ル見込無シ

十、ノ㈡我最少(小)限度ノ要求ヲ如何ナル程度ニ緩和セハ妥協ノ見込アリヤ、右ハ帝国トシテ許容シ得ルヤ

十、ノ㈢十月二日米国覚書ヲ全的ニ容認セル場合帝国ノ国際地位就中対支地位ハ事変前ニ比シ如何ニ変化スルヤ

十一、対米英蘭開戦ハ重慶側ノ決意ニ如何ナル影響ヲ与フヘキヤ

日本ノ対米英蘭開戦ハ蔣介石ヲシテＡＢＣＤ陣ノ団結ニ依ル対日長期抗戦ノ決意ヲ益々強固ナラシメ当初ハ志気ヲ昂揚シ米英等トノ提携ヲ愈々鞏固ニシ飽迄抗日戦ニ徹底シ日支全面和平ノ成立ハ少クトモ全戦局ノ終結迄延期セラルヘシ

上海、香港等援蔣拠点ノ喪失、帝国ノ南進発展ニ依ル緬甸ルートノ輸送杜絶、我南方作戦ノ成果維持ニ依リ南洋華僑ノ援蔣中止等トナリ財政経済上ノ逼迫ヲ促進シテ其ノ実質的抗戦力ハ漸減シ戦力ノ逓減ト相俟テ一般大衆ハ勿論重慶政権主流ノ継戦意志ニモ重大ナル影響ヲ及ホシ灰色将領中南京側ニ寝返ルモノ逐次其ノ数ヲ増加シ遂ニ重慶側統一戦線ノ分裂ヲ来シ蔣政権ハ愈々微弱化スヘシ

十六年十月三十一日

陛下御下問

首相ヨリ連絡会議ニ於ル上記研究ノ経過ヲ奏上シ、各部共特ニ総テノ資料ヲ出シ作戦ノ機微ノ点迄述ヘ研究シアレハ此結論ハ御信頼ヲ得ヘシト信スル旨奏上ニ際シ御下問

一、航空燃料不足ノ為ニ作戦ニ支障ヲ生スルコトナキヤ

二、蘭印油ハ航空燃料ニ適セサルニアラスヤ

（茲ニ貼付ノモノハ昭和十六年十月以降）

十六年十月十六日

海軍重油槽

耐弾式及土中式270万トン

鋼製露出式375万トン
十七年十二月迄ニ耐弾式又ハ土中式（覆土式ヲ含ム）400万トントス。
目下既訓令ノ耐弾式又ハ土中式、昭和十八年四月完成予定ノモノ143万トンヲ極力促進ス。其ノ他ノ十八年度以降竣工ノ約87万トンハ工事中止。

十六年十月二十一日（火）　閣議

文相ヨリ教育振興ノ所見。
首相ヨリ
一、臨時議会開催ノ要否。開クトセハ十一月如何（次ノ閣議迄ニ）。
　増税案ニ就キ大蔵省研究。
二、参議。制度ハ其ノ侭、今ノ辞表ハ受理、後任ノコトハ今後ノ情勢ニテ定ル。
三、議員ノ年期延長ノ利害。
四、政務官ノ要否、不要ノ意見多シ。
五、独〔Adolf Hitler〕伊〔Benito Mussolini〕首相ヘノ挨拶電ノ可否。西洋式ニ考レハ先方ヨリ祝電来リテ挨拶。支、満ヨリハ祝電アリタリ。

油槽船
　厳島丸〔日本水産〕、昭洋丸〔日東鉱業汽船〕、八月上旬以来桑港ニ在泊中。
独ノ英本国作戦予想
昭和十七年五、六月ヨリ七、八月ニ行ハル、公算大。
蘇軍ヲ「ヴォルガ」ノ線ニ撃退セシメタル上ハ南方ニ支作戦。
両軍165師団三、四百万。
独ノ損害百万、蘇ノ俘虜三百万、大部ハ開戦後ニ召集ノモノ。
極東ノ蘇軍
30師76万アリシガ西方ニ送リシモノ11～12師、但シ動員シテ人員ハ増シ86万トナレリ、質ハ低下。✈２８００機アリシガ、現在ハ１４００～１５００機。１０００機ハ使用シ得。戦車１７００アリシガ半減。
戦備ニハ弛ミナシ。士気ハ最近低下。
米国ヨリノ油ハ「ハバロスク《〔ハバロフスク〕》」ニ貯蔵、約9万トン。
英国
スエズト新嘉坡トハ英帝国ノ結合上特ニ重視。

米国
昭和十七年後半期ニ有利ノ情勢トナル、其迄蘇英ノ抗戦力ヲ保持セシメ、日本ヲ立タシメサルヲ切望。
七月二日ノ御決定
三項目。之ニ依リ南仏印ニ進駐。其ノ結果A、B、C、Dノ圧迫強化シ物資モ兵力関係モ日ニ増シ不利トナル。
九月六日ノ御前会議
現状打開ノ方針。十月下旬ヲ目途トシ戦争準備ヲ行ヒ、同時ニ外交手段ヲ尽シ帝国ノ目的達成ニ努ム。
陸軍ノ南方作戦ノ為ノ展開ニハ一ケ月半ヲ要ス、海軍ノ準備ハ十一月下旬ニ完成。

（十六年十月）

英ト独ト平和〔ママ〕スル場合
英米不可分、日独伊不可分タラサル可ラス。
独トノ約束信頼シ得ルヤ。
独ハ欧州ニ制覇シ得レハ成ヘク速ニ平和〔ママ〕シタシ、此点日本ハ大ニ警戒ヲ要ス。
独ソ、独英講和ノ場合ニ独ヲシテ日本ニ好意ヲ有セシムルコトハ外交上可能ナリ。
南方ノ作戦ハ困難アルモ必勝ノ確算アリ
兵力35万、丫700～800。
要点ニハ防備敵素質ハ劣ル。敵トシテハ馬来ト比島トハ手答〔応〕アル。
長期ニナレハ米国ヲ屈服セシムヘキ成案ハナシ。長期ニナリ米国ノ軍備著増ニ対シ海軍々備ニ重大ナル覚悟アレハ対抗シ得ル見込。
徴傭船舶
海軍160万トン、陸軍210万トン
消耗
陸軍ハ作戦七ケ月後90万トン
第一年　80万トン～110万トン
第二年以後　60～80万トン
海軍予算
第一年　94億
第二年　95億
爾後約100億
予算

物資サヘアレハ予算ハ幾ラニナリテモ可能。
占領地ニテハ軍票ヲ用ヒ、円ト切リ放〔離〕シインフレニナリテモ円ニ影響ヲ無シトス。

商船新造

第一年　40万
第二年　60万　} 実際ニハ此ノ½ト見込ム
第三年　80万

60万トンノ商船新造ニハ鋼材36 / 42 } 万トン必要

修理ノ為ニハ鋼材約10万トン

本年ハ40万トン新造ノ案ナルモ実際ハ23万トン

艦船建造用ニ配当鋼材40万トン

造機能力

最モ問題、目下拡充中。目下官4、民6。

生産拡充ハ工作機械ニテ圧ヘラル、中々必要額ニ達シヲラズ。

輸送能力、目下平常ノ40％ニ低下シアリ

日独伊防共協定

本年十一月二十五日ニ五ケ年ノ期限満了。十月二十七日オット〔Eugen Ott　駐日ドイツ〕大使ヨリ、訓令ニヨリ更ニ五ケ年延長シ秘密協定ハ之ヲ消滅シ、各国ヲ一纏メトシBerlin ニテ調印シタシト申込アリ。

オット大使ノ話

米国ハ独ニ provoke スルガ独ハ成ルヘク米ト戦争ヲ避ケタシ、但シ忍耐ニハ限度ハアラン。

企画院総裁

生産力拡充モ民需モ十六年度ノ割当ガ底ヲワリヲルト思フ。

輸送力ハ400万～500万トン即チ商船300万トン必要、之カ為ニハ造船ニ力ヲ注ク要アリ。物資ノストックハ十七年度ニ繰入レ消耗ス。

南方作戦

物資ハ十六年度ノ額ニテ充分ナルハ陸軍。海軍ハ米国ノ軍備ニ対比シテ物資ヲ多ク必要トス。

北方作戦之ニ加レハ目下ノ蘇ノ兵力ナレハ足リル。

此一両年ハ陸軍軍備ハ消費40％ニシテ60％ハ蓄積シ来レリ。

陸軍、十一月開戦

30ケ月ニテ貯油零トナル(蘭印ヨリノ油ヲ見込ミ)。来年三月開戦トナレハ21ケ月シカ持続シ得ズ。開戦セサレハ丫用燃料ハ34ケ月ニテ零トナル、自動車用ハ24ケ月ノミ。

陸海軍協同研究（十月二十九日）

蘭印ヨリ取リ得ル油量
第一年　30万竏
第二年　200〃
第三年　450〃
地方別ニテ
第一年　ボルネオ　30万
第二年　ボルネオ　100万
　　　　スマトラ南部　75万
　　　　〃　北部　25万
三年　ボルネオ　250万
　　　スマトラ南　140万
　　　〃　北　60万
航空揮発油
取得シ得ル量
第一年7500t
　蘭印0
　イソオクタン一万五千
　水添六万
第二年　33万粁〔竏〕
　蘭印　14万
　イソオクタン　4万
　水添　15万
第三年　54万
　蘭印　29
　イソオクタン　6
　水添　19
現在ノ貯油量（航空油）（十六年十月一日）
111万竏
第一案
第一年
　陸海軍合計70万竏
　損失　10万　＋18万
第二年
　陸海軍計70万
　損失　5万　－24万
第三年
　陸海軍計60万
　損失　2万　－28万
第二案
第一年
　陸海軍計60万
　損失　10万　＋28万
第二年
　陸海軍計60万
　損失　5万　－4万

第三年 ｛ 陸海軍計60万
　　　　 損失　2万　−12万
各年共ニ20万竏ヲ見込ム要アリ（絶対保有量）
全国ノ油所要量
第一年　軍需　380万竏
　　　　民需　140〃
第二年　軍需　360〃
　　　　民需　140〃
第三年　軍需　335〃
　　　　民需　140〃
供給可能量
　　　　国産油　人造油
第一年　25万—30万
第二年　20万—40万
第三年　30万—50万
貯油量
　　陸海軍　780万
　　民間　70万
最小〔少〕保有量トシ150万減シ

第一年末残　250万
第二年〃　15万
第三年〃　70万
人造石油400万竏
所要鋼材　110万トン
反応筒製造ノ為ニ十八年末迄ニ陸海軍共軍備ヲ六ケ月延期
触媒用コバルトニ就テハ見込ナシ
石炭、2500万トン乃至3000万トン
人夫十五万人必要
昭和二十年度ニ出シ得ル油ハ200万竏程度
毎年ノ消費量300万竏
即チ軍160万 ｝ トシ
　　民140万
二十一年度末ニハ250万竏残トナル
〔海軍省〕軍需局長〔御宿好〕調（十六年十月二十九日）
航空油
現有　海軍　70万竏
　　　陸軍　42万竏

生産　第一年　5万 ｝
　　　第二年　20万｝25万

消費　第一年｛海　35／陸　30／被害　9｝74万
　　　第二年｛海　30／陸　25／被害　5｝60万

第三年初ニ残額12万竏
条件
　消費ハ予定通
　資材ハ優先配供
　蘭印（スマトラ）ヨリ第二年目ニ約九万竏ノ航空原料獲得
　（原油ニシテ60万竏）
蘭印ヨリ全体トシテ280万竏ヲ二ケ年ニ獲得
Tanker
　現在　捕鯨船ヲ入レ44隻　44万トン
　損害ヲ20％トシ建造ハ
　　第一年　6隻　4万トン
　第二年　15隻　12万トン

十六年十月三十一日
首相ヨリ連絡会議ノ経過ヲ奏上、特ニ各部共ニ総テノ資料ヲ提出シ作戦ノ機微ノ点迄述ヘテ研究シアレハ、此ノ結論ハ御信頼ヲ得ヘシト信スト奏上。
陛下ノ御下問
　1、航空燃料不足ノ為ニ作戦ニ支障ナキヤ
　2、蘭印油ハ航空燃料ニ適セサルニアラスヤ
鋼材
　十六年度
　　４、８０５、０００tons
　八月迄ノ実蹟〔績〕ハ約90％、従テ一年約450万トン
　其ノ中陸海軍ニ分配ノモノ
　　１、８５３、８８２t
　　２、９５０、０００〔t〕　民需
　十七年度ノ見透シハ
　　４、３２０、０００t
　十八年度ハ
　　４、５００、０００t

今後ノ陸海用ノ鋼材ハ増加ノ見込ナシ

鋼材

4、320、000tヲ分配シ

陸　82万
海　85・5万 ｝ノ原案ニ対シ海110万トンヲ希望

110－85＝25万トン

増産ニヨリ18万トンヲ得

海軍ニ、残リ7万トンヲ陸軍ト民需トニテ分担

覚書トシテ陸、海大臣、企画院総裁間ニ定ム

海軍　110万

陸軍　79万

民需　261万

総額450万以上トナレハ90万トン迄ハ陸軍ノモノトス

一応九月二十五日案ヲ我方針ニヨリ推ス。情況ニ依リ別案ニテ進ム。

来栖〔三郎〕大使華府到着後ニ乙案ニ転ズ。

〔貼り付けここまで〕

十六年十一月五日

御前会議（第七回）

午前十時三十分、宮中東一ノ間（午前十時三十分ヨリ午後〇時三十分、午後一時三十分ヨリ三時八分）

参列者

東条首相兼内相陸相、東郷〔茂徳〕外相、賀屋〔興宣〕蔵相、嶋田〔繁太郎〕海相、鈴木〔貞一・予備役陸軍中将〕国務大臣兼企画院総裁、杉山〔元〕参謀総長、塚田〔攻〕参謀次長、永野〔修身〕軍令部総長、伊藤〔整一〕軍令部次長、原〔嘉道〕枢密院議長、星野〔直樹〕内閣書記官長、武藤〔章〕陸軍省軍務局長、岡〔敬純〕海軍省軍務局長

出御。

内閣総理大臣、外務大臣、企画院総裁、大蔵大臣、軍令部総長、参謀総長、各説明。

次テ質疑応答。原枢府議長ヨリ

一、日米交渉ノ経過要領ヲ説明アリタシ

二、此度ノ甲案(一)ノ(ロ)、九月二十五日案ノ内容、(四)ノ自衛権ノ解釈拡大、乙案三ノ『資金凍結前ノ…』トアルモ資金凍結前ニモ種々ノ制限ヲ行ヒアリ、此ニテ可ナ

ルヤ
三、本交渉ニ就テノ見透シ如何（答、見込薄ナリ）
四、南方作戦ノ区域及所要時日（答、比島50日、馬来100日、蘭印150日）
五、海軍ニテモ右期間ニ南方ノ敵ヲ撃滅シ得ルヤ
六、周到ナル計画ナレハ万違算ナシト信スルモ、南方作戦カ予期ニ反シ遅レタル場合ニ蘇ニ対スル見込如何
（答、内地ニ尚ホ存スル兵力及支那ヨリ廻シ善処）
七、蘇ノ潜水艦カ初期ヨリ活動シ又南方ノ残存兵力カ活動スル場合我ノ物資如何
八、泰ハ容易ニ我軍隊ノ通過ヲ認メサル様思ハル、泰ニ交渉スレハ直ニ英ニ通報シテ作戦上ニ支障ヲ生スヘシ如何

以上質問応答ノ後、原議長下ノ意見ヲ述フ。

日米交渉ノ成立ヲ望ムコト勿論ナリ、日支事変ハ国民ニハ毫モ不平ナケレトモ速ニ終局ニシタク、政府ノ方針モ亦同シト思フ、今日米国ノ云フ通リニテ交渉ヲ纏ルコトハ不可ナリ、米国ハ蔣ノ代弁ノ如クニシテ成立ハ絶望ナルヘク政府、統帥部ニテ戦争ヲ決意サレシハ真ニ止ムヲ得サルヘシ、此際切ニ申度コトハ日本カ英米ト戦フハ主トシテ独英戦争ノ為ナリ、米ハ英ヲ援ケヲルモ白人ノ他人種ニ対スル考ハ別ナリ、独ハ米ニ宣戦シアラズ、米国ニ於ル独伊人ノ勢力ハ相当ニアリ、日本カ米ニ挑戦スレハ米国内ノ日本人ニ対スル敵愾心急ニ高マリテ米ハ独ノコトヲ忘レテ手ヲ握ル惧アルカ故ニ警戒ヲ要ス、日本独リ孤立シテ「アーリアン」民族ニ包囲サル、コトニ特ニ留意ノ要切ナリ、紙上ノ協定ニ安心スルコト勿レ

之ニ対シ首相ヨリ、『最後ノ唯一ノ方法ニシテ、極力外交ニ努力ス、長期戦ノ不安ハ大ナルモ、現状ヲ続クルトモ米ニ屈従ノ外ナシ、民族戦トナルコトニハ特ニ警戒スヘシ』

十一月五日御前会議決定ノ帝国国策遂行要領

一、帝国ハ現下ノ危局ヲ打開シテ自存自衛ヲ完ウシ大東亜ノ新秩序ヲ建設スル為此ノ際対米英蘭戦争ヲ決意シ左記措置ヲ採ル
㈠武力発動ノ時機ヲ十二月初頭ト定メ陸海軍ハ作戦準備ヲ完整ス
㈡対米交渉ハ別紙要領ニ依リ之ヲ行フ
㈢独伊トノ提携強化ヲ図ル
㈣武力発動ノ直前泰トノ間ニ軍事的緊密関係ヲ樹立ス

二、対米交渉ガ十二月一日午前零時迄ニ成功セバ武力発動ヲ中止ス

対米交渉要領

対米交渉ハ従来懸案トナレル重要事項ノ表現方式ヲ緩和修正スル別記甲案或ハ別記乙案ヲ以テ交渉ニ臨ミ之カ妥結ヲ計ルモノトス

甲案

日米交渉懸案中最重要ナル事項ハ㈠支那及仏印ニ於ル駐兵及撤兵問題、㈡支那ニ於ル通商無差別問題、㈢三国条約ノ解釈及履行問題、及㈣四原則問題〔欄外参照〕ナル処之等諸項ニ付テハ左記ノ程度ニ之ヲ緩和ス

〔欄外〕
一、有ユル国ノ領土及主権ノ尊重
二、他国ノ内政ニ干渉セサルコト
三、平等主義ノ支持、其ノ中ニハ商業上ノ均等ヲ含ム
四、平和的手段ニ依ルノ外太平洋ニ於ル現状ヲ破壊セサルコト

記

㈠支那ニ於ル駐兵及撤兵問題

本件ニ就テハ米国側ハ駐兵ノ理由ハ暫ク之ヲ別トシ(イ)不確定期間ノ駐兵ヲ重視シ、(ロ)平和解決条件中ニ之ヲ包含セシムルコトニ異議ヲ有シ、(ハ)撤兵ニ関シ更ニ明確ナル意思表示ヲ要望シ居ルニ鑑ミ、次ノ諸案程度ニ緩和ス

日支事変ノ為支那ニ派遣セラレタル日本国軍隊ハ北支及蒙彊〔疆〕ノ一定地域及海南島ニ関シテハ日支間平和成立後所要期間駐屯スヘク、爾余ノ軍隊ハ平和成立ト同時ニ日支間ニ別ニ定メラルル所ニ従ヒ撤去ヲ開始シ二年以内ニ之ヲ完了スヘシ

(註)所要期間ニ付米側ヨリ質問アリタル場合ハ概ネ二十五年ヲ目途トスルモノナル旨ヲ以テ応酬スルモノトス

㈡仏印ニ於ル駐兵及撤兵

本件ニ付テハ米側ハ日本ハ仏印ニ対シ領土的野心ヲ有シ且近接地方ニ対スル武力進出ノ基地タラシメントスルモノナリトノ危惧ノ念ヲ有スト認メラルルヲ以テ次ノ案程度ニ緩和ス

日本国政府ハ仏領印度支那ノ領土主権ヲ尊重ス、現ニ仏領印度支那ニ派遣セラレ居ル日本国軍隊ハ支那事変

ニシテ解決スルカ又ハ公正ナル極東平和ノ確立スルニ於テハ直ニ之ヲ撤去スヘシ

(三)支那ニ於ル通商無差別待遇問題

本件ニ付テハ既提出ノ九月二十五日案ニテ到底妥結ノ見込無キ場合ニハ次ノ案ヲ以テ対処スルモノトス

日本国政府ハ無差別原則カ全世界ニ適用セラルルモノナルニ於テハ太平洋全地域即支那ニ於テモ本原則ノ行ハルルコトヲ承認ス

(四)三国条約ノ解釈及履行問題

本件ニ付テハ我方トシテハ自衛権ノ解釈ヲ濫ニ拡大スル意図ナキコトヲ更ニ明瞭ニスルト共ニ三国条約ノ解釈及履行ニ関シテハ我方ハ従来屢々説明セル如ク日本国政府ノ自ラ決定スル所ニ依リテ行動スル次第ニシテ此点ハ既ニ米国側ノ了承ヲ得タルモノナリト思考スル旨ヲ以テ応酬ス

(五)米側ノ所謂四原則ニ付テハ之ヲ日米間ノ正式ノ妥結事項(了解案タルト又ハ其他ノ声明タルトヲ問ハズ)中ニ包含セシムルコトハ極力回避ス

乙案

一、日米両国ハ孰レモ仏印以外ノ南東亜細亜及南太平洋地域ニ武力的進出ヲ行ハサルコトヲ約スヘシ

二、日米両国政府ハ蘭領印度ニ於テ其ノ必要トスル物資ノ獲得カ保障セラルル様相互ニ協力スヘシ

三、日米両国政府ハ相互ニ通商関係ヲ資金凍結前ノ状態ニ復帰セシムヘシ米国ハ所要ノ石油ノ対日供給ヲ約スヘシ

四、米国政府ハ日支両国ノ和平ニ関スル努力ニ支障ヲ与フルカ如キ行動ニ出テサルヘシ

備考

一、必要ニ応シ本取極成立セハ南部仏印駐屯中ノ日本軍ハ仏国政府ノ諒解ヲ得テ北部仏印ニ移駐スルノ用意アルコト並支那事変解決スルカ又ハ太平洋地域ニ於ケル公正ナル平和確立ノ上ハ前記日本国軍隊ヲ仏印ヨリ撤退スヘキコトヲ約束シ差支ナシ

二、尚必要ニ応シテハ従来ノ提案(最後案)中ニアリタル通商無差別待遇ニ関スル規定及三国条約ノ解釈及履行ニ関スル規定ヲ追加挿入スルモノトス

十一月五日御前会議決定『帝国国策遂行要領』ニ関連スル対外措置

（十六年十一月十三日連絡会議決定）

一、対独伊

日米交渉決裂シ戦争不可避ト認メラレタル際（大体十一月二十五日以後ト想定ス）ニハ遅滞ナク独（伊）ニ対シ帝国ハ近ク準備成リ次第英米ニ対シ開戦スルノ意向ナル旨ヲ通報シ右準備ノ一部ナリトシテ左記事項ニ付必要ナル交渉ヲ行フモノトス

一、独（伊）ノ対米戦争参加

二、単独不講和

備考、独伊側ヨリ対「ソ」参戦ノ要求アリタル場合ニハ差当リ参戦セサル旨ヲ以テ応酬ス、但シ之カ為独側ノ対米参戦ノ時期カ遅ルルカ如キ事態生スルモ已ムヲ得ス

一、対英

対米交渉ノ結果タル了解事項中英国ニ関係アル事項ヲ英国ヲシテ受諾セシメ且之ニ積極的ニ協力セシムル様速ニ直接又ハ米ヲ通シ措置シ置クモノトス

右以外企図隠匿ノ見地ニ於テ特別ノ外交措置ヲ行フコト無シ

一、対蘭印

我企図秘匿欺騙ニ資スル為成ヘク速ニ従来交渉継続ノ形式ニ於テ帝国ニ対スル所要物資ノ供給ヲ主眼トスル外交交渉ヲ逐次開始ス

一、対「ソ」

概ネ昭和十六年八月四日大本営政府連絡会議決定ニ係ル対「ソ」外交々渉要綱第一項ニ準拠シテ交渉ヲ続行ス

一、対泰

(1)進駐開始直前左記ヲ要求シ迅速ニ之ヲ承認セシム、泰ニシテ帝国ノ要求ニ応セサル場合ニ於テモ軍隊ハ予定ノ如ク進駐ス、但シ日泰間武力的衝突ハ之ヲ局限スルニ努ム

左記

(イ)帝国軍隊ノ通過並ニ之ニ伴フ諸般ノ便宜供与

(ロ)帝国軍隊ノ通過ニ伴フ日泰軍隊ノ衝突回避措置ノ即時実行

(ハ)泰ノ希望ニヨリテハ共同防衛協定ノ締結

(註)本交渉開始前ニ於ル対泰態度ハ従来ト特別ノ変化ナカラシメ特ニ開戦企図ノ秘匿ニ万全ノ考慮ヲ払フモノトス

（以下略）

一、対支

出来得ル限リ消耗ヲ避ケ以テ長期世界戦ニ対処スヘキ帝国綜合戦力ノ確保及将来兵力減少ノ場合等ヲ念頭ニ置キ左ノ通措置スルモノトス

(1)在支米英武力ヲ一掃ス

(2)在支敵性租界(北京公使館区域ヲ含ム)及敵性重要権益(海関、鉱山等)ヲ我実権下ニ把握ス

(3)前諸項ノ発動ハ我企図ヲ暴露セサル為我対米英開戦後トス

(4)重慶ニ対スル交戦権ノ発動ハ特ニ宣言等ノ形式ヲ以テスルコトナク、対米英開戦ヲ以テ事実上其実効ヲ収ムルモノトス

(5)在支敵国系権益中国民政府ニ関係アルモノモ必要ニ応シ差当リ我方実権下ニ把握スルモノトシ、之カ調整ハ別ニ措置ス

(6)占領地内ニ於ル支那側要人ノ活動ヲ出来得ル限リ誘導促進シ、日支協力ノ下ニ民心ノ把握ニ力メ以テ可能ナル地域ヨリ漸次局部和平ヲ実現セシム

(7)対支経済関係ニ於テハ物資獲得ニ重点ヲ置キ之カ為現行諸制限ニ合理的調整ヲ加フルモノトス

陛下の御決意

十月九日伏見宮博恭王殿下拝謁、時局ニ就キ、米国トハ一戦避ケ難ク存ス、戦フトセハ早キ程有利ニ有之、即刻ニモ御前会議ヲ開カレ度旨奏上セラレシ際ニ、陛下ニハ、今ハ其ノ時機ニアラズ尚ホ外交々渉ニヨリ尽スヘキ手段アリ、然シ結局一戦避ケ難カランカ、トノ御言葉ヲ拝セラル。

(十月二十七日嶋田ノ殿下ニ拝謁ノ時御話)

十一月五日御前会議終了後ニ速刻御裁可アラセラレシコトハ、既ニ長キ間ノ御熟慮御決意ノ結果ト拝セラレ恐懼ニ堪ヘズ。

陛下の御思召

昭和十六年十一月二十六日東条首相ヨリ連絡会議ノ経過ヲ奏上ノ際、

今度ハ重大事ナルカ故ニ挙国一致ニテ進ミタク、重臣ガ何カ分ラヌトノ感ヲ持チテハ具合悪シ、重臣ヲ最後ノ御前会議ニ列席セシムルコトハ如何

トノ御思召ヲ拝ス、首相ヨリ奉答。

御前会議ハ輔弼、輔翼ノ責任者ガ各ノ責任上ヨリ奏上申

上グ、重臣ハ職責上ニハ責任ナキ者ニ有之、之ヲ入ルコトハ適当ナラサル様存セラル、御意志ノ御決定ハ責任者ノ輔弼、輔翼ニテ行ハル、コト可ナリト存ス
陛下御納得アラセラレ、更ニ然ラハ重臣ヲ混ヘテ懇談ノ形式ハ如何トノ御言葉アリ、首相ヨリ『御前ニテ候ヤ又ハ他ノ方法ニテ候ヤ』ト伺ヒ奉リ、御前ニテ行フ御思召ニ対シ、首相ヨリ、御前ニテノ懇談ニ就テハ篤ト研究中タル上奉答仕ベク、重臣ニ事態ヲ話スコトハ先ニ内大臣ヨリモ話有之必要ト存ズルモ、今日迄ハワザト機密保持上ヨリ避ケ参リタリ、御前ニアラサル懇談ハ近ク行ヒタシト考ヘヲリシ旨奏答ス。

十六年十一月二十九日

重臣ト政府ト懇談
9h-30Aヨリ1hP、3h-20Pヨリ3h-55P
宮中東二の間ニ於テ

重臣　若槻〔礼次郎・元首相・貴族院議員〕、岡田〔啓介・元首相・退役海軍大将〕、平沼〔騏一郎・元首相〕、近衛、米内〔光政・元首相・予備役海軍大将〕、広田〔弘毅・元首相・貴族院議員〕、林〔銑十郎・元首相・予備役陸軍大将〕、阿部〔信行・元首相・予備役陸軍大将〕、原枢密院議長
政府側　首相、海相、外相、蔵相、企画院総裁
陪席　内閣書記官長、陸軍海軍省軍務局長、外務〔省〕東亜局長〔山本熊一〕

首相主宰シ、先ツ首相ヨリ挨拶、時局極テ重大トナリ了解協力ヲ願フ為ニ御参集ヲ求メタリ、トテ三国同盟締結以来英米ノ態度頓ニ悪化ノコトヨリ、四月以来ノ対米交渉、七月二日、九月六日ノ御前会議ノ内容ヨリ、現内閣トナリ白紙ニ返シ慎重ニ検討シ十一月五日御前会議トナリ、其ノ御決定ニ基キ極力対米交渉ヲ行ヒ来リシガ、十一月二十六日ノ米国ノ回答ハ侮辱的不遜ニシテ到底忍ヒ難ク、最後ノ時機ニ到達シタル次第ヲ説明ス、次テ外相ヨリ外交経過ヲ話シ、四月ヨリ六月、六月ヨリ十月ト米国ノ態度ハ漸次悪クナリ、現内閣トナリテ交渉ノ次第ヲ説明ス。

次テ、重臣ヨリ質問シ、首相其ノ他ヨリ応答ス。

質問、意見ノ主ナル点次ノ如シ。

（若槻）

日米交渉ヲ開クコトニナリタルハ、米ヨリノ発意カ、日本ヨリカ。

米ヨリ提案ノ趣旨ハ日米関係ヲ調節ノ為カ、日支問題カ。
外相ハ外交々渉打切ノ外ナシト云フガ、十一月末日迄ハ継続カ。
外交ニテ妥結シ得サレハ直ニ戦争ニナラズトモ可ナラズヤ。
臥薪嘗胆スル時ニ物資ノ入ル見込如何。
米英トノ戦争トナラバ長期トナル、長期ニ亘リ諸物資続クヤ如何。

(岡田)

政府ノ説明ヲ聴キテ心配ハ去ラズ、寧ロ深クナリタリ。
一、南方作戦ヲ行ヒ支那事変ハ如何ニスルヤ。
二、日米戦長期ニ亘ル間ニハ欧州戦争ハ終止トナリ危険甚大。
三、南方ニ資源ハ在ルモ船腹ノ不足年々甚シクナリテ運搬シ得ズ、山ヲ眺メテどか貧トナルコトナキヤ。
四、工場ト之ニ供給ノ資源トノ跛行状態悪シ。
五、帝国海軍ハ米国ノ喉頸ヲ取テ押ヘル成算アリヤ。
六、東亜共栄圏ノ建設ハ日本ノ国是ナルガ、南方作戦ハ反テ之カ破壊トナラサルヤ、土民ヨリ物ヲ取上ゲ彼等ノ欲スル物ハ充分与へ得ズシテ怨ヲ買ヒ、物資ヲ思フ様ニ輸入シ得ルヤ。
七、銃後国民ハ今後窮乏ヲ忍ハサル可ラズ、国内ハドウニカナルモ、満州及支那占領地ノ人民ハ動揺ヲ起ス倶アリ、万全ヲ講スヘシ。
八、米国ノ頸根ッ子ヲ押ヘ得サル故ニ、成ルヘク早ク有利ニ解決ノ方法ヲ攻究ノ要切ナリ。

(平沼)

米国ハ此交渉決裂スレハ戦争トナルコトヲ考ヘヲルヤ。
長期戦トナラバ国内撹乱ガ活発ニナルヘシ、既ニ学校其ノ他ニ赤ノ手ハ廻リアリ、故ニ積極的ニ人心ヲ引緊ルト同時ニ敵ヨリノ人心撹乱ヲ防ク準備肝要ナリ。

(広田)

一口ニ南方ト云フモ各国各地方アリ、何レニ重点ヲ置クヤ。
南進スルニ当テハ土民ニ注意スルコト肝要、仏印ニテハ仏国ノ主権ヲ尊重シ土民ヲ無視スルコトハ如何ニヤ。

(若槻)

南方作戦ヲ行フ以前ニ支那ヲ兵力ニテ屈シ得サルヤ。

陛下御前ニ於テ重臣ノ所見奏上

十一月二十九日　御陪食後御学問所ニ於テ椅子ヲ給リ御下問ニ対シ所見奉答、2h-15Pヨリ約一時間

（若槻、岡田）

物ノ点ヲ篤ト考ヘサレハ長期戦ニ対シテハ危険ナリト存ス、此点ハ尚ホ後刻政府ヨリ聴取ノコトニ致度。

（平沼）

長期戦トナラバ国民ノ精神力弛ミ易ク、注意肝要ニ有之。

（近衛）

米国トノ交渉絶望トナリタルガ、尚ホ戦争ト臥薪嘗胆トノ利害ヲ篤ト考ルノ要有之。

（米内）

ぢり貧トナルヲ避ケテ反テどか貧トナラサル様用心肝要ト存ズ。

（広田）

我国ノ真剣ノ真意カ米国ニ十分ニ分リヲラサル点ナキヤ。戦争ニハ時機ノ問題モアレハ、開戦トナリテモ尚ホ外交展開ノ場合ナキヤニ常ニ留意シ、此時ニハ直ニ捕捉肝要ニ有之。

（林）

作戦ヲ開始シタル中途ニテ物資ノ枯渇スル虞ナケレハ、積極的ニ出ル政府大本営ノ研究ニ信頼致度。

（阿部）

今ヤ愈々、時機ニ達シタリ、今回政府、統帥府ハ慎重ニ研究シタルモノナレバ、一方作戦ニハ機アリ、外交々渉トヲ考ヘ合セテ誠ニ心配ニハ堪ヘサルモ今ヤ覚悟ヲ定ルノ外無之。

開戦発起ノ態度カ大切ニシテ、日本ハ自存自衛上支那事変解決ノ為ニ止ムヲ得ス立ツコトヲ明白ナラシムルコト肝要ニ有之、又開戦トナラバ支那ノ人心ニ注意ヲ必要ト存ス、現在ニテモ満足ノモノニハ無之。

（若槻）

自存自衛ノ為ナレハ仮令敗ル、ト分リテモ戦ハサル可ラサレトモ、此場合理想ノ為例ヘハ東亜新秩序建設ト云フカ如キコトニテ此大事ヲ起スヘキモノニハ無之。

独伊トノ交渉　十一月二十九日連絡会議ニ於テ

十一月五日御裁可ノ帝国国策遂行要領ニ依リ、今ヤ独伊トノ交渉開始ノ時機トナレルニヨリ、在独〔大島浩・予備役陸軍中将〕伊〔堀切善兵衛〕大使ニ打電シ『対米交渉行詰リ英米ハ戦備ヲ整ヘツ、アリ、我モ之ニ対シテ備ヘツ、アレハ案

外早ク交戦状態ニ入ルヤモ計ラレズ、就テハ左ノ二項ヲ約束シタシト申込マシム

一、日本ト英米ト開戦ノ場合独伊ノ対米戦争参加

二、相互ノ完全ナル合意ニ依ルニアラサレハ協同ノ敵タル米英ト単独休戦又ハ講和ヲ行ハズ、トノ宣言ヲ行フ三国協同トセズ、日独、日伊ト別々ニ協約ス』

是ヨリ先十一月二十日外相ノ意見ニ依リ駐日ノ独国陸軍武官〔Alfred Kretzschmer〕ヲ通シ陸相ヨリ独国ニ瀬踏ミス、其ノ返事ニ『日独対米戦争トナル場合ニハ休戦講和ハ単独ニハ行ハズ、相協力シテ行フコト自考ト考フ、尚日本対米戦ヲ行ハバ独モ米国ト開戦スヘシ』ト(十一月二十五日)。

十六年十一月三十日

大臣、総長を御召

同日午前高松宮〔宣仁親王・軍令部第一課部員兼大本営参謀〕殿下拝謁アラセラレシ時ニ、海軍ノ一部ニ作戦ニ就キ不安ヲ懐キ居ル者アルヤニ拝察セラル、御話アリシトノコト（布哇作戦ノ予想ニテ犠牲ノ多カルヘキ御話ナリシカト思ハル）ニテ、4hP～5hP首相カ拝謁ノ時首相ニ御下問アリシガ『少シモ聞及無之』旨奉答セシニヨリ、直ニ海軍大臣及軍令部総長ヲ同列ニテ御召アリ、6h-10Pヨリ約二十五分間御学問所ニ於テ椅子ヲ給リテ御下問アラセラル。

軍令部総長ニ向ハセラレテ御下問。

愈々時機切迫シ矢ハ弓ヲ放レントス、一旦矢カ離ルレハ長期ノ戦争トナルノダガ予定ノ通ヤルカネ。

総長ノ奉答。

大命御降下有之ハ予定ノ通進撃致ヘク、何レ明日委細奏上仕ルヘキモ、航空艦隊ハ明日ハ布哇ノ西1800浬ニ達シ申ヘシ。

次ニ、海軍大臣ニ向ハセラレテ御下問。

大臣トシテモ総テノ準備ハ宜イカネ。

大臣ノ奉答。

人モ物モ共ニ充分ノ準備ヲ整ヘ大命降下ヲ御待致シテヲリマス。

更ニ、大臣ニ御下問。

独国ガ欧州デ戦争ヲ止メタ時ハドウカネ。

大臣ノ奉答。

独国ハ元来真カラ頼リニナル国トハ思ヒ居リ申シマセズ、仮令同国ガ手ヲ引クトモ我ハ差支ナキ積リニ御座イマス。

御下問ハ以上ナリシガ、更ニ大御心ヲ安ンジ奉ラン為ニ、次ノコトヲ大臣、総長ヨリ奏上ス。

一、艦隊ノ士気極テ旺盛ナルコト。

一、艦隊ノ訓練行届キ司令長官ハ充分ノ自信ヲ有シ居ルコト。

一、布哇作戦ニ直接従事スル人ハ大ナル自信ヲ以テ張切リヲリ、長官ハ満足シ居ルコト。

一、北東信風〔モンスーン〕ハ本年一月嶋田ノ体験ニ依ルモ弱キコトモ有之、作戦ニ好都合ナル様ニ天祐神助ヲ祈リ上ルコト。

一、此戦争ハ石ニカジリ付キテモ勝タサル可ラズト一同固ク覚悟ヲ持シヲルコト。

陛下御満足遊サレシト拝察ス。

開戦劈頭ノ布哇作戦

本作戦ノ発意者ハ全クＧＦ司令長官山本五十六大将ナリ、昭和十五年末ニ行ハレタル図上演習ノ結果ト艦隊訓練ニ於ル飛行機ノ雷撃ノ成績良好トニ鑑ミ、山本長官自ラ創意シ、当時ノ参謀長福留〔繁〕少将及11ＡＦ参謀長大西〔瀧治郎〕少将ニ研究ヲ命シタリ、部下ハ作戦ノ至難ニ幾度カ迷ヒシガ、山本長官ハ終始不惑研究訓練ヲ進メ遂ニ決行シタリ

大西11ＡＦ、草鹿〔龍之介〕1ＡＦ両航空艦隊参謀長ハ作戦ノ困難ヲ以テ山本長官ニ意見具申シタリシガ同長官ニ叱ラレシコトモアリト。

軍令部ニ於テハ福留少将ガＧＦヨリ第一部長ニ転入シテヨリ作戦計画ニ入レシガ、課長以下ニハ賛同セサルモノアリタリト。

十一月三十日ニ大臣、総長ヲ御召アリシコトモ、「此ノ不安ノ声ガ高松宮殿下ヨリ聖聴ニ達シタル為カト思ハル〔嶋田推測〕。

十六年十二月一日

御前会議

午後二時開会、三時四十五分散会、宮中東一ノ間

参列者

東条総理大臣兼内務大臣、陸軍大臣、東郷外務大臣兼拓務大臣、賀屋大蔵大臣、嶋田海軍大臣、岩村〔通世〕司法大臣、橋田〔邦彦〕文部大臣、井野〔碩哉〕農林大臣、岸〔信介〕商工大臣、寺島〔健・予備役海軍中将〕逓信大臣兼鉄道大臣、小泉〔親彦・予備役陸軍軍医中将〕厚生大臣、鈴木

国務大臣兼企画院総裁、杉山参謀総長、田辺〔盛武〕参謀次長、永野軍令部総長、伊藤軍令部次長、原枢密院議長、星野内閣書記官長、武藤陸軍省軍務局長、岡海軍省軍務局長

次第

一、出御
二、総理大臣御許ヲ得タルニ依リ本日ノ議事ノ進行ハ内閣総理大臣カ之ニ当ル旨ヲ述ヘ議題ヲ説明
三、外務大臣ヨリ外交々渉ノ経過ヲ説明（主トシテ十一月五日以後ノ経過）
四、軍令部総長ヨリ統帥部ヲ代表シテ説明（作戦準備ヲ）
五、内務大臣ヨリ所管事項ニ関シ説明（国内問題、治安取締等ヲ）
六、大蔵大臣ヨリ　〃　（戦時金融ノ応急策ヲ）
七、農林大臣ヨリ　〃　（戦時食糧対策ヲ）
八、質問並応答
九、意見陳述
十、総理大臣全員原案ニ異議ナキモノト認ル旨ヲ述ヘ併セテ所見ヲ陳述シ最後ニ本日ノ会議ハ終了セル旨ヲ述フ
十一、総理大臣入御ヲ奏請
十二、入御
十三、出席者全員書類ニ花押
十四、散会、書類上奏ノ手続ヲ進ム

十二月一日　御前会議決定

対米英蘭開戦ノ件

十一月五日決定ノ「帝国国策遂行要領」ニ基ク対米交渉ハ遂ニ成立スルニ至ラス

帝国ハ米英蘭ニ対シ開戦ス

御前会議中御機嫌御麗ハシク、戦時対策ノ御説明ニハ一々御頷ツキ遊サレ御聴取アラセラル。

入御後間モナク午後四時十分御裁可遊サル。

別表第三　人造石油計画概要表

	会社名	工場名	方法別	建設期別	着工年月	完成年月	計画能力(竏／年)	年度割実生産予定量(千竏／年) 17年	18年	19年	20年	21年
既定計画	◎北人石	瀧川	石油合成	第一期	14—10	17—5	80	15,000	60,000	72,000	72,000	72,000
			合成	第二期		18—8	150	—	67,500	135,000	135,000	135,000
			重合		16—12	18—1	22	—	7,750	15,000	15,000	15,000
		留萌	合成	第一期	15—4	19—10	80	—	—	24,000	60,000	60,000
			潤滑油		17—1	18—3	12	—	12,000	12,000	12,000	12,000
	日鉄	輪西	低乾	操業中	11—2	11—6	5	3,000	3,000	3,000	3,000	3,000
	◎日本油化	川崎	水添	一部操業中	13—1	17—3	10	8,000	10,000	10,000	10,000	10,000
			乾溜		15—10	17—2	10					
	東京瓦斯	横浜	低乾	〃	14—12	17—1	10	4,500	4,500	4,500	4,500	4,500
	東邦化学	名古屋	低乾	〃	14—3	17—1	10					
			水添		14—3	17—4	10	4,500	10,000	10,000	10,000	10,000
	◎尼崎人石	尼崎	合成	第一期	14—10	17—7	40	7,000	36,000	36,000	36,000	36,000
			合成	第二期		19—3	60	—	—	54,000	54,000	54,000
	宇部窒素	宇部	低乾	一部操業中	8—6	12—12	15	10,000	5,000	—	—	—
	◎宇部油化	宇部	低乾		14—9	17—2	15	10,000	5,000	—	—	—
			水添	第一期	14—9	18—6	40	—	20,000	40,000	40,000	40,000
	◎日産液体	若松	低乾	一部操業中	14—12	16—3	10	10,000	10,000	10,000	10,000	10,000
	三井化学	三池	合成	〃	12—12	17—2	40	40,000	36,000	36,000	36,000	36,000
			重合		17—1	17—12	2	—	2,500	2,500	2,500	2,500
			潤滑油		17—4	17—12	4	—	4,000	4,000	4,000	4,000
	樺太人石	内淵	低乾		15—4	17—4	10	8,000	10,000	—	—	—
			水添		15—4	19—9	50	—	—	25,000	50,000	50,000
	◎三菱石炭	内淵	低乾				20	15,000	15,000	15,000	15,000	15,000
	◎朝鮮人石	阿吾地	水添	第一期	11—6	14—3	50	70,000	200,000	200,000	200,000	200,000
			水添	第二期	14—4	17—8	150					
	朝鮮窒素	永安	低乾		6—7	7—5	10	10,000	10,000	10,000	10,000	10,000
	◎吉林人石	吉林	低乾		14—9	17—3	20	10,000	10,000	70,000	300,000	300,000
			水添	第一期	14—9	19—12	300					
	満鉄	撫順	頁岩油	西第一期	3—6	5—6	50	粗油				
				西第二期	9—2	10—7	50	170,000	200,000	200,000	200,000	200,000
				西第三期	11—4	14—10	100	(55%ノ良油トナル)				
			頁岩油	東第一期	14—9	18—12	120	—	—	120,000	120,000	120,000
			水添	第一期	11—8	15—4	10	10,000	10,000	10,000	10,000	10,000
			水添	第二期	17—4	19—12	80	—	—	—	90,000	90,000
	◎満州合成	錦県	合成	第一期	12—8	17—9	40	5,000	36,000	36,000	36,000	36,000
			合成	第二期	17—4	19—12	90	—	—	—	81,000	81,000
	計						1,775	410,000	784,000〔784,250〕	1,154,000	1,616,000	1,616,000

低乾	低温乾溜				750	137,000	450,000	750,000	750,000	750,000

(合成) Fisher 法
(水添)航空燃料ヲ主トシテ採ル

人造石油事業計画
(昭和十二年)
日満両国ヲ通シテ揮発油重油各百万竏生産ヲ目標
(昭和十五年)
上記ノ二倍計四百万竏生産ヲ目標トシ下ノ如ク概定ス
航空用揮発油　　55万

自動車用揮発油　125万
軽質ヂーゼル油　75万
重質ヂーゼル油　60万
焚燃用重油　65万
航空用潤滑油　10万
一般潤滑油　10万
計　400万瓩
(十六年七月)
緊急対策トシテ低温乾溜装置ノ建設ニ依リ粗油75万瓩生産ヲ計画シ第一着手トシテ粗油15万瓩生産装置ヲ建進捗中

◎印
帝国燃料株式会社ノ資本投資会社

新規計画	北石	留萌	合成	第二期			150					
		釧路	合成				300					
	宇部油化	宇部	水添				40	—	—	—	20,000	40,000
			合成				50					
	◎樺太石油	内淵	水添	第二期			200					
	吉林人石	吉林	水添	第二期			300					
	満鉄	撫順	水添	第三期			100	—	—	—	50,000	100,000
			頁岩油	東第三期			160					
				西第四期			60	—	—	—	30,000	60,000
	鞍山	鞍山	合成	第一期			50					
	計						1410				100,000	200,000
	(総　計)						3,935	547,000	1,234,000 〔1,234,250〕	1,904,000	2,466,000 〔2,566,000〕	2,566,000 〔2,766,000〕

〔欄外〕
NA
日窒
第一期(十七年四月) 30,000
第二期 30,000

製法別ニ依ル生産量(千瓩/年)	合成法ニ依ルモノ			1,130	67	235.5	393	510	510
	低温乾溜ニ依ルモノ			885	180.5	503.5	792.5	792.5	792.5
	水添法ニ依ルモノ			1,340	102.5	260	365	780	850
	重合法ニ依ルモノ			24	10	17.5	17.5	17.5	17.5
	頁岩油			540	170	200	320	350	380
	潤滑油			16	16	16	16	16	16
	(計)			3,935	547 〔546〕	1,234 〔1232.5〕	1,904	2,466	2,566

〔欄外〕
東亜共栄圏消費量

日本　1000万瓩
満州　30
支那　100
仏印　10
泰　12
比島　30
馬来　40
インドネシヤ　150
ビルマ　20
〔1392〕1390万瓩

各地生産　英領ボルネオ　93万瓩
ジヤワ　84
スマトラ　530
蘭領ボルネオ　170
ビルマ　100
977万瓩

戦備促進実行計画一覧表

計　画	兵力摘要 艦船ノ部	兵力摘要 航空機ノ部	実行計画
14 年度計画 (④)	未完成ノモノB×2, A×1, C乙×5, C丙×2, d乙×6, d甲×11, s甲×1, s乙×13, s海大×10, w×4, m×8, c h×4, 捕獲網艦×1, T運×1, 練×1 (予算④全部ニテ 30 万屯 12 億円 5ケ年計画)	練習隊 40・5 隊 / 実用隊 34・5 隊 } 75 隊増 (約 3 億円 5 ケ年計画)	
16 年度臨軍追加(臨)	情勢ニ応ズル軍備欠陥補充 s中×9, s小×9, c h×12, 油槽×6, 冷×3, 曳(敷)×4, 曳(w)×6, 雷艇×6(約2億円)	⑤計画ニ依ル練習航空隊ノ中 7 ケ所(17 隊分)繰上整備(約 1 億円)	
16 年度戦建 (急)	出師準備計画ニ依ル建造（括弧内ハ 15 年度出師準備計画要領書ニ依ル戦時計画ナリ） C×2(2), A×1(2), d甲×16(5), d乙×10(0), s乙×6(0), s丙×6(0), s中×12(0), s小×9(12), 艇母×1, 海防×30(0) 敷×14(3), w×28(17), w特×16, c h×20(28), c h特×100(168), T×4(0), 雷艇18(0) (約 30 万屯 17 億円 2 ケ年以内ニ完成ス)	④計画ノ 1 ケ年繰上及南洋方面所要基地整備	
(追)	一部(追)即チ a × 32 及爆標 × 1（生拡並ニ教育施設共） (艦船ノミ約 4・8 億円)	⑤計画ノ練習隊及実用隊ノ一部等ヲ繰上実施（約 4・5 億円)	
17 年度計画 (⑤)	{65 万屯 ,44 億円 9 ケ年計画} {(⑤) − s × 32} ＋s × 151 ヲ主体トスルモ軍令部ヨリ相当ノ兵力修正ヲ協議シ来ル筈	練習隊 93 / 実用隊 67 } 160 隊増勢 (約 20 億円) 内 6 億円余(臨)(追)等ニ繰上 完成時ノ隊数{練習 156 実用 132} 計 288 隊	
備考	[戦促 I] = [戦 1]+ ④ノ残リ ＋ ⑤ヨリノ繰上兵力 (註)[戦 1]=(臨)+16 年度戦建(急)+(追) [戦促 II] =[戦 2]+ ④ノ中止見合及[戦 1] ノ残リ (註)[戦 2]= ⑤ ＋ α − β（β ニハ 5 ヨリ [戦促一] ヘ繰上ゲタルモノヲ含ム）		

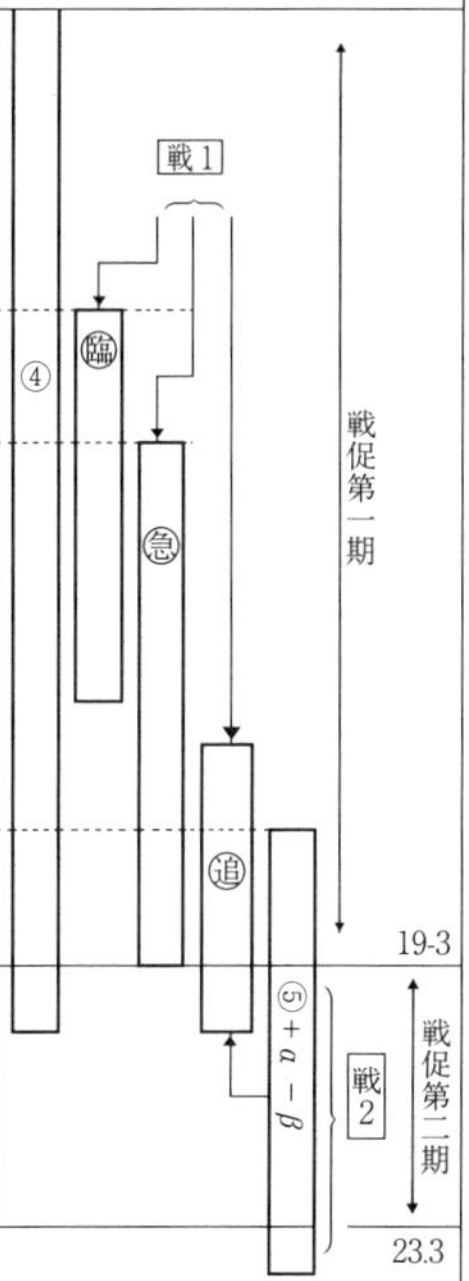

〔欄外〕

散布界　(十六年)

十六年	主力艦	平均(今回)	最大	最少	前三ケ年平均
十一月	(各主力艦全部)	358(814)	438	273	370(9,7)
			日向〔戦艦〕(10)	扶桑〔戦艦〕(11.2)	
			乙種戦技		
十六年	(山城〔戦艦〕欠)	283 (7)	414	237	
九月			日向(10)	霧島〔戦艦〕(6.5)	
			乙種戦技		
	20cm 砲艦	平均	最大	最少	前三ケ年平均
	(古鷹〔重巡洋艦〕欠)	307 (7)	438	199	356(7.1)
			愛宕〔重巡洋艦〕	利根〔重巡洋艦〕	

十二月一日御前会議ニ於ル質問、応答

質問、原枢密院議長

本日ノ議題ハ事極テ重大ナルカ、然シ既ニ幾度カノ御前会議ヲ経アリテ十分ニ手ヲ尽シアルニ依リ、此ノ通御決定然ルヘシト思フ、而シテ念ノ為政府ノ御説明ニ漏レシ点等ニ就キ質問ス。

一、米国ハ支那ト云フ語ニ満州ヲ含マセヲルヤ。

（答）四月ノ交渉ニテ米国ハ満州国承認ヲ認メシガ、其後ニハ之ニ触レヲラズ、不明ナルモ含マセヲルカト思ハル。

一、ラヂオニ依レハ更ニ我大使ト「ハル」〔Cordell Hull国務〕長官ト会談ノ報アリ、其ノ趣旨如何。

（答）我訓令ヲ実行スル為ナラン。

一、統帥部ハ開戦ノ準備成レリトノコトニテ、誠ニ心強シ。

英国ハ Prince of Wales〔戦艦〕ヲ東亜ニ派遣シ其ノ他軍艦増派ノ報アルガ之ニヨリ統帥部ノ準備ニ不安ナキヤ。

（答）若干ノ配備考慮ヲ要スルコトアルヘキモ予定ノ作戦遂行ニ差支ナシ。

陸兵ノ増派アリテモ差支ナキヤ。

（答）只今ノ計画ハ今後多少ノモノ増スモ不安ナシ。

一、泰国ノ嚮背如何、泰ガ敵側ニ就クトキヲ作戦上ニ予算シアルヤ。

（答）成ルヘク敵対セシメサル如ク間際ニ通報ス。

一、開戦後ノ国内ニ対スル施策ヲ種々攻究セラレ敬意ヲ表ス、然シ空爆ニ依ル損害ヲ防グニ消火ニ全力ヲ注ギ逃ル勿レトノ方針ナルモ、火災大規模トナル時ニ難民ノ住居、食物ニ関スル対策如何。

（答）一部ノ者ハ他ニ避難セシメ、残留者ニハ簡易ナル組立ノ家屋ヲ供給セシム。

充分ニ具体的方策ヲ立テラレタシ。

所見、原枢密院議長

対米交渉ハ我譲歩ニヨリテ妥結セサルヤトノ希望ハ常ニ持シ来リシカ、意外ニモ十一月二十六日ノ米国回答ハ満州事変以来ノ彼ノ態度ニ些カモ変化ナク唯我独尊ニテ遺憾ナリ、之ニテハ帝国ハ忍ビ得ズ、之ヲ忍べバ日清役以来ノ成果ヲ失フニ至ルへシ到底忍ビ難シ、支那事変四ケ年余トナリ此上ノ戦争ハ残念ナレトモ、此上手ヲ尽ストモ妥結ノ望ナク英米蘭トノ開戦ハ止ムヲ得ズ。

初期ノ戦勝ハ疑ハサルモ、長期戦ニ於テ適当ニ進ムハ困難ノコトナリ、日清、日露ニテモ長期トナリシナラハ難事ナリシナラン、終始成ヘク早ク終結スルコトヲ考ヘ、戦ニ勝ツコトト共ニ国民ノ一致ニ力ヲ尽スヘキナリ、敵ノ撹乱ニ備ヘ且国民ノ一部ニハ窮乏ニ堪ヘ兼ルモノヲモ生スヘシ、充分ニ取締ヲ行フコトニ特ニ力ヲ用ヒラレタシ。

此案ニ止ムコトヲ得ズトシ同意ス。

忠勇ノ将士ニ信頼シ戦勝ヲ確信スルト同時ニ長期ニ亘ル国民ノ団結ニ万全ヲ期セラレタシ。

十二月一日御前会議ニ於ル東条総理大臣ノ結語

御質問又ハ御意見ハ以上ヲ以テ終了シタルモノト存シマス、別紙本日ノ議題ニ就キマシテハ御異議ナキモノト認メマス、就テハ最後ニ一言申述ヘタイト存〔シ〕マス。

今ヤ皇国ハ隆替ノ関頭ニ立ツテ居ルノデアリマス、聖慮ヲ拝察シ奉リ只々恐懼ノ極ミデアリマシテ臣等ノ責任ノ今日ヨリ大ナルハナキコトヲ痛感致ス次第デ御座イマス、一度開戦ト御決意相成リマスレハ私共一同ハ今後一層報効ノ誠ヲ致シ、愈々政戦一致施策ヲ周密ニシ益々挙国一体必勝ノ確信ヲ持シ、飽ク迄モ全力ヲ傾倒シテ速ニ戦争目的ヲ完遂シ誓ツテ聖慮ヲ安ンジ奉ランコトヲ期スル次第デアリマス、之ヲ以テ本日ノ会議ヲ終了致シマス。

	最大射程	貫徹力（垂直装甲ノ厚サ） 20000mニ於テ	30000mニ於テ
大和〔戦艦〕	―40100m	560m/m	410m/m
長門〔戦艦〕	―37800m	460m/m	320m/m

海軍重油槽　十六年十一月

耐弾式及土中式　270万噸

鋼製露出式　375万噸

十七年十二月迄ニ耐弾式又ハ土中式（覆土式ヲ含ム）ヲ400万噸トス。

目下既訓令ノ耐弾式又ハ土中式昭和十八年四月完成予定ノモノ143万噸ヲ極力促進ス。

其ノ他ノ十八年度以降竣工ノ約87万噸ハ工事中止トス。

Tanker

現在捕鯨船ヲ含ミ	44隻	44万噸
建造ハ第一年	6隻	4万噸

第二年　15隻　12万噸

貯油量
陸海軍　合計　780万噸
民間　70万噸
最小〔少〕保有量　150万噸ヲ減シテ
第一年ノ末ノ残量　250万噸
第二年　〃　15万噸
第三年　〃　70万噸
ノ見込

馬来沖海戦攻撃情況

攻撃回次	攻撃隊			命中弾(本)数	
	隊名	機数	兵器	Prince of Wales〔英国戦艦〕	Repulse〔英国巡洋戦艦〕
1	美幌空	8	爆250k		1
2	元山空	17	雷	右舷2	左2 右1
3	美幌空	8	雷		左3 右1
4	鹿屋空	26	雷	左5	左5 右2
5	美幌空	8	爆500k	2 至近1	
				計 雷7、弾2	雷14、弾1

開戦劈頭ノ特種潜航艇ノ成功
6F長官〔清水光美〕ノ電（十六年十二月十一日）
伊十六潜搭載ノ格納筒ヨリ八日1811奇襲成功ノ報告アリ、当時ノ状況ヨリ見テ各筒港内ニ進入シ攻撃ヲ決行シ得タルモノト認ルモ、遺憾ナガラ只今迄一人モ収容シ得ズ、十二日黎明迄捜索ヲ続行ス。

十六年十二月十五日

御下問
戦備、軍備ニ関シ奏上ノ後椅子ヲ給リテ御下問。
一、飛行機ノ損傷モ少ク、軍備モ進ミテ燃料ニハ心配ナキヤ。
一、捕獲シタル商船ハ利用シ得ルヤ。
一、上海ノ住民ニ米ヲ供給スル為ノ米運搬船ニハ差支ナキヤ。

空軍ニ関スル「ゲーリング」独元帥〔Hermann Göring空軍総司令官〕ノ処見〔在独国野村直邦〔海軍〕中将ノ電〕

昭和十六年十二月十三日ゲーリングト会談ノ要旨。
一、劈頭帝国海軍特ニ海空軍今次ノ大勝ヲ祝サレタル後、元帥ハ自分ハ今尚ホ独国空軍ガ世界一ノ空軍ナルヲ確信シ居ルモ空軍ノ建設ニ当リ只一ツ大ナル過失ヲ犯シタルヲ発見セリ、夫ハ飛行機雷撃機ノ研究ヲ怠リタル点ニシテ終生ノ遺恨事ナリ、従来ノ戦果ニ鑑ミ爆撃ノミニテハ敵主力艦、航空母艦ニ致命的打撃ヲ与ルコト困難ナリ、ト極テ淡白ニ告白シ、此方面ニ対スル帝国海軍ノ一層ノ援助ヲ要望サレタリ。
右ニ対シ小官ヨリ帝国海軍ニ於テモ雷撃、爆撃問題ニ関シテハ従来幾多ノ迂〔紆〕余曲折ト苦心研究トノ結果、結局両者ヲ併進セシメ其ノ適切ナル使用ニヨリ両者ノ相応効果ヲ最大ニ発揮スヘキナリトノ結論ニ達シ、此方針下ニ日夜猛訓練ヲ重ネ今日ニ及ヒタルヲ説明シ置ケリ。
二、統一空軍問題ニ関シ所見ヲ求メラレタルニ対シ、小官ハ先般我海軍視察団ガ貴空軍視察ノ際研究セシ結論的見解ハ、独立空軍ノ利点亦認ムヘキモノアリト雖海上兵力戦闘力ノ最大発揮上作戦上ノ絶対要求ニ依リ帝国トシテハ遠キ将来ハ知ラズ現状並ニ近キ将来ニ於テハ統一空軍制ハ考ヘモノナリト云フニアリタリ、此点ニ関シテハ今次ノ実蹟〔績〕ニ鑑ミ独国空軍ニ於テモ今後組織其ノ他ニ改善ノ要アリト思考シアル旨述ヘタルニ対シ、「ゲ」ハ之ヲ肯定シ日本ノ現状ノ侭ニテ進マル、ヲ可ナリト思考スル旨ノ卒〔率〕直ナル所感ヲ洩ラセリ。

十七年一月二十日

臣下ノ元帥問題

先日東条陸相ヨリ蘭印ノ攻略終リタル頃ニ臣下ノ元帥ヲ奏請シテハ如何トノ話アリシニ付、次官〔沢本頼雄〕、人事局長〔中原義正〕ニモ研究セシメタル上、本日次ノ通申入ル。
一、臣下ノ元帥ヲ奏請スル趣旨ニハ同意ス。
其ノ時機ハ慎重考慮シ度、蘭印攻略ノ直後ナドニテハ論功行賞ノ観ヲ与フル処、海軍ニテハ目下永野大将ノ外ニ候補者ナク、開戦日尚ホ浅キ今日陸上勤務ノ者ノミ元帥トナリ、実際ニ功績ノ大ナル海上ニハ其事ナキコトハ適当ナラズ、戦争ノ進展ニ伴ヒ自ラ元帥ノ空気モ生スヘシ、又在来ノ元帥ハ大将任官後ニ相当ノ時日ヲ経タリ。東郷〔平八郎〕元帥八年、伏見宮殿下九年〔閑院宮〔載仁親王〕七年、梨本宮〔守正王〕八年〕。

故ニ今日急グノ要ナカルヘシ〔寺内〔寿一・南方軍総司令

官）大将　任官昭十年十月、杉山大将昭十一年十一月）。

（東条陸相）

元帥ハ勲章ト異リ論功ニハアラサルモ、世ノ中ハ論功トモ取リ得ヘシ、　臣下ノ元帥ナキ為ニ此ノ重大時ニ当リ大御心ヲ安ンジ奉ラン考ナリ。

（嶋田）

永野、杉山両大将ハ仮ニ元帥トナリテモ、総長トシテ同様ノコトナレハ、総長ヲ止メラル、時トモナラハ考慮ノ要アルヘシ。

二、臣下ノ元帥ニハ停年ヲ設ケラル、コト可ト考フ。

卓抜ノ人ニテモ老ヒ込ム時ハ充分ノ御奉公出来ズ、取巻ノ者ニ利用セラル、コトモアリ。

停年ヲ設ルカ、或ハ依願退役ヲ許サル、カ何レカト考ヘラル、ガ、停年可ナラズヤ。

（東条陸相）

昨年陛下ニ内奏申上シ時ニ停年ニハ御不同意ニアラセラレ、東条ヨリモ明瞭ニ停年ハ考ヘサル旨申上アルニヨリ、停年制ハ困ル、御仁慈ノ大御心ト拝察ス。

三、後日適当ノ時機ニ両大臣更ニ協議ノコトニ致サン。

戦備、軍備ノ呼称

昭和十四年度計画 → ④

昭和十六年度臨軍追加
同　戦建計画
⑤計画ヨリ繰上追加
→ 戦Ⅰ　戦争促進第一期実行計画

昭和十七年度計画⑤
同上ノ追加、削除
→ 戦Ⅱ　戦備促進第二期実行計画

戦Ⅰ 戦促1 → 昭和17年一月ヨリ 19年三月

戦Ⅱ 戦促2 → 昭和19年四月ヨリ 23年三月

独国ノ春季攻勢ニ呼応

（駐独国大島〔浩〕大使ノ電　十七年四月四日発）

前略

独側ノ要望トシテ「ヒットラー」〔Adolf Hitler〕自ラハ一言モ述ヘタルコトナキカ、恐ク「ヒ」ノ意ヲ受ケアリト思ハル、「リッベントロップ」〔Joachim von Ribbebtrop〕外相数次ノ言明ハ既ニ電稟シアル如クナルカ、之ヲ要スルニ、独逸カ第一ニ希望シアルハ帝国カ南方面英米勢力ヲ駆逐シ優勢ヲ占ムルコトニ存シ、特ニ今回決定セラレタル作戦方針ニ応シ印度洋制覇ヲ熱望シアリ、而シテ我対蘇攻撃協力ニ関スル希望ニ付テハ日本ノ力ガ之ヲ許ス場合ヲ前提トシアルコトハ過日「リ」外相カ之ニ関シ述ヘタル言〔往電420号〕ニ徴シテモ明カニシテ、帝国トシテハ共同戦争遂行並ニ大東亜新秩序建設ノ観点ヨリ我戦力ヲ考慮シ自主的ニ決定セラレ何等差支ナキ次第ナリ。

十七年四月二十二日

第一段作戦終結ニ際シ所見ヲ次官、艦政本部長〔岩村清一〕、航空本部長〔片桐英吉〕ニ話シ激励ス

〔要旨〕

第一段作戦終了ニ際シ海軍省ハ過去ヲ回顧シ奮励スヘキヲ痛感ス。

大部隊トナリ事務繁雑トナレルニ伴ヒ兎角事務ニ逐ハレ勝トナリ易シ、本部長、部長ヲ始メ幹部ハ事務ノ繁鎖〔煩瑣〕ニ捉ハレズ専ラ技術ノ向上進歩ニ傾心セヨ、戦争ハ科学技術ノ躍進ヲ生スルヲ常トス、米英ノ敵国ニ於テ殊ニ然ルヘシ、我ハ此点不得意ナルニヨリ一層ノ奮励奨励ヲ必要トス、技術者ハ技術ニ専念シ大学等ノ衆智ヲモ集メテ最善ヲ尽セ、之カ為事務ハ極力簡捷タルヘシ。

一例ヲ挙レハ20ミリ機銃ハ大功績ヲ挙ケヲレトモ其ノ完成ノ時ニハ次ノ大威力ヲ研究実験スル心組必要ニシテ、既ニ零戦ノ威力不足ノ声出テタルカ如シ、常ニ躍進ヲ準備スルヲ緊要トス。

船艇及要地ノ防空不足ノ声ノ如キモ速ニ改善ノ要アリ。

艦本長ニ、九三魚雷爆発炎、炸薬ノ誘爆、照明弾、着色弾ノ現状ヲ次回月頭報告ニ説明ヲ求ム。

英米側ノ情況判断　昭和十七年四月

四月九日英外相イーデン〔Robert A. Eden〕発、〔在〕西国〔スペイン〕ホーア〔Samuel J. G. Hoare〕大使ヘノ電報

合衆国軍需資材割当局長「ハリー、ホプキンス」〔Harry L. Hopkins〕及同国陸軍参謀総長「マーシヤル」〔George C. Marshall〕大将ハ昨週華府ニ於ル最高軍事会議ノ暫定的最終建議ヲ携ヘ四月八日倫敦ニ到着セリ。

右建議案ノ内容次ノ通。

一、日本ノ主要目標ハ左ノ如ク要約シ得ヘシ。

(イ)日独間ノ連絡、即チ近キ将来ニ於ル日本軍作戦ハ印

度洋ニシテ豪州ニアラズ、日本ハ最初「ビルマ」油田地帯ニ達シ「ビルマ、アキヤブ」ヲ占拠セント企ツヘク、而シテ日本側第二ノ行動ハ「カルカッタ」付近工業地帯ノ爆撃及ヒ「アンダマン」諸島付近ニ日本海軍力ヲ集結シ「ベンガル」湾ニ臨ム印度海岸ヘノ上陸ナルヘシ。

(ロ)前述ノ作戦ハ米英ノ海軍力ヲ窮極ニ於テ分離セシムルコト可能ナリトノ見地ヨリ行ハルヘシ。

二、枢軸特ニ独逸ノ主要作戦ハ左ノ如ク要約シ得ヘシ。

(イ)「ロンメル」〔Erwin Rommel、アフリカ機甲集団司令官〕指揮下ノ枢軸軍ノ「エヂプト」及「スエズ」ニ対スル新規攻撃（右ハ過去三ケ月間ニ輸送セラレタル莫大ノ軍需品ニ顧ミ之ヲ軽視スルヲ得ズ）。

(ロ)右ニ呼応スル「コーカサス」油田地帯ノミナラズ「シリヤ」、「イラク」、及「ペルシヤ」ニ対スル独逸ノ攻撃。

三、前述セル所ハ結局英帝国及其ノ同盟諸国ニ対スル一大打撃ナル所、此等ノ目標ハ日本ノ場合ニ付テハ北方ニ於ル蘇連及連合国ノ攻撃（従来ノ諸会議ニ於テ同意ヲ見タル）ヲ排除スルコトニ依リ、又独逸ノ場合ニ付テハ「トルコ」及中東ノ兵力ヲ芟除スルコトニ依リ之等ノ目標ハ達成セラル、モノナリ。

「ホプキンス」及「マーシヤル」ハ到着ト同時ニ首相及関係当局ト会議ヲ開始シ、総テノ方面ニ於ル連合国ノ攻撃ニ関スル最終勧告案成立スル迄之ヲ継続スヘシ、イーデン。

十七年五月九日

珊瑚海海戦ノ勅語ニ就キ

永野軍令部総長来訪ノ相談ノ要旨

五月七日総長ヨリ戦況ヲ報告シ敵カリフオルニア型〔米国戦艦〕一撃沈、英ウオースパイト型戦艦一、カンベラ型〔オーストラリア重巡洋艦〕一ヲ大破シ、我方ニハ祥鳳〔航空母艦〕沈没ヲ奏上ニ当リ、陛下、其デハ差引損ハナイネトノ御言葉アリ。総長ヨリ今夜6Sハ夜戦ヲ行フ筈ニテ、夜戦ニテハ日本海軍ハ自信アル腕前ナルコトヲ奏上ス。

五月八日総長ヨリ戦況ヲ奏上セシニ、陛下、戦果大ニ良カツタ、弱ツタ敵ヲ全滅スルコトニ手ヌカリハナイダラウネ。総長ヨリ4F長官〔井上成美〕ハ追撃ヲ中止シ北上ヲ令シタル旨奏上。GFヨリ8hP極力残敵殲滅ヲ下令。

陛下、斯ル場合ニハ敵ヲ全滅セサル可ラズ。４Ｆ長官ハ井上ナラン、事務ニハ明ルカランモ戦ノコトハ分リヲラサルコトナキヤ。総長ヨリ明敏ノ人ニテ左様ナコトナシト存スル旨奉答。

総長退下後直ニ〔侍従〕武官長〔蓮沼蕃〕ヲ召サレ、稍々御興奮ノ御様子ニテ、陛下、軍令部総長ノ話ニハ共鳴ナルガ、今回ノ戦果ハ美事ナリシ故勅語ヲ出シタキモ統帥ガ拙カリシナレハ出セズ、統帥ガ至上ト思フガ勅語ヲ出スヘキヤ否ヤ、勅語ヲ出シタ後統帥良クナカリシコト分リ問題起ルト具合悪カラン。

十七年六月四日

機関科問題解決案説明聴取ニ際シ左ノ注意ヲ与フ〔次官、高田栄〔軍令部出仕兼海軍省出仕（軍務局第一課）〕大佐、山本〔善雄・軍令部出仕兼海軍省出仕（軍務局第一課）〕大佐〕。

一、永久制度ニ関シ

(イ)技術部、歯科、衛生将校ノ順位ハ現在ノ通。

(ロ)機関専修者ハ少尉ノトキヨリ人事局ニテ指名シ専問〔門〕ニ進マシメ、其ノ進路ヲ適当ニ光明アラシメ〔艦隊、鎮守府機関長ハ将官トス〕鋭意安ンジテ本務ニ精進セシムル如クス。

(ハ)現在ノ兵科ノモノハ砲、水、通、航運、空等ノ発達ニ伴ヒ負荷大トナリ来リ、各分業ノ要ヲ加ヘアリ、此上ニ機関ニ関スル負荷ヲ増加スルコトハ成ヘク小ナルヲ可トス。

現兵科将校ノ欠点ハ「シーメン」トシテノ素養不足ニアリ、科学智識ノ不足ヲ覚ヘタルコトハナシ。

機関科問題解決ノ為ニ在来ノ兵科将校ノ素養上ニ更ニ累ヲ及ホサヽル如ク留意ヲ必要トス。

(ニ)機関科ノ碇泊副直ニハ航海中ト同様ニ機関専修者ヲ充テ、一般兵科ノモノハ之ヲ行ハサルコト。

之ニ依リ機関専修者ハ機関ノミニ専心スルコト現在ト異ラズ、専念機関ノ向上ニ努メ其ノ進路ハ恵マレ安心機関ニ終始シ得ル如クシ、而モ等シク兵科将校ナルヲ以テ其中ノ適材ハ指揮官ノ方ニモ進ミ得。

(ホ)准士官以下ノ選修学生ハ術科ノ教育ヨリモ将校トシテノ素養教育練成ニ重点ヲ置キ力ヲ注クコト。

二、第一段改正ニ関シ

(イ)第一段改正ハ永久制度ヲ充分ニ立案研究ノ上実施ノコト、将校ノ機関科ヲ兵科ニ合併シ勤務、権限ハ差当リ現行ノ通トシ差支ナシ。

(ロ)兵科及機関科ヨリ技術部ヘノ転科ハ行フノ要ナシ。

(ハ)准士官以下ヲ兵科、飛行科、整備科ノミトスルハ適当ナラズ、機関科ヲ廃スルノ理由明カナラサルノミナラズ部内ノ取扱上ノ必要ハ勿論之ヲ社会的ニ観ルモ水兵ヨリモ機関兵ノ方志願者多ク重視セラル、等ヨリモ存置ヲ可トス、工作科モ同様ナラン。

(ニ)大臣訓示ニハ機関専修者ハ機関ノ取扱向上ニ専念スヘキコトヲ特ニ示スコト。

訓示及奏上案ヲ篤ト練ルコト。

(了)

空母110号艦〔信濃〕（十七年八月）

航空戦ニ於テ我攻撃部隊ノ中継艦タル任務ヲ果シ得ルコト、之カ為必要ナル戦闘機及偵察機ヲ搭載シ尚完成期、工数、資材等ニ概ネ影響ナキ範囲ニ於テ攻撃機ヲ搭載ス。

完成期日（十九年十二月末）ハ絶対ニ遅延セシメサルコト。

鋼材其ノ他ノ資材及工数ヲ著シク増大セズ且完成期日ヲ遅延セシメサル範囲ニ於テ極力防禦力ヲ増大スルコト。

尚工事ノ簡易化ヲ図リ完成期日ノ繰上ヲ期ス。

以上諸要件ヲ考慮シツ、戦訓ヲ充分取入ルコト。

		（空母110）	（改130号艦）〔130号艦＝空母大鳳〕
基準排水量		57,000t	30,360t
公試　〃		65,000（戦69,800）	35,300
吃水線長（米）		256	257
〃　幅		36.03	28.00
飛行甲板（長×幅m）		256 × 40	261.5 × 30
高角砲		Ⅱ-12.7cm-8基（16門）	Ⅱ-10cm-8基（16門）
機銃		Ⅲ-25mm-22基（66挺）	Ⅲ-25mm-8基（24挺）
飛行機	（戦）	常36　補2	常18　補1
	（攻）	常18　補0	常36　補0
	（偵）	常9　補0	常6　補0
	計	常63　補2	常60　補1
軸馬力（公試全力）		150,000馬力	160,000馬力
速力		27k	33.3k
航続距離		18k-13,000浬	18k-10,000浬

〔欄外〕

此艦〔空母信濃〕ハ予定通ニ完成シ、横須賀ヨリ瀬戸内ニ廻航ノ途上ニ遠州灘ニテ敵潜水艦ノ攻撃ヲ受ケ沈没セリ、防禦力大ナル同艦ノ沈没シタルハ新造早々ニテ艦員ガ各部ノ取扱ニ習熟セズシテ錯誤アリタルニ因ルナラント想像セラル、容易ニ沈没セサルコトハ同型ノ大和、武蔵〔戦艦〕被害ノ場合ニ明証セラレアリ。

十七年九月一日

九月一日ノ御召

大東亜省設置ニ関シ、外務大臣以外ノ閣僚ハ之ニ賛成ナリシガ、東郷外相ハ反対ニシテ事前二回東条首相ニ反対ノ理由ヲ説明セシガ、本九月一日ノ閣議ニ設置案上提ニ当リ東郷外相独リ反対意見ヲ述ブ。

其ノ要旨ハ本案ニテハ泰、支那、満州、仏印ノ独立国ニ殖民地扱ノ感ヲ与へ、心ヨリ日本ニ協力セシメ能ハズ帝国ニ有害ナリトス、経済ノミハ大東亜省ニテモ可ナルガ政治、文化等ハ外務省ノ所掌タルヘク、人事モ当然外務省ノ取扱フヘキモノナリトス。

10hAヨリ1hPニ至ル閣議ハ、主トシテ外相ト首相ノ論争ニ終ル、閣議後ニ更ニ首相ハ外相ト懇談シ意見合致セサル上ハ外相辞職サレタシト懇請セシガ、外相肯ゼズ、大東亜省案ノ撤回然ルヘシ、然ラサレハ意見対立ノ侭進ムノ外ナシトトス。

外相辞表ヲ呈出セサレハ閣内不統一ノ理由ニテ総辞職スルカ、免官スルカ(前例ハ二回アルモ穏当ナラズ)ノ外ナシ。

首相ハ2hP宮中ニ親補式侍立ノ為参内ノ際内大臣ニ政局ヲ話ス、内大臣ハ内奏申上シ如シ。

3hP嶋田ニ御召ノ命アリ、3h-8mP参内ス。拝謁前ニ内大臣ヨリ政局ニ就キ御軫念アラセラル、趣拝承。

拝謁、直ニ椅子ヲ賜リ、御言葉『大東亜省設置ニ関シ政局ムヅカシキ様子ナルガ、如何思フヤ』

大東亜省設置ノ速ニ必要ナルコト、外務大臣ノ反対シ居ル点ト今日迄ノ経緯ニ考へ、外相ノ辞職ハ止ムヲ得サルヘキコト、之カ為総辞職ニ導クカ如キ政局ハ避クヘキコトヲ奏上シ、聖慮ヲ煩シ奉リ恐懼ニ堪へサル旨申上ク。

陛下ヨリ総辞職ニナラサル様宜シク取計フヘキ旨御言葉ヲ賜リ恐懼感激シテ退下ス(3h-40mP)。

東条首相ニ御召ノ内容ヲ話シタル上、東郷外相ニ面会シ、外相ノ主張ヲ聴取シ何トカ妥協ノ余地ナキヤト懇談シタルガ、閣議ノ主張ト同様ナリシガ念ノ為外相ノ案ノ書物ヲ受ケ首相ト懇談シタルガ之ニテハ妥協ノ余地ナシトノコトニ、止ムヲ得ズ再ビ東郷外相ニ面会、本日御召ノコトヲ話シ辞表呈出ヲ懇請セシニ外相モ恐懼シ急キ考慮スヘシトノ三十分ノ余祐〔裕〕ヲ求メラル、嶋田海軍省ニ帰リ、5h-30mP東郷外相ヨリ首相ニ辞表ヲ呈出スヘキ旨返事(電話)アリ。内大臣及首相ニ此旨電話ス。

6hP東郷外相ハ首相ニ辞表呈出ス（一身上ノ都合ニ依リ

辞職）。

南方ノ軍政ニ関シ陸軍顧問ノ所見（十七年十月）

（永田秀次郎（南方軍総司令部付））

一、在来ノ方針ヲ自省シ勇敢ニ是正スルコト、技術顧問ノ必要。

ジヤワ砂糖130万トンハ過多ナルニ依リ60万トンニ減ジ、米ヲ15万トン作ルコトニ命令シタル後、ブタノール製造ノ議起リ砂糖ハ幾ラデモ必要トナリシガ、現地ニテハ命令其ノ侭ナリ。

ゴム戦前120～130万トン生産ニ対シ日本ノ消費ハ7万トン、此ノ過剰ヲ如何ニスルヤ、油ヤシユ、コプラ180万トンヲ如何ニスルヤ、麻、マニラ麻、サイザルヲ如何ニスルカ、学者ノ研究ハアルモ之ヲ実現ノ真剣味足リズ、過剰物資ノ具体的ノ対策ヲ速ニ決定シ実際的ニ進ムコト肝要、之カ為現地ニ技術顧問トシテ科学ノ有能者必要。

一、土人ノ日本軍隊ニ対スル信頼ハ大ナルガ、今後ハ生活ノ不良不安、物資不足、失業等ニヨリ信頼減スヘシ。

インドネシア運動ニ従事スル者ハ、開戦前ニ日本占領スレハ no tax, no sultan, free land トノ宣伝ヲ受ケアリシ為追々不平アリ。

（児玉秀雄（第十六軍司令部付））

ジヤワハ治安完全、住民ハ安居楽業ナルモ、インドネシア人ノ指導階級（少数ナルモ）ハ民族統一、自主独立ヲ唱ヘ漸次声ヲ高メアリ、親日ナレドモ戦後ノ我国ノ態度ヲ注視シアリ、然シインドネシア人ハ独立ノ能力ハ無シ、ジヤワ中心ノ方針ヲ打破シテ地域的ニ分割スルコトハ統治上不可ナリ、東印度一体トシテ高度ノ自治ヲ許シ我国ノ統治下ニ置クヲ可トス。

（砂田重政（第二十五軍司令部付））

一、マライ、人口ノ過半ハ華僑ナルニ依リ華僑対策ヲ第一トス、共産党多ク戦前月二千件以上アリシガ、我討伐ニヨリ大半ハ無クナリシガ残若干奥地ニ在リ（月二、三十件）、平常ノ通貨1.5億ナリシニ戦前2.3億トナリ通貨過大トノコトニ華僑ニ五千万ドル献金セシメ、インフレ防止ヲモ意図シタルガ、実際ハ通貨ハ大ナラサリキ。

一、スマトラ、治安良好、何ノ事件モナシ。

アチエ州ニ共産党ノ開放〔解〕者ガ悪宣伝ヲナシ、八月ニ山地約七千町歩ヲ焼キタルコトアリ。

各州長官ハ州ブロツクノ観念アリシニ依リ、全スマトラヲ三区ニ分チ物資統制ヲ行フ事トシタリ。

リオー州ニ幾十億噸ノ石炭山ヲ発見（昭南ニ近ク、川アリ千トン汽船通フ）。

一、英蘭時代ニハ官吏ハ本国ニテ土語ヲ習得シ、更ニ現地ニテ二ケ年試補トナリタル後官吏ニ就ク、然ルニ日本ノ官吏ハ言語通ゼズ、室内ニ在リテ法律ヲノミ作リアリ、各省ノ延長ニナリ勝ニテ所掌争ノ傾向ヲ生スルコトアリ、不言実行ニ進ミタシ。

一、南方開発金庫ノ利子年六分ハ開墾植林ニハ無理ナリ、正金（横浜正金銀行）、台金（台湾銀行）ハ年五分ナリ。

（桜井兵五郎（第十五軍司令部付））

一、ビルマハ二ニ分ル、一ハビルマ人（モンゴリアン）千万人ノ高度自治ヲ許サレアリシ地、他ハシヤン州其ノ他ノ封建制ノ地ナリ、全部ノ主権ハ英国有シタリ。

ビルマノ将来トシテモ、此ノ二者ハ一ニナラズ、ビルマ人トシテモシヤンハ避ケルコトヲ望ム、パーモ氏ノ意見モ然リ、シヤン人モモンゴリアンニシテ他民族ノ血ハ混リアラズ、三千呎以上ノ山地ニ住ス。

一、ボードインハ驚クヘキ鉱石ヲ蔵ス。

一、ビルマニチーク材ノ貯蔵37万トン、流ルコトヲ惧レアリ。世界産額ノ七割ヲ出ス。

綿ハ在来30万ピクルナリシガ、100万ピクルハ容易、米ハ少クモ170万トン剰ル、来年度ハ320万トン剰ル、米ノ生産条件ガ大東亜圏第一ナリ、肥料ハ要セズ、水力電気、セメント豊富。

産業等主ナル事業ハ特種会社ヲ可ト認ム（其ノ割合日本政府4、同民間3、ビルマ官民3）。

十七年十二月十日

御前連絡会議

ソロモン作戦ニ依リ陸軍ノ輸送船増加要求及ヒ油槽船不足ノ応急策ニ関シ、臨御ノ下連絡会議ヲ開催シテ決定ス。

十七年十二月二十一日

第九回　御前会議

議題　大東亜戦争完遂ノ為ノ対支処理根本方針

第一、方針

一、帝国ハ汪（汪精衛）政国民政府参戦ヲ以テ日支間局面打開ノ一大転機トシ、日支提携ノ根本精神ニ則リ専ラ国民政府ノ政治力ヲ強化スルトトモニ重慶抗日ノ根拠名

目ノ覆滅ヲ図リ真ニ更新支那ト一体戦争完遂ニ邁進ス

二、世界戦局ノ推移ト睨合セ米英側反攻ノ最高潮ニ達スルニ先チ前項方針ニ基ク対支諸施策ノ結実ヲ図ル

第二、要領

一、国民政府ノ政治力強化

(イ)帝国ハ国民政府ニ対シ勉メテ干渉ヲ避ケ極力其ノ自発的活動ヲ促進ス

(ロ)極力占領地域内ニ於ル地方的特殊性ヲ調整シ国民政府ノ地方政府ニ対スル指導ヲ強化セシム

(ハ)支那ニ於ル租界、治外法権其ノ他特異ノ諸事態ハ支那ノ主権及領土尊重ノ趣旨ニ基キ速ニ之カ撤廃乃至調整ヲ図ル

九龍租借地ノ処理ニ関シテハ香港ト併セ別途之ヲ定ム

(ニ)国民政府ヲシテ不動ノ決意ト信念トヲ以テ各般ニ亘リ自彊ノ途ヲ講ゼシメ広ク民心ヲ獲得シ特ニ戦争完遂ノ為必要トスル生産ノ増強、戦争目的ニ対スル官民認識ノ普及並ニ治安維持ノ強化等ノ確実ナル具現ヲ図リ戦争協力ニ徹底遺憾ナカラシム

(ホ)帝国ハ将来国民政府ノ充実強化並ニ其ノ対日協力ノ具現等ニ照応シ適時日華基本条約及付属諸取極ニ所要ノ修正ヲ加ルコトヲ考慮ス

二、経済施策

(イ)当面ノ対支経済施策ハ戦争完遂上必要トスル物資獲得ノ増大ヲ主眼トシ、占拠地域内ニ於ル緊要物資ノ重点的開発取得並ニ敵方物資ノ積極的獲得ヲ図ル

(ロ)経済施策ノ実行ニ当リテハ勉テ日本側ノ独占ヲ戒ルトトモニ支那側官民ノ責任ト創意トヲ活用シ其ノ積極的対日協力ノ実ヲ具現セシム

三、対重慶方策

(イ)帝国ハ重慶ニ対シ之ヲ対手トスル一切ノ和平工作ヲ行ハス

状勢変化シ和平工作ヲ行ハムトスル場合ハ別ニ之ヲ決定ス

(ロ)国民政府ヲシテ右帝国ノ態度ニ順応セシム

四、戦略方策

帝国ノ対支戦略方策ハ既定方針ニ拠ル

（終）

議事

出席者　首相、海相、大東亜相〔青木一男・貴族院議員〕、外相〔谷正之〕、蔵相、企画院総裁、枢府議長、参謀総長、次長、軍令部総長、同一部長〔福留繁〕（次長ノ代理）、〔内閣〕書記官長、陸海軍務局長〔佐藤賢了、岡敬純〕

議事

首相、大東亜相、外相、参謀総長（大本営陸海代表）御説明。

原枢府議長ヨリ次ノ陳述アリ。

議題及御説明ニ全然同意、現地ニ於ル官民一致ノ実行、就中軍ニ於テ汪政権強化ノ為干渉ヲ避ケ経済上ノ独占ヲ戒ル等必要ナルガ実施ハ中々困難ト思ハル、是非実現サレタシ、陸海軍大臣及両総長ノ御覚悟ヲ伺ヒ度。

之ニ対シ、陸軍、海軍両大臣及両総長ヨリ堅キ決意ヲ以テ実行ヲ期スル旨ヲ述フ。

全員一致原案ヲ可決ス。

十七年十二月三十一日

ソロモン作戦ニ就キ御前大本営会議

十二月十九日以来天皇陛下軽微ノ御風気ニテ御静養遊サレ、二十六日ノ開院式ヨリ公式ニ出御遊サル、二十八日参謀総長及軍令部総長ヨリ久々ニ戦況報告ヲ聞召サル、次テ侍従武官長〔蓮沼蕃〕ヲ召サレテ、両総長ノ報告ヲ聞クニ「ガダルカナル」島ノ作戦ニハ勝算確実ナラサルカ如シ、決心ヲ要スルト思ハル如何、トノ御言葉アリ、侍従武官長之ヲ両総長ニ伝フ。陸海統帥部ニテハ兼テノ研究ニ基キ臨御ヲ仰キテ御前ニ研究ヲ御披露申上ルコトトス。

三十一日10hA東二ノ間ニ於テ、明年ノ作戦ニ就テ、参謀総長、次長、一部長〔綾部橘樹〕、作戦課長〔真田穣一郎〕、軍令部総長、次長、一部長、作戦課長〔富岡定俊〕、陸軍大臣、海軍大臣、陪席。

両統帥部ニ於テ御説明申上ゲ、簡単ナル御下問アリ（ビルマヲ緩衝地帯トノ意味如何、航空基地造成ニ機械力利用ノコト）。11h-50A終了

独総統ノ談

大島大使トノ会談（昭十八年一月二十五日電）

元来独国ハ英国ヲ撃破スルコトヲ目標トシテ戦争ヲ開始セルガ、戦争ノ進展ニ連レ蘇国ノ態度ハ次第ニ独ニ危険ト認メラル、ニ至レリ、蓋シ「スターリン」〔Iosif V. Stalin　ソ連

首相）ハ独カ対波〔ポーランド〕、対仏作戦ニ於テ爾ク早ク勝利ヲ得ヘシト考ヘ居ラズ相当長期化シテ独ノ力ガ消耗スルモノト思ヒ居リタルニ、予想外ニ迅速ナル独ノ勝利ヲ見ルニ及ンデ蘇ハ独ニ対シ大規模ノ戦争準備ヲ開始セリ、自分ハ一九四〇年秋戦争指導上最モ困難ナル岐路ニ立チタリ、自分ハ素ヨリ対英攻撃ヲ主トシテ優勢ナル空軍ノ使用ニ依リ対英上陸作戦ヲ決行スルニ在リシガ、何分海軍カ劣勢ナルヲ以テ此ノ作戦モ予想外ニ長期ニ亘ルコトモアリ得ヘク、万一本攻撃嗟跌スルトキ背後ヨリ蘇連ニ襲ハル、コトアリテハ此戦争ハ敗北ニシテ、何トカシテ蘇トノ関係ヲ外交手段ニ依リ調整セントセシガ成功セサリシハ御承知ノ通ナリ、殊ニ心配シタルハ羅馬尼〔ルーマニア〕ノ石油ニシテ戦争遂行上是非トモ必要ナルカ若シ蘇ヨリ先手ヲ打タレ之ヲ破壊セラル、如キコトアリテハ独トシテ万事窮スル訳ナリ、又東方ニ「オストワル」ヲ建設スル考モアリシガ何分正面長ク且天候ノ関係上工事ニ従事シ得ル時間ハ一年中四ケ月ニ過ギズ実行困難ニテ、結局先ツ蘇ヲ叩クコトカ今次戦争ニ勝ツ先決要件タルノ結論ニ達シ之ヲ決行シタリ云々。

十八年四月十八日

山本〔五十六〕GF長官ノ戦死

十八日夕南東方面艦隊ヨリノ第一電来リ、同夜之ヲ知ル、同電ニハ乗機緩角度ニテ密林中ニ不時着シ火炎ヲ発シアリトノコトニ不幸ノ算ヲ覚悟ス。成ルヘク長時日隠蔽シ事態落ツキ影響少クナリ且戦果挙リタル際ニ公表シ得ルヲ望ミ、差当リ極力極秘トス。

十九日後任者ヲ古賀峯一〔横須賀鎮守府司令長官〕大将ニ内定シ、午後人事局長〔中沢佑〕ヲ横須賀ニ派シ、古賀大将ニ万一ノ場合ノ内報ヲナシ、知ラシムル範囲ヲ参謀長〔藤田利三郎〕、先任参謀〔川井繁蔵〕トシ司令長官出張旅行ノ形トス。

横鎮長官ハ公表ノ時迄欠員トシ、長官代理トシテ航海学校長ヲ三川〔軍一〕中将トシ二十日発令。

海軍省内ニテハ次官、軍務局長、人事局長及其ノ下ノ最少〔小〕限ノ者ニ知ラシメ、軍令部ニテハ次長、第一部長及最少〔小〕限ニ限リ知ラシム。

奏上、十九日作戦経過トシテ軍令部総長ヨリ奏上ス。二十日戦死確定ノ報（生存者ナシノ報）ニヨリ大臣後任者ヲ奏上御裁可ヲ仰ク。内閣ニハ二十日首相ニ大臣ヨリ内話シ、辞令関係ノ最少〔小〕限ニ知ラシムルコトニス。

四月二十一日古賀大将GF長官ニ補セラレ、親補式ハ特ニ御許ヲ得テ行ハセラレズ〔式部長官〔松平慶民〕等ニ知ラシメサル為〕。

宮中ニテハ侍従武官長、同武官〔海軍〕〔城英一郎、佐藤治三郎、中村俊久〕、侍従長〔百武三郎・退役海軍大将〕、内大臣、小出〔英経〕侍従ニノミ知ラシム。

四月二十二日古賀大将ニ拝謁ヲ賜リ勅語ヲ賜フ〔皇后陛下ノ拝謁並ニ賢所参拝拝辞申上ク〕。

古賀大将ノ親補ハGF各長官ニハ通報ス。支那方面艦隊〔吉田善吾〕、各鎮守府、各要港部ノ長官ニモ通報ノコト軍令部ヨリ申出アリシガ許サズ。

二十四日古賀大将飛行機ニテ出発、二十五日武蔵ニ着任。横鎮ハ司令長官出張不在中三川中将代理ノコト、ス

十八年四月二十八日

大本営政府連絡会議

今後ニ於ル枢軸側戦争指導ノ件

大島電ニ依ル独逸側ノ意向、最近ノ欧州情勢並ニ帝国ノ実情等ニ鑑ミ、枢軸側ノ攻勢力ヲ共同ノ敵米英ノ戦力破摧ニ指向スル為今後ニ於ル枢軸側戦争指導ニ関シ帝国ノ見解ヲ左ノ如ク定メ、独側ト隔意ナキ協議ヲ行フ

一、独ハ仮令本年一時対「ソ」戦略持久ノ態勢ニ立ツモ、「チユニス」及「ジブラルタル」方面ノ米英軍ヲ撃破シテ北阿〔北アフリカ〕ヲ基地トスル米英ノ対欧攻勢企図ヲ破摧シ海上交通破壊戦ト相俟テ欧州ニ於ル枢軸側ノ作戦主導権ヲ確立スルヲ有利トス

二、帝国ハ本年米英ノ反攻ニ対シ南太平洋方面ニ於テハ依然攻勢ヲ継続シ、「ビルマ」其ノ他各方面ニ於テハ随時随所ニ米英ノ攻勢ヲ破摧スルト共ニ為シ得ル限リ海上交通破壊戦ヲ強化ス

（終）

本申入ヲ大島大使ヲシテ「ヒ」総統ニナサシムル訓電ヲ同時ニ決定ス、其ノ要旨次ノ通

一、「ヒ」総統カ本年更ニ対「ソ」大攻勢ヲ行フニ決定シタルハ勿論充分ナル自信アリテノコトナルヘク帝国トシテハ右ニ十分ノ信頼ヲ置ク次第ナルカ、当方ノ対「ソ」判断並ニ従来ノ独ノ対「ソ」作戦ノ経過等ニ鑑ミ独カ本年対「ソ」大攻勢ヲ行ヒ対米英戦ノ徹底ハ明年以後ニ譲ルヲ可トスルヤ、又ハ対「ソ」戦ハ暫ク戦略持久ノ態勢

ニ立チ対米英戦ニ其ノ強大ナル戦力ヲ指向スルヲ可トスルヤ、将又対「ソ」対米英両正面ニ攻勢ヲ採ルヲ可トスルヤハ今一応慎重考慮ヲ要スル点ナリト思考ス（帝国トシテハ本年攻勢ノ結果独カ結局持久消耗ニ陥リ、此間米英ヲシテ労セズシテ戦力ヲ強化シ、次テ攻勢ヲ採ルノ自由ヲ与ルコトトナラサルカヲ衷心憂慮スルモノナリ）

二、帝国トシテハ枢軸側ノ攻勢力ヲ共同ノ敵米英ノ戦力破摧ニ指向スル為独ハ仮令本年一時対「ソ」戦略持久態勢ニ立ツモ「チユニス」及「ジブラルタル」方面ノ米英軍ヲ撃破シテ北阿ヲ基地トスル米英ノ対欧攻勢ノ企図ヲ破砕シ、海上交通破壊戦ト相俟チテ欧州ニ於ル枢軸側ノ作戦主動〔導〕権ヲ確立スルコト三国共同戦争完遂ノ見地ヨリ有利ニシテ又斯クスルコトニ依リ爾後ノ対「ソ」処理容易トナルトノ意見ナリ

当方ニ於テハ日独伊カ真ノ同盟国トシテ緊密一体戦争完遂ニ邁進センカ為ニハ双方共ニ虚心怛〔坦〕懐腹ヲ割ツテ意見交換一致協力スルコト緊要ト考ヘ此趣旨ニテ独逸側ノ意見披露ニ応セントスルモノナリ

十八年五月十八日

臣下ノ元帥問題

昨年一月本問題東条陸相ヨリ話アリテ当方ノ考ヲ話シ打切リアリシガ、今回山本五十六大将ノ元帥奏請ニ伴ヒ陸相ヨリ話アリ、前回同様ニ臣下ノ元帥ヲ奏請スルコトハ趣旨ニ賛成ナリ、停年ハ相当古クナリタル時ニ奏請ノコトニシタシト答フ。

本日伏見宮博恭王殿下ニ山本元帥ノコトヲ申上タル際、臣下元帥ニ就キ伺ヒタルニ、殿下ヨリ其ノコトハ自分軍令部総長タリシ二、三年前ニ陸軍ヨリ話アリ、又閑院宮殿下ヨリ殿下ト梨本宮殿下トノ御意嚮ヲオ聞キ遊サレタルコトアリ。

殿下御考ハ、臣下ノ元帥ハ真ニ適材アレハ可ナリ、停年ヲ設ルノ可否ニハ設ケサルヲ可ト思フ、元帥ニナサル、人ハ其時迄ノ功績ニヨリテ元帥ノ称号ヲ賜ハルモノナレハ、年齢加ハリ身体ヤ頭ガ弱マリ御役ニ立タサル人モ出ルコトアランモ、其ハ止ムヲ得サルヘシ、其時ニ臨機ノ取計ヲナスモ可ナリ、但シ元帥ニ奏請スル人ハ真ニ立派ナ人タルヘキナリ。

十八年六月二十一日

六月臨時議会終了ノ時機ニ元帥奏請ノコトニ陸海軍大臣ノ話定マリ、六月二十一日午前内奏、同日３ｈＰ式ヲ行ハセラル。

永野海軍大将　昭和九年三月任官
寺内陸軍大将　　十年十月任官
杉山　〃　　十一年十一月任官

大将任官ノ順序トシ、本日ノ式ハ永野元帥、杉山元帥ノ順ニ行ハセラル（寺内元帥ハ出征中）。

初メ内閣ニテハ同日ノ式ニハ陸海軍ノ順序トナス規定ニ依リタク、之ニ依リ任官ノ順序ヲ変更ノ意トハナラズ、宮中席次モ在来ノ侭ニテ同日ノ御任命ハ同時ト解ストノコトナリシガ、海軍ノ申入ニ依リ本日ノ式ハ永野元帥ヲ先ニスルコトニ決セラレタリ。

在来ノ元帥府ニ列セラレタル経過年ハ、大将任官後、閑院宮殿下七年、梨本宮殿下八年、伏見宮殿下九年、武藤〔信義〕元帥七年二月、上原〔勇作〕元帥六年二月。

十八年九月四日

飛行機器材

	外戦部隊			生産数	
	供用機	消耗機	補充機	機体	発動機
十六年十二月一日	1,258			十二月々産 227 （内実用機 174）	527
自十六年十二月八日 至十七年十一月三十日		2,097	3,150		
十七年十二月一日現在	1,594			十二月々産 473 （内実用機 384）	921
自十七年十二月一日 至十八年七月三十一日		917	3,005		
十八年八月一日現在	2,030			七月々産 631 （内実 495） 八月々産 710 （内実 552）	1,177 1,236

八月一日飛行機定数

外戦部隊　2,258
内戦部隊　474
教育部隊　3,277
計 6,009

十八年九月二十五日

今後採ルヘキ戦争指導ノ大綱

連絡会議々決

方針

一、帝国ハ今明年内ニ戦局ノ大勢ヲ決スルヲ目途トシ敵米英ニ対シ其ノ攻勢企図ヲ破摧シツ、速ニ必勝ノ戦略態勢ヲ確立スルト共ニ決勝戦力特ニ航空戦力ヲ急速増強シ主動〔導〕的ニ対米英戦ヲ遂行ス

二、帝国ハ彌々独トノ提携ヲ密ニシ共同戦争ノ完遂ニ邁進スルト共ニ進ンテ対「ソ」関係ノ好転ヲ図ル

三、速ニ国内決戦体制ヲ確立スルト共ニ大東亜ノ結束ヲ愈々強化ス

要領

一、万難ヲ排シ概ネ昭和十九年中期ヲ目途トシ米英ノ進攻ニ対応スヘキ戦略態勢ヲ確立シツ、随時敵ノ反攻戦力ヲ捕捉破摧ス

戦争遂行上太平洋及印度洋方面ニ於テ絶対確保スヘキ要域ヲ千島、小笠原、内南洋(中西部)及西部「ニユーギニア」「スンダ」「ビルマ」ヲ含ム圏域トス

戦争ノ終始ヲ通シ圏内海上交通ヲ確保ス

二、「ソ」ニ対シテハ極力日「ソ」戦ノ惹起ヲ防止シ進テ日「ソ」国交ノ好転ヲ図ルト共ニ機ヲ見テ独「ソ」間ノ和平ヲ斡旋スルニ努ム

三、重慶ニ対シテハ不断ノ弾圧ヲ継続シ特ニ支那大陸ヨリスル我本土空襲並海上交通ノ妨害ヲ制扼〔約〕シツ、機ヲ見テ速ニ支那問題ノ解決ヲ図ル

四、独ニ対シテハ手段ヲ尽シテ提携緊密化ヲ図ル

但シ対「ソ」戦ヲ惹起スルカ如キコトナカラシム

五、大東亜ノ諸国家諸民族ニ対シテハ民心ヲ把握シ帝国ニ対スル戦争協力ヲ確保増進スル如ク指導ス

敵側ノ政謀略ニ対シテハ厳ニ警戒シ機先ヲ制シテ処〔所〕要ノ措置ヲ講ス

六、統帥ト国務トノ連繫ヲ愈々緊密ニシ、戦争指導ヲ益々活発ニス

七、速ニ国内総力ヲ結集発揮スル為決戦施策ヲ断行シテ決勝戦力特ニ航空戦力ヲ増強シ挙国赴難ノ士気昂揚ヲ図ル

八、対敵宣伝謀略ハ一貫セル方針ノ下ニ強力ニ之ヲ行ヒ其ノ重点ヲ枢軸道義ノ宣揚、我大東亜政策ノ徹底、主敵米ノ戦意喪失、米英「ソ」支ノ離間及印度独立ニ指向ス

註　本大綱ハ概ネ昭和十九年末ヲ目途トシテ定メタルモノ

トス

同日連絡会議ニテ『世界情勢判断』ヲ決定ス。

十八年九月二十七日

連絡会議々決

「今後採ルヘキ戦争指導ノ大綱」ニ基ク当面ノ緊急措置ニ関スル件

一、「陸」「海」船舶ノ徴用及補塡ニ関シ左ノ通定ム

(1)陸海軍ハ十月上旬ニ於テ計二十五万総噸（九月徴傭分ヲ含ム）ヲ増徴ス

(2)九月以降ニ於ル「陸」「海」船舶ノ喪失ニ対シテハ計三万五千総噸以内ニ於テ翌月初頭ニ補塡ス

二、航空戦力ヲ根幹トスル決勝戦力確保ノ為昭和十九年度ニ於テ左ノ重要生産目標ヲ概定シ之カ必成ヲ期ス

(1)普通鋼々材　五〇〇万瓲
(2)特殊鋼々材　一〇〇万瓲
(3)アルミニユーム　二一万瓲以上
(4)甲造船　一八〇万総噸

三、前二項ノ要請ニ即応スル為

(1)戦力増強上必要ナル凡有ノ非常ノ方途ヲ断行ス

(2)遅クモ昭和十九年度初頭ヨリ船腹保有量ヲ増加セシムル為

(イ)船舶ノ喪失ヲ極減ス
(ロ)甲乙造船ノ実行ヲ促進ス

尚「陸」「海」「民」船舶運航率ノ向上ヲ期ス

（終）

「今後採ルヘキ戦争指導ノ大綱」ニ基ク当面ノ緊急措置ニ関スル件、企画院総裁説明ノ一節

愈々決戦ノ様相濃化シ来レル現戦局ヲ突破シ帝国ノ勝利ヲ確実ナラシムル為ニハ作戦ノ所要ヲ基礎トシテ明年度ニ於テ物的戦力ノ最大ノ増強ヲ期セネハナラヌ、之カ為ニハ航空機年産約四万機ヲ努力目標トシテ

甲造船　約一八〇万総噸
アルミニウム　約二一万瓲　高級アルミ20万（内民需一万五千）普通アルミ一万五千
普通鋼々材　五〇〇万瓲前後
特種〔殊〕鋼　約一〇〇万瓲
鍛鋳鋼　約五五万瓲
鋳物用銑　一三〇万瓲前後
電気銅　約一五万瓲

セメント　七〇〇万瓲前後
木材（内地）　九〇〇〇万石前後
ヲ中心トスル綜合生産ノ確保ヲ期シアルモ、未夕決勝戦力（五万五千機等）整備ノ要求ヲ充足シ得ズ、将来尚一層ノ努力ヲ要スル次第ナリ

十八年九月三十日

御前会議

出席者
首相、海相、蔵相、外相〔重光葵〕、大東亜相、逓相、鉄相〔八田嘉明〕、商相、企画院総裁、枢府議長、両総長、次長〔参謀次長は秦彦三郎〕

議題
今後採ルヘキ戦争指導ノ大綱
「今後採ルヘキ戦争指導ノ大綱」ニ基ク当面ノ緊急措置ニ関スル件

次第

説明者
首相、軍令部総長（統帥部代表）、外相、大東亜相、企画院総裁、商工大臣

質疑応答
原枢府議長ノ質疑及意見
1、英米「ソ」間ノ不協調ハ我ノ望ム処ナルガ、其ノ一タル海峡問題ニ就キ現状説明アリタシ
2、ポーランド問題其ノ後ノ状況如何
3、「ソ」ハ英米ニ第二戦線ヲ要求スルコト切ナルガ、「バルカン」ヘノ第二戦線ハ如何
4、北樺太ノ石油問題、北洋ノ漁業権問題ヲ調節シテ「ソ」ト手ヲ握リ以テ大東亜戦争完遂ノ資トスルコトハ可ナリ
此問題ノ「ソ」トノ交渉情況如何
5、対「ソ」問題ノ解決ハ一日モ速カナランコトヲ切望ス
国民ノ関心モ此点大ナリ
6、米国ノ主ナル生産力如何
7、敵ノ第一線ニ用ル兵力如何
8、十九年度我国ノ飛行機四万機生産ハ軍艦其ノ他ノ必要生産ニ支障ナク行ヒ得ルニヤ
9、在来兎角計画通ノ実蹟〔績〕ヲ挙ゲ得サルコト多キガ、今回ハ万難ヲ排シ之ヲ実行セントスル首相ノ堅キ決意ヲ

聴キ意ヲ安ンジタリ

10、戦争遂行上絶対確保スヘキ要域ノ意義ヲ説明サレタシ

(答)南方ニ於ル国防重要資源ヲ確保シ交通ヲ安全ナラシムル最少〔小〕限ノ要域ニシテ、前方ナル程海軍作戦ニ有利ナレトモ輸送力等ノ関係モアリテ之ニ定メタリ

11、「アンダマン」「ニコバル」ハ守リ通シ得ルヤ

12、飛行機四万機等ノ兵力ニテ確保スヘキ要域ヲ保持シ得ル統帥部ノ自信アリヤ

(参謀総長答)統帥部ハ丫四万機ハ希望通リノ数ニアラサレトモ政府非常ノ努力ニ感謝シ最善ノ努力ヲ尽シ目的ヲ達セントス、丫ノ機動力ヲ最大ニ発揮シ数ノ不足ヲ補ハントス

(軍令部総長答)保持シ得ト云フヘキナランモ腹蔵ナク云ヘハ確言シ難シ、最善ノ努力ヲナス

此答ニ対シ首相、枢府議長ヨリ念ヲヲス問答アリ

13、軍需省成立後ニ兵器等ノ生産ハ如何ニナルヤ

陸海軍間ニ種々ノ争奪アルヤノ話アリ注意ヲ要ス

(陸相答)軍需省ノ所掌ハ未定

(海相答)軍需省ニテ在来陸海軍所掌ノ大部ヲ纏メ得ルモノニアラズ、工作機械等ハ一元ニナルヘシ、又陸海軍間ハ生死ヲ共ニシ極テ親密ニシテ巷間謀略ニ乗セラレ両軍疏〔疎〕隔ヲ計ルモノアリ留意ヲ要ス

軍令部総長ノ答弁ニ就キ御疑念

御前会議ニ於ル原枢府議長ノ第12問ニ対スル永野軍令部総長ノ答弁中、陛下ニハ特ニ御膝ヲ進メサセラレ御聴キアラレシガ、翌十月一日木戸内大臣ヲ召サセラレ南方ノ戦況「ラボール〔ラバウル〕」ヲ失フカ如キ場合ニハ軍令部総長ノ答弁ニ観ルニ海軍ハ作戦ニ熱ヲ失フニアラズヤノ疑アリトノ御言葉アリ、木戸内大臣ヨリ永野総長ハ話ノ下手ナ言葉ノ足ラサルコトアル人ナレハ御疑念ヲ生セサセラレシカト存スルモ万左様ノコトナナ〔ママ〕シト存スル旨奉答。

翌二日夜首相ノ比島代表ラウレル〔Jose P. Laurel　フィリピン行政委員会内政長官〕氏招待ノ席ニテ木戸内大臣ヨリ嶋田海相ニ話アリ、嶋田ヨリ次回内奏ノ際御説明申上ケ御疑念ヲ御解キ申上クヘキヲ約ス。

十月十一日内奏ノ後嶋田ヨリ委細御説明、『安心セリ』トノ難有キ御言葉ヲ拝ス。

(十八年十月十一日)

昭和十九年度　海軍志願兵（飛行兵以外）採用

一般水兵		24,480 名
水測兵		2,600
電信兵		8,100
水兵	普通科気象術	1,100
	〃　暗号術	1,550
	〃　電測術	3,600
整備兵		38,700
機関兵		11,920
工作兵		2,720
軍楽兵		150
衛生兵		2,650
主計兵		4,430
総計		
	横	35,640
	呉	28,020
	佐	25,760
	舞	12,580
	〔計〕	102,000

軍令部総長ニ補セラレタル経緯

（十九年二月）

二月十九日午後東条首相ヨリ内閣改造（大蔵、鉄道、運通ノ三大臣）ニ就キ相談アリ、同意ス。

其ノ際陸軍トシテハ杉山参謀総長ヲ免セラレ、東条カ陸軍大将トシテ総長ニ補セラル、コトヲ奏請セントス、其ノ目的ハ此ノ重大戦局ニ当リ統帥部ト軍政トノ関係ヲ緊密ニシ且陸海両軍ノ提携ヲ層一層密ニシ互ニ歯ニ物ヲ着スルコトナク腹蔵ナク話合ヒ、互ニ親身ニ援助シ合フノ必要ヲ痛感シ、之ヲ実施シ易カラシムルニ在リ。

此ノ話ニ対シ考ルニ、最近ノ十九年度飛行機ノ陸海軍配分ノ経緯（昨年十二月頃ヨリ二ケ月余ニ亘リ陸海軍間ニ論争シ、兵力量ナルニヨリ両統帥部間ニ折衝シ最後ニ両大臣、両総長間ニテ取極メタリ）ニ見ルモ、此重大時ニ此ノ調子ニテハ物動（物資動員）モ思ヒヤラレ、戦局ニ不適ナルコトニ東条陸相考ヘタル結果ト思ハル。

陸軍ノ此処置ニ対シテ海軍ノ採ルヘキコトハ、海軍ニテハ陸軍ト異リ陸軍省ト参謀本部トノ間ノ如キ権限争ハ無ク在来ノ侭ニテモ海軍トシテ差支ナシト雖、陸軍ガ此ノ非常ノ戦局ヲ認メ進ンデ陸海軍間相互援助ノ行ヒ易キコトヲナスニ当リ、海軍モ同様ノ形体《（態）》トナスコト衷心協力ヲ容易ナラシムヘシ、尚又海軍ニ於テモ作戦ヲ中心ニ軍政ヲ緊密ニ行ハンニハ大臣ト総長ト同一人ニ役ナルコト一層可ナルヘシ、「クエジエリン《（クェゼリン）》」取ラレ「トラック」爆撃ヲ被リシ此ノ難戦局ニ当リテハ非常ノ決意ヲ以テ最善ヲ行フヲ切要トシ、尚人心一新ノ要アラン、永野元帥ハ開戦前ヨリ重大時局ヲ担任サレ武勲赫々今ノ中ニ元帥府ニ入リ、杉山元帥ト共ニ元帥府ノ機能ヲ発揮サレ、万一将来至難ノ時局ニ際会スルコトモアラバ収拾ニ当ラル、ヲ海軍ノ為切要ト認ム。

以上ノ考ノ下ニ、十九日夜永野元帥ニ相談セルニ、同元帥ハ海軍ノ人事ニ関シテハ何等異論ナシ、陸軍ニテ行フ上述ノコトハ、統帥ニ対シ政治ノ関与スル惧アルコト、政治問題カ統帥ニ累ヲ及ボス惧アルコト、及多年ノ良慣例ヲ破リ統帥ノ独立ヲ乱ル惧アルコトニ依リ直ニ同意シ難シトノ話アリ。

二十日午前熱海御別邸ニ伏見宮博恭王殿下ニ拝謁、以上ノ経過及永野元帥ノ意見ヲ言上シ、思召ヲ伺ヒ奉リシニ、殿下ニハ

『永野ノ言ハ一理アルモ、其ハ人ニ依ルコトナリ、嶋田ナレハ軍令部ニ長ク勤務シ、軍令部令改正ニハ軍令部側トシテ当リ統帥ノ独立ニ就キ充分ニ考ノアルモノナルニヨリ可ト思フ、人ニ依リテハ考ヘモノニテ又戦後ニハナスヘキコトニアラズ、此ノ非常ノ戦局ニ際シテハ反ツテ可ナラン、誠ニ結構ト思フ』

トノ御言葉ヲ拝ス。

熱海ノ帰途永野元帥ニ殿下ノ御思召ヲ話シタル処、同元帥ニモ直ニ同意セラル。

二十一日軍令部着任ニ当リ軍令部高等官ニ又二十二日ニ海軍省課長以上ニ訓示セル要旨次ノ通。

今後一層作戦ヲ中心トシ海軍ノ全智全能ヲ傾ケ諸事作戦本位ニ処理スヘキコト。

陸海軍間ノ連繋協力ヲ更ニ更ニ密接ニシ全国軍トシテノ全能発揮ニ常ニ留意ノコト。

事ヲ処スル迅速テキパキト決戦ニ当リ敵前処理ノ心構ニテ時ヲ念頭ヨリ去ラサルコト。

十九年三月十七日

海上交通保護作戦ノ研究

宮中ニ於テ1-30Pヨリ4hP迄、御親臨ノ下ニ大本営陸海軍部ノ海上交通保護作戦並ニ諸対策研究終了後、特ニ陛下ヨリ左ノ御言葉ヲ賜フ。

『此度ノ研究ハ非常ニ満足ニ思フ、ドウカ此研究ノ成果ガ挙ルコトヲ期待シテ居ル、同時ニ陸軍モ亦全幅協力スル様切望スル』

十九年五月二日

作戦ノ御前研究

第一機動艦隊ノ訓練概成シ、第一航空艦隊ノ61戦隊ノ兵力漸次進出可能トナルヘキ時ニ当リ、近キ将来ノ作戦ハ海上及陸上航空兵力並ニ海上部隊ノ全力ヲ集中シ、我兵力使用ニ便ナル洋上ニテ敵ニ大打撃ヲ与ヘン方針ノ下ニ、陸軍ト

緊密ニ協力シ海陸一如全国軍一体本目的〔ノ〕ヲ達成ニ邁進ノ為、四月二十八日陸海両統帥部ノ研究打合セヲ行ヒタル上、五月二日9-30Aヨリ11-30A宮中大本営ニテ御親臨ノ下ニ御前研究ヲ行フ。
本研究ノ成案ニ基キ新タニGF司令長官ニ補セラレタル豊田副武大将(五月三日親補)ニ指示ヲ行フ。

回顧

真珠湾ニ敵空母ノ不在ハ我不運ノ第一。
我暗号ノ不備。
ミッドウエー戦ノ失敗ハ蹉跌ノ第一歩。
敵丫兵力ノ優勢ニ悩ム（十八年三月十七日、十一日、山本書信)
山本戦死、古賀戦死(昭和十九年三月飛行機事故により殉職)ハ我不運ノ第二、第三歩。
敵潜ノ予想外成功、海上交通難
あ号作戦ノ失敗ハ決定的蹉跌(丫質、量ノ劣)。

陸軍ノ欠陥
　軍人ノ政治干与ノ弊ハ満州事変以来甚大。
　当時「国ハドウナルカ」ノ感ヲ深クセリ。
海軍ニ対スル感想
　海上勤務重視不徹底。
　消極事勿レニ陥リ易ク上手ニ渡ル。
　機関科問題ハ多年ノ累(一系、十七年七月)。
ハルノート当時臥薪嘗胆ハ情勢許サズ国内混乱
仮リニ米ニ屈服シ得タルガ如キ国民ナレバ爾後国運衰微シ、無気力ニシテ屈辱ニ抗スル意気ナク、今日ノ復興ハナカラン、米国其他ニ畏敬ノ念ヲ生ゼシメズ、敗戦ハ不幸ニテ犠牲ニ申訳ナキモ戦争ノ外ナシ、死所ヲ失シ謹慎。
陛下ノ御激励
毎次ノ御下問（十七年六月、七月十三日、七月二十七日、十二月三日、十二月十二日、十八年六月七日、六月二十四日)
　御冷静
陸海軍ノ協力、大御心、御言葉
東条ノ努力

毎月両人靖国神社、明治神宮参拝ヲ励行。

旅行中ノ代理者依頼。

米内ノ功一〔昭和十五年四月日中戦争における功により授与〕、

山本ノ大勲位、国葬、平賀〔譲・東京帝国大学総長、予備役海軍技術中将、昭和十八年二月の死去に際して男爵追贈〕男爵快諾。

航空機統一指揮、陸丫ノ海戦練磨。

第八南進丸　海軍徴用船
第九済州丸　海軍徴用船
第十長運丸　海軍徴用船
第十一長運丸　海軍徴用船
第十一南進丸　海軍徴用船
第十三南進丸　海軍徴用船
第十六南進丸　海軍徴用船
第十七南進丸　海軍徴用船
第十七号掃海艇
第十八号掃海艇
第三十一南進丸　海軍徴用船
橘丸　特設病院船
龍田　軽巡洋艦
多摩　軽巡洋艦
千歳　水上機母艦
鳥海　重巡洋艦
長寿山丸　特設砲艦
千代田　水上機母艦
次高丸　海軍徴用船
燕　敷設艇
でりい丸　特設砲艦
天龍　軽巡洋艦
ドンブリ　タイ砲艦
長月　駆逐艦
長良　軽巡洋艦
那沙美　敷設艇
灘風　駆逐艦
名取　軽巡洋艦
日本海丸　特設掃海母艦
子ノ日(子日)　駆逐艦
能高丸　海軍徴用船
能登呂　水上機母艦
白沙　特設測量艦
波島　雑役船
旗風　駆逐艦
初雪　駆逐艦
鳩　水雷艇
隼丸　海軍徴用船
榛名　戦艦
比叡　戦艦
吹雪　駆逐艦
文月　駆逐艦
芙蓉　駆逐艦
べるふはすと丸　特設運送船
丸神丸　海軍徴用船
三日月　駆逐艦
三隈　軽巡洋艦
瑞穂　水上機母艦
水無月　駆逐艦
妙高　重巡洋艦
陸奥　戦艦
牟婁丸　特設運送船
望月　駆逐艦
八重山　敷設艦
大和　戦艦
弥生　駆逐艦
夕月　駆逐艦
楽洋丸　日本郵船
らぷらた丸　大阪商船
龍驤　航空母艦

備忘録　第五

明石　工作艦
愛宕　重巡洋艦
伊十六　潜水艦
出雲　海防艦
厳島丸　日本水産
ウオースパイト　英国戦艦
香椎　練習巡洋艦
葛城丸　特設航空機運搬艦
カリフオルニア　米国戦艦
カンベラ　オーストラリア重巡洋艦
霧島　戦艦
小牧丸　特設航空機運搬艦
信濃　航空母艦
祥鳳　航空母艦
昭洋丸　日東鉱業汽船
大鳳　航空母艦
栂　駆逐艦
Tutuila　米国砲艦
利根　重巡洋艦
長門　戦艦
蓮　駆逐艦
日向　戦艦
扶桑　戦艦
Prince of Wales　英国戦艦
古鷹　重巡洋艦
武蔵　戦艦
山城　戦艦
大和　戦艦
りおん丸　特設航空機運搬艦
Repulse　英国巡洋戦艦

備忘録　第三

足柄　重巡洋艦
安宅　砲艦
熱海　砲艦
伊一　潜水艦
伊四　潜水艦
伊６　潜水艦
五十鈴　軽巡洋艦
出雲　海防艦
厳島　敷設艦
逸仙　中華民国砲艦
卯月　駆逐艦
海風　駆逐艦
永綏　中華民国砲艦
追風　駆逐艦
応瑞　中華民国巡洋艦
大井　軽巡洋艦
沖島　敷設艦
海籌　中華民国巡洋艦
海寧　中華民国砲艦
海容　中華民国巡洋艦
加賀　航空母艦
香久丸　特設水上機母艦
堅田　砲艦
神川丸　特設水上機母艦
神威　水上機母艦
菊月　駆逐艦
北上　軽巡洋艦
鬼怒　軽巡洋艦
衣笠丸　特設水上機母艦
栗　駆逐艦
呉竹　駆逐艦
建康　中華民国駆逐艦
湖鵬　中華民国水雷艇
島風　駆逐艦
迅鯨　潜水母艦
神通　軽巡洋艦
川内　軽巡洋艦
掃16　第十六号掃海艇
蒼龍　航空母艦
楚謙　中華民国砲艦
楚同　中華民国砲艦
大鯨　潜水母艦
高雄　重巡洋艦
龍田　軽巡洋艦
多摩　軽巡洋艦
鳥海　重巡洋艦
長鯨　潜水母艦
肇和　中華民国巡洋艦
天龍　軽巡洋艦
徳勝　中華民国砲艦
友鶴　水雷艇
名取　軽巡洋艦
寧海　中華民国巡洋艦
能登呂　水上機母艦
旗風　駆逐艦
初雪　駆逐艦
疾風　駆逐艦
原田丸　原田汽船
春風　駆逐艦
春雨　駆逐艦
鵯　水雷艇
比良　砲艦
平海　中華民国巡洋艦
鳳翔　航空母艦
保津　砲艦
摩耶　重巡洋艦
瑞穂丸　陸軍徴用船
妙高　重巡洋艦
室戸　給炭艦
望月　駆逐艦
山風　駆逐艦
大和　戦艦
弥生　駆逐艦
勇勝　中華民国砲艦
夕月　駆逐艦
夕張　軽巡洋艦
由良　軽巡洋艦
龍驤　航空母艦

備忘録　第四

朝顔　駆逐艦
朝日丸　特設病院船
足柄　重巡洋艦
生田丸　特設運送船
出雲　海防艦
運星　拿捕船
江ノ島　敷設艇
円島　敷設艇
大淀　軽巡洋艦
沖島　敷設艦
海晏　拿捕船
加賀　航空母艦
香久丸　特設水上機母艦
華星　拿捕船
勝力　敷設艦
神川丸　特設水上機母艦
神威　水上機母艦
鴎　敷設艇
華山丸　特設砲艦
刈萱　駆逐艦
翡　雑役船
菊月　駆逐艦
如月　駆逐艦
雉　水雷艇
金星　拿捕船
熊野　軽巡洋艦
広徳丸　特設運送船
駒橋　潜水母艦
金剛　戦艦
皐月　駆逐艦
汐風　駆逐艦
島風　駆逐艦
占守　海防艦
首里丸　特設砲艦
鈴谷　軽巡洋艦
住吉丸　特設雑役船
摂津　標的艦
蒼龍　航空母艦
大興丸　特設運送船
第三旭丸　海軍徴用船
第七旭丸　海軍徴用船
第七駆潜艇　第七号駆潜艇
第八長運丸　海軍徴用船

艦種リスト

◦各備忘録毎に五十音順に列べてある。
◦長音は無視した。
◦数字に関する場合は若い順に並べた。

備忘録　第一

赤城　航空母艦
朝霧　駆逐艦
朝雲　駆逐艦
朝潮　駆逐艦
天霧　駆逐艦
荒潮　駆逐艦
霰　駆逐艦
有明　駆逐艦
伊七　潜水艦
伊八　潜水艦
雷　駆逐艦
伊勢　戦艦
電　駆逐艦
卯月　駆逐艦
海風　駆逐艦
大潮　駆逐艦
加賀　航空母艦
加古　重巡洋艦
鹿島　戦艦
霞　駆逐艦
江風　駆逐艦
如月　駆逐艦
五月雨　駆逐艦
時雨　駆逐艦
白露　駆逐艦
神州丸　陸軍特種船
涼風　駆逐艦
摂津　標的艦
蒼龍　航空母艦
高崎　給油艦
筑摩　重巡洋艦
千歳　水上機母艦
鎮遠　清国戦艦
筑波　装甲巡洋艦
剣埼　給油艦
定遠　清国戦艦
利根　重巡洋艦
友鶴　水雷艇
長門　戦艦
那智　重巡洋艦
夏雲　駆逐艦
子日(子ノ日)　駆逐艦
初霜　駆逐艦
初春　駆逐艦
春雨　駆逐艦
榛名　戦艦
比叡　戦艦
日向　戦艦
飛龍　航空母艦
古鷹　重巡洋艦
鳳翔　航空母艦
ホーキンス　英国巡洋艦
松島　海防艦
真鶴　水雷艇
間宮　給糧艦
瑞穂　水上機母艦
満潮　駆逐艦
峯雲　駆逐艦
妙高　重巡洋艦
陸奥　戦艦
睦月　駆逐艦
村雨　駆逐艦
室戸　給炭艦
山風　駆逐艦
山雲　駆逐艦
山城　戦艦
弥生　駆逐艦
夕暮　駆逐艦
夕立　駆逐艦
淀　砲艦
龍驤　航空母艦
若葉　駆逐艦

備忘録　第二

青葉　重巡洋艦
安宅　砲艦
熱海　砲艦
五十鈴　軽巡洋艦
出雲　海防艦
厳島　敷設艦
大井　軽巡洋艦
沖島　敷設艦
加賀　航空母艦
堅田　砲艦
神威　水上機母艦
衣笠　重巡洋艦
栗　駆逐艦
襄陽丸　日清汽船
神州丸　陸軍特種船
神通　軽巡洋艦
信陽丸　日清汽船
瑞陽丸　日清汽船
勢多　砲艦
川内　軽巡洋艦
鳥海　重巡洋艦
長鯨　潜水母艦
栂　駆逐艦
鳥羽　砲艦
蓮　駆逐艦
比良　砲艦
二見　砲艦
鳳翔　航空母艦
鳳陽丸　日清汽船
保津　砲艦
摩耶　重巡洋艦
武蔵　戦艦
陸奥　戦艦
八重山　敷設艦
大和　戦艦
洛陽丸　日清汽船
龍驤　航空母艦

235, 397, 399, 431

ら

ラウレル〔Jose P. Laurel〕 427

り

李済深 359
李守信 61, 213, 214
李宗仁 359
李超民 359
李品仙 359
リースロス〔Frederick W. Leith-Ross〕 16
リッベントロップ〔Joachim von Ribbebtrop〕 410
リトヴィノフ〔Maxim M. Litvinov〕 85, 277
劉汝明 111
劉文島 124

る

ルーズベルト〔Franklin D. Roosevelt〕 339

れ

レジエー〔Alexis Léger〕 190

ろ

ロンメル〔Erwin Rommel〕 412

わ

若槻礼次郎 397, 398, 399
和田専三 116
和田義雄 213
渡辺錠太郎 29
渡辺汀 70
渡久雄 113

欧　字

Allen, Arch 344
Archer, C. H. 84
Auriti, Giacinto 124
Bassompierre, Albert de 244
Blomberg, Werner von →ブロンベルグ
Chamberlain, Neville →チエンバレーン
Ciano, Galeazzo →チアノ
Clive, Robert H. 67, 84
Cora, Giuliano 127
Craigie, Robert L. →クレーギー
Crosby, Josiah 339
Darlan, Francois J. 366
Decoux, Jean 322
Eden, Robert A. →イーデン
Gablenz, Carl A. von 81
Gatroux, Georges A. J. 311
Göring, Hermann →ゲーリング
Grew, Joseph C. 66, 143, 244
Gronau, Wolfgang von →グローナウ
Henderson, Nevile M. →ヘンダーソン
Henry, Charles A. →アンリー
Hitler, Adolf →ヒトラー
Hoare, Samuel J. G. →ホーア
Hopkins, Harry L. →ホプキンス
Hull, Cordell →ハル
Johnson, Nelson T. 127, 238
Knatchbull-Hugessen, Hughe M. 127, 161
Kretzschmer, Alfred 400
Laurel, Jose P. →ラウレル
Layton, Geoffrey 344
Léger, Alexis →レジエー
Leith-Ross, Frederick W. →リースロス
Litvinov, Maxim M. →リトヴィノフ
Maggiar, Paul E. 127
Marshall, George C. →マーシヤル
Martin, Maurice-Pierre A. 322
McHugh, James M. 373
Mussolini, Benito →ムツソリーニ
Ott, Eugen →オツト
Overesch, Harvey E. 195
Pratt, William V. →プラツト
Ribbebtrop, Joachim von →リツベントロツプ
Rommel, Erwin →ロンメル
Roosevelt, Franklin D.→ルーズベルト
Shtern, Grigori M. →シユテルン
Stalin, Iosif V. →スターリン
Stimson, Henry L. →スチムソン
Stuart, John L. →スチユアート
Trautmann, Oskar P. 127
Wennecker, Paul W. →ウエンネツケル
Yurenev, Konstantin K. →ユレーネフ

三上参次　27
三川軍一　99, 420, 421
美坐正巳　362
御宿好　389
満井佐吉　18〜20, 51
三並貞三　173
三戸寿　202
南次郎　69, 71, 74, 75, 91
三原元一　332
宮浦修三　51
宮崎武治　202
宮崎龍介　18
宮田義一　281
宮本誠三　51
宮本義平　51
三輪茂義　94
三和義勇　262

む

武者小路公共　45, 47, 96
ムツソリーニ〔Benito Mussolini〕　96, 385
武藤章　24, 112, 115, 135, 148, 162, 177, 210, 222, 246, 391, 402
武藤信義　423
村上格一　14
村中孝次　19, 20, 37

も

持永浅治　37
元田永孚　283
森伝　43, 51
森冨士雄　354, 355, 358, 360〜363
森岡二朗　84
森島守人　86, 92, 102
守屋和郎　36

や

安井英二　104
安井藤治　213
安田義達　168, 172
八角三郎　19, 70
柳川平助　238, 246
矢野英雄　253
山岡重厚　152
山岡三子夫　3
山口多聞　303
山崎達之輔　70, 91
山下奉文　272
山田英之助　13
山田乙三　213
山田三郎　28
山田三良　27
山田久就　338
山田政男　22
山中伊平　51
山室宗武　150, 158, 159, 163, 170
山本五十六　50, 52, 66, 75, 77, 97, 99, 107, 120, 161, 242, 270, 284, 296〜299, 302, 310, 318, 336, 337, 341, 342, 351, 359, 363, 364, 376, 377, 401, 420, 422, 430, 431
山本英輔　13, 17, 19〜21, 23, 28, 37
山本熊一　397
山本弘毅　351, 363
山本親雄　331
山本悌二郎　27
山本又　20
山本善雄　413

ゆ

兪鴻鈞　253
湯浅倉平　74, 84
結城豊太郎　26, 27
湯沢三千男　67
ユレーネフ〔Konstantin K. Yurenev〕　85

よ

楊虎城　76
横井忠雄　12, 70, 162
横川市平　263
横山保　330, 345
吉岡庭二郎　53
吉沢政明　180
吉住良輔　170
吉田茂　24〜26, 28〜30, 34, 100
吉田善吾　116, 130, 162, 270, 277, 283, 284, 287, 290, 318, 421
吉田庸光　282
吉野信次　104
米内光政　75〜78, 91, 96〜98, 100, 175,

平田昇　*53, 299, 368, 369*
平沼騏一郎　*28, 97, 397〜399*
平野助九郎　*51*
平野学　*18*
平野力三　*18*
広田弘毅　*11, 24〜29, 39, 42, 56, 67, 98, 100, 108, 128, 161, 175, 397〜399*
博恭王→伏見宮博恭王(総長殿下)
博義王　*185*

ふ

馮玉祥　*195*
馮治安　*101, 113, 114, 116*
福井幸　*51*
福田峯雄　*103*
福留繁　*19, 53, 59, 69, 70, 74, 90, 112, 117〜119, 135, 148, 157, 162, 246, 360, 401, 419*
福本亀治　*18*
藤井茂　*92, 94, 114*
藤田進　*151, 158, 163, 170*
藤田俊造　*281*
藤田尚徳　*97*
藤田利三郎　*126, 420*
藤田類太郎　*313*
伏見宮博恭王(総長殿下)　*5, 6, 11, 17, 20, 21, 23, 24, 28, 29, 34, 35, 38, 43, 48, 51〜53, 56, 69, 73〜79, 85, 90, 96〜98, 100, 103, 111, 116, 118, 126, 129, 131, 133, 138, 150, 163, 184, 202, 235, 269, 273〜275, 277, 278, 282〜284, 287, 288, 290, 296〜298, 302, 305, 310, 311, 318, 321, 323, 324, 326, 328, 329, 334, 336, 337, 340〜343, 345, 347, 355, 396, 409, 422, 423, 429*
藤森清一朗　*276*
船田中　*70*
船津辰一郎　*120〜122, 124*
船橋善弥　*13*
プラット〔William V. Pratt〕　*34*
古荘幹郎　*21, 23, 26, 283*
ブロンベルグ〔Werner von Blomberg〕　*96*

へ

ヘンダーソン〔Nevile M. Henderson〕　*96*

ほ

ホーア〔Samuel J. G. Hoare〕　*411*
保科善四郎　*25, 114, 162*
星野直樹　*391, 402*
細萱戊子郎　*243*
ホプキンス〔Harry L. Hopkins〕　*411*
堀丈夫　*21*
堀内茂礼　*341*
堀切善次郎　*27*
堀切善兵衛　*399*
堀内謙介　*83, 107, 120, 124, 161*
本庄繁　*17, 21*
本多政材　*202, 213*
本間雅晴　*372*

ま

舞伝男　*213*
前田利為　*204*
前田政一　*116*
前田米蔵　*26, 27, 70, 71*
牧野伸顕　*13, 17, 18*
真崎甚三郎　*20, 21, 33, 43, 51, 80, 99, 106*
マーシャル〔George C. Marshall〕　*411*
増山貢　*268*
町尻量基　*73, 257*
町田忠治　*40, 71*
松井石根　*131, 157, 222, 235, 245, 261, 264*
松井亀太　*51*
松井命　*213*
松浦邁　*51*
松江春次　*38, 60, 81, 95, 257*
松岡洋右　*33, 314, 339*
松木直亮　*80, 106*
松田巻平　*200*
松平紹光　*51*
松平忠久　*121*
松平慶民　*421*
松谷与二郎　*18*
松本勇平　*51*
丸茂邦則　*297*
万膳幸吉　*4*

み

三浦謹之助　*85*

中島今朝吾　*70, 153*
中島知久平　*24, 25, 67, 70, 104*
中島鉄蔵　*106, 111, 112, 184*
中田操　*4*
永田秀次郎　*25〜27, 47, 67, 416*
中堂観恵　*340, 341*
中西二一　*354〜356, 358, 360〜362*
永野修身　*6, 24〜29, 34, 42, 47, 56, 65, 67, 75, 76, 78, 130, 351, 358, 363, 364, 366, 368, 369, 372, 376, 377, 391, 402, 409, 410, 412, 423, 427〜429*
中橋照夫　*51*
中原義正　*409*
永淵三郎　*81*
中村明人　*326, 327*
中村亀三郎　*46, 288*
中村孝太郎　*77*
中村俊久　*421*
中村義明　*51*
中村良三　*21*
中山秀雄　*43*
梨本宮守正王　*409, 422, 423*
鍋島茂明　*14*
奈良武次　*19*
鳴海敬二　*51*
南郷次郎　*28*
南郷茂章　*3*
南部徳盛　*212*

に

新見政一　*351, 366*
二階堂麓夫　*362*
西義顕　*122*
西義一　*20*
西尾寿造　*31, 32, 58, 59, 70, 152, 153*
西田正雄　*165*
西田税　*19, 33, 51*
西原一策　*126, 311, 326, 328, 329*
西村琢磨　*326, 327, 329*
西村敏雄　*163, 168*
西山敬九郎　*51*

の

乃木希典　*272*
野沢北地　*213*
野田豊　*51*
野村吉三郎　*21, 23, 368*
野村直邦　*109, 408*

は

白崇禧　*142, 359*
橋田邦彦　*401*
橋本欣五郎　*18〜20*
橋本群　*108, 153*
蓮沼蕃　*272, 413, 419*
長谷川清　*6, 25, 26, 31, 101, 125, 157, 162, 165, 225, 235, 246, 264, 270, 298*
長谷川幸造　*216*
波田重一　*272, 280*
畑俊六　*359*
秦彦三郎　*72, 426*
八田嘉明　*426*
鳩山一郎　*72*
花谷正　*7, 60*
馬場鍈一　*25〜27, 30, 68, 71, 104*
浜田義一　*4*
浜田国松　*70*
浜野力　*4*
林銑十郎　*18, 23, 74〜78, 84, 91, 96, 397, 399*
林安　*341*
林頼三郎　*26, 27*
原敬太郎　*116*
原顕三郎　*282*
原嘉道　*391, 392, 397, 402, 406*
原口初太郎　*70*
原田熊雄　*66, 84*
原田熊吉　*261*
ハル〔Cordell Hull〕　*143, 406*

ひ

東久邇宮稔彦王　*280*
疋田外茂　*224, 236*
日高信六郎　*108〜110, 121, 124*
ヒットラー〔Adolf Hitler〕　*78, 79, 385, 410*
日比野正治　*101, 116, 365*
百武源吾　*52, 53*
百武三郎　*421*
平生釟三郎　*99*
平賀譲　*431*

高田栄　413
高田利種　346, 354
高橋一松　281
高橋伊望　50
高橋勝作　361
高橋是清　12
高橋三吉　46
高橋坦　111
高松宮宣仁親王　73, 400, 401
鷹森孝　158, 164
財部彪　14
宅野清征　51
竹沢卯一　106
竹下勇　19
武田八郎　361
武田秀雄　13
田沢留吉　251
田尻生五　70
多田駿　10, 171, 184, 241
建川美次　23, 91
田中正一　121
田中静壱　213
田中新一　162
田中隆吉　60
田中彌　51
田辺盛武　402
谷恵吉郎　4
谷寿夫　153
谷正之　419
谷口信義　35
谷本馬太郎　14, 121, 302
種子田栄　351
頼母木桂吉　26, 42, 66
田村元一　213
田村浩　341
田結穣　48, 280

ち

池宗墨　90
チアノ〔Galeazzo Ciano〕　124
チエンバレーン〔Neville Chamberlain〕　100
千早猛彦　323, 330, 331
長勇　277
張学良　61, 102
張勲　38
張群　76
張自忠　101, 109～111, 116
張任民　359
陳誠　150, 316

つ

塚田攻　391
塚原二四三　365
次田大三郎　42
辻正雄　51
辻政巳　37
土本峻一　4
堤不夾貴　201

て

寺内寿一　25～28, 33, 42, 43, 67, 72, 73, 152, 184, 207, 409, 423
寺島健　401
寺田幸吉　178, 282

と

土肥一夫　91
樋端久利雄　220
土肥原賢二　121, 123, 150, 153
湯玉麟　61
東郷茂徳　45, 391, 401, 415
東郷平八郎　409
東条英機　171, 213, 275, 381, 382, 391, 396, 401, 407, 409, 410, 415, 422, 428, 430
土岐章　20
徳王　61, 214
戸塚道太郎　79, 189
泊満義　342
富岡定俊　419
富永恭次　54, 56, 65
豊田副武　26, 31, 45, 56, 99, 109, 430
豊田貞次郎　325
鳥越新一　340, 341

な

永井柳太郎　70, 104
中川健蔵　47
中川広　353
中沢佑　50, 420
中島市右衛門　13

し

四王天延孝　51
塩沢幸一　271, 347, 365
塩田定市　213
塩野季彦　104
志柿謙吉　91
志岐孝人　51, 72
重藤千秋　166, 173, 178, 195, 216, 252～256, 258, 259
重光葵　277, 426
宍戸好信　282
七田一郎　213
実川時次郎　12
篠原誠一郎　201, 213, 303
篠原陸朗　91
柴有時　51
斯波孝四郎　68
柴田鉄四郎　95
柴山兼四郎　86, 93, 94, 106, 111, 112, 114
渋川善助　19, 33
島崎重和　358
島崎利雄　281
島田俊雄　26, 27
島中雄三　18
清水光美　408
志村陸城　51
下村定　242
下村正助　139
下村宏　24, 25
下元熊弥　153, 422
シユテルン〔Grigori M. Shtern〕　277
徐堪　202
城英一郎　3, 421
蔣介石　12, 15, 16, 55, 57, 60, 76, 93, 108, 122, 125, 144, 194, 261, 305, 352, 375, 379, 380, 384, 392
昭和天皇(陛下)　11, 22, 35, 36, 38, 53, 67, 77, 84, 100, 111, 112, 119, 121, 129, 131, 134, 139, 202, 374, 384, 390, 396～398, 401, 410, 412, 413, 415, 419, 427, 429, 430
白鳥敏夫　25
秦徳純　116, 121, 123
進藤三郎　323

す

末次信正　12, 21, 23, 24, 46, 52, 56, 77, 89, 97
末松太平　51
菅波三郎　37, 51
杉政人　14
杉浦英吉　353
杉浦武雄　18
杉下裕次郎　41
杉野良任　51
杉村陽太郎　190
杉山元　19, 21, 73, 75, 77, 86, 90, 91, 101, 175, 249, 330, 391, 402, 410, 423, 428
杉山六蔵　130, 183
助川啓四郎　70
鈴木喜三郎　27, 72
鈴木重康　201
鈴木荘六　80
鈴木貞一　391, 401
鈴木義尾　213
鈴木率道　153
鈴木六郎　305
スターリン〔Iosif V. Stalin〕　419
スチムソン〔Henry L. Stimson〕　34
スチユアート、レイトン〔John Leighton Stuart〕　337
砂田重政　416
須磨弥吉郎　76
澄田睞四郎　329, 341, 342
隅部勇　4
住山徳太郎　296, 365

そ

宋子文　16
宋哲元　108, 109, 111, 115, 116
十河信二　77
園田滋　282
園田晟之助　114
孫文　12, 46

た

胎中楠右衛門　70
高井末彦　121
高須四郎　208, 246, 305, 324, 326

閑院宮載仁親王　*18, 21, 35, 74, 116, 126, 131, 152, 163, 187, 195, 204, 232, 273, 330, 409, 422, 423*

き

岸信介　*401*
北一輝〔輝次郎〕　*33, 38, 48, 51*
喜多誠一　*142*
北村良一　*51*
木戸幸一　*382, 427*
木下敏　*303*
木村正義　*70*
木村義明　*51*
清浦奎吾　*43*

く

草鹿龍之介　*401*
久邇宮朝融王　*73*
久納誠一　*327*
久原房之助　*33, 37, 51*
久保田久春　*46*
熊谷敬一　*213*
栗本敏樹　*240*
来栖三郎　*391*
クレーギー〔Robert L. Craigie〕　*161, 175, 344*
グローナウ〔Wolfgang von Gronau〕　*317*
黒崎貞明　*51*
黒島亀人　*284*
桑木崇明　*33*

け

ゲーリング〔Hermann Göring〕　*79, 408, 409*

こ

呉俊陞　*122*
胡適　*144*
小池四郎　*46*
小泉親彦　*401*
小磯国昭　*23, 90, 118*
小出英経　*421*
孔祥熙　*76, 202*
高宗武　*121, 124*
伍賀満　*14*
古賀峯一　*269, 377, 420, 421, 430*
小島吉蔵　*213*
児玉友雄　*280*
児玉秀雄　*47, 416*
後藤英次　*276*
後藤文夫　*25, 70*
近衛文麿　*25, 67, 69, 70, 91, 98, 99, 107〜109, 119, 134, 171, 175, 242, 380〜382, 397, 399*
小林角太郎　*213*
小林順一郎　*51*
小林省三郎　*6, 91*
小林躋造　*21, 47*
小林宗之助　*132, 189, 202, 337*
小林長次郎　*51*
小福田租　*332*
小藤恵　*19, 51*
駒形進也　*354, 355, 358*
小松茂　*106*
小松輝久　*202*
小松原道太郎　*213*
小村寿太郎　*269*
近藤英次郎　*281*
近藤勝治　*361*
近藤信竹　*14, 46, 56, 100, 107, 120, 149, 150, 157, 183, 299, 325, 376*

さ

西園寺公望　*24, 66, 74, 84*
斎藤実　*13, 17, 18, 27, 29*
斉藤瀏　*51*
酒井鎬次　*202*
坂本伊久太　*142*
坂本助太郎　*46*
坂本俊篤　*23*
坂本俊馬　*37*
桜井兵五郎　*417*
左近司政三　*40*
佐々木高信　*49*
薩摩雄次　*33, 51*
佐藤賢了　*419*
佐藤治三郎　*421*
佐藤正三　*51*
佐藤尚武　*85*
真田穣一郎　*419*
沢本頼雄　*50, 340〜342, 347, 409*

宇垣莞爾　341
宇垣纏　311
宇佐美興屋　30, 119, 202
鵜沢総明　51
潮恵之輔　27
牛島貞雄　153, 200
後宮淳　110, 201, 213, 272
内山小二郎　19
梅津美治郎　39, 67, 75, 77, 90, 99, 107, 120, 123, 257
梅林孝次　139
雲王　61, 214

え

遠藤昌　4

お

及川古志郎　44, 68, 271, 273, 274, 277, 278, 283, 287～290, 296, 297, 302, 336, 354, 381
王英　61, 62
王寵恵　108
汪兆銘〔精衛〕　301, 359, 417, 419
大泉基　201
大川内伝七　345
大岸頼好　19, 51
大串敬吉　213
大蔵栄一　19
大沢隼　37
大島浩　78, 399, 410, 419, 421
大角岑生　6, 12, 17, 19, 21, 23, 24, 28, 48, 91, 97
太田幸一　51
太田正孝　70
大鷹正次郎　160
大谷尊由　104
大西瀧治郎　401
大橋忠一　325
大山勇夫　125
大山文雄　28
小笠原長生　28, 37, 51
岡敬純　339, 360, 391, 402, 419
岡田啓介　10, 12, 14, 21, 24, 25, 397～399
岡田実　213
岡部直三郎　152, 262
岡村寧次　22, 213, 280
岡本清福　24, 54
小川関治郎　106
小川三郎　19
小川平吉　71, 72
荻洲立兵　170
奥村喜和男　66
小田切義作　4
オット〔Eugen Ott〕　387
小野元士　51
小原直　25, 70

か

何応欽　123
風見章　109, 120
香椎浩平　19～21, 51
糟谷廉三　121
片桐英吉　368, 411
片山理一郎　178
香月清司　104, 116, 126, 152, 153
桂太郎　269
加藤寛治　18, 20, 28
加藤外松　365, 366
加藤春海　51
金子繁治　281
兼田市郎　14
上敷領清　148
亀川哲也　33, 37, 51
亀田正　91
鴨志田長重郎　4
賀屋興宣　102, 391, 401
賀陽宮恒憲王　79
萱生鉱作　43
川井繁蔵　420
河合操　19
川岸文三郎　153, 240
川口益　354, 355, 359, 361
川越茂　57, 93, 107, 108, 124, 144
川崎卓吉　24, 26
川島義之　18, 21, 23
河辺虎四郎　107, 162, 242
河辺正三　112
河村恭輔　29, 213
河原田稼吉　98
韓復榘　57, 111, 262

索　　引

あ

相沢三郎　*18*
青木一男　*419*
明石寛二　*51*
秋山定輔　*12*
浅田俊介　*341*
浅田昌彦　*354, 355, 361, 362*
浅間義雄　*158*
芦田均　*70*
阿部勝雄　*311*
阿部弘毅　*281*
阿部信行　*20, 397, 399*
阿部規秀　*213*
阿部政夫　*4*
天谷直次郎　*127, 143, 148, 150, 158, 164, 168, 171, 178*
綾部橘樹　*419*
荒木貞夫　*21, 75, 86*
有田八郎　*30, 56, 66, 67*
有馬頼寧　*70, 104*
有馬良橘　*17*
有村恒道　*327*
有村不二　*345*
有賀長文　*38*
安藤三郎　*213*
安藤忠雄　*353*
安藤輝三　*22*
安藤利吉　*322, 324, 331*
アンリー〔Charles A. Henry〕　*244, 314, 325*

い

飯田七郎　*167, 168*
飯田房太　*331*
飯塚近之助　*51*
飯沼守　*142*
池田岩三郎　*13*
池田成彬　*38*
池田佑忠　*39*
伊沢石之介　*356*
伊沢多喜男　*47, 84*
石射猪太郎　*109*
石井清彦　*333*
石原広一郎　*51*
石原莞爾　*7, 19～21, 24, 54, 59, 60, 69, 70, 74, 90, 104, 107, 112, 115, 117～120, 149, 157, 166*
磯谷廉介　*15, 45, 56, 70, 153*
磯部浅一　*19, 43*
磯村年　*80, 106*
板垣征四郎　*7, 23, 75, 90, 152, 359*
市川芳男　*51*
一田次郎　*126*
井出宣時　*19*
イーデン〔Robert A. Eden〕　*100, 411, 412*
伊藤整一　*284, 391, 402*
伊藤知剛　*213*
伊藤伴治　*51*
伊藤政喜　*170*
稲葉四郎　*213*
井野硯哉　*401*
井上幾太郎　*80*
井上成美　*99, 242, 297, 327, 412, 413*
井上亨　*51*
井上保雄　*333*
今井清　*26, 98, 118*
今村均　*60, 100, 372*
入佐俊家　*222, 227, 243, 259*
入沢敏雄　*13*
岩下保太郎　*6*
岩松義雄　*213*
岩村清一　*79, 411*
岩村通世　*401*

う

植田謙吉　*86, 126, 195, 213*
上田宗重　*29, 30, 83*
上原勇作　*423*
ウエンネツケル〔Paul W. Wennecker〕　*88*
宇垣一成　*69, 71～75, 91*

海軍大将《かいぐんたいしょう》嶋田繁太郎《しまだしげたろう》備忘録《びぼうろく》・日記《にっき》　I
備忘録《びぼうろく》　第一《だいいち》～第五《だいご》

平成二十九年八月十五日　印刷
平成二十九年九月　一日　発行

編者　軍事史学会《ぐんじしがっかい》
代表者　黒沢文貴
監修　黒沢文貴《くろさわふみたか》
相澤淳《あいざわきよし》
発行所　株式会社錦正社
発行者　中藤正道
〒一六二―〇〇四一
東京都新宿区早稲田鶴巻町五四四―六
電話　〇三（五二六一）二八九一
FAX　〇三（五二六一）二八九二
URL　http://kinseisha.jp/
印刷所　㈱平河工業社
製本所　㈱ブロケード

© 2017. Printed in Japan
ISBN978-4-7646-0346-2

関連書

第二次世界大戦(一) 発生と拡大　軍事史学会編　定価：本体三、九八一円

第二次世界大戦(三) 終戦　軍事史学会編　定価：本体四、三六九円

日中戦争の諸相　軍事史学会編　定価：本体四、五〇〇円

再考・満州事変　軍事史学会編　定価：本体四、〇〇〇円

日露戦争(一) 国際的文脈　軍事史学会編　定価：本体四、〇〇〇円

日露戦争(二) 戦いの諸相と遺産　軍事史学会編　定価：本体四、〇〇〇円

PKOの史的検証　軍事史学会編　定価：本体四、〇〇〇円

日中戦争再論　軍事史学会編　定価：本体四、〇〇〇円

第一次世界大戦とその影響　軍事史学会編　定価：本体四、〇〇〇円

日本中世水軍の研究 ―梶原氏とその時代―　佐藤　和夫著　定価：本体九、五一五円

明治期国土防衛史　原　剛著　定価：本体九、五〇〇円

戦前昭和ナショナリズムの諸問題　清家　基良著　定価：本体九、五一五円

近代東アジアの政治力学 ―間島をめぐる日中朝関係の史的展開―　李　盛煥著　定価：本体七、二八二円

蒙古襲来絵詞と竹崎季長の研究　佐藤　鉄太郎著　定価：本体九、五〇〇円

蒙古襲来 ―その軍事史的研究―　太田　弘毅著　定価：本体九、〇〇〇円

元寇役の回顧 ―紀念碑建設史料―　太田　弘毅編著　定価：本体六、八〇〇円

ケネディとベトナム戦争 ―反乱鎮圧戦略の挫折―　松岡　完著　定価：本体六、八〇〇円

日本軍の精神教育 ―軍紀風紀の維持対策の発展―　熊谷　光久著　定価：本体三、八〇〇円

中国海軍と近代日中関係　馮　青著　定価：本体三、四〇〇円

日本の軍事革命　久保田　正志著　定価：本体三、四〇〇円

関連書

お台場
――品川台場の設計・構造・機能――
淺川道夫著
定価：本体二、八〇〇円

江戸湾海防史
淺川道夫著
定価：本体二、八〇〇円

明治維新と陸軍創設
淺川道夫著
定価：本体三、四〇〇円

丹波・山国隊
――時代祭「維新勤王隊」の由来となった草莽隊――
淺川道夫・前原康貴著
定価：本体一、八〇〇円

総統からの贈り物
――ヒトラーに買収されたナチス・エリート達――
ゲルト・ユーバーシェア／ヴァンフリート・フォーゲル著
守屋純訳
定価：本体二、八〇〇円

国防軍潔白神話の生成
守屋純著
定価：本体一、八〇〇円

ハプスブルク家かく戦えり
――ヨーロッパ軍事史の一断面――
久保田正志著
定価：本体七、〇〇〇円

真珠湾――日米開戦の真相とルーズベルトの責任――
G・モーゲンスターン著
渡邊明訳
定価：本体三、〇〇〇円

プリンス オブ ウエルスの最期
主力艦隊シンガポールへ
――日本勝利の記録――
R・グレンフェル著
田中啓眞訳
定価：本体一、八〇〇円

イズムから見た日本の戦争
――モンロー主義・共産主義・アジア主義――
平間洋一著
定価：本体四、八〇〇円

英米世界秩序と東アジアにおける日本
――中国をめぐる協調と相克　一九〇六～一九三六――
宮田昌明著
定価：本体九、八〇〇円

日ソ張鼓峯事件史
笠原孝太著
定価：本体三、〇〇〇円

砲・工兵の日露戦争
――戦訓と制度改革にみる白兵主義と火力主義の相克――
小数賀良二著
定価：本体四、二〇〇円

「大東亜共栄圏」の形成過程とその構造
――陸軍の占領地軍政と軍事作戦の葛藤――
野村佳正著
定価：本体四、二〇〇円

民防空政策における国民保護
――防空から防災へ――
大井昌靖著
定価：本体四、八〇〇円

招魂と慰霊の系譜
――「靖國」の思想を問う――
國學院大學研究開発推進センター編
定価：本体三、四〇〇円

霊魂・慰霊・顕彰
――死者への記憶装置――
國學院大學研究開発推進センター編
定価：本体三、四〇〇円

慰霊と顕彰の間
――近現代日本の戦死者観をめぐって――
國學院大學研究開発推進センター編
定価：本体三、二〇〇円

軍事史基礎史料翻刻第一弾

A5判・総八〇〇頁・上製・函入
揃定価：本体二〇、〇〇〇円（税別）

大本営陸軍部戦争指導班
機密戦争日誌（全二巻）

〔新装版〕　防衛研究所図書館所蔵　軍事史学会編

参謀たちの生の声が伝わる貴重な第一級史料！

変転する戦局に応じて、天皇と政府、陸軍及び海軍が、政治・外交指導を含む総合的な戦争指導について、いかに考え、いかに実行しようとしたか、日々の克明な足跡が半世紀を経て漸くここに明かされる。
「機密戦争日誌」は、大本営陸軍部戦争指導班の参謀が日常の業務をリレー式に交代で記述した業務日誌。敗戦にあたり焼却指令が出される中、一将校が隠匿するなど、様々な経緯を経て防衛研究所図書館に所蔵され終戦から半世紀を経た平成九年に一般公開された。その全文を収録。

軍事史基礎史料翻刻第二弾

A5判・五三〇頁・上製・函入
定価：本体一五、〇〇〇円（税別）

大本営陸軍部作戦部長
宮崎周一中将日誌

防衛研究所図書館所蔵　軍事史学会編

昭和期の陸軍を知る上で欠かせない第一級の根本史料

宮崎周一中将は昭和十九年十二月から約一年最後の大本営陸軍部作戦部長として、太平洋戦争終末期の比島作戦から終戦に至る戦争指導の中枢にあった人物である。戦争末期各戦場の戦況まことに不利な時期において、全陸軍の作戦を企画することになった。本書は、太平洋戦争勃発後、昭和十七年十月に第十七軍参謀長として中国戦線での従軍、また昭和十九年第六方面軍参謀長としてガダルカナル作戦に従軍した時期のものを含め、その後の陸軍部作戦部長時代の日誌を中心としたものである。

軍事史基礎史料翻刻第三弾

A5判・五二六頁・上製・函入
定価：本体八、五〇〇円（税別）

元帥畑俊六回顧録

防衛研究所図書館所蔵　軍事史学会編・伊藤隆・原剛監修

陸軍研究にとって極めて貴重な史料

元帥畑俊六が戦犯容疑者として収容されていた巣鴨獄中で書かれた誕生から陸軍大臣就任に至るまでの詳細な「回顧録」、昭和二十年十二月から二十三年一月に書かれた「巣鴨日記Ⅰ・Ⅱ」、「敗戦回顧」および昭和三年一月から四年九月に書かれた「日誌Ⅰ」を収録。いずれも『続・現代史資料4　陸軍　畑俊六日誌』（みすず書房刊）、『畑俊六　巣鴨日記』（日本文化連合会刊）、『元帥畑俊六獄中獄外の日誌』前・後編（日本人道主義協会刊）には収録されていない未発見の貴重な史料。
陸軍内の派閥対立から間を置いた立場にあった畑俊六ならではの比較的客観的な記述は他に類を見ない。陸軍研究に欠かせない史料。

錦正社
〒一六二―〇〇四一
東京都新宿区早稲田鶴巻町五四四―六
電　話　〇三（五二六一）二八九一
ＦＡＸ　〇三（五二六一）二八九二
ＵＲＬ　http://kinseisha.jp/